Mastercam X5 从入门到精通

王细洋　主编

国防工业出版社

·北京·

内 容 简 介

本书系统地介绍 Mastercam X5 使用方法,主要内容包括 CAD 和 CAM 两个部分。CAD 部分介绍二维图形绘制、二维图形编辑、图形标注、曲面设计和实体设计的基本方法和操作过程。CAM 部分介绍数控加工的基本知识、各类二维加工和三维加工刀具路径的生成与编辑,包括曲面粗精加工、多轴加工、车削加工和线切割等,并介绍后置处理的基本概念和方法。书中配备了大量实例,内容循序渐进,易于学习。

本书既可作为高等院校机械设计制造及自动化、数控加工、机电一体化等本/专科专业的教材或教学参考书,也可供机械制造领域数控编程和数控工艺人员参考。

图书在版编目(CIP)数据

Mastercam X5 从入门到精通/王细洋主编. —北京:国防工业出版社,2012.8
ISBN 978 – 7 – 118 – 08173 – 2

Ⅰ.①M... Ⅱ.①王... Ⅲ.①计算机辅助制造 –应用软件 Ⅳ.①TP391.73

中国版本图书馆 CIP 数据核字(2012)第 156176 号

※

国防工业出版社出版发行

(北京市海淀区紫竹院南路 23 号 邮政编码 100048)
涿中印刷厂印刷
新华书店经售

*

开本 787×1092 1/16 印张 26½ 字数 667 千字
2012 年 8 月第 1 版第 1 次印刷 印数 1—4000 册 定价 55.00 元(含光盘)

(本书如有印装错误,我社负责调换)

国防书店:(010)88540777　　　发行邮购:(010)88540776
发行传真:(010)88540755　　　发行业务:(010)88540717

前　言

Mastercam 是美国 CNC 软件公司推出的基于 PC 平台的 CAD/CAM 集成软件,集二维绘图、三维实体造型、曲面设计、体素拼合、数控编程、刀具路径摸拟及真实感摸拟等功能于一体。自 1984 年问世以来,Mastercam 进行了不断的改进和版本升级,软件功能日益完善。

Mastercam 以其优良的性价比、常规的硬件要求、灵活的操作方式、稳定的运行效果及易学易用等特点,成为国内外制造业最为广泛采用的 CAD/CAM 集成软件之一。其是经济有效的全方位的软件系统,对广大的中小企业来说是较为理想的选择。在高校,该软件也经常作为 CAD 和数控自动编程课程的教学内容。2008 年,CIMdata 公司对 CAM 软件行业的分析排名表明:Mastercam 销量再次排名世界第一,在 CAD/CAM 软件行业持续 11 年销量第一。2005 年 7 月,CNC 软件公司推出了 Mastercam X 版;2010 年 11 月,CNC 公司推出了最新的 Mastercam X5 版本。

为了使广大学生和工程技术人员在较短的时间内掌握 Mastercam 的功能及其使用方法,并了解 X5 版本的新增功能,编者根据多年教学经验和科研积累,在自编教案和电子讲稿的基础上,编写了本书。

本书包括两大部分:CAD 和 CAM。CAD 部分介绍有关二维图形绘制、二维图形编辑、图形标注、曲面设计和实体设计的基本方法和操作过程。CAM 部分介绍数控加工的基本知识、各类二维加工和三维刀具路径的生成与编辑,包括曲面粗精加工、多轴加工、车削和线切割加工等,并介绍后置处理的基本概念和方法。书中配备了大量实例,内容循序渐进,易于学习。

本书既可作为高等院校机械设计制造工艺及设备、数控加工、机电一体化等本/专科专业数控加工自动编程的教材或教学参考书,也可供机械制造领域数控编程和数控工艺人员参考。

本书由王细洋教授主编,夏志平、赵鸣编写。由于作者水平有限,对一些问题的认识还不深刻,书中难免存在不足之处,恳请各位专家和读者批评指正。编者的电子邮箱为:nchucnc@126.com。

编者

2012 年 6 月 南昌航空大学 月亮湖畔

目　录

第1章

Mastercam X 基础知识

1.1 Mastercam 概述

1.1.1 Mastercam 简介

Mastercam 是美国 CNC 软件公司推出的基于 PC 平台的 CAD/CAM 集成软件，集二维绘图、三维实体造型、曲面设计、体素拼合、数控编程、刀具路径摸拟及真实感模拟等功能于一体。Mastercam 以其优良的性价比、常规的硬件要求、灵活的操作方式、稳定的运行效果及易学易用等特点，成为国内外制造业最为广泛采用的 CAD/CAM 集成软件之一，对广大的中小企业来说是理想的选择，是工业界及学校广泛采用的 CAD/CAM 系统。2008 年，CIMdata 公司对 CAM 软件行业的分析排名表明：Mastercam 销量再次排名世界第一，是 CAD/CAM 软件行业持续 11 年销量第一软件巨头。

1.1.2 Mastercam 主要功能模块

1. 基本功能模块

Mastercam 系统包括设计(CAD)和加工(CAM)两大部分。

设计部分由 Design 模块实现。它具有完整的曲线曲面功能，不仅可以设计和编辑二维、三维空间曲线，还可以生成方程曲线。采用 NURBS、PARAMETERICS 等数学模型，可以多种方法生成曲面，并且具有丰富的曲面编辑功能。

加工部分主要由铣削(Mill)、车削(Lathe)、线切割(Wire)和雕刻(Router)四大模块来实现，且各个模块本身都包含完整的设计系统。铣削模块可以用来生成铣削加工刀具路径，并可进行外形铣削、型腔加工、钻孔加上、平面加工、曲面加工以及多轴加工等的模拟。

具体而言，Mastercam 包括如下功能子模块。

(1) 绘图模块：主要包括各种直线、曲线(圆弧、自由曲线以及函数曲线)、平面、二次曲面和自由曲面的造型和处理功能。

(2) 显示模块：包括各种曲面的显示、NC 加工刀具路径的显示和加工过程的动态模拟功能，同时提供模型缩放、旋转、浏览、视角变换、颜色及线形的设置等重要操作。

(3) 实体模块：提供基本的实体造型和处理，这对于模具设计极其方便。

(4) 编辑模块：对图形进行几何变换和处理，可对几何图形进行平移、旋转、缩放、复制和删除等基本编辑操作，还可对几何图形进行裁剪、延伸和布尔运算等高级编辑操作。

(5) 加工模块：生成数控加工的刀具轨迹和数控机床识别的 G 代码，可以选择刀具轨迹的生成方式及相应方式下的各种工艺参数的修改方法，提供加工过程的动态仿真。

(6) 测量模块：测量图形上两点的距离、点到平面的距离、线段的长度、直线之间的夹角、点的坐标、曲线和曲面的相关信息，以供设计者参考。

(7) 数据交换：实现与其他的 CAD 系统(如 AutoCAD、Pro/ENGINEER 等)之间的图形交换，同时还可对 IGES、STEP、Parasolid 和 STL 等格式的图形文件进行转换，以供本系统使用。

(8) 通信模块：可以和数控机床直接进行通信，将生成的 G 代码文件直接传入数控机床，为 FMS(柔性制造系统)和 CIMS(计算机集成制造系统)的集成提供了支持。

2．基本知识点

在设计过程中要注意以下基本知识点的使用。

(1) 坐标系：坐标系是设计的基准，也是加工刀具轨迹的基准。没有坐标系，设计中就没有了参照。Mastercam 在不同的设计情况下使用不同的坐标系显示方式，此时在设计界面显示的符号也会不同。

(2) 图层和颜色：在设计复杂的零件时，充分利用图层和颜色设置功能可以提高图形的分辨和识别能力，尤其在复杂曲面和模具设计时。

(3) 动态观测视图：在设计过程中，可以在屏幕上动态放大、缩小、旋转或从不同的角度去观测图形，查看设计效果。

(4) 设计平面：三维图形一般是通过二维图形变换获得的，设计平面也就是绘图平面，绘图的大部分工作都是在绘图平面中完成的，设计者需要设置自己的绘图平面来进行绘图。

3．数控编程的方法

在 Mastercam 中，编写数控程序的步骤如下。

(1) 绘制出待加工特征的图形，也可以打开由其他的 CAD 图形软件已经创建完成的模型文件。

(2) 确定刀具轨迹的生成方式。

(3) 确定加工中的工艺参数。

(4) 加工过程的仿真。

(5) 后置处理生成 G 代码。

(6) 传入数控机床，进行数控加工。

4．基本设计要点

掌握 Mastercam 的设计要点可以帮助用户更好地使用该软件。

(1) 造型方法的选择：几何建模是现代 CAD 技术的核心。没有模型，现代制造业就没有实现的载体。Mastercam 提供了线框、曲面和实体等 3 种造型方法，数控编程人员可以按加工要求和设计需要进行选择。

(2) 图形的编辑与修改：对设计图形进行编辑和修改是保证设计正确的重要手段，必须熟练掌握各种图形编辑和修改工具的用法。

(3) 工艺参数的选择：工艺参数是控制加工质量的主要因素，如粗精加工中刀具种类的选择、刀具直径的选择、刀具角度的选择以及切削进给量的选择等。

(4) 刀具轨迹的生成：Mastercam 生成刀具轨迹的手段相当丰富，同一加工对象(如孔、型腔或曲面)的加工路线很多。在不同的机床(三轴、四轴或五轴铣床)上加工时，应根据机床特点和待加工产品特征综合考虑，选择相对合理的方式进行加工。

（5）刀具轨迹的编辑：刀具轨迹的编辑与修改是提高编程效率的有效手段，可以对刀具轨迹进行删除、复制和粘贴等操作，还可以对工艺参数进行修改后更新程序。采用这些方法可以大幅度减少重复操作，提高编程效率和质量。粗精加工时在刀具轨迹相同的情况下，只需要修改粗加工的工艺参数即可生成精加工的刀具轨迹。

（6）动态仿真与后置处理：在正式开始数控加工之前，通过动态仿真可以检测程序的质量，减少事故的发生。在生成 G 代码之前，还需要经过后置处理以生成相应数控系统的代码。

1.1.3　Mastercam X5 新特性

MastercamX5 与以前的版本相比，基本功能没有大的变化，但在以下方面进行了功能提升。

（1）界面：增加了 customer feedback program 窗口，作用是给 Mastercam 公司发送报告帮忙改进软件；增加了 machine Simulation 工具条，用于启动刀路模拟；在所有输入数值的编辑框下拉框旁边增加了一个上下的微调按钮，系统设置窗口中增加了 spin controls 来控制微调按钮的调节数值；很多窗口支持大小拖动。

（2）CAD 部分：设计模块增加了一些功能，如允许实体面更改颜色，并可以快速选择实体；增加了实体阵列功能；视角管理器里面多了 Create from 按钮。

（3）CAM 部分：可以通过调整刀轨来保证最有效的切削，并允许使用整个刀具进行长槽加工，免除了需要多层深度的切削；增加了新的动态铣削功能，包括动态残料铣和动态轮廓铣，动态残料铣的运转方式与当前刀路相似，仅利用动态铣削运动代替中心铣削和区域铣削来进行其余操作；动态轮廓铣使用一个智能、高效高速轮廓铣策略沿工件壁来移除材料；支持多途径和多选择的精铣途径；对于铣削模块，二维高速加工中增加了 3 种刀路，三维高速粗加工中增加了刀路优化 Optirough 功能；三维高速精加工中增加 Hybrid 功能，无须在等高浅平面区域加工。镜像刀路命令可以顺铣镜像成顺铣，逆铣镜像成逆铣，而不是以前那样顺铣镜像成逆铣；增强了机床仿真功能，有多样的刀轨显示方式，能够快速地查找过切或碰撞位置及 NC 代码。

1.2　Mastercam X5 的安装

1.2.1　硬件要求

MasteramX5 软件系统可在工作站(Workstation)或个人计算机(PC)上运行，如果在个人计算机上安装，为了保证软件安全和正常使用，计算机硬件要求如下。

（1）CPU 芯片：2.5 GHz Intel Pentium 4 或同级别 AMD CPU，32 位或 64 位 Intel 兼容CPU。

（2）操作系统：Windows XP、Windows Vista (企业版或旗舰版)或 Windows 7 (企业版或旗舰版) 包括最新的 SP 服务包和关键性更新。

（3）内存：最小 2GB，建议增加内存提升性能。

（4）显卡：256MB OPENGL 兼容显卡 (最低要求)，建议使用专为 CAD/CAM 设计的专业显卡，如 NVidia Quadro 或 AMD FirePro 系列显卡，不支持集成显卡。

（5）显示器：建议使用 19 英寸，1280×1024 分辨率。

(6) 硬盘：3 GB 硬盘剩余空间。

(7) 鼠标：2-按键鼠标(最低要求)，推荐使用 3-按键或 2-按键带滚轮鼠标。

(8) 键盘：标准键盘。

(9) 网络：无特殊要求。

1.2.2 Mastercam X5 的安装

这里以 Windows XP Professional 操作系统为例，简单介绍 MastercamX5 主程序的安装过程。

(1) 将 Mastercam X5 程序安装光盘插入光驱中，系统将自动运行光盘中的安装程序，弹出如图 1-1 所示的选择安装程序语言的对话框，从下拉列表中选择英语或简体中文，单击【确定】按钮 确定(Q) 。若光盘未自动运行，可以浏览该光驱中的文件，找到 Setup.exe，双击运行安装程序。

(2) 安装程序经过一个解压过程，如图 1-2 所示。系统会自动弹出如图 1-3 所示的安装界面，单击 下一步(N)> 按钮，进入下一步。

图 1-1 选择安装程序语言的对话框

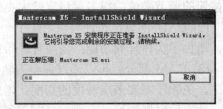

图 1-2 解压过程

(3) 系统弹出如图 1-4 所示的界面，选中 ⊙我接受许可证协议中的条款(A) 单选按钮，单击 下一步(N)> 按钮，进入下一步。

图 1-3 安装界面

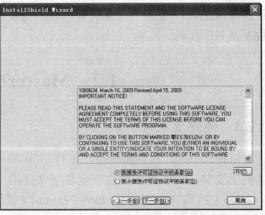

图 1-4 接受许可证协议中的条款

(4) 弹出如图 1-5 所示的界面，单击 浏览(R)... 按钮，在弹出的如图 1-6 所示的【选择文件夹】对话框中更改安装目录，确定后再单击 下一步(N)> 按钮，进入下一步。

(5) 系统弹出如图 1-7 所示的界面，选中【HASP】和【Metric】单选项，然后单击 Next > 按钮，进入下一步。

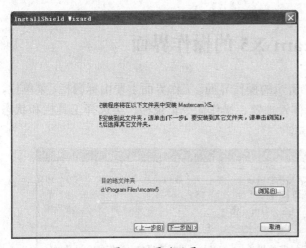

图 1-5　更改目录　　　　　　　　　图 1-6　选择或新建目标文件夹

　　(6) 弹出如图 1-8 所示的界面，用户可以单击 〈上一步B〉 按钮更改安装设置，此处单击 安装 按钮，进行安装。

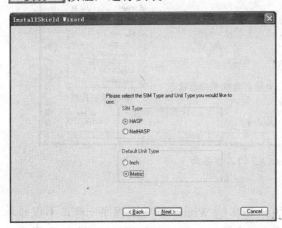

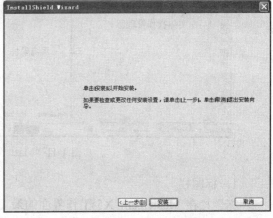

图 1-7　选择类型　　　　　　　　　　　　图 1-8　完成安装设置

　　(7) 弹出如图 1-9 所示的安装界面，在安装完成后，系统会弹出如图 1-10 所示的界面，取消启用【View the What's New】复选框，单击 完成 按钮，完成 MastercamX5 的安装。

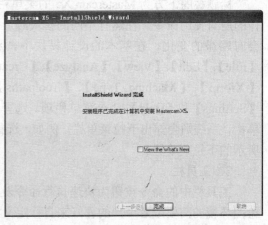

图 1-9　正在执行所请求的操作　　　　　　图 1-10　安装完成

1.3　Mastercam X5 的操作界面

启动 Mastercam X5 后，出现如图 1-11 所示的操作界面。工作界面主要由标题栏、菜单栏、工具栏、坐标输入及捕捉栏、绘图区、操作管理器、操作命令记录栏、类选择工具栏和状态栏组成。

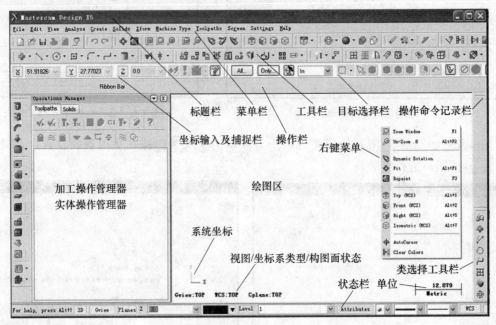

图 1-11　Mastercam X5 的工作界面

1. 标题栏

标题栏在 Mastercam X5 工作界面的最上方，和其他 Windows 应用程序一样，不仅显示 Mastercam X5 图标和 Mastercam X5 名称，还显示了当前所使用的功能模块。例如，当用户使用铣削模块时，标题栏就将显示 Mastercam Mill X5。

2. 菜单栏

标题栏的下方为 Mastercam X5 的菜单栏，包括了本软件的所有使用命令。在运行不同的模块时，菜单栏的内容会有略微的变化。在基本的设计模块中，菜单栏包含有【File】、【Edit】、【View】、【Analyze】、【Create】、【Solids】、【Xform】、【Machine Type】、【Toolpaths】、【Screen】、【Settings】和【Help】12 个菜单栏项。选择其中任一个菜单栏，系统则会弹出下拉菜单栏。例如，选择【Machine Type】菜单栏，系统会弹出如图 1-12 所示的下拉菜单栏。

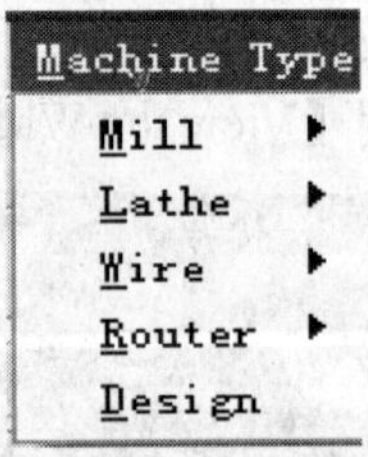

图 1-12　【Machine Type】下拉菜单

3. 工具栏

工具栏中的命令按钮为快速执行命令及设置工作环境提供了极大的方便，用户可以根据绘图环境的需要或者用户的喜好来自行定义工具栏。选择【Settings】/【Toolbar States】命令，弹出工具栏状态窗口，如图 1-13 所示。

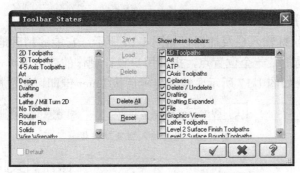

图 1-13 【Toolbar States】对话框

　　左侧的列表框中列出了系统默认的几种布局方式，选择其中的一项，并单击 Load 按钮，则此时 Mastercam X5 界面即可改变为相应的布局方式。同时，用户还可以在右侧的列表框中勾选或取消相应的工具栏选项，则在布局方式下能够显示/隐藏相应的工具栏。

　　各个工具栏都可以使用鼠标将其拖动到不同的位置，使其呈为浮动工具栏。将鼠标移动到相应工具栏的空白处并双击，此时将显示出该工具栏的标题，将其拖动到相应的位置即可。若要将该浮动工具栏还原，则双击该工具栏的标题栏即可。

　　在工具栏的空白处右击，弹出如图 1-14 所示快捷菜单栏，勾选或取消各选项同样可以显示或隐藏工具栏。

　　通过选择菜单栏中的【Settings】/【Customize】命令，或选择图 1-14 所示快捷菜单栏中的【Customize】命令，系统弹出图 1-15 所示【Customize】对话框，用户可以修改工具栏显示的图标。此外，也可以自己定制工具栏，将用户需要的图标命令放在一起，增加工作效率。

图 1-14 快捷菜单栏

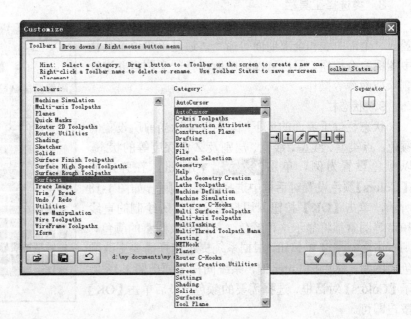

图 1-15 自定义工具栏显示内容

4．坐标输入及捕捉栏

Mastercam X5 的坐标输入栏及捕捉栏如图 1-16 所示，它能够精确地输入 X、Y、Z 坐标值，或者能够精确地捕捉某一个位置点，提高用户设计制作的效率。单击 按钮，系统显示第二种坐标输入方式，如图 1-17 所示。输完坐标后按 Enter 键即可完成操作。

图 1-16　坐标输入栏及捕捉栏

图 1-17　坐标输入格式

5．绘图区

在如图 1-11 所示的 Mastercam X5 系统界面中，最大的区域就是绘图区。Mastercam X5 系统和其他 CAD/CAM 软件一样，所有的绘图操作都将在绘图区完成，并且该区域是没有边界的。其中，绘图区的左下角还显示出了系统当前所采用的坐标系、视图以及构图面等信息，右下角显示出了系统所采用的单位。此外，用户可以在绘图区中右击，系统将弹出快捷菜单栏(图 1-11)。用户利用该快捷菜单栏可以快速地完成视图显示、缩放等方面的操作。

6．操作管理器

操作管理器被固定在窗口的左侧，包括加工操作管理器和实体操作管理器。通过选择菜单栏中的【View】/【Toggle Operations Manager】命令，可以进行打开或关闭操作管理器。Mastercam X5 操作管理器包括实体造型和刀具路径的管理。操作管理器主要进行实体编辑、刀具路径参数编辑、实体模拟和后处理等操作。

7．操作命令记录栏

本栏用于记录操作过程中使用的命令，按照先后顺序从下到上排列，最近使用的排在最上面，用户也可以直接单击本栏中的命令图标进行操作。

8．类选择工具栏

类选择工具栏中包括选择全部点、全部直线、全部圆弧、全部曲线和全部曲面等命令。通过单击该工具栏中图标命令按钮，用户可以轻松地选择一类图素并进行删除或隐藏等操作。

9．状态栏

状态栏位于界面的最下端，用于显示当前所设置的颜色、点类型、线型、线宽、层别及 Z 向深度等的状态。以颜色设置为例，单击 ▼ 按钮，在弹出的【Colors】颜色设置对话框中选择需要的颜色，如图 1-18 所示，单击【OK】按钮。用户在这之后所绘制的直线和点等图素都将显示这种颜色。若要修改图素的颜色，则右击 ▼ 按钮，根据系统提示选择需要更改颜色的图素，然后按 Enter 键，系统同样会弹出图 1-18 所示【Colors】对话框，选择需要的颜色，最后单击【OK】按钮即可。

线型、点类型等的设置与颜色设置方法相同。

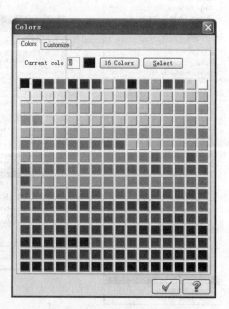

图 1-18　【Colors】对话框

1.4　文件管理

Mastercam X5 的文件管理是通过菜单栏中【File】的下拉菜单栏和工具栏中相应的操作按钮来实现的，如图 1-19 所示。

1. 新建文件

启动 Mastercam X5 软件后，系统就自动新建了一个空白的文件，文件的后缀名为"MCX-5"。用户也可以选择菜单栏【File】/【New】命令，新建一个空白的文件。

Mastercam X5 软件是当前窗口系统，系统只能存在一个文件，因此新建一个文件时，如果当前的文件已经保存过了，那么将直接新建一个空白文件，并且将原来的已经保存过的文件关闭。如果当前文件没有保存，那么系统将会弹出如图 1-20 所示的对话框，提示用户是否保存已经修改了的文件，如果单击 是(Y) 按钮，系统将弹出如图 1-21 所示的对话框，要求用户设定保存路径以及文件名进行保存。如果单击 否(N) 按钮，系统将直接关闭当前的文件，新建一个空白的文件。

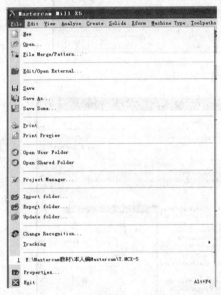

图 1-19　【File】下拉菜单栏

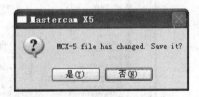

图 1-20　系统提示

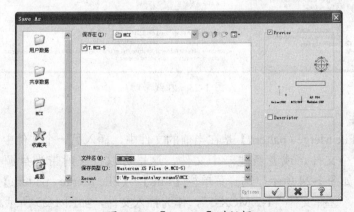

图 1-21　【Save As】对话框

2. 打开文件

选择菜单栏中的【File】/【Open】命令，或单击工具栏中 按钮，系统将弹出如图 1-22 所示的【Open】对话框，首先选择需要打开文件所在的路径，然后选择需要打开的文件，右 侧可以通过选择【Preview】复选框进行预览，在对话框中单击 ✓ 按钮，就可以将指定的 文件打开。如果单击 ✖ 按钮，将不执行文件打开的操作。单击 ？ 按钮，可以调用 Mastercam X5 软件系统的在线帮助，如图 1-23 所示。

图 1-22 【Open】对话框

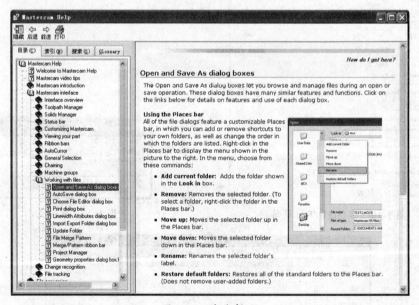

图 1-23 在线帮助

3. 合并文件

合并文件【File Merge / pattern】是在当前的文件中，插入另一个文件中的图形。

首先打开一个文件，或者新建一个文件，这里可以打开附带光盘源文件夹中的文件 "1-1.MCX-5"，如图 1-24 所示。选择菜单栏【File】/【File Merge / pattern】命令，系统弹出 【Open】对话框，选择文件 "1-2.MCX-5"，作为插入文件，如图 1-25 所示。

图 1-24

图 1-25　【Open】对话框

单击 ✓ 按钮，插入结果如图 1-26 所示，文件 1-2.MCX-5 中的图形已经插入到前面打开的 1-1.MCX-5 文件中。同时，系统显示【合并文件】工具栏如图 1-27 所示，其中列出了合并文件的各项功能。

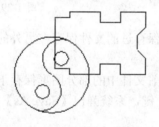

图 1-26　合并文件

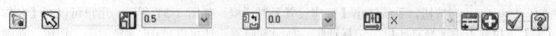

图 1-27　【合并文件】工具栏

其中各项功能如下。

(1) 🗠 按钮：选择插入位置。单击此按钮，然后用鼠标在需要放置插入图形的位置确定放置点，插入的图形便移动到确定的位置。

(2) 🛐 | 0.5 |：此输入框用于输入缩放比例。通过输入缩放比例，插入的图形可以随意放大或者缩小，数值大于 1 的为放大，小于 1 的为缩小。输入缩放比例后，按 Enter 键，图形随之变化。

(3) 🛐 | 30.0 |：此输入框用于输入旋转角度。通过输入旋转角度可以使插入的图形绕着图形中心旋转。输入的数值是正值，图形绕逆时针旋转，负值则绕顺时针旋转。

(4) 🛗 | XY |：此项为将插入图形关于某个轴进行镜像操作。首先需要在工作条上单击 🛗 按钮，激活镜像选项，然后在后面的下拉列表框中选择一个轴线，图形随之改变。

(5) ➕ 按钮：应用当前属性。单击该按钮，可以将当前图层的属性应用到插入的图形上。

(6) ➕ 按钮：应用。单击此按钮确定插入当前图形，此时工作条仍然存在，可以继续单击另一个位置，插入相同的图形。执行多次该命令，结果如图 1-28 所示。

4. 保存文件

Mastercam X5 版本提供了 3 种保存文件的方式,分别是【Save】、【Save As】和【Save Some】。

(1)【Save】:对未保存过的新文件,或者已经保存过但是已经作了修改的文件进行保存。对于没有保存过的新文件,调用保存功能后,将弹出如图 1-29 所示的【Save As】对话框,首先在【保存在】下拉列表框中选择保存的路径,然后输入需要保存的文件的名称,最后选择一种保存类型,即选择一种后缀名。单击 ✓ 按钮,完成保存。

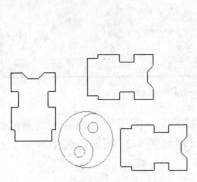

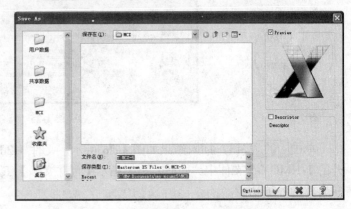

<table>
<tr><td>图 1-28　图形插入</td><td>图 1-29　【Save As】对话框</td></tr>
</table>

(2)【Save As】:用于将已经保存过的文件保存在另外的文件路径,并以其他文件名进行保存或者保存为其他文件格式。

(3)【Save Some】:用于将当前文件中的部分图形保存下来。选择该命令后,系统提示选择要保存的图形,选完后按 Enter 键,系统弹出【Save As】对话框,其余操作与保存相同。

5. 打印文件

选择菜单栏中的【File】/【Print】命令,系统弹出如图 1-30 所示的【Print】对话框。单击 Properties... 按钮,系统弹出【打印设置】对话框,如图 1-31 所示。用户可以在【名称(N)】下拉列表中选择打印机、选择纸张、打印方向等,还可以单击 属性(P)... 按钮,在弹出的如图 1-34 所示对话框中进行更多设置。

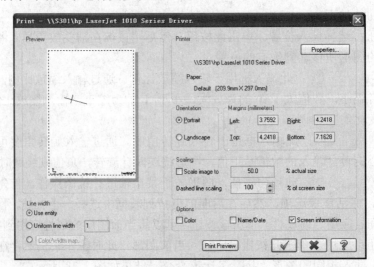

图 1-30　【Print】对话框

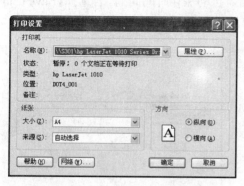

图 1-31　【打印设置】对话框

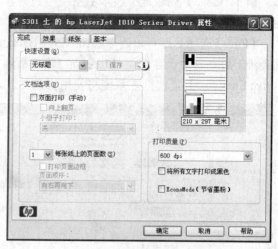

图 1-32　【打印属性】对话框

在【Print】对话框中，用户同样可以设置打印方向、页边距、缩放比例、线宽等。单击 Print Preview 按钮，还可以预览打印效果。

1.5　系统设置

在设计过程中，有时需要调整 Mastercam 系统的某些参数，以更好地满足设计需求。选择菜单栏【Settings】/【Configuration】命令，弹出【System Configuration】对话框，其左侧列表框中列出了系统设置的主要内容，选择某一项内容，将在右侧显示出具体的设置参数。

下面具体介绍这些参数设置，其中与尺寸标注相关的选项"标注属性"和"标注文本"等内容将在第 3 章中介绍。

(1) Files：在左侧列表框中选择【Files】选项，右侧显示参数内容如图 1-33 所示。

【Data paths】列表框中列出了 Mastercam X5 中各种数据格式，在其中选择某种数据格式，接着可以在列表框下方的【Selected item】输入栏中设定该数据格式的默认路径，单击 按钮，可通过如图 1-34 所示的【浏览文件夹】对话框选定一个路径。

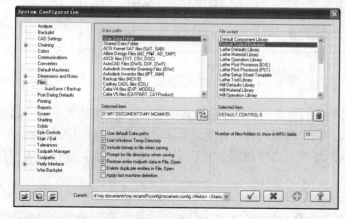

图 1-33　【System Configuration】对话框

图 1-34　【浏览文件夹】对话框

【File usage】列表框中显示了系统用到的各种加工数据库，可以选择一个项目，接着单击【Selected item】输入栏后面的圖按钮，系统弹出如图 1-35 所示的对话框，用户可重新选择数据库。

【Files】选项下还有子选项【AutoSave/Backup】，部分选项如图 1-36 所示，选择【AutoSave】复选框，启动自动保存功能。【Interval】输入框用来输入自动保存时间间隔。若选择【Save using active file name】复选框，系统将使用当前文件名自动保存。

图 1-35 数据库选择 图 1-36 【自动保存设置】对话框

(2) Converters：该选项所对应的参数设置内容如图 1-37 所示，主要用于设置系统在输入、输出各种格式的文件类型时默认的初始化参数。

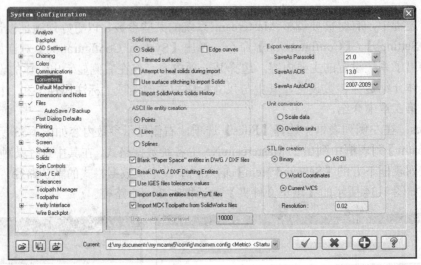

图 1-37 【Converters】选项卡

其中各项功能如下。

① Solid import 区域：此项为实体输入设置。可以通过选择其中选项将实体转化为实体、转换边界为二维曲线、将实体转化为修剪曲面、引入时修补有缝隙实体、用曲面缝合引入实体。

② ASCII file entity creation 区域：此项为选择创建 ASCII 文件的图素类型，有点、线和样条曲线 3 种。

③ Export versions 区域：此项为选择实体输出版本。

④ Unit conversion 区域：此项为选择输入 IGES 文件单位转换方式，有比例缩放和覆盖现有单位两种。

⑤ STL file creation 区域：此项为创建 STL 文件设置。用户可以选用二进制或 ASCII 格式生成 STL 文件，坐标系可以选世界坐标系或当前坐标系，在【Resolution】输入框中可以设置 STL 文件的分辨率。

(3) Screen：该选项所对应的参数设置内容如图 1-38 所示。

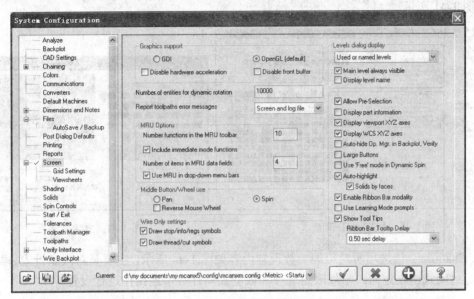

图 1-38　【Screen】参数设置

选择☑Allow Pre-Selection 复选框，就可以先选取图形元素(图素)，再调用命令，也可以先调用命令，再选取图素；如果没有选中该复选框，那么只能先调用命令，再选择图素。

在【Screen】子目录下，选择【Grid Settings】项，系统显示如图 1-39 所示。选择☑Active Grid 复选框，可以在【Spacing】输入栏中设置栅格的大小，在【Origin】输入栏中设置栅格原点位置，也可以单击 按钮，在绘图区指定。

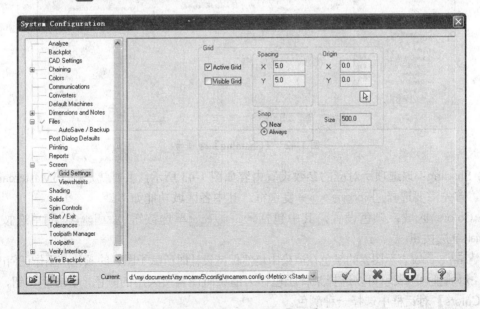

图 1-39　【Grid Settings】设置

(4) Colors：该选项所对应的参数设置内容如图 1-40 所示。颜色下方的列表框中列出了可以设置颜色的各种项目，用户可根据需要选择需要设置颜色的项目，接着在右侧的颜色列表框中选择某种颜色，也可直接在颜色输入栏中输入该颜色编号。如果对系统给出的 256 种颜色还不满意，可以单击 Customize... 按钮，弹出系统的【颜色】对话框，进而设定一种需要的颜色，如图 1-41 所示。

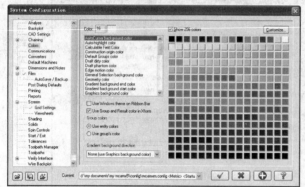

图 1-40 【Colors】设置　　　　　　　　图 1-41 自定义颜色

(5) Chaining：该选项所对应的参数设置内容如图 1-44 所示，主要是对限定设置、默认串连模式、封闭式串连方向、常规限定选项和嵌套式串连等串连操作进行设置。

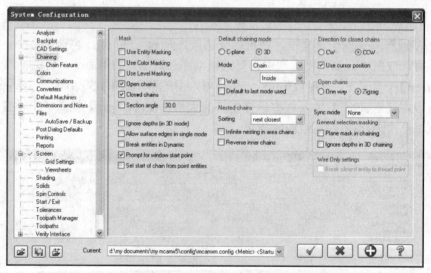

图 1-42 【Chaining】选项卡

(6) Shading：该选项所对应的参数设置内容如图 1-43 所示，主要就是用于 Mastercam X5 的渲染，首先需要选择 ☑ Shading active 复选框。其中各区域功能如下。

① Colors 区域：颜色设置，其中包括 ◉ Entity color 单选按钮、◉ Select color 单选按钮、◯ Material 单选按钮。

a. ◉ Entity color 表示图素的颜色在渲染中仍然保持设计时所赋予图素的颜色，不作任何改变。

b. ◉ Select color 表示可以选择某种颜色作为渲染时图素所采用的颜色，单击 🔳 按钮，在弹出的【Colors】对话框中选择一种颜色。

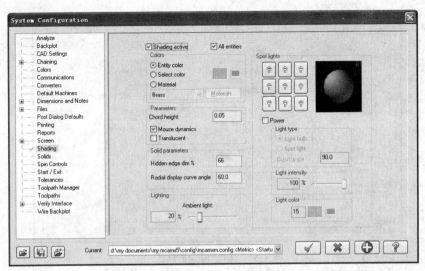

图 1-43　【Shading】参数设置

c. ○Material 表示可以选择某种材料的颜色作为图素的颜色，单击 Materials... 按钮，弹出如图 1-44(a)所示的【Material】对话框，在其中选择某种材质，并且可以单击 New Material 按钮新建某种材质，或者单击 Edit Material... 按钮，编辑某种选定的材质属性，如图 1-44(b)所示。

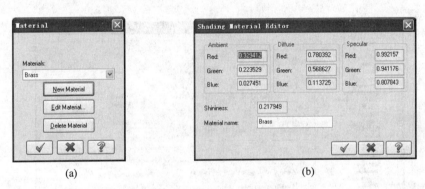

(a)	(b)

图 1-44　【Material】设置

② Parameters 区域：参数设置。其中包括【Chord height】文本框、☑Mouse dynamics 单选按钮、☑Translucent 单选按钮。在【Chord height】输入栏中可以设置曲线曲面显示的光顺程度，数值越小越光顺。

③ Spot lights 区域：光源设置。在该选项区域中，可以设定灯光照射的位置，单击某个 💡 按钮，选择☑Power 复选框，接着设置光源类型、光源强度、光源颜色等参数。

(7) Printing：该选项所对应的参数设置内容如图 1-45 所示，主要用于设置打印相关的属性。

①◉Use entity：按照设计时的线宽来打印。

②◉Uniform line width：在文本框中输入统一打印的线宽。

③◉Color to line width mapping：根据颜色来设定打印时的线宽。首先选择该单选按钮，并且在列表框中选择某组进行设置，在下面的【Color】输入栏中输入某种颜色编号，或者单击🔳按钮选择某种颜色，接着在【Line width】下拉列表框中选择该颜色所对应的线宽。

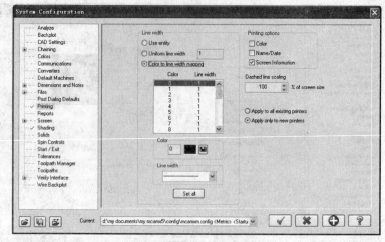

图 1-45 【Printing】设置

(8) CAD Settings：该选项所对应的参数设置内容如图 1-46 所示，其中各项功能如下。

① Automatic center lines 区域：自动产生圆弧的中心线设置。中心线类型中可以选择无、点或直线。若选择直线中心线，可以设定圆弧的中心线的线长、颜色、所在图层、线型等参数。

② Default attributes：此栏可以设定绘制图形时所用的线型、线宽、点型，与在状态栏中的设定相同。

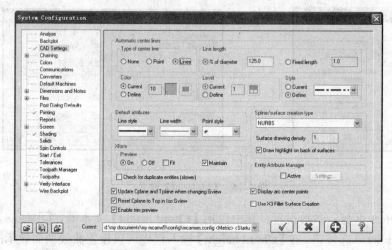

图 1-46 【CAD Settings】选项卡

1.6 视图操作

在绘图时，经常需要对屏幕上的图形进行移动、缩放、旋转等操作，以便方便地绘图或检查图形。用户可以单击 Mastercam X5 工具栏中的平移、缩放、旋转等视图操作按钮，如图 1-47 所示。

图 1-47 视图操作按钮

为了更方便地操作，用户可设置各项功能的快捷键。制定快捷键方法如下。

(1) 首先选择菜单栏【Settings】/【Key Mapping】命令，系统弹出如图 1-48 所示的对话框。

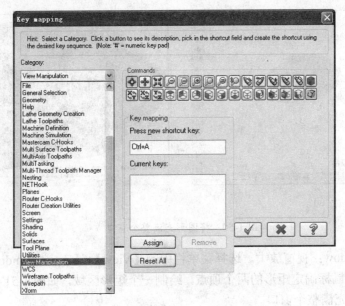

图 1-48　【Key mapping】对话框

(2) 在【Category】下拉列表框中选择【View Manipulation】项，右侧将显示视图操作按钮图标。

(3) 单击选择右侧图标中，然后把光标放在【Press new shortcut key】输入框中。接下来在键盘上按自己想要设置的快捷键便能自动将按键名输入该输入框，如图 1-48 所示。

(4) 在对话框中单击 Assign 按钮，若有冲突，则会弹出如图 1-49 所示的对话框，用户单击【是】按钮，系统就会自动删除冲突的快捷键并将此快捷键用于该命令，单击【否】按钮就要重新设置快捷键。确认该快捷键后，该快捷键就会移动到【Current keys】列表框中，完成快捷键的设定。

(5) 单击【确定】按钮 ✓，确认修改，并且关闭对话框。此时就可以通过按快捷键进行操作了。

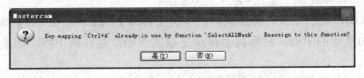

图 1-49　冲突提示

1．平移视图

平移视图命令【Pan】可以使视图在屏幕上进行上下左右移动。选择菜单栏中的【View】/【Pan】命令，启动视图平移功能，然后按住鼠标左键，将图形移动到合适的位置，松开鼠标左键，完成平移操作。如需继续执行平移操作，需要再次调用平移命令。

2．缩放视图

Mastercam X5 版本提供了很多视图缩放功能，其中包括以下几种。

(1) Fit：将图形充满整个绘图窗口。打开光盘中文件"1-3.MCX-5"，如图 1-50(a)所示，图形显示太小。用户可通过选择菜单栏【View】/【Fit】命令，将图形充满整个绘图窗口，如图 1-50(b)所示。

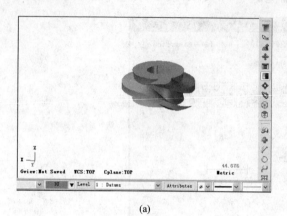

(a)

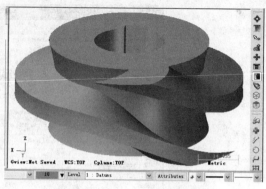

(b)

图 1-50　将图形充满整个窗口

(2) Zoom Window：视窗放大。选择菜单栏中的【View】/【Zoom Window】命令，绘图区出现 符号，用鼠标确定矩形的两个顶点，绘制一个矩形区域，如图 1-51 所示，矩形区域内的图形将放大并充满整个窗口。

(3) Zoom Target：目标显示放大。选择菜单栏中的【View】/【Zoom Target】命令，然后根据系统提示选择一个点确定需要放大的部位中心，再移动鼠标在合适的位置确定放大区域的大小，如图 1-52 所示。

图 1-51　视图放大

图 1-52　目标显示放大

(4) Un-Zoom Previous/.5：缩小为原来的 1/2。

(5) Un-Zoom Previous/.8：缩小为原来的 0.8 倍。

(6) Zoom In/Out：动态缩放。选择菜单栏中的【View】/【Zoom In/Out】命令，在绘图区单击确定一点作为缩放的中心，鼠标向上移动是放大图形，鼠标向下移动则是缩小图形，完成缩放时需要单击。

(7) Zoom Select：指定缩放。首先选择需要缩放的元素，然后选择菜单栏中的【View】/【Zoom Select】命令，那么前面所选择的元素就充满绘图区。

(8) 如果鼠标带有滚轮，那么滑动滚轮也可以对图形进行缩放。

3. 视图方向

视图旋转可以通过旋转来观看任何一个方向，若鼠标有中键或者滚轮，那么按住鼠标中键移动鼠标，即可方便地对视图进行旋转。

选择菜单栏中的【View】/【Orient】命令，在弹出的子菜单栏中单击 按钮(图 1-53)，即可进行旋转操作。

此外，Mastercam X5 也提供了多种标准视图方向。当需要指定某个特定的方向时，选择菜单栏中的【View】/【Standard Views】命令，弹出的子菜单栏中列出了 7 种系统设定好的视图，如图 1-54 所示，用户可以选择需要的视图方向。

图 1-53 【Orient】菜单   图 1-54 标准视图方向

部分选项功能如下。

(1) Top (WCS)：俯视图。

(2) Front (WCS)：前视图。

(3) Right (WCS)：侧视图。

(4) Isometric (WCS)：等角视图。

(5) Dynamic Rotation：动态旋转视图。单击此按钮，用户可以选择绘图区内的某一点为中心，然后将鼠标移动到其他位置来任意动态旋转观察几何图形。

(6) Previous View(返回前一视图)。单击此按钮，系统将返回前一观察视图。

(7) Named Views(选择命名视图)。单击此按钮，系统弹出视图选择对话框，用户可以选择列表中显示的视图。

4．视窗

Mastercam X5 系统默认显示一个视窗，当用户需要通过多个视图同时观察图形时，选择菜单栏中的【View】/【Viewports】，弹出的子菜单栏中列出了多种视图形式，如图 1-55 所示。选择【视窗】命令 Clockwise from Upper Left: Viewports 1 Top, 2 Iso, 3 Front, 4 Side，系统显示如图 1-56 所示。

图 1-55 视窗菜单

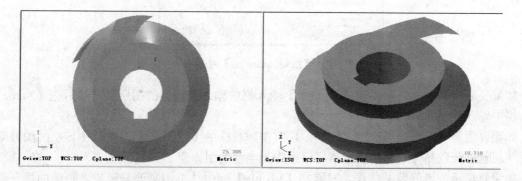

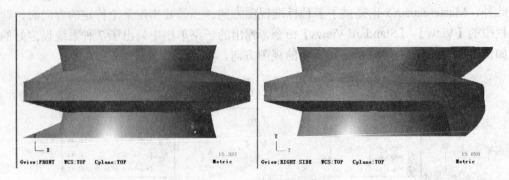

图 1-56 多个视图观察

1.7 图层管理

绘图时，若需要经常更改线型或颜色等，用户可以新建多个图层，分别设置图层属性，直接在各图层中绘图，而不需多次单独设置线型和颜色，且修改某个图层上的图素时不会影响其他图层图素。

Mastercam X5 中，单击界面下端状态栏中 **Level** 按钮，弹出如图 1-57 所示的【Level Manager】对话框，图中有两个图层，其中黄色高亮显示的是当前工作层，在【Visible】列中带有"X"，表示该层是可见的。

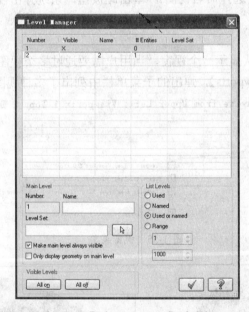

图 1-57 【Level Manager】对话框

如果要新增图层，只需要在【Number】输入栏中输入要新建的图层号，然后在【Name】输入栏中输入该层的名称即可。

如果要使某一层作为当前的工作层，只需在列表框中【Number】列中单击该层的编号即可，该层就以黄色高亮显示，表示该层已经作为当前的工作层。

如果要显示或者隐藏某些层，只需在【Visible】列中，单击需要显示或者隐藏的层，取

消该层的 ⌇ 即可。单击 [All on] 按钮，可以设置所有的图层都是可见；单击 [All off] 按钮，可以将除了当前工作图层之外的所有图层隐藏。

如果要将某个图层中的元素移动到其他图层，可以首先选择需要移动的元素，接着在状态栏上右击 [Level] 按钮。系统弹出如图 1-58 所示的【Change Levels】对话框，选择【Move】或【Copy】单选按钮，取消□Use Main Level 复选项，就可以在下面的输入栏中输入需要移动到的图层编号，用户也可单击 [Select] 按钮，在弹出的如图 1-59 所示对话框中选择图层。最后单击 [✓] 按钮，完成移动。

图 1-58 【Change Leuels】对话框

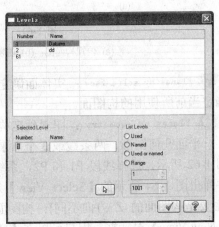

图 1-59 图层选择

1.8 构图面、坐标系及工作深度

在进行三维设计前，必须掌握构图面、Z 深度及视图 3 个重要命令的概念、类型及操作方法。

1. 构图面设置

利用 Mastercam X5 系统进行设计，特别是进行三维图形设计时，首先要对构图面进行设置，构图面决定了所绘制几何图形的空间几何位置。例如，一个圆可以绘制在 XY 平面、ZX 平面或 YZ 平面上，这完全要看用户在绘制圆之前所选择的构图面，换句话说，在使用 Mastercam X5 系统绘制任何几何图形前，必须先选择构图面。系统提供了 7 种基本的构图面，如图 1-60 所示。

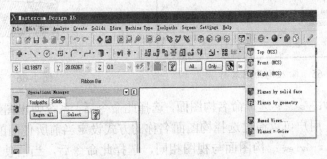

图 1-60 基本构图面

(1) [图标] Top (WCS)：俯视构图面，如图 1-61(a)所示。

(2) [图标] Front (WCS)：前视构图面，如图 1-61(b)所示。

(3) 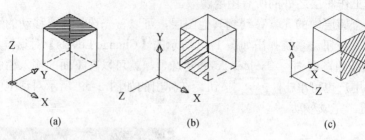 Right (WCS)：侧视构图面，如图 1-61(c)所示。

(a)　　　　　　　　　(b)　　　　　　　　　(c)

图 1-61　3 种基本构图面

(a) 俯视构图面图；(b) 前视构面图；(c) 右视构面图。

(4) Planes by solid face：实体面确定构图面，选择此命令后，用户可以通过选择实体面来确定当前所使用的构图面。

(5) Planes by geometry：图素确定构图面，选择此命令后，用户可以通过选择绘图区内的某一平面几何图形、两条线或 3 个点来确定当前所使用的构图面。

如图 1-62 所示，选择线段 P1 和 P2，系统给出图 1-63 所示构图面的 X 轴、Y 轴和 Z 轴坐标，并弹出图 1-64 所示的【Select View】对话框，用户可以单击 按钮来选择所需要的构图面(主要是构图面的 Z 方向不同)；构图面选择完毕后，单击 按钮，系统弹出图 1-65 所示的【New View】对话框，用户可以在【Name】栏输入构图面名称；单击 按钮，则当前所处的构图面为线段 P1 和 P2 组成的平面. 如图 1-66 所示。

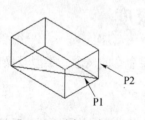

图 1-62　选择两条线段

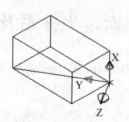

图 1-63　显示坐标轴

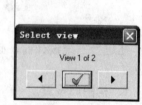

图 1-64　构图面选择

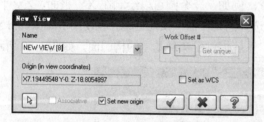

图 1-65　输入构面图名称

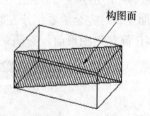

图 1-66　产生构面图

(6) Named Views...：选择命名构图面，选择此命令后，系统弹出图 1-67 所示的【View Selection】对话框，用户可以通过选择构图面名称的方式设定当前所使用的构图面。

(7) Planes = Gview：构图面与视图相同，选择此命令后，当前使用构图面与当前所选择的视图相同。例如，当前视图为俯视图，选择此命令后，当前构图面为俯视图构图面。

除了上面 7 种最常使用的构图面外，用户还可以定义其他几种构图面。要定义其他构图面，可选择如图 1-68 所示状态栏中的【Planes】命令。

图 1-67　构图面管理器

图 1-68　设置构图面

其中【Top】、【Front】、【Right】、【Named Views】、【Planes by geometry】、【Planes by solid face】及【Planes=Gview】为前面介绍的 7 种最常使用的构图面，下面介绍其他构图面的设置。

图 1-69　构面图旋转角度设置

(1) Isometric(WCS)：空间构图面，这也是 Mastercam X5 系统启动后默认的构图面。

(2) Rotate：旋转构图面，选择此命令后，系统弹出图 1-69 所示的【Rotate View】对话框，用户可以在对话框中输入当前构图面绕 X 轴、Y 轴或 Z 轴旋转的角度值来产生具有一定旋转角度的构图面。

(3) Last planes：选择此命令后，系统以上一次所使用的构图面作为当前使用构图面。

(4) Lathe radius：半径方式定义车床构图面。

(5) Lathe diameter：直径方式定义车床构图面。

(6) Planes by normal：选择此命令后，用户可以通过选择某一线段来确定当前使用的构图面，此构图面垂直于所选择的线段。如图 1-70 所示，选择线段 P1，按 Enter 键确认；系统给出图 1-71 所示的构图面的 X 轴、Y 轴和 Z 轴坐标，并弹出图 1-72 所示的【Seled View】对话框，用户可以单击 ▶ 按钮来选择所需要的构图(主要是构图面的 Z 方向不同)，构图面选择完毕后，单击 ✓ 按钮，系统弹出图 1-73 所示的【New View】对话框，用户可以在【Name】栏输入构图面名称；单击 ✓ 按钮，则当前所处的构图面为垂直线段 P1 的平面(也称为法线构图面)，如图 1-74 所示。

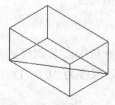

图 1-70　选择线段

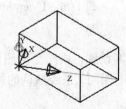

图 1-71　显示坐标轴

图 1-72　构图面选择

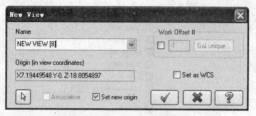

图 1-73　输入构图面名称

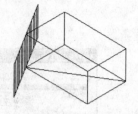

图 1-74　产生法线构图面

(7) Planes=WCS：选择此命令后，当前使用构图面与当前所选择的世界坐标系相同。例如当前世界坐标系为【WCS：TOP】，选择【Planes=WCS】命令后，当前构图面为【Cplane：TOP】。

2. 坐标系

Mastercam X5 中的坐标系包括了世界坐标系(World Coordinates System)和工作坐标系(Work Coordinates System，WCS)。系统中默认的坐标系称为世界坐标系，按 F9 键所切换显示的 3 条轴线就是世界坐标系的坐标轴。在设定构图平面后，系统所采用的坐标系由世界坐标系转换为工作坐标系。工作坐标系由世界坐标系绕原点旋转，坐标轴变换，但工作坐标系原点默认与世界坐标系原点重合。

设定工作坐标系：单击状态栏中的 WCS 按钮，弹出如图 1-75 所示的菜单栏，设定的方法与上面所述的"构图面"设置方法相同，这里就不再叙述了。选择【View Manager】命令，将打开如图 1-76 所示对话框，用户可以一次性完成构图平面、刀具平面、坐标系等多项参数的设置。设置完工作坐标系后所设置的构图面就是在设定的工作坐标系中的角度和位置了。

图 1-75　【WCS】菜单

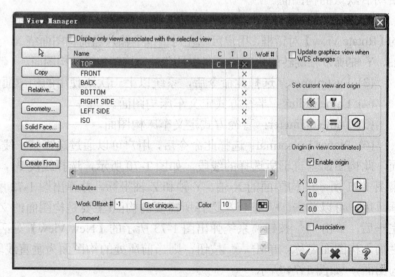

图 1-76　【View Manager】对话框

3. Z 深度设置

构图面设置完毕后，需要进行 Z 深度设置，同一个构图面，由于构图面 Z 深度的不同，所绘制的几何图形其所处的空间位置也不相同。系统默认的构图面 Z 深度为"0.0"(默认构图面为俯视构图面 TOP)。

要设置构图面的 Z 深度，直接在图 1-77 所示状态栏中的 Z 深度输入栏输入所需要的 Z 深度值即可，当然也可以单击输入栏前面的 Z 按钮，直接选择几何图形上的某一点来作为当前的 Z 深度。

图 1-77　设置构图面 Z 深度

如图 1-78 所示为同一个矩形在不同构图面和构面图 Z 深度时的几何位置。

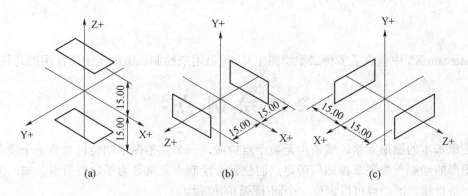

图 1-78　构图面深度

(a) 俯视构图面；(b) 前视构图面；(c) 侧视构图面。

在绘图几何图形时，如果是捕捉几何图形上的某点来绘制几何图形，则所绘制几何图形的 Z 深度为捕捉点的 Z 深度，当前设置的 Z 深度对其无效。

第 2 章

二维图形绘制

Mastercam X5 中包含了多种二维绘图工具，可以用来绘制二维图形中最常用的几何图素。

2.1 绘 制 点

点是最基本的图形元素，线条由无数个点构成，一个完整图形则会包含若干个线条。学会二维图形的绘制首失要掌握如何确定点的位置。绘制点常常是为了定位图素。如：两个端点定位一条直线，圆心点可以定位一个圆(圆弧)的位置。

点的绘制与捕捉是最基础的绘图功能，它们之间是相互搭配使用的。Mastercam X5 共为用户提供了 8 种点的绘制方法。要启动点绘制功能，可以选择菜单栏中的【Create】/【Point】命令，然后从弹出的下拉菜单栏中的中选择需要绘制的点的类型，如图 2-1 所示。或单击【Sketcher】工具栏中的 下拉按钮，从中选择相应的点绘制类型。

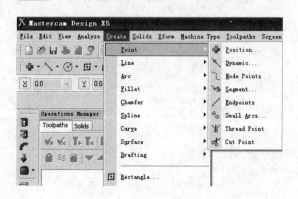

图 2-1　点绘制菜单栏

1. 绘制位置点

绘制位置点命令【Position】用于在某一指定位置(如端点、中点、圆心点、交点)绘制点，选择此命令后，可以进行以下操作。

(1) 直接输入点的坐标绘制点，如图 2-2 所示。输入 X、Y、Z 坐标后，按 Enter 键确认。

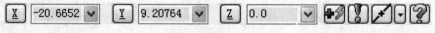

图 2-2　坐标输入点

(2) 直接单击图中指定位置。单击 ![] 按钮可以进行光标捕捉点设置，如图 2-3(a)所示，用户可以根据自己的需求选择捕捉点的类型，鼠标捕捉到点时即可以看到鼠标旁捕捉点的标志。

(3) 点的类型可以通过单击 ![] 按钮选择，如图 2-3(b)所示。以捕捉中点为例，首先单击 ![] 按钮，使其显示灰色，然后选中线段，按 Enter 键即可。

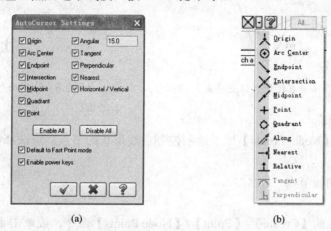

(a)　　　　　　　　　(b)

图 2-3　捕捉设置与点的类型选择

例 2-1　在指定位置绘制点：利用多边形和矩形工具绘制如图 2-4 所示的图形。

操作步骤：

(1) 选择菜单栏中的【Create】/【Point】/【Position】命令，或单击【Sketcher】工具栏中的 ![] 按钮。

(2) 系统出现"Sketch a point"提示，在要绘制点的位置单击，结果出现图 2-4 所示的位置点。

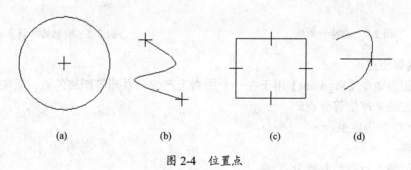

(a)　　　　　　　　(b)　　　　　　　　(c)　　　　　　　　(d)

图 2-4　位置点

(a) 圆心点；(b) 端点；(c) 中点；(d) 交点。

2．动态绘制点

动态绘制点命令【Dynamic】用于沿着某一已知图素(直线、圆弧或曲线)或在已知图形外绘制点。

例 2-2　动态绘制点。

操作步骤：

(1) 选择菜单栏中的【Create】/【Point】/【Dynamic】命令，或单击【Sketcher】工具栏中的 ![] ▼ 下拉按钮，从弹出的下拉菜单栏中的中单击 ![] 按钮。

(2) 系统出现"Select line，arc，spline，surface or solid face"提示，选择所绘制的曲线，出现动态移动箭头，移动箭头分别在 Pl P2、P3、P4 位置处单击，如图 2-5 所示。

(3) 按 Esc 键退出动态绘制点命令，结果如图 2-6 所示。

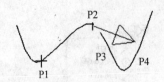

图 2-5   移动箭头并在绘制点位置单击

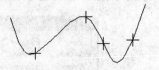

图 2-6   绘制动态点

3．绘制曲线节点

曲线节点命令【Node Points】用于绘制控制曲线形状的节点。所选择的曲线必须是参数式曲线【Spline】。

例 2-3   绘制曲线节点。

操作步骤：

(1) 择菜单栏中的【Create】/【Point】/【Node Points】命令，或单击【Sketcher】工具栏中的 ➕▾ 下拉按钮，从弹出的下拉菜单栏中的中单击 ⁀ 按钮。

(2) 系统出现"Select a spline"提示，选择如图 2-7 所示的曲线。绘制的曲线节点如图 2-8 所示。借助节点，用户可以对参数式曲线的外形进行调整。

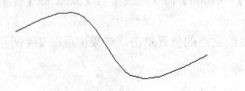

图 2-7   选择一曲线

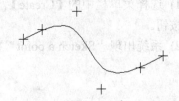

图 2-8   绘制的曲线节点

4．绘制等距点

绘制等距点命令【Segment】用于在一个图素上产生一系列等距离的点。系统提供输入点数或长度的方法来产生等分点。

例 2-4   绘制等距点。

操作步骤：

方法一：输入点数绘制等分点。

(1) 选择菜单栏中的【Create】/【Point】/【Segment】命令，或单击【Sketcher】工具栏中的 ➕▾ 下拉按钮，从弹出的下拉菜单栏中的中单击 ⁀ 按钮。系统弹出如图 2-9 所示的【等距点】操作栏。

图 2-9   【等距点】操作栏

(2) 根据系统提示选择图 2-10(a)所示的直线，在【等距点】操作栏中输入等分点数"5"，按 Enter 键确认，结果如图 2-10(b)所示。

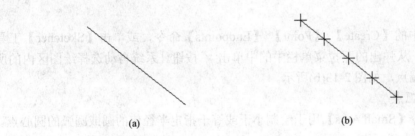

图 2-10 绘制等分点

(a) 直线；(b) 产生等距点。

提示：在选择图素时，系统会以靠近的端点为基点开始划分长度，故应注意光标点选择的位置。

方法二：输入长度绘制等分点

(1) 选择菜单栏中的【Create】/【Point】/【Segment】命令，或单击【Sketcher】工具栏中的 下拉按钮，从弹出的下拉菜单栏中的中单击 按钮。

(2) 根据系统提示选择图 2-11(a)所示的直线。在【等距点】操作栏中输入长度 "6.0"，如图 2-12 所示，按 Enter 键 确认，单击【确定】按钮。结果如图 2-11(b)所示，以长度 6.00 为间距产生等分点，直到最后一段的长度小于 6.00 为止。

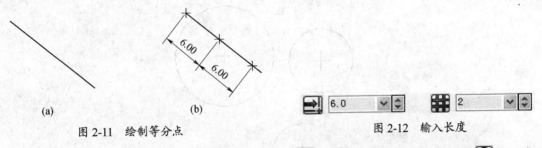

图 2-11 绘制等分点

图 2-12 输入长度

提示：注意操作栏中的应用按钮 与确定按钮 的区别，单击【应用】按钮 时，系统并不退出操作命令，只是结束当前的操作，用户可以继续使用该命令对其他几何图形进行相同操作；而单击【确定】按钮 时，系统结束当前的操作并退出用户所选择的操作命令，用户需要继续使用该命令对其他几何图形进行相同操作时，需要重新从菜单栏中的栏中选择命令。

5. 绘制端点

绘制端点命令【Endpoints】用于创建当前绘图区中所有图形的端点。

例 2-5 绘制端点：利用多边形和矩形工具绘制如图 2-13(a)所示的图形。

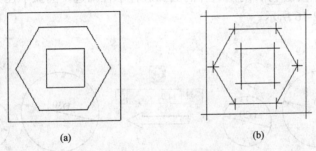

图 2-13 绘制几何图形端点

(a) 2D 图形；(b) 产生端点。

操作步骤：

选择菜单栏中的【Create】/【Point】/【Endpoints】命令，或单击【Sketcher】工具栏中的 ➕ ▾ 下拉按钮，从弹出的下拉菜单栏中的中单击 ✎ 按钮。系统自动选择绘图区内的所有几何图形并产生其端点，如图 2-13(b)所示。

6. 绘制小圆弧点

小圆弧点命令【Small Arcs】用于绘制小于或等于指定半径值的圆或圆弧的圆心点。

例 2-6 绘制小圆弧点。

操作步骤：

(1) 选择菜单栏中的【Create】/【Point】/【Small Arcs】命令，或单击【Sketcher】工具栏中的 ➕ ▾ 下拉按钮，从弹出的下拉菜单栏中的中单击 ⊕ 按钮。

(2) 系统弹出【小圆弧点】操作栏，设置最大半径为"40.0"，并单击【部分圆弧】按钮 ◐，如图 2-14 所示。

图 2-14 【小圆弧点】操作栏

(3) 根据系统提示选择绘制的圆和圆弧，按 Enter 键确认，结果如图 2-15 所示。

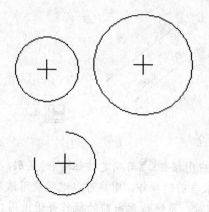

图 2-15 绘制小圆弧点

在绘制小圆弧点的操作中，系统弹出如图 2-14 所示的【小圆弧点】操作栏，通过该操作栏可以对选择的圆弧进行筛选和编辑操作。其中各按钮的含义如下。

① 【最大半径】按钮 ◉：对所选择的圆弧进行半径筛选，圆弧半径大于最大半径的则不会进行操作，如图 2-16 所示。

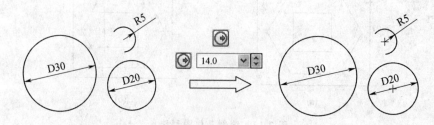

图 2-16 最大半径

②【部分圆弧】按钮 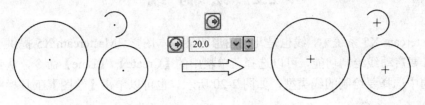：对所选择的圆弧进行形状筛选，如图 2-17 所示。

图 2-17 筛选圆弧

③【删除圆弧】按钮 ：将筛选出的圆弧删除，如 2-18 所示。

图 2-18 删除圆弧

7．绘制穿丝点

绘制穿丝点命令【Thread Point】用于绘制电火花线切割时电极丝的穿丝点，系统默认穿丝点的坐标为(0，0，0)。

例 2-7 绘制穿丝点。

操作步骤：

(1) 选择菜单栏中的【Create】/【Point】/【Thread Point】命令。

(2) 根据系统提示选择绘制穿丝点位置，选择图中的圆并捕捉到圆心，单击【确定】按钮 ，结果如图 2-19(b)所示。

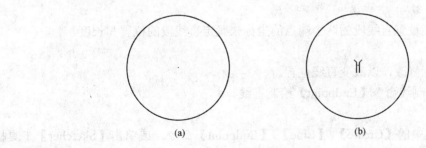

(a)　　　　　　　　　　　　(b)

图 2-19 绘制穿丝点

(a) 二维图形；(b) 产生穿丝点。

8．绘制切割停留点

绘制切割停留点命令【Cut Point】用于绘制电极丝切割轨迹完成后移到下一个穿丝点前的停留点，系统默认电极丝切割轨迹完成后停留在穿丝点。

2.2 绘 制 线

在 Mastercam X5 系统中，线也是几何图形的最基本图素。Mastercam X5 提供了多种绘制线的方式，要启动线绘制功能，可以选择菜单栏中的【Create】/【Line】命令，从弹出的下拉菜单栏中的中选择要绘制的线类型，如图 2-20 所示。也可以单击【绘图】工具栏中的【线绘制】按钮 \ ·。

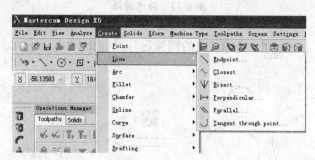

图 2-20 绘制线功能

1. 两点绘线

两点绘线命令【Endpoint】是通过定义直线的起点和终点来创建直线的，可以绘制直线段、连续线、水平线、垂直线、极坐标线和切线。选择此命令后，系统弹出【Endpoint】操作栏，如图 2-21 所示。

图 2-21 【Endpoint】操作栏

系统出现 "Specify the first endpoint" 时，用鼠标指针或在坐标输入栏中指定第 1 点的坐标；系统出现 "Specify the second endpoint" 时，输入第 2 点的坐标。按 Esc 键退出两点绘线操作。两点绘线有以下几种方法。

1) 输入坐标法

通过坐标输入栏设置直线段的两个端点的坐标来确定直线段的位置和长度。

2) 修改坐标法

对端点坐标进行修改，以改变直线位置。

例 2-8 利用绘制线命令【Endpoint】绘制直线。

操作步骤：

(1) 选择菜单栏中的【Create】/【Line】/【Endpoint】命令，或单击【Sketcher】工具栏中的 \ · 按钮。

(2) 在绘图区两个位置分别单击以确定第一、第二临时端点。

(3) 单击操作栏上的 +1 按钮，然后在坐标栏里分别输入 X、Y、Z 的坐标，并按 Enter 键确认，如图 2-22 所示。

图 2-22 修改第一点坐标

(4) 按照步骤(3)修改第二点坐标(15，30，0)，单击【确定】按钮 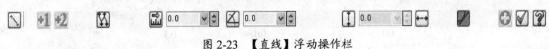，退出直线绘制。

3) 绘制任意线参数设置

在"绘制任意线"操作过程中出现的【直线】操作栏如图 2-23 所示。通过该操作栏可以绘制直线段、连续线、水平线、垂直线和切线，还可以编辑已画线段的起点和终点。

图 2-23 【直线】浮动操作栏

(1)【连续线】按钮 **X**。通过选择一系列点来创建连续的多段直线 2-24 所示。

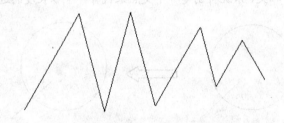

图 2-24 创建连续线

(2)【水平线】按钮 **←→**。通过选择两点及定义 Y 轴来创建水平线。在【绘制任意线】操作栏中单击【水平线】按钮 **←→**。先在绘图区任意位置单击指定直线的两个临时端点，设置各项参数，如图 2-25 所示。按 Esc 键，或单击【确定】按钮 ☑。

图 2-25 设置长度和 Y 坐标

(3)【垂直线】按钮 **‖**。通过选择两点及定义 X 轴来创建垂直线，具体的步骤和创建和水平线类似，在此不再赘述。

(4)【切线】按钮 **╱**。创建一条与圆弧或样条曲线相切的直线段。创建方法有 3 种，分别是过一已知点法、角度法和与两圆弧相切法。

提示：编辑线段端点功能只能对线段、垂直线、水平线进行编辑，不可以对连续线和切线编辑。而且，所编辑的对象要在编辑功能已激活的状态下(编辑点 **+1** 和编辑点 **+2** 处于亮显状态)方可进行编辑，对一些已经确定的几何图素不能进行编辑。

2. 绘制近距线

绘制近距线命令【Closest】用于绘制两个图素之间的最近距离连线。图素可以为直线、曲线、圆弧、样条曲线。

例 2-9 绘制近距线。

操作步骤：

(1) 选择菜单栏中的【Create】/【Line】/【Closest】命令。

(2) 在绘图区选择要创建近距线的两个图素，例如，图 2-26(a)所示的两条直线，系统就会创建两条直线之间的最近距离连线。

(3) 重复(1)、(2)步骤，可以创建直线与圆、两个圆之间的近距线，效果如图 2-26(b)、(c)所示。

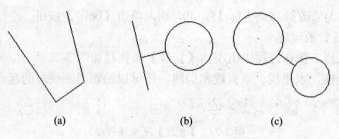

(a)   (b)   (c)

图 2-26　创建两个图素之间的近距线

提示：如果两个图素相交，系统将创建一个交点来代替一个零长度的近距线，如图 2-27 所示。

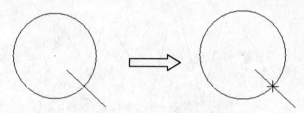

图 2-27　两个相交图素的近距线

3．绘制角平分线

绘制角平分线命令【Bisect】可以在两条非平行直线间生成角平分线，或在两平行直线中间生成一条平行线。

例 2-10　绘制角平分线。

操作步骤：

(1) 选择菜单栏中的【Create】/【Line】/【Bisect】命令。

(2) 选取要创建角平分线的两条直线，如图 2-28(a)所示。在操作栏中输入角平分线的长度为"10"，按 Enter 键确认，结果如图 2-28(b)所示。单击 Esc 键结束角平分线的绘制。

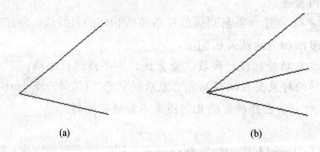

(a)   (b)

图 2-28　选择直线

(a) 二维图形；(b)产生分角线。

当选择的两条直线为平行线时，所建立的分角线方向与选择的第一条直线方向相同，其起点为第一条直线的起点与第二条直线距该起点最近端点的连线的中点，如图 2-29 所示。

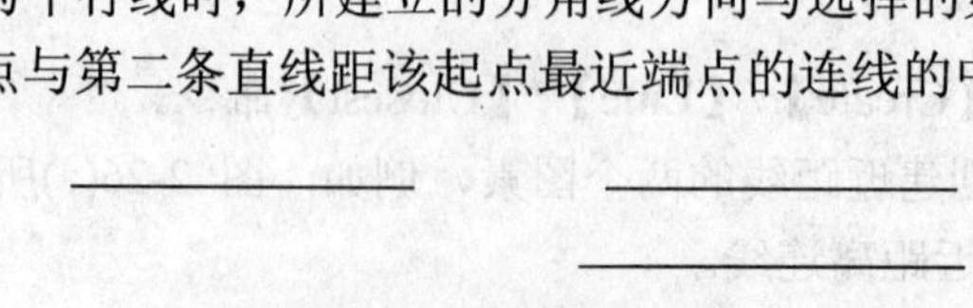

图 2-29　创建平行线

4. 绘制法线

绘制法线命令【Perpendicular】用于生成一条与已知线条(直线、曲线、圆弧、样条曲线)相垂直的线。可以创建过图素某一点的法线，还可以创建与圆弧相切的法线。

例 2-11　绘制过图素某一点的法线。

操作步骤：

(1) 选择菜单栏中的【Create】/【Line】/【Perpendicular】命令。

(2) 根据系统提示首先选择直线，然后选择圆弧上的一点，最后单击【确定】按钮✅。其步骤和效果如图 2-30 所示。

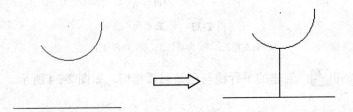

图 2-30　创建过图素某一点的法线

例 2-12　绘制与圆弧相切的法线。

操作步骤：

(1) 选择菜单栏中的【Create】/【Line】/【Perpendicular】命令。

(2) 单击操作栏上的【切线】按钮，根据自己需求调整　　按钮选择一边还是双边绘制切线，再按系统提示首先选择直线，然后选择圆弧，最后单击【确定】按钮✅。其步骤和效果如图 2-31 所示。

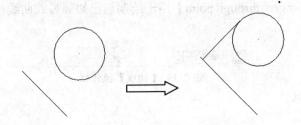

图 2-31　创建与圆弧相切的法线

5. 绘制平行线

绘制平行线命令【Parallel】用于绘制与已有直线平行的直线。

例 2-13　绘制平行线。

操作步骤：

(1) 选择菜单栏中的【Create】/【Line】/【Parallel】命令。

(2) 单击选取一条直线，然后选取一个所要绘制平行线经过的点，单击【确定】按钮✅即可。【平行线】操作栏如图 2-32 所示，其中几个按钮的含义分别如下。

图 2-32　【平行线】操作栏

①【补正距离】按钮⬛：指定平行线与已知直线之间的垂直距离。

②【反向】按钮⬛：切换平行线的补正方向，有向左、向右和双向，如图 2-33 所示。

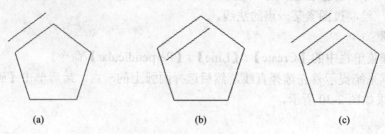

(a)　　　　　　　　　　　(b)　　　　　　　　　　　(c)

图 2-33　补正方向

(a) 向左补正；(b) 向右补正；(c) 双向补正。

③【切线】按钮⬛：创建的平行线与已知圆弧相切，如图 2-34 所示。

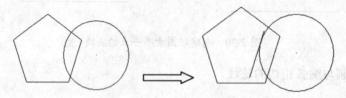

图 2-34　与圆弧相切的平行线

提示：在创建与圆弧相切的平行线时，应注意选择圆弧的位置，系统会在选择的位置最近的切点处产生平行线。

6. 绘制切线

绘制切线命令【Tangent through point】用于绘制与已知圆弧或曲线相切的线段。【切线】操作栏如图 2-35 所示。

图 2-35　【切线】操作栏

例 2-14　绘制切线。

操作步骤：

(1) 选择菜单栏中的【Create】/【Line】/【Tangent through point】命令。

(2) 选取图 2-36 所示曲线，然后选取曲线上一点作为切点。

(3) 选择切线第二个端点，或通过⬛按钮指定长度，然后单击【确定】按钮⬛，结果如图 2-36 所示。

图 2-36　绘制曲线上一点切线

提示：绘制"切线"命令还可以绘制两曲线或圆弧的公切线，即直接选择两曲线或圆弧，不过切线在第一个曲线或圆弧上。

2.3　绘制圆和圆弧

在 Mastercam X5 系统中，圆弧也是几何图形的最基本图素，相对来说也是比较难绘制的几何图形。快速准确地绘制圆弧是图形设计中比较关键的环节。MastercamX5 提供了 7 种圆和圆弧的绘制方法。选择菜单栏中的【Create】/【Arc】命令，从弹出的下拉菜单栏中选择要绘制的圆和圆弧类型，如图 2-37 所示。

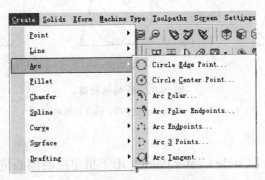

图 2-37　绘制圆弧菜单栏

1. 边界点绘制圆

边界点绘制圆命令【Circle Edge Point】用于选择圆的边界点来绘制圆，有 3 点绘圆法、2 点绘圆法及绘制切圆 3 种方式。

例 2-15　边界点绘制圆。

操作步骤：

(1) 选择菜单栏中的【Create】/【Arc】/【Circle Edge Point】命令。

(2) 在图 2-38 所示操作栏中单击【3 点绘圆】按钮 ⟲。

图 2-38　设置 3 点绘圆

(3) 系统提示选择圆经过的 3 个点，选择图 2-39(a)所示三角形三个顶点，结果如图 2-39(b)所示。

(a)　　　　　　　　　(b)　　　　　　　　　(c)

图 2-39　边界点绘圆

(a) 三角形；(b) 3 点绘圆；(c) 2 点绘圆。

(4) 继续单击图 2-38 所示操作栏中的【2 点绘圆】按钮 ⟲。系统提示选择圆经过的两个点，选择三角形两顶点，结果如图 2-39(c)所示。

(5) 单击图 2-38 所示操作栏中的【绘制切圆】按钮 ，单击【3 点绘圆】按钮 。系统提示选择圆相切的 3 个几何图形，选择图 2-40(a)所示线段三角形三条边，结果如图 2-40(b)所示。若单击 2 点绘圆按钮 ，系统将提示选择圆相切的 2 个几何图形，输入半径，单击确定按钮 ，结果如图 2-40(c)所示。

(a)　　　　　　　　　　(b)　　　　　　　　　　(c)

图 2-40　绘制相切圆

(a) 三角形；(b) 3 点绘相切圆；(c) 2 点绘相切圆。

2．中心点绘制圆

中心点绘制圆命令【Circle Center Point】用于指定圆的圆心位置来绘制指定半径或直径的圆。

例 2-16　边界点绘制圆。

操作步骤：

(1) 选择菜单栏中的【Create】/【Arc】/【Circle Center Point】命令。

(2) 系统提示选择圆心位置，在绘图区任意选择一点作为圆心位置。在图 2-41 所示操作栏中输入圆半径"10.0"，按 Enter 键确认(输入半径后，系统自动给定圆直径，反之亦然)，结果如图 2-42 所示。

图 2-41　在操作栏上输入圆半径

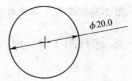

图 2-42　产生圆

3．绘制中心点极坐标圆弧

绘制中心点极坐标圆命令【Arc Point】用于指定圆弧的圆心来绘制极坐标圆弧。

例 2-17　绘制中心点极坐标圆弧。

操作步骤：

(1) 选择菜单栏中的【Create】/【Arc】/【Arc Point】命令。

(2) 系统提示选择圆弧中心点，在绘图区任意选择一点作为圆心位置。在图 2-43 所示操作栏中输入圆弧半径"10.0"，起始角度"12.0"，终止角度"90.0"，单击【确定】按钮 ，产生极坐标圆弧，如图 2-44 所示。起始和终止角度也可以通过绘图区中的鼠标指针确定。

图 2-43 【中心点极坐标圆弧】操作栏

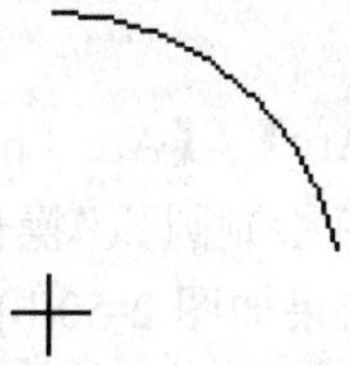

图 2-44 中心点极坐标圆弧

4．绘制端点极坐标圆弧

绘制端点极坐标圆弧命令【Arc Polar Endpoints】 用于定义圆弧起始点或终止点、半径、起始角度和终止角度来绘制圆弧。

例 2-18 绘制端点极坐标圆弧。

操作步骤：

(1) 选择菜单栏中的【Create】/【Arc】/【Arc Polar Endpoints】 命令。

(2) 首先单击 按钮，根据提示选择圆弧起始点，在绘图区任意选择一点作为圆弧起始位置。在图 2-45 所示操作栏中输入圆弧半径 "10.0"，起始角度 "–20.0"，终止角度 "120.0"，单击【确定】按钮，结果如图 2-46 所示，产生极坐标圆弧。

图 2-45 【端点极坐标圆弧】操作栏

5．2 点绘制圆弧

2 点绘制圆弧命令【Arc Endpoints】通过确定圆弧的两个端点和圆弧的半径来绘制圆弧。

例 2-19 2 点绘制圆弧。

操作步骤：

(1) 选择菜单栏中的【Create】/【Arc】/【Arc Endpoints】命令。

(2)系统提示选择圆弧经过的两个点，选择图 2-47 所示线段两端点，然后单击线段一侧确定圆弧位置，再在图 2-48 所示操作栏中输入圆弧半径 "10.0"，按 Enter 键确认，然后单击【确定】按钮，结果如图 2-47 所示。

图 2-46 端点极坐标圆弧　　　　　　　　图 2-47 2 点绘制圆弧

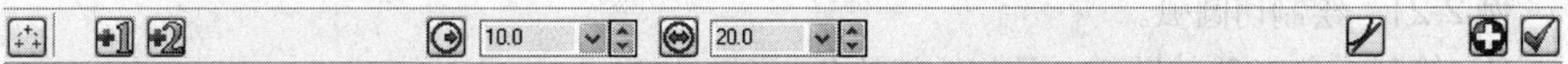

图 2-48 输入圆弧半径

提示：确定圆弧两端点后也可以直接捕捉圆弧经过的一点绘制圆弧。

6. 3 点绘制圆弧

3 点绘制圆弧命令【Arc 3 points】通过确定圆弧所经过的 3 个点来绘制圆弧。

例 2-20　3 点绘制圆弧。

操作步骤：

(1) 选择菜单栏中的【Create】/【Arc】/【Arc 3 points】 命令。

(2) 系统弹出如图 2-49 所示的"3 点绘制圆弧"操作栏，系统提示选择圆弧经过的 3 个点，选择图 2-50(a)所示三角形 3 个顶点，结果如图 2-50(b)所示。

(3) 继续选择三角形最左边顶点，然后单击相切 按钮，根据提示选取下面两条边，生成圆弧如图 2-50(c)所示。

(4) 单击相切 按钮，根据提示依次选取三角形右面的一条边、水平线、竖直线，生成圆弧如图 2-50(d)所示。

图 2-49　【3 点绘制圆弧】操作栏

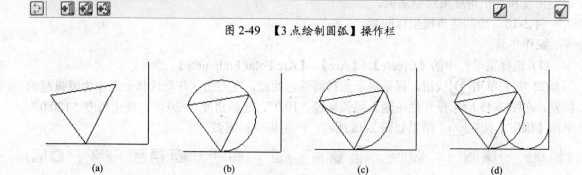

| (a) | (b) | (c) | (d) |

图 2-50　3 点绘制圆弧

提示：选择点或图素的顺序会影响圆弧的绘制。

7. 绘制切圆弧

绘制切圆弧命令【Arc Tangent】用于绘制与其他几何图形相切的圆弧，操作栏如图 2-51 所示。有 7 种方法绘制切圆弧。

图 2-51　绘制切圆弧方法

(1) ⊙：绘制经过某一点并与一几何图形相切的 180°圆弧。

(2) ⊙：绘制经过某一点并与一几何图形相切的圆弧。

(3)  ⊖：绘制与一直线相切的圆，需给出其中心所在的直线。

(4)  ▢：动态绘制相切圆弧。

(5)  ⊙：绘制与 3 个几何图形相切的圆弧。

(6) ⊙：绘制与 3 个几何图形相切的圆。

(7)  ▢：绘制与 2 个几何图形相切的圆弧。

例 2-21　绘制切圆弧。

(1) 绘制一个 180°的圆弧，且与选择的几何图形相切。

操作步骤：

① 选择菜单栏中的【Create】/【Arc】/【Arc Tangent】命令。

② 单击操作栏中的⊙按钮，系统提示选择与圆弧相切的图形，选择图 2-52(a)所示线段，然后选择线段中点作为切点，将会出现两个相切圆如图 2-52(b)所示，最后选择要保留的相切圆弧，圆弧的半径可以在操作栏中修改，单击【确定】按钮✓，结果如图 2-52(c)所示。

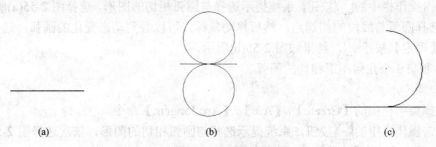

图 2-52　绘制 180°圆弧

(2) 绘制经过某一点并与一几何图形相切的圆弧。

操作步骤：

① 选择菜单栏中的【Create】/【Arc】/【Arc Tangent】命令。

② 单击操作栏中的⊙按钮，系统提示选择与圆弧相切的图形，选择图 2-53(a)所示线段，然后选择图中所绘的一点，将会出现两个相切圆如图 2-53(b)所示，最后选择要保留的相切圆弧，圆弧的半径可以在操作栏中修改，单击【确定】按钮✓，结果如图 2-53(c)所示。

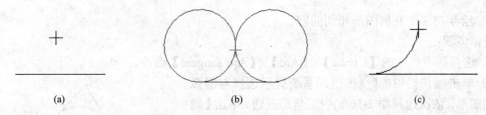

图 2-53　绘制经过一点并与一几何图形相切的圆弧

(3) 绘制与一直线相切的圆，已知其中心所在的直线。

操作步骤：

① 选择菜单栏中的【Create】/【Arc】/【Arc Tangent】命令。

② 单击操作栏中的⊖按钮，系统提示选择与圆弧相切的图形，选择图 2-54(a)所示的竖直线段，然后选择圆中心所在直线即图中水平线，将会出现两个相切圆，如图 2-54(b)所示，最后选择要保留的相切圆弧，圆弧的半径可以在操作栏中修改，单击【确定】按钮✓，结果如图 2-54(c)所示。

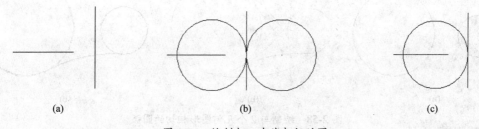

图 2-54　绘制与一直线相切的圆

(4) 动态绘制相切圆弧。

操作步骤：

① 选择菜单栏中的【Create】/【Arc】/【Arc Tangent】命令。

② 单击操作栏中的 ⬜ 按钮，系统提示选择与圆弧相切的图形，选择图 2-55(a)所示线段，移动箭头选择圆弧与线段的相切点，然后移动鼠标，可以看到动态变化的圆弧，选择合适的点，单击【确定】按钮 ✓，结果如图 2-55(b)所示。

(5) 绘制与 3 个几何图形相切的圆弧。

操作步骤：

① 选择菜单栏中的【Create】/【Arc】/【Arc Tangent】命令。

② 单击操作栏中的 ⊙ 按钮，系统提示选择与圆弧相切的图形，依次选择图 2-56(a)中三角形三边，单击【确定】按钮 ✓，结果如图 2-56(b)所示。

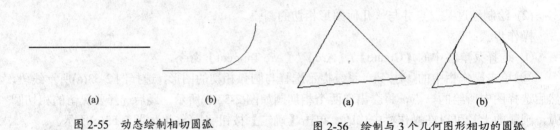

(a)　　　　(b)

图 2-55　动态绘制相切圆弧

(a)　　　　(b)

图 2-56　绘制与 3 个几何图形相切的圆弧

(6) 绘制与 3 个几何图形相切的圆。

操作步骤：

① 选择菜单栏中的【Create】/【Arc】/【Arc Tangent】命令。

② 单击操作栏中的 ⊙ 按钮，系统提示选择与圆弧相切的图形，依次选择图 2-56(a)中三角形三边，单击【确定】按钮 ✓，结果如图 2-57 所示。

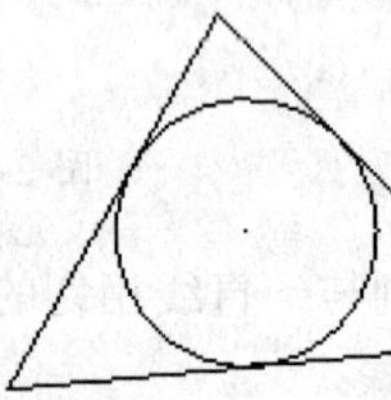

(7) 绘制与 2 个几何图形相切的圆弧。

① 选择菜单栏中的【Create】/【Arc】/【Arc Tangent】命令。

② 单击操作栏中的 ⬚ 按钮，系统提示选择与圆弧相切的图形，依次选择图 2-58(a)中两个圆，将出现如图 2-58(b)所示圆弧，选择需要的圆弧，单击【确定】按钮 ✓，结果如图 2-58(c)所示。

图 2-57　绘制与 3 个几何图形相切的圆

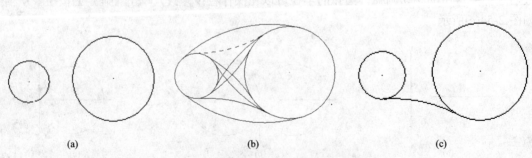

(a)　　　　　　(b)　　　　　　(c)

图 2-58　绘制与 2 个几何图形相切的圆弧

2.4　绘制矩形

在 Mastercam X5 系统中，绘制矩形也是较常用的操作，它有多种绘制方法。

1. 绘制标准矩形

要启动标准矩形绘制功能，可选择菜单栏中的【Create】/【Rectangle】命令。系统弹出【矩形】操作栏，如图 2-59 所示。

图 2-59　【矩形】操作栏

如果要精确地绘制一个指定宽度和高度尺寸的矩形，那么可以在指定第 1 个角点后，在操作栏的长度文本框中输入长度值，并按 Enter 键确定，在宽度文本框中输入矩形高度值，并按 Enter 键确定，然后单击【确定】按钮。对于一些矩形也可以通过指定矩形的两个对角点来绘制。

当在【矩形】操作栏中单击（设置基准点为中心点）按钮时，可以采用基准点法绘制矩形。基准点法是指通过指定一个基准点作为矩形的中心点，并指定矩形的宽度和高度来绘制矩形。

当单击按钮时，生成的矩形则为一个曲面。

例 2-22　绘制如图 2-60 所示矩形。

操作步骤：

(1) 选择菜单栏中的【Create】/【Rectangle】命令。

(2) 单击操作栏中的按钮，输入矩形中心点坐标"0，0，0"后，按 Enter 键确定，在矩形操作栏中输入矩形宽度"20.0"，高度"15.0"。按 Enter 键确定，单击【确定】按钮，绘制的矩形如图 2-60 所示。

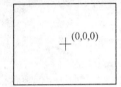

图 2-60　绘制的矩形

2. 绘制变形矩形

在 Mastercam X5 系统中，除了绘制标准矩形外，系统还提供变形矩形的绘制方法。选择菜单栏中的【Create】/【Rectangular Shapes】命令，系统弹出【变形矩形参数设置】对话框，如图 2-61 所示。

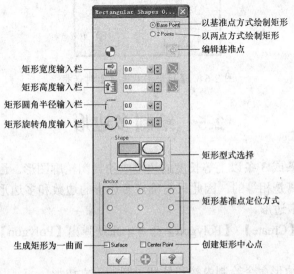

图 2-61　【变形矩形参数设置】对话框

(1)【旋转角度】文本框设置矩形宽度与水平的夹角，如图 2-62 所示。

(2)【型式】选项组设置特殊矩形的形状，共有 4 种，如图 2-63 所示。

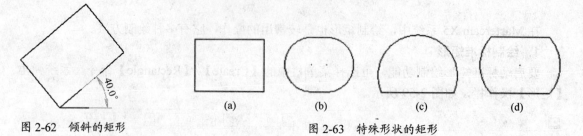

图 2-62 倾斜的矩形   (a)   (b)   (c)   (d)

图 2-63 特殊形状的矩形

(3)【固定的位置】选项组设置矩形基准点的定位方式。【产生中心点】复选框产生矩形的同时也产生矩形的中心点。

当选择两点方式绘制矩形时，矩形对话框将如图 2-64 所示，操作方法与以基准点方式绘图相似。

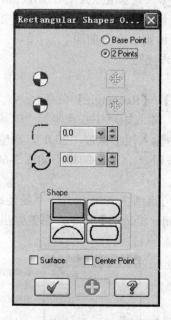

图 2-64 【矩形形状选项】对话框

2.5 绘制多边形

正多边形是由 3 条或 3 条以上等长度的边组成的封闭轮廓图形。因为正多边形的每个定点到多边形中心的距离是相等的，因此只需确定多边形的边数和多边形的外接圆或内切圆的半径即可创建一个正多边形。

选择菜单栏中的【Create】/【Polygon】命令，系统弹出【Polygon】对话框，其各项功能如图 2-65 所示。

例 2-23 利用多边形命令绘制内接和外切于圆的正六边形。

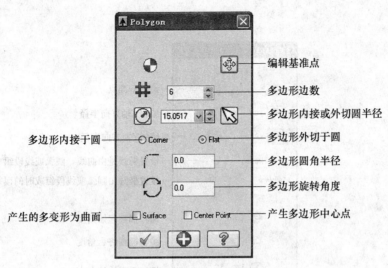

图 2-65 【Polygon】对话框

操作步骤：

(1) 选择菜单栏中的【Create】/【Polygon】命令。

(2) 系统弹出【Polygon】对话框，输入多边形边数 "6.0"，输入半径 "10.0"，选择内接于圆，单击【应用】按钮 ⊕，绘制的多边形如图 2-66(a)所示。

(3) 保持设置不变，选择外切于圆，单击【确定】按钮 ✓，绘制的多边形如图 2-66(b)所示。

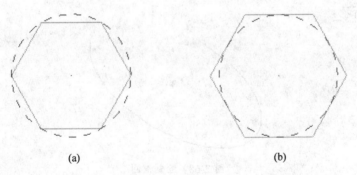

(a)   (b)

图 2-66   绘制六边形

2.6   绘 制 椭 圆

在 Mastercam X5 系统中，椭圆也是一个比较常用的命令。椭圆是一种特殊的圆，它与圆的区别在于其圆周上的点到中心的距离是变化的，而圆是固定不变的。椭圆主要由长轴短轴和中心点 3 个参数来确定。选择菜单栏中的【Create】/【Ellipse】命令，启动椭圆绘制功能，系统弹出【Ellipse】对话框，各选项功能如图 2-67 所示。

例 2-24   利用椭圆命令绘制倾角为 30°的 3/4 椭圆弧。

操作步骤：

(1) 选择菜单栏中的【Create】/【Ellipse】命令。

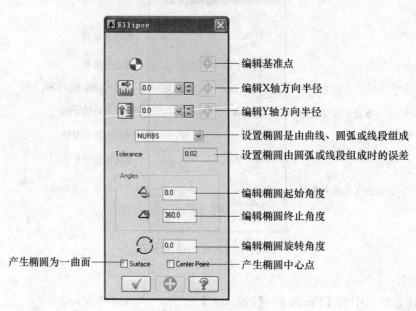

图 2-67 【Ellipse】对话框

（2）系统弹出【Ellipse】对话框，根据系统提示在合适地方选择中心点，在 X 轴方向半径中输入"10.0"，在 Y 轴方向半径输入"5.0"。

（3）输入起始角度"90.0"，终止角度"360.0"，旋转角度为"30.0"。单击【确定】按钮☑，结果如图 2-68 所示。

图 2-68 绘制椭圆

2.7 绘制旋绕线

在 Mastercam X5 系统中，旋绕线的绘制常配合曲面【Surface】绘制中的扫描曲面【Swept】或实体【Solids】中的扫描实体【Sweep】命令来绘制旋绕几何图形。选择菜单栏中的【Create】/【Spiral】命令，启动旋绕线绘制功能，系统弹出【Spiral】对话框，各选项功能如图 2-69 所示。

提示：输入圈数后系统根据【Initial Pitch】栏和【Final Pitch】栏中输入的参数自动给出旋绕线总高度，反之亦然。

例 2-25 利用旋绕线命令绘制图 2-70 所示的几何图形。

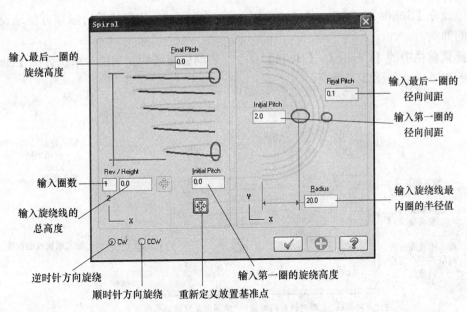

图 2-69 【Spiral】对话框

操作步骤:

(1) 选择菜单栏中的【Create】/【Spiral】命令。

(2) 系统弹出【Spiral】对话框,根据系统提示选择旋绕线中心点。在坐标栏中输入中心点坐标为"0,0,0",按 Enter 键确定。

(3) 在如图 2-71 所示【Spiral】对话框中输入旋绕线参数,单击【确定】按钮 ✓ 。按住鼠标中键,旋转视图角度,结果如图 2-70 所示。

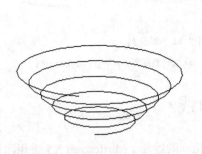

图 2-70 旋绕线

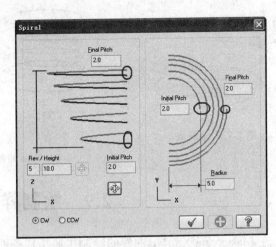

图 2-71 设置旋绕线参数

2.8 绘制螺旋线

螺旋线就是一条绕中心轴往上旋转的曲线,只需要螺旋线的半径、螺距和旋转圈数就可以确定。在 Mastercam X5 系统中,螺旋线的绘制常配合扫掠命令【Surfaces】/【Sweep】,或实体扫掠命令【Solids】/【Sweep】来绘制旋转几何图形。使用螺旋线可以很方便地设计出各种形状的弹簧。

选择菜单栏中的【Create】/【Helix】命令，启动螺旋线绘制功能，系统弹出【Helix】对话框，各选项功能如图 2-72 所示。

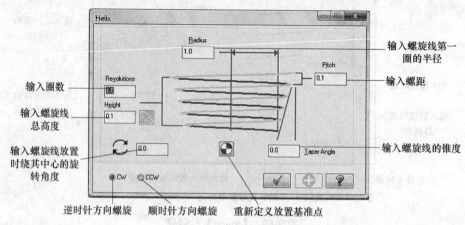

图 2-72 【Helix】对话框

(1) Height：设置螺旋线总高度。【Height】与【Revdutions】相互关联，它们中的任何一个位置发生变化，另一个也随之变化。

(2) Taper Angle：螺旋线每圈的半径不同而产生螺旋锥度角，如图 2-73 所示。

例 2-26 设定螺旋线的圈数为 "6.0"，Taper Angle(锥角)为 "0.0"，Pitch(螺距)为 "10.0"，Radius(螺旋半径)为 "30.0"，创建螺旋线。如图 2-74 所示。

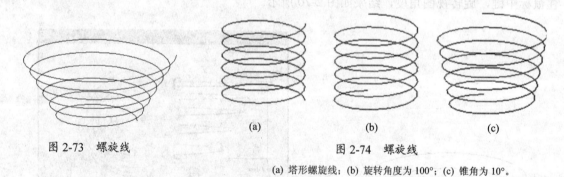

图 2-73 螺旋线

图 2-74 螺旋线

(a) 塔形螺旋线；(b) 旋转角度为 100°；(c) 锥角为 10°。

2.9 绘制样条曲线

在 Mastercam X5 中，曲线的绘制主要指样条曲线 Spline 的绘制。Mastercam X5 采用了两种类型的曲线——Spline 曲线(即样条曲线)和 NURBS 曲线(即非均匀有理 B 样条曲线)，如图 2-75 所示。两种曲线的不同之处在于，Spline 曲线将所有的离散点作为曲线的节点并通过，而 NURBS 则不一定。Spline 曲线可以视作一条有弹性的强力橡皮，通过在其上各点加上重量使其经过指定位置，点两侧的曲线有相同的斜率和曲率；而 NURBS 曲线可以视作比 Spline 曲线更加光滑的曲线，可以通过移动它的控制点来编辑 NURBS 曲线，适用于设计模具模型的外形与复杂曲面的轮廓曲线，如汽车表面轮廓曲线。

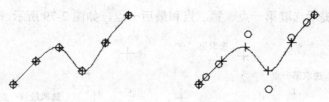

图 2-75　Mastercam X5 的两类曲线

Mastercam X5 一共提供了 4 种样条曲线的绘制方式，分别是手动方式、自动输入、转成曲线和熔接曲线，如图 2-76 所示。

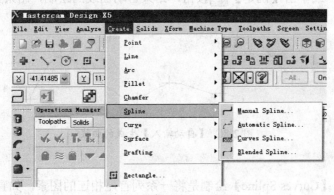

图 2-76　样条曲线的绘制方式

1. 手动方式绘制

手动方式绘制命令【Manual Spline】就是绘制曲线时按提示逐个输入点的位置创建样条曲线，如图 2-77 所示。

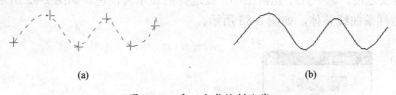

(a)　　　　　　　　　　　　　　　　　(b)

图 2-77　手工方式绘制曲线

(a) 选择点；(b) 绘制的曲线。

2. 自动输入绘制

自动输入绘制命令【Automatic Spline】只需指定中间 1 点和 2 个端点，系统会按事先生成的点来形成曲线。自动输入绘制之前，绘图区须有一系列的点。

例 2-27　自动绘制样条曲线。

(1) 选择菜单栏中的【Create】/【Point】/【Position】命令，在绘图区内生成一系列位置点。

(2) 选择菜单栏中的【Create】/【Spline】/【Automatic Spline】命令，系统弹出图 2-78 所示操作栏。

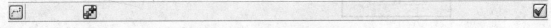

图 2-78　【自动曲线】操作栏

(3) 根据系统提示选取第一点、第二点和最后一点，如图 2-79 所示。

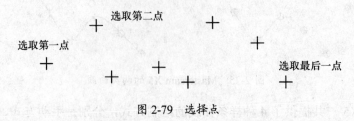

图 2-79　选择点

(4) 按 Esc 键，或单击【确定】 按钮，结束自动曲线的绘制，结果如图 2-80 所示。

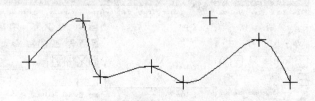

图 2-80　【自动输入】生成的曲线

3. 转成曲线

转成曲线命令【Curves Spline】绘制是将一系列首尾相连的图素，如直线、圆弧和曲线，转变为所设置的单一的样条曲线。

将几何图素转变成样条曲线后，表面上看不出任何变化，但实际上几何图案已经变成单一的样条曲线。在未转变之前，几何图素的一部分可以被单独选取，选择转成曲线【Curves Spline】命令后，系统弹出如图 2-81 所示的【Chaining】对话框，选择要转换为曲线的串连几何图形。未转变之前，选中几个几何图形，被选择的显示为浅色，如图 2-82 所示。转变之后，选取的只能是样条曲线整体，如图 2-83 所示。

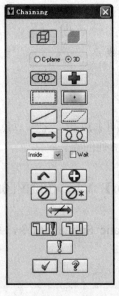

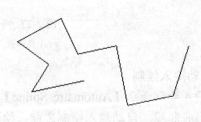

图 2-82　选取部分图素

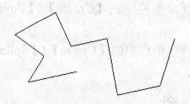

图 2-81　【Chaining】对话框　　　　图 2-83　选取【转成曲线】后的样条曲线

在转换过程中，用户可以根据需要选择保留原曲线、删除原曲线、隐藏原曲线和把原曲线移动到另一层，如图 2-84 所示。

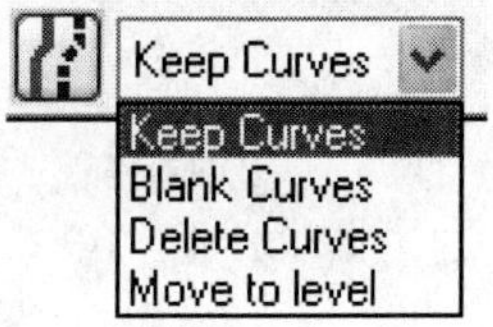

用户还可以通过【曲线至曲线】操作栏上的误差输入框  ，指定样条曲线与原样条曲线串连的最大误差值，误差值越小，生成的样条曲线与原曲线串连越接近。

图 2-84 转换选择

4．熔接曲线

熔接曲线命令【Blended Spline】就是创建一条与两曲线(直线、圆弧或曲线)被选择的位置光滑相切的样条曲线。

例 2-28 熔接曲线。

(1) 选择菜单栏中的【Create】/【Spline】/【Blended Spline】命令，或单击【绘图】工具栏中的【手动】按钮右方的下三角按钮，在弹出的下拉菜单栏中的中单击【熔接曲线】按钮 。

(2) 选择第一条曲线。在绘图区选取一条曲线后，系统显示出一个表示切点位置及切线方向的箭头，如图 2-85 所示。移动鼠标将箭头移到需要的切点位置之后单击即可选取该曲线和切点位置。

(3) 用同样的方法选择第二条曲线及切点位置，如图 2-86 所示。

图 2-85 选取第一条曲线和切点位置　　　　图 2-86 选取第二条曲线和切点位置

(4) 系统弹出【边界曲线状态】操作栏，采用设置熔接曲线操作的相关参数。设置原几何图形修剪方式为【Both】(即两者均修剪)，如图 2-87 所示。

图 2-87 【边界曲线状态】操作栏

(5) 设置完成后，绘图区出现熔接曲线预览，单击【确定】按钮 ，结束曲线熔接操作，效果如图 2-88 所示。

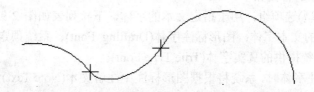

图 2-88 熔接后的曲线

【边界曲线状态】操作栏上的【修剪曲线】按钮有 4 种选择。当选择【无】时即表示不对原始曲线作修剪；当选择【两者】时，同时修剪两个被选取的几何对象；当选择【第一条曲线】或【第二条曲线】时表示只对第一个或第二个选取对象作修剪，其修剪效果如图 2-89 所示。

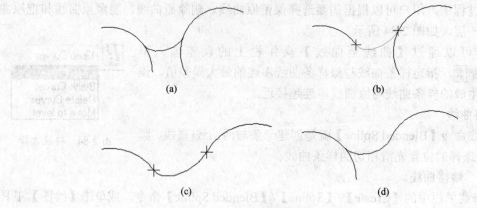

(a)   (b)

(c)   (d)

图 2-89 不同修剪选项的效果比较

(a) 选【无】; (b) 选【第一条曲线】; (c) 选【第二条曲线】; (d) 选【两者】。

【边界曲线状态】操作栏上的 ![] 1.0 ▼ 输入框用来设置在两个选取对象切点的嫁接值, 如图 2-90 所示为不同熔接值的效果显示。

(a)   (b)

图 2-90 不同熔接值的效果比较

(a) 熔接值为 1; (b) 熔接值为 3。

2.10 绘制文字

若要在产品表面进行文字雕刻, 则首先要绘制文字。在 Mastercam X5 系统中, 文字也按照图形来处理的, 它是由直线、圆弧、样条曲线等构成的组合体, 这与尺寸标注中的文字不同。

选择菜单栏中的【Create】/【Letters】命令, 系统弹出如图 2-91 所示的【Create Letters】对话框, 用于指定文字的内容和格式。

对话框中各选项的含义如下。

(1)【Font】(字型)选项组: 用于指定文本的字体, 下拉列表如图 2-92 所示。该下拉列表中提供了 3 种类型的文本字体: 图形标注字体(Drafting Font)、系统预定义的字符文件(MCX Font)和 Windows 系统提供的真实字体(True Type Font)。

当选择图形标注字体时, 系统将根据图形标注中注解文本(Note Text)设置的属性来绘制文本, 但可以重新指定文本的高度。

提示: 采用【绘制文字】命令绘制的文本是由直线、圆弧和样条曲线组成的曲线串连体, 可以直接用于加工, 而图形标注字体中绘制的文本为单一几何对象, 不能直接用于加工。

当选择系统预定义的字符文件时, 选择不同的字符文件选项, 系统在【字型】选项组中的【MC 目录】文本框中指出了字符所在的文件夹。该方法只能绘制选取文件夹中已有字符文件定义的字符, 字符文件也为 MCX 文件, 用户可以修改或添加字符文件。

图 2-91 【Create Letters】对话框 图 2-92 【Font】下拉列表

当选择真实字体时，采用 Windows 系统的真实字体绘制文本。用户可以单击【True type】按钮来选择真实字体的字型。

① True Type(R)：单击【True Type(R)(真实字型)】按钮 ，系统弹出【真实自行参数设定】对话框，用户可以设置字体、字型及文字大小等内容。

② Font folder：此栏显示用户所选择字库的路径。

(2) Letters：用户可以在此栏输入所要绘制的文字内容。

(3) Alignment：共有以下 5 种文字放置方式，如图 2-93 所示。

① Horizontal：文字以水平方式放置。

② Vertical：文字以垂直方式放置。

③ Top of Arc：文字以弧顶方式放置。需在【Arc Radius】栏中输入圆弧半径。

④ Bottom of Arc：文字以弧底方式放置。需在【Arc Radius】栏中输入圆弧半径。

⑤ Top of Chain：文字顺着选择的曲线放置。

图 2-93 文字排列方式

提示：在选择字型时，只有以 MCX 字母和 True Type (Arial)Font 开头的字型才能设置文字排列方式，其他的系统默认为水平排列。

(4) Parameters：文字参数，主要包含以下各项。

① Height：文字高度。

② Arc Radius：当用户采用【Top of Arc】或【Bottom of Arc】时，此栏用于输入放置圆弧的半径值。

③ Spacing：文字间的间隙值。

选项组用于指定文本参数，包括文本的高度、字符间距及放置方式等。对于非以 MCX 字母开头的字形，可以单击【Create Letters】对话框中右下角的【Drafting Options】按钮，系统弹出【Note Text】对话框，如图 2-94 所示。

在【Note Text】对话框中，可以对文字进行修饰，线可以加在文字的底部、顶部、上缘、基部，还可以对文字加靠近 Top、Lift、Bottom、Right 的框架，如图 2-95 所示。

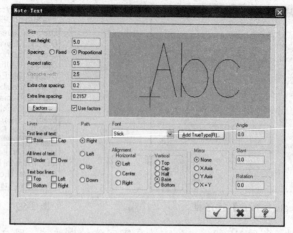

图 2-94 【Note Text】对话框

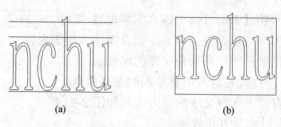

图 2-95 线框修饰

(a) 底部、顶部、上缘线修饰；(b) 四周框架(复选上下左右)。

在【Note Text】对话框中，可以对文字本身进行角度、倾斜、旋转设置，如图 2-96 所示。

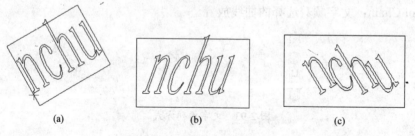

图 2-96 文字角度、倾斜、旋转

(a) 文字放置角度 30°；(b) 文字倾斜 20°；(c) 文字旋转 30°。

在【Note Text】对话框中，可以对文字进行进行镜像设置，以满足模具文字设计的需要，如图 2-97 所示。

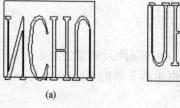
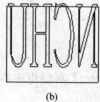

图 2-97 文字镜像

(a) 以 X 轴镜像；(b) 以 Y 轴镜像；(c) 以 X+Y 轴镜像。

在【Note Text】对话框中，可以对文字书写方向进行设置，如自上而下、自下而上、自左到右、自右到左，如图 2-98 所示。

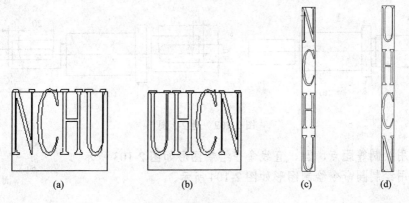

图 2-98 文字书写方向

(a) 自左而右；(b) 自右而左；(c) 自上而下；(d) 自下而上。

在【Note Text】对话框中，通过改变如图 2-99 所示【Alignment】的水平/垂直对齐方式，可以改变文本放置基点的位置，以便对文本进行合理的定位，如图 2-100 所示。

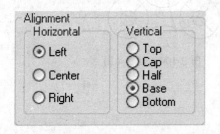

图 2-99 【Alignment】选项组

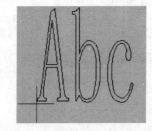

图 2-100 文本放置基点的选择

设置好【Create Letters】对话框参数后，单击【确定】按钮 ，系统返回绘图区并提示指定文本放置的位置。对于图形注解文本、水平和垂直放置的文字需要制定文本的起始点；对于弧顶或弧底放置的文字需要指定圆弧的圆心位置。

习 题

2-1 利用绘制任意线命令绘制如图 2-101 所示图形。

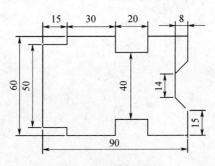

图 2-101 题 2-1 图

2-2　打开源文件夹中文件"习题 2-2.MCX-5"，利用变形矩形命令在图 2-102(a)中绘制键槽(b)。

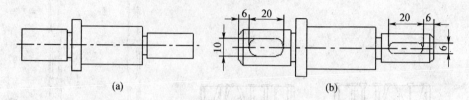

(a)　　　　　　　　　　　　　　(b)

图 2-102　题 2-2 图

2-3　利用绘制等距点、圆、直线命令绘制图形如图 2-103 所示。

2-4　利用绘制圆命令绘制图形如图 2-104 所示。

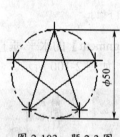

图 2-103　题 2-3 图

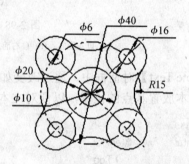

图 2-104　题 2-4 图

第3章

二维图形编辑

在设计过程中，仅仅绘制基本的二维图素是远远不够的，只有通过对图素进行各种编辑才能获得真正满意的各种图形。图形编辑功能在菜单栏中的【Edit】和【Xform】菜单中实现，如图 3-1 所示。

图 3-1 【Edit】和【Xform】下拉菜单

3.1 对象删除

删除功能用于删除已经构建好的图素。启动删除命令，用户可以选择菜单栏中的【Edit】/【Delete】命令，或单击【Delete/Undelete】操作栏中相关按钮，如图 3-2 所示。

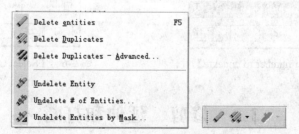

图 3-2 【Delete/Undelete】子菜单

(1) Delete entities：删除选中的图素。

提示：用户在选中图素后，按 Delete 键，也可将图素删除。

(2) Delete Duplicates：删除重复图素。有时，在设计过程中，需要绘制很多重复的图素，因此除了常规的删除功能，Mastercam X5 还提供了删除重复图素的功能，利用这些功能，系统会自动地把重复的图素删除掉。执行该功能后，系统将打开如图 3-3 所示的报告信息对话框。

(3) Delete Duplicates-Advanced：选择该命令删除重复图素时，选定图素后，系统弹出如图 3-4 所示的对话框，允许用户指定删除图像的条件。

(4) Undelete Entity：用户不但可以删除图素，还可以很方便地恢复它们，此命令可以按删除的顺序从后往前依次恢复被删除的图素。

(5) Undelete # of Entities：选择此命令，系统打开如图 3-5 所示的对话框，用户输入希望一次性恢复的图素数量。例如，依次删除了 20 个图素后，使用该命令并在对话框中输入"5"，则将恢复最后删除的 5 个图素。

(6) Undelete Entities by Mask：按条件恢复被删除的图素。选择此命令，系统弹出如图 3-6 所示的【Select Only】对话框，用于指定希望恢复图素所具有的属性。

图 3-3　删除重复图素报告

图 3-4　【Delete Duplicates】对话框

图 3-5　【Enter number to undekte】对话框

图 3-6　【Select Only】对话框

3.2　修剪、延伸和打断

选择菜单栏中的【Edit】/【Trim】/【Break】命令，修剪、延伸和打断的各种命令集中在【Break】子菜单中，如图 3-7 所示。

图 3-7 【Edit】/【Trim】/【Break】命令的子菜单

1. 修剪/打断/延伸

修剪/打断/延伸命令【Trim】/【Break】/【Extend】用于对两个相交或非相交的几何图形在交点处进行操作。

选择菜单栏中的【Trim】/【Break】/【Extend】命令，或单击 按钮，系统弹出如图 3-8 所示的【修剪/打断/延伸】操作栏。

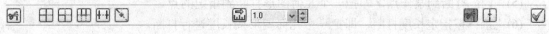

图 3-8 【修剪/打断/延伸】操作栏

单击 按钮，选择【剪切/延伸】功能；单击 按钮，选择【打断/延伸】功能，该命令将图素在交点处打断，并保持两侧的图形。

1) 修剪几何图形

在操作栏中，有 6 个按钮提供了 6 种不同的处理方式，分别为 单一图素操作； 两图素操作； 三图素操作； 分割操作； 修剪到点， 缩短或延长长度，如图 3-9 所示。左边为剪切前图形，右边为剪切后图形。默认为单图素修剪方式，用户可以根据需要进行选择。

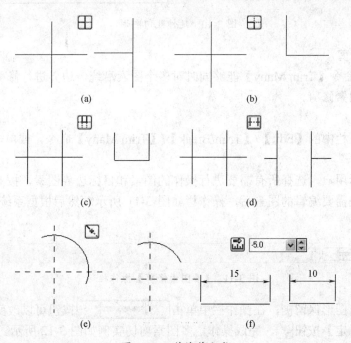

图 3-9 6 种修剪方式

用户选择需要进行操作的方式后，系统提示用户依次选择需要进行操作的对象图素和操作的目标图素。即系统会按要求以目标图素为参考对对象图素进行操作。根据操作方式的不同，系统也会同时对两个图素进行操作。

2）打断几何图形

单击【打断几何图形】按钮 🔢，系统启动打断功能，打断几何图形与修剪几何图形的操作类似，它们的区别在于打断几何图形命令，将几何图形在交点处打断后仍保留交点两侧的几何图形，而修剪几何图形命令则将交点一侧的几何图形删除掉，与修剪几何图形一样，打断几何图形也有 6 种打断方式。

（1）⊞：一物体打断，即以一个几何图形为边界将另一个几何图形从交点处打断或打断到边界线上。

（2）⊤：两物体打断，即同时打断两个几何图形到交点处。

（3）⊞：三物体打断，即同时打断三个几何图形到交点处。

（4）⊢：分割打断，即把一个几何图形在两几何图形之间的部分打断。

（5）⊤：打断到某一点，即把一个几何图形打断到指定的点。

（6）⊞：按指定长度打断，即把一个几何图形按长度进行打断。

以上 6 种打断方式的操作与修剪几何图形相似。

3）延伸几何图形

单击【延伸】按钮 🔢，用户可以把一个几何图形延长一定长度，设定延伸长度为"20.0"，按 Enter 键确认，然后指定要延伸长度图形的一侧，结果如图 3-10 所示。

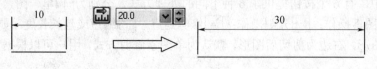

图 3-10　延伸几何图形

2．多图素修剪

多图素修剪命令【Trim Many】能够同时对多个图素沿统一边界进行修剪。

例 3-1　多图素修剪。

操作步骤：

（1）选择菜单栏中的【Edit】/【Trim/Break】/【Trim Many】命令，或单击 🔧 按钮，启动多图素修剪命令。

（2）系统提示用户，选择所有需要进行操作的图素和目标边界图素，按 Enter 键确认。

（3）在选择完需要编辑的图素后，操作栏如图 3-11 所示。然后根据系统提示，选择圆弧为修剪边界。

图 3-11　【多图素修剪】操作栏

（4）选择几何图形保留侧，在操作栏中单击 ⟵⟶ 按钮可以改变剪切的方向。

（5）单击【确定】按钮 ✓，完成操作，多图素剪切实例如图 3-12 所示。

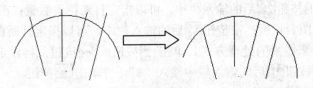

图 3-12　多图素修剪

3．将几何图形打断为两段

将几何图形打断成两段命令【Break Two Pieces】能够让用户把一个几何图形在某一指定点处打断成两段。

选择菜单栏中的【Edit】/【Trim/Break】/【Break Two Pieces】命令。系统提示选择要打断的几何图形，选择图 3-13(a)所示线段。然后系统提示选择打断点的位置，选择图 3-13(a)所示点 P1 处，结果线段 P1 在点挖处打断成两段，打断后的几何图形在外观上看不出变化，选择【删除】命令将其中一段删除，结果如图 3-13(b)所示。

4．在相交处打断

相交处打断命令【Break at Intersection】用于将图素在相交处打断。

例 3-2　绘制图形如图 3-14(b)。

操作步骤：

(1) 选择菜单栏中的【Edit】/【Trim/Break】/【Break at Intersection】命令，或单击 ✕ 按钮，启动在相交处打断命令。

(2) 系统提示用户选择进行打断的相交图素。这里可以选择所有图素。

(3) 按 Enter 键确认，完成操作。结果如图 3-14(b)所示。

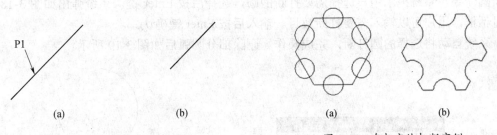

<table>
<tr><td>P1</td><td></td><td></td><td></td><td></td></tr>
<tr><td>(a)</td><td>(b)</td><td></td><td>(a)</td><td>(b)</td></tr>
<tr><td colspan="2">图 3-13　几何图形打断成两段</td><td></td><td colspan="2">图 3-14　在相交处打断实例</td></tr>
</table>

5．均匀打断

将几何图形打断为多段命令【Break Many Pieces】可以将图素按照要求均匀打断成多个图素。启动【Break Many Pieces】命令并选择几何图形后，系统将弹出【均匀打断】操作栏，如图 3-15 所示。

图 3-15　【均匀打断】操作栏

例 3-3　均匀打断圆弧。

操作步骤：

(1) 选择菜单栏中的【Edit】/【Trim/Break】/【Break Many Pieces】命令，或单击 ✎ 按钮。

(2) 选中所要打断的圆，按 Enter 键确认。

(3) 在操作栏中的按钮 ▦ 后的输入栏中，可以指定打断图素数量；在按钮 ▦ 后的输入栏中，可以指定打断后图素长度；在按钮 ◪ 后的输入栏中，可以指定打断曲线的弦高。用户还可以指定打断后对原来图素的处理方式。单击 ▤ 按钮或 ⌒ 按钮，将设定打断后的图素为线段或圆弧。这里，在按钮 ▦ 后的输入栏中输入"8"，并单击 ▤ 按钮。

(4) 在设置原几何图形保留方式下拉列表中选择【Keep】项，单击【确定】按钮 ✔，完成操作。结果如图 3-16 所示。

6. 将图形标注打断成线

将图形标注打断成线命令【Break Drafting into Lines】可以将一个整体的图形标注分解成独立的线段，如尺寸标注和图形填充等。

选择菜单栏中的【Edit】/【Trim/Break】/【Break Drafting into Lines】命令，或单击 ▨ 按钮后，选择需要打断的对象，按 Enter 键即可。如图 3-17 所示，打断标注并删除一部分。

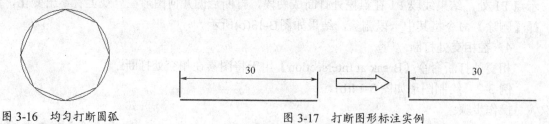

图 3-16 均匀打断圆弧　　　　　　　图 3-17 打断图形标注实例

7. 打断圆

打断圆命令【Break Circles】可以将圆打断成若干段弧。

选择菜单栏中的【Edit】/【Trim/Break】/【Break Circles】命令，或单击 ⚙ 按钮，启动打断圆命令。系统提示用户选择需要打断的圆，选择后按 Enter 键。系统弹出如图 3-18 所示的对话框，用户可以输入需要打断数目。输入后按 Enter 键确认。

系统自动将选择的圆打断，完成操作。删除部分圆弧后如图 3-19 所示。

图 3-18 打断数目输入　　　　　　　图 3-19 打断圆实例

8. 恢复圆

选择菜单栏中的【Edit】/【Trim/Break】/【Close arc】命令，或单击 ◯ 按钮，选择需要操作的圆弧，可以将一个圆弧恢复成圆，如图 3-20 所示。

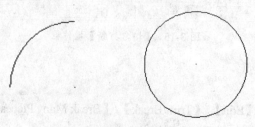

图 3-20 恢复圆

3.3　连　接

连接命令【Join Entities】用于将打断的图素重新连接上，或者将一些符合相容性要求的图素连接起来。

例 3-4　连接圆弧。

操作步骤：

(1) 选择菜单栏中的【Edit】/【Join Entities】命令，或单击 📏 按钮，启动连接命令。

(2) 系统将提示用户选择需要连接的图像，选完后按 Enter 键。结果如图 3-21 所示。

如果选择的图素不具有相容性，系统弹出如图 3-22 所示的对话框。

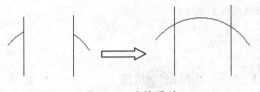

图 3-21　连接圆弧

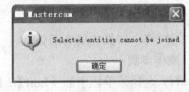

图 3-22　提示连接错误的对话框

提示：连接图素的相容性是指，直线必须共线，圆弧必须同心同径，曲线必须原来为同一曲线。

3.4　修改曲线控制点

修改曲线控制点命令【Modify Spline】常用于对 Spline 曲线的外形进行调整，以适应用户对产品的流线型需求。要启动修改曲线控制点命令，可选择菜单栏中的【Edit】/【Modify Spline】命令或单击 🖈 按钮，根据系统提示选择曲线。系统将给出曲线各控制点，如图 3-23(a)所示。选择其中的控制点并拖动，到指定位置时单击，达到要求后按 Enter 键，结果如图 3-23(b)所示。

(a)　　　　　　　　　　　　　　(b)

图 3-23　修改曲线控制点

3.5　转换 NUBRS 曲线

转换 NUBRS 曲线命令【Covert NUBRS】用于将线段及圆弧转换为 NUBRS 曲线，再利用【Modify Spline】命令对曲线外形进行修整。其实各种图素，如圆弧和直线，都可以看成是一段特殊的曲线。Mastercam X5 允许在 NUBRS 曲线和这些图素之间进行转换。

选择菜单栏中的【Edit】/【Covert NUBRS】命令，或单击 👵 按钮，然后按照系统提示选择线段或圆弧，按 Enter 键就可以将圆弧或直线转化成曲线。

3.6 曲线变弧

曲线变弧命令【Simplify】可以把外形类似于圆弧的曲线转变为圆弧。可以选择菜单栏中的【Edit】/【Simplify】命令或单击 ▦ 按钮启动该命令，操作栏如图 3-24 所示。在按钮 🔲 右侧的文本框中输入转换时允许的最大弦高误差，在 [Delete ▾] 下拉列表中指定对原曲线的操作：Delete(删除)、Keep(保留)或 Blank(隐藏)。

| ▦ | 🔲 | | 🔲 0.02 ▾ | Delete ▾ | | ☑ |

图 3-24 【曲线变弧】操作栏

例 3-5 转换曲线为圆弧。

操作步骤：

(1) 选择菜单栏中的【Edit】/【Simplify】命令，或单击 ▦ 按钮。

(2) 在按钮 🔲 右侧的文本框中输入转换时允许的最大弦高误差 "3"，在 [Delete ▾] 下拉列表中选择【Keep】项。

(3) 单击【确定】按钮 ☑，结果如图 3-25 所示。

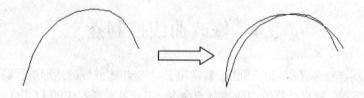

图 3-25 转换曲线为圆弧

3.7 设置法线方向

设置法线方向命令【Set Normal】可用来设置曲面的法线方向，但不能改变曲面的图形。

例 3-6 设置曲面法线方向。

操作步骤：

(1) 选择菜单栏中的【Edit】/【Set Normal】命令，或者单击 按钮，启动设置法线命令。

(2) 系统提示用户选择需要进行操作的曲面。选择曲面后按 Enter 键确认，此时的操作栏如图 3-26 所示。

图 3-26 【设置法线方向】操作栏

(3) 系统在曲面上显示法线方向，如图 3-27 所示。单击 ⬅➡ 按钮，可对法线进行修改；单击 按钮，显示法线；单击 按钮，隐藏法线。

(4) 单击【确定】按钮 ☑，完成操作。

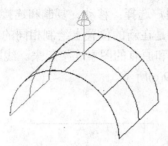

图 3-27 系统显示法线方向

3.8 修改法线方向

修改法线方向命令【Change Normal】和设置法线方向类似。主要不同点在于设置法线方向命令可以一次对多个曲面进行设置，而修改法线方向命令只能一次对一个曲面进行操作。但修改法线方向命令可以在曲面上动态地拖动法线，方便观察。

修改法线方向也常用于曲面圆角的场合，主要是将不正确的曲面法线方向进行修改，以符合曲面圆角的法向方向要求。要启动设置法线命令，可以选择菜单栏中的【Edit】/【Change Normal】命令，或单击 按钮。

3.9 转 换

在编辑图形中，除了使用"编辑"【Edit】功能外，还可以使用"转换"【Xform】功能。转换功能主要包括图素的平移、镜像、缩放、偏置、旋转等功能。

1. 平移

平移命令【Translate】是将一个已经绘制好的图形移动到另一个指定的位置。启动平移命令并选择几何图形后，系统弹出【Translate】对话框，各项功能如图 3-28 所示。

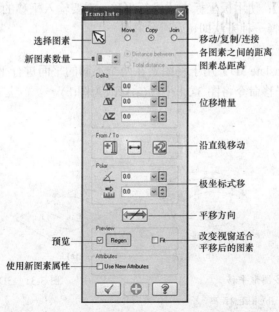

图 3-28 【Translate】对话框

其中有 3 种平移效果可供用户选择：移动、复制和连接。移动是将原有图素平移到新的位置，而不删除原有图素；复制是在新的位置上绘制相同的图素，并保留原有的图素；连接是在复制之后，用直线将新图素和原有的图素连接起来。线段移动后如图 3-29(a)所示，复制如图 3-29(b)所示，连接如图 3-29(c)所示。

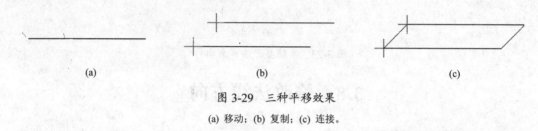

(a)   (b)   (c)

图 3-29　三种平移效果

(a) 移动；(b) 复制；(c) 连接。

例 3-7　多图形平移。

操作步骤：

(1) 选择菜单栏中的【Xform】/【Translate】命令，或单击 按钮，启动平移命令。

(2) 系统提示用户选择需要移动的图形，并按 Enter 键。

(3) 系统打开如图 3-28 所示的对话框，在其中设置移动参数。在【#】文本框中输入"3"，系统将激活【Distance between】相邻图素距离和【Total distance】图素总距离两个选项，这时，可以一次性产生多个新的平移图素。指定 X 位置平移为"3.0"和 Y 方向的位置平移为"5.0"，两个选项的不同效果如图 3-30 所示。

(4) 设置完成后，单击【确定】按钮 ，完成操作。

系统为用户提供了 3 种指定新位置的方法：位置增量、沿直线移动和极坐标式移动。

(1)【位移增量】：在提示区输入 X、Y、Z 方向上的平移距离。

(2)【沿直线移动】：利用在绘图区中指定两点来确定平移的方向和距离，单击【第一点】按钮 和【第二点】按钮 指定两点的坐标即可。

(3)【极坐标式移动】：使用极坐标方式进行平移，需要输入平移的角度 和距离 。用户只需根据实际情况选择一种方法即可。

2．3D 平移

3D 平移命令【Translate 3D】用于将图素在两个不同的平面进行平移或复制。

例 3-8　利用 3D 平移命令将图 3-31 中图(a)修改为图(b)。

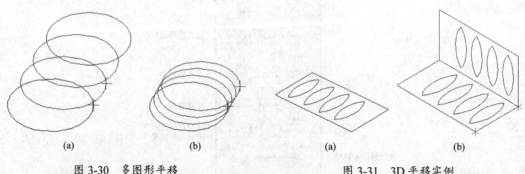

(a)   (b)   (a)   (b)

图 3-30　多图形平移　　　　　图 3-31　3D 平移实例

(a) 相邻图素距离；(b) 图距总距离。

操作步骤：

(1) 单击【等角视图】按钮 📐，选择菜单栏中的【Xform】/【Translate 3D】命令，或单击 📐 按钮，启动 3D 平移命令。

(2) 系统将会提示用户选择需要进行操作的图形，利用鼠标选中并按 Enter 键。

(3) 系统打开如图 3-32 所示的对话框，在其中可设置 3D 平移参数。单击 📐 按钮，在弹出的如图 3-33 所示的【Plane Selection】对话框中，单击 ▥ 按钮，选择图 3-34 所示俯视构图面【TOP】为原构图面，单击【确定】按钮 ✔ 。

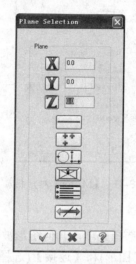

图 3-32　【Translate 3D】对话框　　图 3-33　【Plane Selection】对话框　　图 3-34　选择原构图面

(4) 单击源视图中的【设置移动基准点】按钮 ✛，选择图 3-35 中所示点 P1 作为移动基准点。

(5) 选择【FRONT】作为目标构图面。

(6) 单击目标视图中的【设置移动目标点】按钮 ✛，选择图 3-36 中所示点 P2 作为移动目标点。

(7)单击【确定】按钮 ✔ ，完成操作，结果如图 3-31(b)所示。

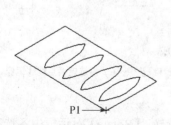

图 3-35　选择移动基准点

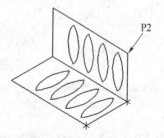

图 3-36　选择移动目标点

3. 镜像

镜像命令【Mirror】是将某一图素沿某一直线(镜像轴)在对称位置绘制新的相同图素。启动镜像命令并完成几何图形选择后，系统弹出【Mirror】对话框，各选项功能如图 3-37 所示。

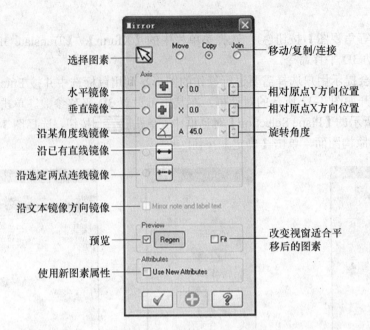

图 3-37 【Mirror】对话框

对话框中各选项的含义如下。

(1) 图素生成方式：有【移动】(选择此项，几何图形被镜像后，原图形被删除)、【复制】(选择此项，将以复制的方式镜像几何图形)和【连接】(选择此项，几何图形被镜像后，新图形和原图形的端点相连)。

(2) 选取镜像轴：选择镜像中心线的方式。可以使用水平线型(可指定 Y 坐标)、竖直线型(可指定 X 坐标)、极坐标 (可指定倾斜角度)、选择线(以现有的直线作为镜像中心线)或选择两点 (以两点确定的直线作为镜像中心线)。各种镜像实例如图 3-38 所示。

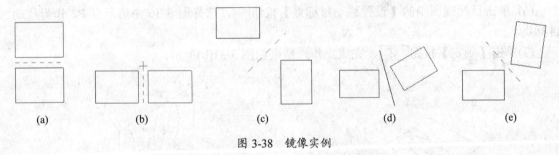

(a)　(b)　(c)　(d)　(e)

图 3-38　镜像实例

(a) 水平镜像；(b) 垂直镜像；(c) 45°角镜像；(d) 沿已有直线镜像；(e) 沿选定两点连线镜像。

4. 旋转

旋转命令【Rotate】可以将图素按指定角度进行旋转。【Rotate】对话框中各选项功能如图 3-39 所示。

图素的旋转方式有两种：当选择【Rotate】方式时，图素本身沿指定的圆心旋转；当选择【Translate】方式时，图素整体沿指定的圆心平动旋转。

当【#】文本框中的数量输入大于"1"时，系统将激活【Angel between】和【Total sweep】选项，它们的含义与【平移】对话框中的【Distance between】和【Total distance】类似。

(1) 圆点选择  按钮：可手动选择旋转中心点位置。

(2) 角度指定 ∠ 按钮：设置旋转角度。

例 3-9 使用旋转命令绘制如图 3-40 所示图形。

操作步骤：

(1) 使用绘制圆 命令绘制一个圆，然后使用绘制直线 命令绘制半径，如图 3-41 所示。

(2) 以半径长为直径绘制小圆，如图 3-42 所示。

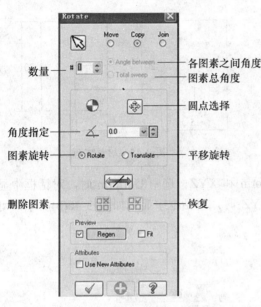

数量 —
各图素之间角度
图素总角度
圆点选择
角度指定 —
图素旋转 —
平移旋转
删除图素 —
恢复

图 3-39 【Rotate】对话框

图 3-40 旋转实例

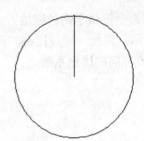

图 3-41 绘制圆与半径

(3) 选择菜单栏中的【Xform】/【Rotate】命令，或单击 按钮，启动旋转命令。

(4) 系统将会提示用户选择需要旋转的图形，选择小圆后打开如图 3-39 所示的对话框，在其中设置旋转参数。数量为 5，角度为 60°，旋转中心为大圆圆心。

(5) 单击【确定】按钮 ，显示如图 3-43 所示。

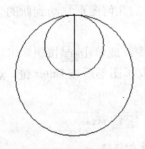

图 3-42 绘制小圆

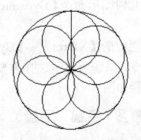

图 3-43 对小圆进行旋转操作

(6) 单击【相交处打断】按钮 ，打断所有图形，然后删除多余图形即可。

5. 缩放

缩放几何图形命令【Scale】用于将选择的几何图形基于选取的基准点以用户设定的比例系数放大或缩小，并可以设置等比例或不等比例缩放几何图形。启动缩放几何图形命令并结束选择几何图形后，系统弹出【Scale】对话框，如图 3-44 所示。

【#】输入框中可以输入数量，分别输入"1"和"2"的结果如图 3-45 所示。

图 3-44 【Scale】对话框

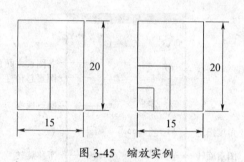

图 3-45 缩放实例

缩放命令提供了两种缩放方式：Uniform 和 XYZ。选中 Uniform 时，对话框中显示如图 3-46(a)所示，将统一缩放比例。而选中 XYZ 时，对话框中显示如图 3-46(b)所示，可以分别输入 XYZ 方向的比例系数。

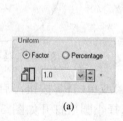

(a)

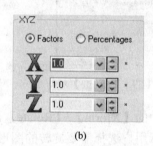

(b)

图 3-46 两种缩放方式

6. 动态转换几何图形

动态转换几何图形命令【Dynamic Xform】能将选择的几何图形移动到新的位置或绕基准点转动。

选择菜单栏中的【Xform】/【Dynamic Xform】命令，或单击 按钮，可以启动动态转换几何图形命令，系统将提示选择需要编辑的图形，选取了图形后按 Enter 键，然后选取基准点，此时操作栏如图 3-47 所示。

图 3-47 【动态转换几何图形】操作栏

对选中图形进行操作时，鼠标放在坐标轴上且靠近原点，则可以顺着图 3-48(a)所示的标尺移动到新的位置；鼠标放在坐标轴上且远离原点，则可以绕着图 3-48(b)所示的旋转标示旋转到新的位置；鼠标放在原点上，则可以任意移动，如图 3-48(c)所示。

(1) 按钮：移动选中图形。

(2) 按钮：复制选中图形。

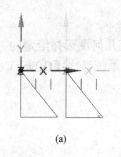

(a)

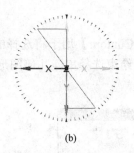

(b)

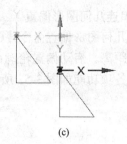

(c)

图 3-48 移动选中图形

(3) 　按钮：可以对选中图形进行多次操作，如图 3-49 所示，对选中图形进行了两次移动。

(4) 　按钮：按下此按钮后，其后的对话框将会被激活，可以输入数量，系统将会根据输入的数量对选中图形进行操作多次，如图 3-50 所示，系统对选中图形按照要求同时移动了两次，且三者间距相同。

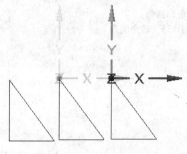

图 3-49　多次移动

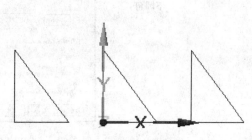

图 3-50　移动规定次数

7. 移动到原点

移动到原点命令【Move to origin】用于将绘图区内的所有几何图形移动到原点位置，此功能常用于加工前的对刀。该命令的操作非常简单，选择菜单栏中的【Xform】 /【Move to origin】命令后，选择几何图形中需要移动到原点的位置点即可。

8. 偏置

偏置命令【Offset】用于将选择的几何图形按给定的方向偏移一定距离。启动偏置命令后，系统弹出【Offset】对话框，如图 3-51 所示。在其中设置好参数后，选中要偏置的图形，然后选择偏置方向，单击【确定】按钮　即可。图 3-52 为在对话框中选偏置方向为双边　的结果。

图 3-51　【Offset】对话框

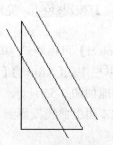

图 3-52　偏置实例

9. 串连几何图形偏置

串连几何图形偏置命令【Offset Contour】用于将选择的串连几何图形按给定的方向串连偏移一定距离。启动偏置轮廓命令并结束选择串连几何图形后，系统弹出【Offset Contour】对话框，各项功能如图 3-53 所示。

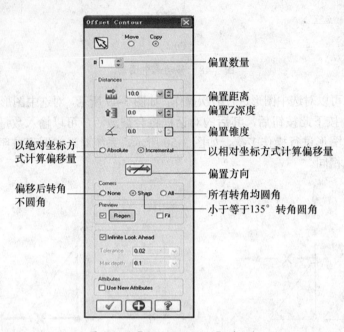

图 3-53 【Offset Contour】对话框

偏置对象是三维图形时，选择【Absolute】单选按钮，表示偏置到绝对的 Z 方向位置；选择【Incremental】单选按钮，表示偏置在 Z 方向的相对增量。

例 3-10 对内接圆半径为 10 的正六边形进行双向偏置，偏置距离为 5，如图 3-54 所示。

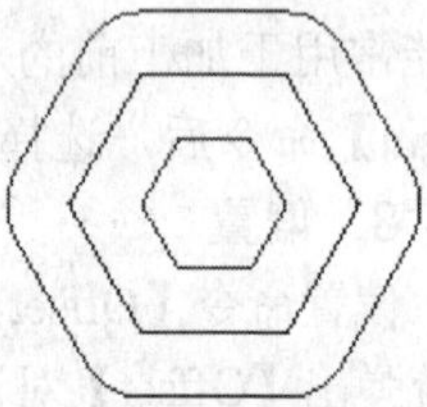

操作步骤：

(1) 进行串连几何图形偏置，应选择【Xform】/【Offset Contour】命令，或单击 按钮。

(2) 系统弹出【串连选择】对话框，提示用户选择需要偏置的图形。

图 3-54 正六边形偏置

(3) 选择后，系统弹出如图 3-53 所示的对话框，在其中设置偏置参数：偏置距离为"5.0"，双向偏置，选择【Incremental】单选按钮以相对坐标方式计算偏移量，选择【Sharp】单选按钮即小于等于 135°转角圆角。

(4) 单击【确定】按钮 ，完成操作，结果如图 3-54 所示。

10. 投影

投影命令【Project】可以将选中的图形投影到指定的 Z 平面、任意选中平面或任意选中的曲面上。选择菜单栏中的【Xform】/【Project】命令，然后选择图形并按 Enter 键，弹出【Project】对话框，各选项功能如图 3-55 所示。

例 3-11 将 XZ 面上曲线投影到 XY 平面。

操作步骤：

(1) 选择【Xform】/【Project】命令，或单击 按钮，启动投影命令。

图 3-55　【Project】对话框

选择图形
投影至XY平面
投影至选定平面
投影至选定曲面
投影曲线法线
至当前Z平面
寻找多种结果
将投影连接成一个图
投影的最远距离

(2) 系统将会提示用户选择需要投影的图形，选择曲线后，按 Enter 键确认，弹出如图 3-55 所示的对话框，在其中设置投影参数，系统默认投影到 XY 平面。

(3) 单击【确定】按钮 ，系统将图素按要求进行投影，完成操作。结果如图 3-56 所示。

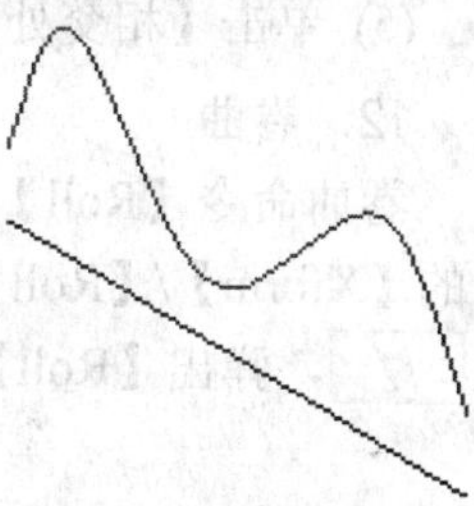

提示：如果投影面和图形所在面平行，则得到的投影也不会产生变化，就像只发生了平移。

11．阵列

阵列命令【Rectangular Array】用于将选择的几何图形进行阵列。选择菜单栏中的【Xform】/【Rectangular Array】命令，然后选择图形并按 Enter 键，弹出【Rectangular Array】对话框，各选项功能如图 3-57 所示。

图 3-56　投影实例

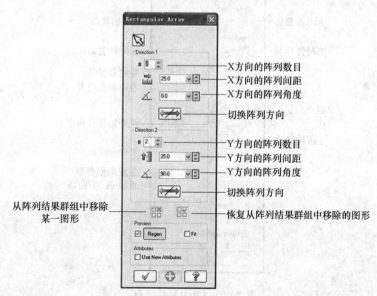

X方向的阵列数目
X方向的阵列间距
X方向的阵列角度
切换阵列方向
Y方向的阵列数目
Y方向的阵列间距
Y方向的阵列角度
切换阵列方向
从阵列结果群组中移除某一图形
恢复从阵列结果群组中移除的图形

图 3-57　【Rectangular Array】对话框

例 3-12　利用阵列命令得到如图 3-58 所示图形。

操作步骤：

(1) 绘制半径为 15 的圆。

(2) 选择菜单栏中的【Xform】/【Rectangular Array】命令，或单击 ⊞ 按钮，启动阵列命令。

(3) 系统将会提示用户选择需要阵列的图形，选择圆后打开对话框，在其中设置阵列参数：两个方向上的阵列数量均为"3"，阵列间距均为"15"，阵列角度分别为"45"和"90"。

(4) 单击【确定】按钮 ✓ ，系统将图素按要求进行阵列，完成操作，结果如图 3-59 所示。

图 3-58　阵列实例

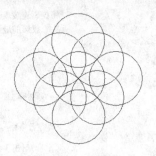

图 3-59　阵列实例结果

(5) 单击【相交处打断】按钮 ✳，打断所有图形，然后删除多余图形即可。

12．卷曲

卷曲命令【Roll】可以将一条直线、圆弧或曲线卷成圆筒状或展开为直线。选择菜单栏中的【Xform】/【Roll】命令，选择需要卷曲的图形后，单击串连选择对话框中的【确定】按钮 ✓ ，弹出【Roll】对话框，各选项功能如图 3-60 所示。

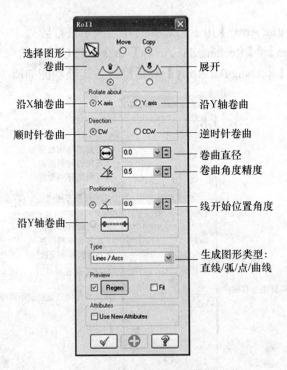

图 3-60　【Roll】对话框

例 3-13　利用矩形、偏置、卷曲命令生成如图 3-61 所示图形。

操作步骤：

(1) 单击【Top】视图，选择【矩形】命令或单击 按钮，设置矩形长度为"80"，高度为"20"。

(2) 选择【偏置】命令，或单击 按钮，选择矩形的一条长为 80 的边，并指定偏置方向。

(3) 设置偏置参数：偏置数量为"3"，偏置距离为"5"，生成图形如图 3-62 所示。

(4) 选择菜单栏中的【Xform】/【Roll】命令，或单击 按钮，启动卷曲命令。

(5) 系统打开【串接选择】对话框，系统提示用户选择需要卷曲的图形。用 方式选择矩形后，单击【确定】按钮 ，弹出如图 3-60 所示的对话框。

(6) 设置卷曲参数：选择绕 X 轴卷曲，卷曲直径为"15"。单击【确定】按钮 ，系统将图素按要求进行卷曲，完成操作。生成图形如图 3-63 所示。

图 3-61　卷曲实例　　　　　图 3-62　偏置结果　　　　　图 3-63　绕 X 轴卷曲

(7) 再执行一次卷曲操作，选择绕 Y 轴卷曲，卷曲直径为"25"。单击【确定】按钮 ，系统将图素按要求进行卷曲，结果如图 3-61 所示。

13．拖拽

拖拽命令【Drag】类似于平移和旋转，不同之处在于拖拽是通过鼠标来实现的。选择菜单栏中的【Xform】/【Drag】命令，或单击 按钮，启动拖拽命令，系统弹出的操作栏如图 3-64 所示。

图 3-64　【拖拽】操作栏

其中，各个按钮的功能分别如下。

(1) 按钮：单个移动。

(2) 按钮：多个移动。

(3) 按钮：选择移动功能，原图形被删除。

(4) 按钮：选择复制功能。

(5) 按钮：选择对齐移动方式。

(6) 按钮：选择任意移动方式。

(7) 按钮：选择旋转方式。

(8) 按钮：采用拉伸方式，必须是视窗选择几何图形才能使用。

14．拉伸

拉伸命令【Stretch】用于把几何图形按用户设定的向量拉长或缩短一定距离。

选择菜单栏中的【Xform】/【Stretch】命令，或单击 按钮，然后根据系统提示利用视窗方式选择图形。按 Enter 键，弹出如图 3-65 所示的对话框。系统提供了 3 种拉伸方式：直角坐标方式、两点方式、极坐标方式。

选择图形时，视窗如图 3-66 中所示，为右边的矩形，系统将选中目标矩形的右边 3 条边。然后在 和 ▲Y 后的输入框中输入数据进行拉伸，结果如图 3-67 所示。

图 3-65 【Stretch】对话框

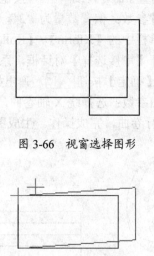

图 3-66 视窗选择图形

图 3-67 拉伸实例

15. 转换 STL 图形文件

STL 图形文件是一种三维图形交换文件。转换 STL 图形文件命令【STL】可以将 STL 图形文件输入到 Mastercam X5 系统中。选择菜单栏中的【Xform】/【STL】命令，启动转换命令后，系统会提示用户选择相应的文件，并可对图形文件进行镜像、缩放、旋转和平移等操作。其对话框如图 3-68 所示。

16. 图形排样

图形排样命令【Geometry Nesting】用于把几何图形、群组织在一个图形表内，用户可以设定图形表参数来适应不同的需要。选择菜单栏中的【Xform】/【Geometry Nesting】命令，即可启动图形嵌套命令。启动该命令后，系统弹出如图 3-69 所示的【图形排样】对话框，可用于图形表参数。

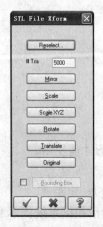

图 3-68 【STL File Xform】对话框

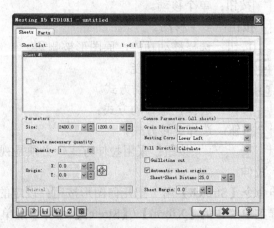

图 3-69 图形排样对话框

习　题

3-1　打开源文件夹中文件"习题 3-1. MCX-5"，利用修剪和删除命令将图 3-70 中图(a)修改成图(b)。

3-2　打开源文件夹中文件"习题 3-2. MCX-5"，利用圆角和阵列命令将图 3-71 中图(a)修改成图(b)。

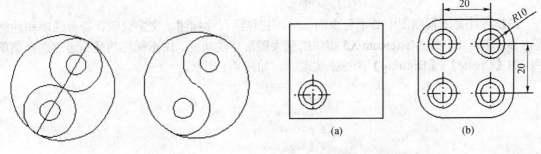

图 3-70　题 2-1 图　　　　　　　　　图 3-71　题 3-2 图

3-3　打开源文件夹中文件"习题 3-3. MCX-5"，利用镜像命令将图 3-72 中图(a)修改成图(b)。

3-4　利用多边形和缩放命令绘制如图 3-73 所示图形。

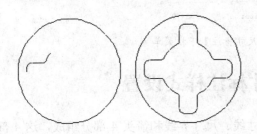
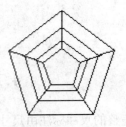

图 3-72　题 3-3 图　　　　　　　　　图 3-73　题 3-4 图

3-5　利用绘制圆、圆角、修剪、偏置、旋转等命令绘制如图 3-74 所示图形。

3-6　打开源文件夹中文件"习题 3-6. MCX-5"，将图 3-75 中图(a)修改为图(b)。

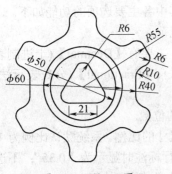
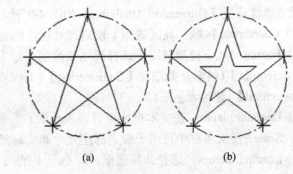

图 3-74　题 3-5 图　　　　　　　　　图 3-75　题 3-6 图

第 4 章

图形标注

图形标注是工程制图中必不可少的一环，它包括尺寸标注、文字说明、符号说明和注解等内容。本章将介绍 Mastercam X5 提供的强大图形标注功能。图形标注功能是通过选择菜单栏中的【Create】/【Drafting】命令来实现的，如图 4-1 所示。

图 4-1 【尺寸标注】下拉菜单

4.1 尺寸标注样式设置

一个完整的尺寸标注由尺寸文本、尺寸线、尺寸界线和箭头 4 部分组成，这 4 部分的样式用户都可以根据图形的需要自行设定。

选择【Create】/【Drafting】/【Options】命令，或单击 ▌ 按钮，系统将打开如图 4-2 所示的对话框，可以在其中进行参数设置。设置的参数均可在预览区进行预览。

1．尺寸属性设置

尺寸属性设置【Dimension Attributes】如图 4-2 所示，其中各主要选项的功能如下。

(1) Coordinate 区域：此区域用于设定尺寸标注的数字规范。

① Format：此下拉列表用于选择尺寸长度的表示方法，主要有【Decimal】(十进制表示法)、【Scientific】(科学计数法)、【Engineering】(工程表示法)、【Fractional】(分数表示法)和【Architectural】(建筑表示法)。

② Decimal places：在文本框中可以输入小数点后保留的位数。

③ Scale：在文本框中可用于设定标注尺寸和实际绘图尺寸的比例。系统默认比例为 1:1。

④ Leading zeroes：选择此复选框，对小于 1 的尺寸进行标注时显示为 "0.35"；不选择此复选框，则显示 ".35"，即对小于 1 的尺寸进行标注时，小数点前不加 0。

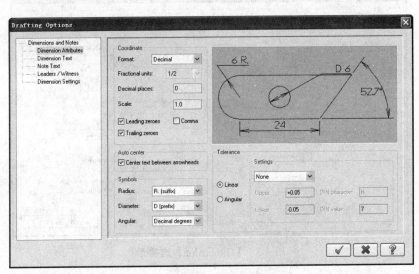

图 4-2　【Drafting Options】对话框

⑤ Comma：选择此复选框。小数点用逗号表示。

⑥ Trailing zeroes：选择此复选框，所标注的尺寸小数位数小于保留位数时，小数后加零。

(2)　Auto Center 区域。

Center text between arrowheads：选择此复选框后，尺寸文本放置在尺寸线的中间，否则可任意放置。

(3) Symbols 区域：此区域主要用于设定圆和角度标注样式。

① Radius：此下拉列表用于选择半径的标注方式，有【R(prefix)】、【R. (suffix)】和【None】3 种方式。如标注一个半径为 5 的尺寸时，选择【R(prefix)】项，将显示 R5；选择【R. (suffix)】项，将显示 5R.；选择【None】项，将显示 5。

② Diameter：此下拉列表用于选择直径的标注方式，有【?(prefix)】、【D(prefix)】、【Dia. (suffix)】和【D. (suffix)】4 种方式。如标注一个直径为 15 的尺寸时，选择【?(prefix)】项，将显示 Φ15；选择【D(prefix)】项，将显示 D15；选择【Dia. (suffix)】项，将显示 15Dia.；选择【D. (suffix)】项，将显示 15D。

③ Angular：此下拉列表用于选择角度的标注方式，其中默认的方式为【Decimal degrees】，标注显示如 "10°"。

④ Tolerance 区域：此区域中的选项主要用于设定公差的标注方式。

Settings：此项中的下拉菜单用于选择公差的标注形式，有【None(无公差)】、【+/-】(正负尺寸公差标注)、【Limit】(极限尺寸公差标注)和【DIN】(公差带标注)4 种。

2．尺寸文本设置

尺寸文本设置【Dimension Text】选项卡如图 4-3 所示。用户可以对尺寸文本的大小、字型、文本对齐方式以及点的标注形式进行设定。在设定时，可以通过预览区进行预览。

其中各主要选项的功能如下。

1) Size

(1) Text height：此栏用于输入尺寸文本的高度值。

(2) Tolerance height：此栏用于输入公差尺寸文本的高度值。

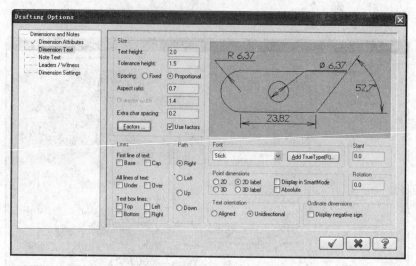

图 4-3 【Dimension】选项卡

(3) Spacing：此项用于设置文字与符号间的间距，有【Fixed】和【Proportional】两种设置方式。当选择【Fixed】单选按钮时，用户可以在【Character width】栏内输入文字与符号间的间距值，当选择【Proportional】单选按钮时，用户可以在【Aspect ratio】栏内输入文字与符号间的间距值，且此值是与文字高度的百分比来计算，如 "0.5"，代表文字与符号间的间距值为文字高度的 50%。

(4) Extra char spacing：此栏用于输入字符间的间距值。

(5) Use factors：选择此复选框，用户可以单击 Factors... 按钮来设置文本尺寸，系统将弹出图 4-4 所示【Factors of Dimension Text Height】对话框，用户可以采用与文字高度的百分比的形式来设置文本尺寸。

2）Lines

(1) First line of text：此项用于设置第一行尺寸文字是否加画线，有【Base】和【Cap】两种画线方式。当选择【Base】复选框时，第一行尺寸文字底部加画线；当选择【Cap】复选框时，第一行尺寸文字高的 3/4 处加画线。

(2) All lines of text：此项用于设置所有尺寸文字是否加画线，有【Under】和【Over】两种画线方式。当选择【Under】复选框时，所有尺寸文字底部加画线；当选择【Over】复选框时，所有尺寸文字顶部加画线。

(3) Text box lines：此项用于设置尺寸文字是否加方框线，有【Top】、【Bottom】、【Left】和【Right】4 种方框线方式。当选择【Top】复选框时，尺寸文字顶部加方框线；当选择【Bottom】复选框时，尺寸文字底部加方框线；当选择【Left】复选框时，尺寸文字左侧加方框线；当选择【Right】复选框时，尺寸文字右侧加方框线。

3）Path

(1) Right：尺寸标注时尺寸文字从左至右排列。

(2) Left：尺寸标注时尺寸文字从右至左排列。

(3) up：尺寸标注时尺寸文字从下至上排列。

(4) Down：尺寸标注时尺寸文字从上至下排列。

4）Fonts

【Font】用于选择尺寸标注文字字型，系统默认有【Stick】、【Roman】、【European】、【Swiss】、

【Hartford】、【Old English】、【Palatino】和【Dayville】等 8 种字型供选择。除此以外，用户可以单击 Add TrueType(R)... 按钮设置真实字型，系统将弹出图 4-5 所示【字体】设置对话框。

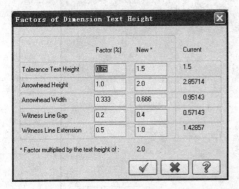

图 4-4　【Factors of Dimension Text Height】对话框

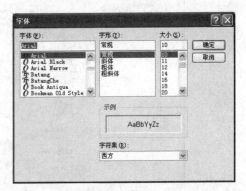

图 4-5　【字体】设置对话框

(1) Slant：此栏用于输入尺寸文字的倾斜角度。

(2) Rotation：此栏用于输入尺寸文字的旋转角度，输入值为正时逆时针旋转。

5) Point dimensions：此项用于设置点的标注参数

(1) 2D：选择此项，可以进行二维点的标注，标注文字中不显示 X、Y 符号。

(2) 2D label：选择此项，可以进行二维点的标注，标注文字中显示 X、Y 符号。

(3) 3D：选择此项，可以进行三维点的标注，标注文字中不显示 X、Y、Z 符号。

(4) 3D label：选择此项，可以进行三维点的标注，标注文字中显示 X、Y、Z 符号。

(5) Display in SmartMode：选择此复选框，快捷尺寸标注时启动点的快捷标注。

(6) Absolute：选择此复选框，点的标注坐标为绝对坐标系下的坐标，否则为当前坐标系下的坐标。

6) Text orientation：此栏用于设置尺寸文本的对齐方式

(1) Aligned：选择此项，尺寸文本与尺寸线平行。

(2) Unidirectional：选择此项，尺寸文本水平放置。

(3) Ordinate dimensions

(4) Display negative sign：选择此复选框，启用"正负"标注功能，否则不启用"正负"标注功能，即坐标标注文本前不带正负号。标注文本的正负是由标注位置相对于基准点的位置决定的，在基准点的左侧或下侧为负，反之为正。

3．注解文本设置

注释文本设置【Note Text】选项卡如图 4-6 所示。在设定时，可以通过预览区进行观察。其中各主要选项的功能如下。

(1) Alignment 区域：包括 Horizontal 及 Vertical 两个单区域。

① Horizontal 区域：包括 Left、Center、Right 等 3 个单选按钮。

Left：选择此单选按钮，在放置注解文本时，水平方向的放置基准点在注解文本的左侧。

Center：选择此单选按钮，在放置注解文本时，水平方向的放置基准点在注解文本的中部。

Right：选择此单选按钮，在放置注解文本时，水平方向的放置基准点在注解文本的右侧。

② Vertical 区域：包括以下 5 个单选按钮。

Top：选择此单选按钮，在放置注解文本时，垂直方向的放置基准点在注解文本的顶部。

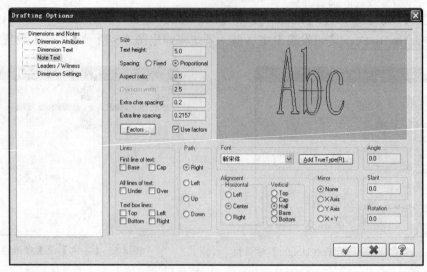

图 4-6 【Note Text】选项卡

Cap：选择此单选按钮，在放置注解文本时，垂直方向的放置基准点在注解文本字高的 3/4 处。

Half：选择此单选按钮，在放置注解文本时，垂直方向的放置基准点在注解文本字高的 1/2 处。

Base：选择此单选按钮，在放置注解文本时，垂直方向的放置基准点在注解文本字符的底部。

Bottom：选择此单选按钮，在放置注解文本时，垂直方向的放置基准点在注解文本的底部。

(2) Mirror 区域：此区域用于设置注解文本的镜像方式。

None：选择此单选按钮，注解文本不作镜像。

X Axis：选择此单选按钮，注解文本以 X 轴作镜像。

Y Axis：选择此单选按钮，注解文本以 Y 轴作镜像。

X+Y：选择此单选按钮，注解文本同时以 X 轴和 Y 轴作镜像。

(3) Angle 区域：此区域用于输入尺寸文字的整体旋转角度，输入值为正时逆时针旋转。旋转 30°如图 4-7 所示。该命令是以文字整体中心为旋转中心作整体旋转的。

(4) Slant 区域：此区域用于输入尺寸文字的倾斜角度。倾斜 10°如图 4-8 所示。

(5) Rotation 区域：此区域用于输入尺寸文字的旋转角度，输入值为正时逆时针旋转。旋转 30°如图 4-9 所示。每个文字按照旋转角度分别旋转。

图 4-7 整体旋转

图 4-8 文字倾斜

图 4-9 分别旋转

4. 尺寸线、尺寸界线和尺寸箭头设置

尺寸线、尺寸界线和尺寸箭头设置 【Leaders/Witness】选项卡如图 4-10 所示。各主要选项功能如下。

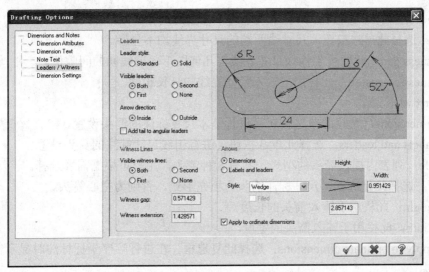

图 4-10　【Leaders/Witness】选项卡

(1) Leaders 区域：包括 Leader style 单区域、Visible leaders 单区域、Arrow direction 单区域、Add tail to angular leaders 复选框。

① Leader style 区域：包括 Standard 单选按钮、Solid 单选按钮。

Standard：选择此单选按钮，尺寸文本处于尺寸线之间。

Solid ：选择此单选按钮，尺寸文本处于尺寸线之上。

② Visible leaders 区域：包括 Both 单选按钮、First 单选按钮、Second 单选按钮、None 单选按钮。

Both：选择此单选按钮，尺寸线两端的箭头均显示。

First：选择此单选按钮，只显示尺寸线的第一个箭头(尺寸标注时选择的第一个点)。

Second：选择此单选按钮，只显示尺寸线的第二个箭头(尺寸标注时选择的第二个点)。

None：选择此单选按钮，尺寸线两端的箭头均不显示。

③ Arrow direction 区域：包括 Inside 单选按钮、Outside 单选按钮、Second 单选按钮、Add tail to angular leaders 复选框。

Inside：选择此单选按钮，尺寸线两端的箭头处于尺寸界线里面。

Outside：选择此单选按钮，尺寸线两端的箭头处于尺寸界线外面。

④ Add tail to angular leaders：选择此复选框，在进行角度尺寸标注时，当角度标注尺寸文本位于尺寸界线外面时，尺寸文本下方有尺寸线，否则无尺寸线，且在将角度尺寸文本移出尺寸界线前应按 L 键锁定角度尺寸文本 (注意：移出角度标注尺寸文本于尺寸界线之外的功能，只有在未选择【Dimension Attributes】选项中【Auto center】选项下的【Center text between arrowheads】复选框时才有效)。

(2) Witness Lines 区域：包括 Visible witness lines 单区域、Witness gap 文本框、Witness extension 文本框。

① Visible witness lines 区域：包括 Both 单选按钮、First 单选按钮、Second 单选按钮、None 单选按钮。

Both：选择此单选按钮，尺寸线两端的尺寸界线均显示。

First：选择此单选按钮，只显示尺寸线第一端的尺寸界线(尺寸标注时选择的第一个点)。

Second：选择此单选按钮，只显示尺寸线第二端的尺寸界线(尺寸标注时选择的第二个点)。

None：选择此单选按钮，尺寸线两端的尺寸界线均不显示。

②Witness gap：此栏用于输入尺寸界线与几何图形轮廓线间的间隙值。

③Witness extension：此栏用于输入尺寸界线的延长长度。

(3) Arrows 区域。

① Dimensions：选择此单选按钮，进行基本尺寸标注的箭头设置。

② Labels and leaders：选择此单选按钮，进行引线尺寸标注的箭头设置。

③Style：列表内提供箭头的型式，共有 8 种箭头，用户可根据需要选择。

Filled：选择此复选框，尺寸标注箭头为填充形式，否则为空心箭头。

④ Height：此栏用于输入箭头的长度。

⑤ Width：此栏用于输入箭头的宽度。

⑥ Apply to ordinate dimensions：选择此复选框，在进行顺序坐标标注时显示箭头，否则不显示箭头。

5．其他设置

除了对尺寸属性、尺寸文本、注解文本、尺寸线、尺寸界线和尺寸箭头进行设置外，利用尺寸标注样式设置对话框中的【Dimension Settings】选项还可以进行其他相关参数的设置，如图 4-11 所示。

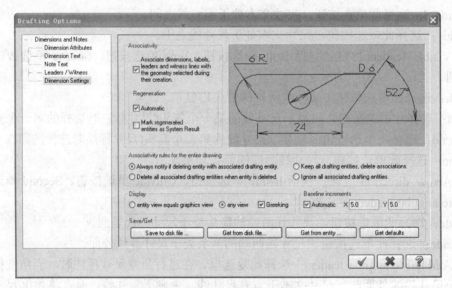

图 4-11 【Dimension Settings】选项卡

1) Associativity

选择此复选框，在进行尺寸标注后，尺寸标注与几何图形产生关联，即几何图形改变时尺寸标注也发生改变(此项需要与【Automatic】选项配合使用)；未选择此复选框时，尺寸标注不随几何图形变化。

2) Regeneration

(1) Automatic：选择此复选框，在进行尺寸标注后，几何图形改变时尺寸标注自动改变(此项需要与【Associativity】选项配合使用)。

(2) Mark regenerated entities as System Result：选择此复选框，自动改变后的尺寸标注，

系统将其属性视为结果(Result)。

3) Associativity rules for the entire drawing

(1) Always notify if deleting entity with associated drafting entity：选择此单选按钮，删除关联几何图形时系统给出提示。

(2) Delete all associated drafting entities when entity is deleted：选择此单选按钮，删除几何图形时，若几何图形中有关联几何图形，关联几何图形也将删除。

(3) Keep all drafting entities，delete associations：选择此单选按钮，删除几何图形时保留原几何图形，只删除关联几何图形。

(4) Ignore all associated drafting entities：选择此单选按钮，删除几何图形时，忽略所有关联几何图形。

4) Display

(1) entity view equals graphics view：选择此单选按钮，只有尺寸标注所处的视图面与几何图形所处的视图面相同时才显示尺寸标注。

(2) Any view：选择此单选按钮，在任何视图面均显示尺寸标注。

(3) Greeking：选择此复选框，当视图缩得太小，导致无法看清楚尺寸标注文字时，系统以一个方框来代替。

5) Baseline increments

(1) Automatic：选择此复选框，在进行基线标注时水平基线标注或垂直基线标注间的间隔一致，否则可以自由移动基线标注尺寸。

(2) X：此输入框用于输入垂直基线标注间的间隔值。

(3) Y：此输入框用于输入水平基线标注间的间隔值。

6) Save/Get

(1) `Save to disk file ...`：单击此按钮，系统弹出图 4-12 所示【另存为】对话框，用户可以将当前设置的尺寸标注样式命名进行保存，以便需要此种尺寸标注样式时直接打开使用，以免重新设置，从而提高设计效率。

图 4-12 【另存为】对话框

(2) `Get from disk file ...`：单击此按钮，系统弹出图 4-13 所示【打开】对话框，用户可以打开已经设置好的尺寸标注样式直接进行尺寸标注。

(3) `Get defaults`：单击此按钮，将恢复到系统默认的尺寸标注样式。

图 4-13 【打开】对话框

4.2 尺 寸 标 注

选择菜单栏中的【Create 】/【Drafting 】/【Dimension】命令,如图 4-14 所示,Mastercam X5 一共给出了 11 种尺寸标注的方法。

1．水平标注

水平标注命令【Horizontal】用于标注任意两点间的水平距离。

选择菜单栏中的【Create】/【Drafting】/【Dimension】/【Horizontal】命令,依次选择所要标注线段的两端点,移动尺寸文本至合适位置,单击,然后按 Esc 键结束水平标注,结果如图 4-15 所示。

2．垂直标注

垂直标注命令【Vertical】用于标注任意两点间的垂直距离。其操作方法与水平标注相同,垂直标注如图 4-16 所示。

3．平行标注

Horizontal...	水平标注
Vertical...	垂直标注
Parallel...	平行标注
Baseline...	基线标注
Chained...	串接标注
Angular...	角度标注
Circular...	圆弧标注
Perpendicular...	法线标注
Tangent...	切线标注
Ordinate	坐标标注
Point...	点标注

图 4-14 尺寸标注类型

平行标注【Parallel】命令用于标注任意两点间的距离,而且尺寸线平行于两点连线。其操作方法与水平标注相同,垂直标注如图 4-17 所示。

图 4-15 水平标注   图 4-16 垂直标注   图 4-17 平行标注

4．基线标注

基线标注命令【Baseline】用于以一存在的尺寸标注为基准来标注其他尺寸,在标注前应设置合适的基线标注间隔。

例 4-1 使用基线标注命令标注如图 4-18 所示图形。

操作步骤：

(1) 首先分别用水平标注和垂直标注命令标注两个基准尺寸，如图 4-19 所示。

(2) 选择菜单栏中的【Create】/【Drafting】/【Dimension】/【Baseline】命令，系统提示选择基线标注基准尺寸，选择图 4-19 所示标注 1。

(3) 按照系统提示选择基线标注点，选择图 4-19 所示点 2、点 3。

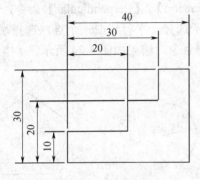

图 4-18 基线标注

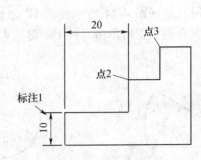

图 4-19 选择基线标注点

(4) 按 Esc 键退出，结果如图 4-20 所示。

(5) 用同样的操作步骤完成剩余标注。

5. 连续标注

连续标注命令【Chained】用于将一存在的尺寸标注作为基准来连续标注其他尺寸。其操作步骤与基线标注类似。

选择菜单栏中的【Create】/【Drafting】/【Dimension】/【Chained】命令后，根据系统提示选择连续标注基准尺寸，选择图 4-19 所示尺寸标注 1。再按提示选择连续标注点，如图 4-19 所示点 2、点 3，结果如图 4-21 所示。

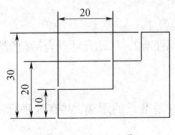

图 4-20 标注结果

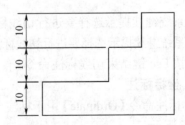

图 4-21 连续标注

6. 角度标注

角度标注命令【Angular】用于标注两直线间的夹角或圆弧的角度值。

选择菜单栏中的【Create】/【Drafting】/【Dimension】/【Angular】命令，系统提示选择要标注角度的线或圆弧，选择图 4-22 所示两线段(选择时鼠标箭头离线段保持一小段距离，否则系统会捕捉线段上的点，而无法选择线段)，移动角度尺寸到合适位置后单击。

标注圆弧：系统提示选择要标注角度的线或弧时选择图 4-22 所示圆弧，移动角度尺寸到合适位置后单击，按 Esc 键退出，结果如图 4-22 所示。

7. 圆弧标注

圆弧标注命令【Circular】用于标注圆的直径或圆弧的半径。

选择菜单栏中的【Create】/【Drafting】/【Dimension】/【Circular】命令，然后选择圆或圆弧，将尺寸文本移动到合适位置，单击即可。圆弧标注如图 4-23 所示。

8. 法线标注

法线标注命令【Perpendicular】用于标注两平行线或某个点到线段的法线距离。

选择菜单栏中的【Create】/【Drafting】/【Dimension】/【Perpendicular】命令，系统提示选择线段，选择图 4-24 所示线段 1，然后系统提示选择一平行线或一个点，选择端点 1，移动尺寸到合适位置后单击。按 Esc 键结束法线标注命令，结果如图 4-24 所示。

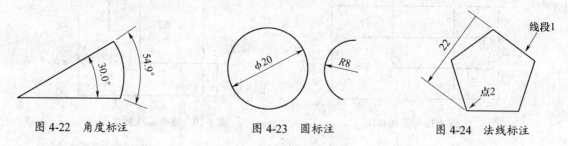

图 4-22　角度标注　　　　图 4-23　圆标注　　　　图 4-24　法线标注

9. 切线标注

切线标注命令【Tangent】用于标注某一点、线或圆弧与一圆弧相切的尺寸标注值。

例 4-2　使用基线标注命令标注如图 4-25 所示图形。

操作步骤：

(1) 选择菜单栏中的【Create】/【Drafting】/【Dimension】/【Tangent】命令。

(2) 系统提示选择要进行切线标注圆弧，选择图 4-25 所示圆弧 1。

(3) 系统继续提示选择要进行切线标注的点、线或圆弧，选择图 4-25 所示中间竖直线段，移动尺寸到合适位置(注意移动位置的不同会产生多种切线标注形式，如标注 1 和标注 2)后单击。

(4) 系统继续提示选择要进行切线标注圆弧，选择圆弧 1。

(5) 系统继续提示选择要进行切线标注的线或弧，选择圆弧 2，移动尺寸到合适位置后单击。

(6) 按 Esc 键结束切线标注命令。

10. 坐标标注

坐标标注命令【Ordinate】用于标注一系列点相对某一基准点的距离，共有 6 种标注方式，如图 4-26 所示。

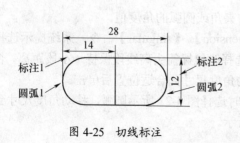

图 4-25　切线标注

图 4-26　坐标标注

11.　点标注

点标注命令【Point】用于标注任意可选定点的坐标值。

选择菜单栏中的【Create】/【Drafting】/【Dimension】/【Point】命令，然后选择需要标注的点，移动鼠标至合适位置后单击，标注完成后按 Esc 键退出，标注样式如图 4-27 所示。

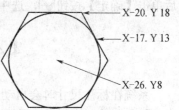

图 4-27　点标注

12.　尺寸公差标注

Mastercam X5 系统还能进行公差标注，在进行公差标注前，首先要设置公差标注参数。通过选择菜单栏中的【Create】/【Drafting】/【Options】命令，系统弹出如图 4-28 所示对话框，【Settings】中的下拉列表中提供了【None】(无公差)、【+/-】(正负尺寸公差标注)、【Limit】(极限尺寸公差标注)和【DIN】(公差带标注)4 种公差标注样式。标注时一般取消小数点后标注 "0" 复选框【Trailing zeroes】，选择【Center text between arrowheads】复选框。

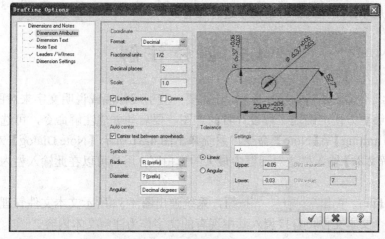

图 4-28　设置公差参数对话框

【+/-】(正负尺寸公差标注)与【Limit】(极限尺寸公差标注)都是在【Upper】和【Lower】输入上下公差值，【DIN】(公差带标注)则是在【DIN character】和【DIN value】设置参数。各种公差标注样式如图 4-29 所示。

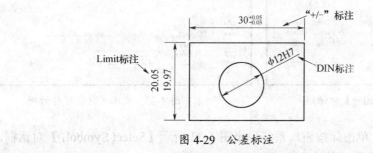

图 4-29　公差标注

4.3　尺 寸 编 辑

图纸尺寸标注完成后一般还要对标注尺寸进行编辑修改，如改换箭头形式、更改文本、变更尺寸公差等。系统菜单栏中提供【Create】/【Drafting】/【Multi-edit】命令对完成后的尺寸标注进行编辑修改。

选择菜单栏中的【Create】/【Drafting】/【Multi-edit】命令或单击 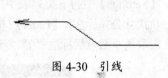 按钮，然后选择需要修改的尺寸，按 Enter 键，系统将弹出【尺寸标注样式】对话框，各种参数均可更改，改完后单击【确定】按钮✓，选中尺寸标注便会更改。

4.4　绘制尺寸界线及引线

系统在标注尺寸时会自动给出尺寸界线，用户也可以使用【Create】/【Drafting】/【Witness Line】命令手工绘制尺寸界线，其绘制方法与"两点绘线"相同，在此不再详细介绍。

【Create】/【Drafting】/【Leader】命令用于手工绘制引线，选择引线命令后，单击需要绘制引线的位置(第一点)，然后单击第二点、第三点，完成后按 Esc 键退出。如图 4-30 所示，其箭头样式也可在【尺寸标注样式】对话框中进行设置。

图 4-30　引线

4.5　创 建 注 解

完整的图纸不仅需要基本尺寸标注，还需要一些引线标注或说明文字来对图形加以说明，以便阅图者能够更方便准确地了解设计者的意图。要启动创建注解命令，可选择菜单栏中的【Create】/【Drafting】/【Note】命令，系统弹出图 4-31 所示【Note Dialog】对话框。

(1)【注解文本】输入栏是对话框中最大的空白区，用户可以在此输入栏内输入想要说明的文字。

(2) Load File：单击 Load File... 按钮，系统弹出图 4-32 所示文本文件管理对话框，用户可以选择某一个文本文件，直接调入其中现有的文字作为注解文本内容。

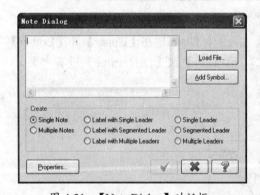

图 4-31　【Note Dialog】对话框

图 4-32　文本文件管理对话框

(3) Add Symbol... ：单击此按钮，系统弹出图 4-33 所示【Select Symbol：】对话框，用户可以选择所需要的符号作为注解文本内容。

(4)【Create】一栏中包括如下单选按钮。

① Single Note：选择此单选按钮，所输入的注解文本只能放置一次，创建一个注解文本。

② Multiple Notes：选择此单选按钮，所输入的注解文本可以放置多次，创建多个注解文本，直到按 Esc 键结束命令。

③ Label With Single Leader：选择此单选按钮，注解文本由单个引线引出，如图 4-34(a)所示。

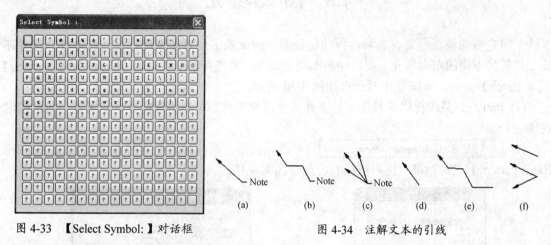

图 4-33 【Select Symbol: 】对话框

图 4-34 注解文本的引线

④ Label With Segmented Leader：选择此单选按钮，注解文本的引线由多段线段组成，直到按 Esc 键结束，如图 4-34(b)所示。

⑤ Label With Multiple Leaders：选择此单选按钮，注解文本带多个引线标注，如图 4-34(c)所示。

⑥ Single Leader：选择此单选按钮，只有单个注解引线，而没有注解文本，如图 4-34(d)所示。

⑦ Segmented Leader：选择此单选按钮，只有单个由多段线组成的注解引线，而没有注解文本，如图 4-34(e)所示。

⑧ Multiple Leaders：选择此单选按钮，只有多个注解引线，而没有注解文本，如图 4-34(f)所示。

(5) Properties：单击 Properties... 按钮，系统弹出图 4-35 所示【Note Text】对话框，用户可以进一步设置注解文本的相关参数。

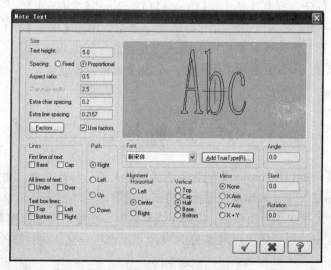

图 4-35 【Note Text】对话框

4.6 图案填充

一辐完整的图纸经常有各种各样的剖视图，因此除了要对图纸进行尺寸标注外，往往还要创建各种不同的图案填充。要启动图案填充命令，可选择菜单栏中的【Create】/【Drafting】/【X-Hatch】命令，系统弹出对话框如图 4-36 所示。

(1) Pattern：系统提供 8 种图案填充样式供用户选择，右侧的预览方框动态显示所选图案花样。

(2)  User defined hatch patterns...：单击此按钮，系统弹出图 4-37 所示【User Defined Hatch Pattern】式对话框，用户可以自行创建图案花样。

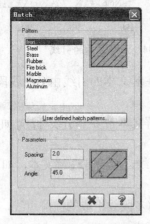

图 4-36 【Hatch】对话框

图 4-37 【User Defined Hatch Pattern】对话框

(3) Spacing：此输入框用于输入图案填充样式的线间距，输入值越小图案填充越紧密。

(4) Angle：此输入框用于输入图案填充样式中图案线与 X 轴的倾角大小。

进行图案填充，首先选择菜单栏中的【Create】【Drafting】【X-Hatch】命令，在弹出的【Hatch】对话框中输入图 4-36 所示参数，单击【确定】按钮☑。系统弹出【串连选择】对话框，提示选择要进行图案填充的几何图形区域，选择图 4-38 所示六边形和圆，单击【确定】按钮☑，结果如图 4-38 所示。

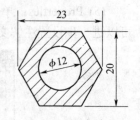

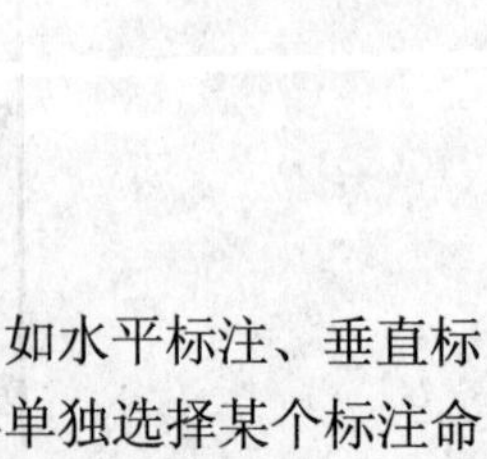

图 4-38 图案填充

4.7 快速标注

快速标注命令【Smart Dimension】包含前面讲述的大部分标注功能，如水平标注、垂直标注、角度标注、圆标注、尺寸编辑及尺寸标注样式设置等，标注时不需再单独选择某个标注命令。这样在很大程度上减少了单击次数、提高了设计效率。在使用快速标注【Smart Dimension】命令进行标注的过程中，用户还可以通过图 4-39 所示操作栏对标注进行修改和设置。

图 4-39 【快速标注】操作栏

4.8 更新标注

对已经进行了尺寸标注的几何图形进行修改后，可以重新标注，但比较麻烦。Mastercam X5 提供了更新标注【Regen】命令，可以快速的更新标注。选择菜单栏中的【Create】/【Drafting】/【Regen】命令，系统提供了 4 种更新标注方式，如图 4-40 所示。

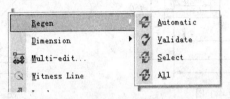

图 4-40 【更新标注】下拉菜单

(1) Automatic：此命令由其前方的 按钮控制，当此按钮按下时，几何图形修改后，尺寸标注将自动更新，直至按钮弹起，这时几何图形修改后，尺寸标注不再自动更新。

(2) Validate：选择此命令，将所有尺寸标注更改为 Mastercam X5 系统的标准尺寸标注样式。

(3) Select：当【Automatic】命令处于非启动状态时，修改几何图形后，尺寸标注并没有自动更新，这时可以选择【Select】命令来手动选择尺寸标注进行更新。

如图 4-41(a)所示，将长为 15 的线段打断，因【Automatic】命令处于非启动状态，尺寸标注未更新，选择【Select】命令，再选择尺寸 15，按 Enter 键，系统弹出对话框如图 4-42 所示，单击【确定】按钮，更新结果如图 4-41(b)所示。

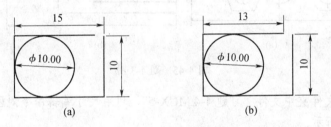

图 4-41 手动更新尺寸

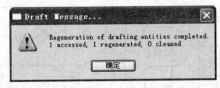

图 4-42 【Draft Message】对话框

(4) All：选择此命令，系统将一次性更新修改后几何图形的所有尺寸标注。

习 题

4-1 打开源文件夹中文件"习题 4-1.MCX-5"，利用快速标注命令进行标注，如图 4-43 所示。

4-2 打开源文件夹中文件"习题 4-2.MCX-5"，利用快速标注命令进行标注，如图 4-44 所示。

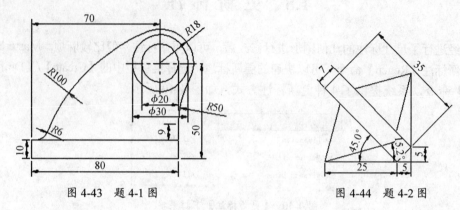

图 4-43　题 4-1 图　　　　　　　　　　图 4-44　题 4-2 图

4-3 打开源文件夹中文件"习题 4-3.MCX-5"，利用点标注、图案填充、基线标注和连续标注命令对图 4-45(a)进行标注，结果如图 4-45(b)所示。

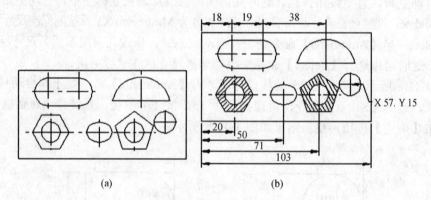

(a)　　　　　　　　　　(b)

图 4-45　题 4-3 图

4-4 打开源文件夹中文件"习题 4-4.MCX-5"，利用尺寸编辑命令对图 4-46(a)进行修改，结果如图 4-46(b)所示。

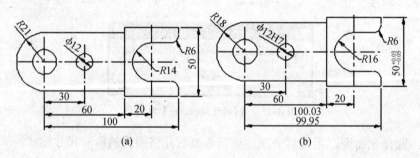

(a)　　　　　　　　　　(b)

图 4-46　题 4-4 图

第 5 章

曲面设计是 Mastercam X5 系统设计部分的核心内容之一。Mastercam X5 系统提供了强大的曲面设计功能，与实体设计相比，曲面设计的柔韧性更强。

通过本章的学习，用户能够掌握曲面的基本概念，并掌握在 Mastercam X5 软件环境中灵活运用其提供的各种曲面命令，进行曲面的创建与编辑等操作。

5.1 线 架 构

线架构是用来定义曲面的边界和曲面横断面特征的一系列几何图素(可以是点、线、圆弧、曲线等)的总称，形象地说线架构就是曲面的骨架，如图 5-1(a)所示。而曲面则是经过线架构各图素光滑产生的连续表面，形象地说就是由骨架撑起的表皮，如图 5-1(b)所示。

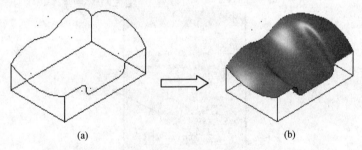

(a)　　　　　　　　　(b)

图 5-1　线架构与曲面模型

(a) 线架构；(b) 曲面模型。

例 5-1　绘制图 5-2(a)所示的线架构，此线架构将用于产生图 5-2(b)所示的曲面模型。

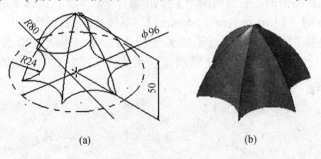

(a)　　　　　　　　　(b)

图 5-2　线构架实例

(a) 线结构模型；(b) 曲面模型。

操作步骤：

(1) 选择菜单栏中的新建文件命令【File】/【New】。

(2) 单击顶部工具栏中的【等角视图】按钮⊕及【俯视构图面】按钮▦ Top (WCS)。

(3) 选择菜单栏中的极坐标圆弧命令【Create】/【Arc】/【Create Arc Polar】。

(4) 系统提示选择圆弧中心，在图 5-3 所示操作栏中输入圆心 X 坐标 "0.0"，Y 坐标 "-45.91.0"，Z 坐标 "0.0"，按 Enter 键确认；输入圆弧半径 "24.0"，起始角度 "30.0"，终止角度 "150.0"，按 Enter 键确认，单击【确定】按钮☑️，结果如图 5-4 所示。

图 5-3　输入极坐标圆弧中心、半径、起始角及终止角

图 5-4　生成的极坐标圆弧

(5) 单击顶部工具栏中的【俯视图】按钮⊕，选择菜单栏中的旋转命令【Xform】/【Rotate】，选择前面生成的圆弧，按 Enter 键确认，系统弹出【Rotate】对话框如图 5-5 所示，设置阵列中心点和阵列参数，单击【确定】按钮☑️，结果如图 5-6 所示。

图 5-5　设置旋转阵列参数

(6) 单击顶部工具栏中的【前视构图面】按钮▦ Front (WCS)，选择菜单栏中的极坐标圆弧命令【Create】/【Arc】/【Create Arc Endpoints】。系统提示选择第一点，选择之后，系统提示选择第二点时，在操作栏输入第二点坐标 X 坐标 "0"，Y 坐标 "50"，Z 坐标 "0"，按 Enter 键确认；输入圆弧半径 "80"，按 Enter 键确认，系统提示选择其中一段圆弧，选择之后产生所需要的圆弧，如图 5-7 所示。

图 5-6　旋转阵列结果

图 5-7　产生的圆弧

(7) 单击顶部工具栏中的【俯视图】按钮📎，选择菜单栏中的旋转命令【Xform】/【Rotate】，选择前面生成的圆弧，按 Enter 键确认，系统弹出【Rotate】对话框如图 5-8 所示，设置阵列中心点和阵列参数，单击【确定】按钮 ✓ ，结果如图 5-9 所示。

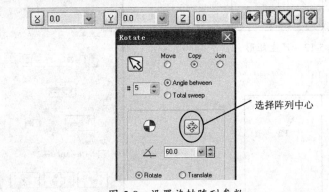

图 5-8　设置旋转阵列参数

(8) 选择菜单栏中的保存命令【File】/【Save】，以文件名"实例 5-1.MCX-5"保存文件。

例 5-2　绘制图 5-10(a)所示的线架构，此线架构将用于产生图 5-10(b)所示的曲面模型。

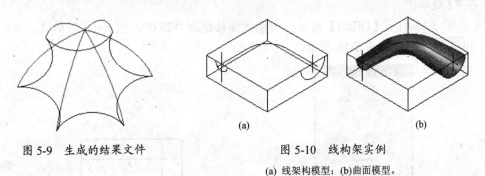

图 5-9　生成的结果文件　　　　　图 5-10　线构架实例

(a) 线架构模型；(b)曲面模型。

操作步骤：

(1) 选择菜单栏中的新建文件命令【File】/【New】。

(2) 单击顶部工具栏中的【等角视图】按钮📎 及【俯视构图面】按钮📎 Top (WCS)。

(3) 选择菜单栏中的矩形命令【Create】/【Rectangle】，系统提示选择基点的位置，在如图 5-11 所示操作栏单击【中心点定位】按钮📎，输入矩形中心点 X 坐标"0.0"，Y 坐标"0"，Z 坐标"0.0"，按 Enter 键确认；输入矩形长度"100.0"，宽度"100.0"，按 Enter 键确认，单击【确定】按钮 ✓ ，结果如图 5-12 所示。

图 5-11　设置矩形参数

(4) 选择菜单栏中的偏移命令【Xform】/【Offset】，系统弹出如图 5-13 所示的【Offset】对话框，选择图 5-12 所示线段 P1，系统提示选择偏移方向，在 P2 处单击鼠标左键。

(5) 在【Offset】对话框中输入偏移距离"20.0"，按【Enter】键确认，单击【应用】按钮 📎 ，结果如图 5-13 所示。

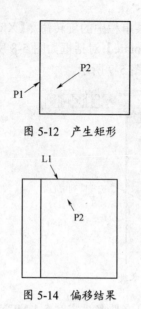

图 5-12　产生矩形

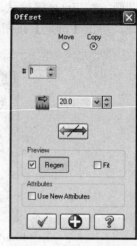

图 5-13　设置偏移参数 1

图 5-14　偏移结果

（6）系统继续提示选择要偏移的几何图形，选择图 5-14 所示线段 L1，系统提示选择偏移方向，在 P2 处单击。

（7）在图 5-15 所示【Offset】对话框中输入偏移距离 "25.0"，按 Enter 键确认，单击【确定】按钮 ，结果如图 5-16 所示。

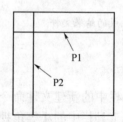

图 5-15　设置偏移参数

图 5-16　偏移结果

（8）选择菜单栏中的圆角命令【Create】/【Fillet】/【Entities】。

（9）系统弹出如图 5-17 所示的【圆角】操作栏，在操作栏输入圆角半径 "30"，按 Enter 键确认；选择图 5-16 所示线段 P1、P2 处，单击【确定】按钮 ，结果如图 5-18 所示。

图 5-17　输入圆角半径

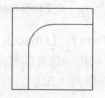

图 5-18　产生圆角

(10) 单击顶部工具栏中的【等角视图】按钮⊕，显示结果如图 5-19 所示。

(11) 选择菜单栏中的移动命令【Xform】/【Translate】，系统提示选择要移动的线段，选择图 5-19 所示线段 L1~L4，按 Enter 键确认，系统弹出如图 5-20 所示的【Translate】对话框，选择【Join】单选按钮，单击【等角视图】按钮⊕，输入 Z 方向移动距离 "-30.0"，单击【确定】按钮☑，结果如图 5-21 所示。

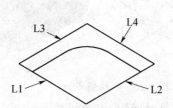

图 5-19　选择移动线段

图 5-20　设置移动参数

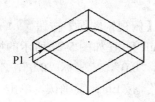

图 5-21　移动结果

(12) 单击顶部工具栏中的【等角视图】按钮⊕及【前视构图面】按钮 Front (WCS)。

(13) 选择菜单栏中的极坐标圆弧命令【Create】/【Arc】/【Arc Polar】，系统提示选择圆弧中心，选择图 5-21 所示线段端点 P1。

(14) 在图 5-22 所示操作栏中输入圆弧半径 "10.0"，起始角度 "180.0"，终止角度 "0.0"，按 Enter 键确认，单击【应用】按钮⊕，结果如图 5-23 所示。

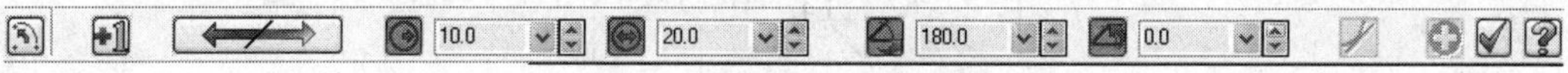

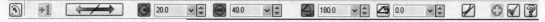

图 5-22　输入极坐标圆弧半径、起始角度及终止角度

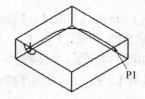

图 5-23　产生极坐标圆弧

(15) 系统继续提示选择圆弧中心点，单击顶部工具栏中的【侧视构图面】按钮 Right (WCS)，选择图 5-23 所示线段端点 P1。

(16) 在图 5-24 所示操作栏输入圆弧半径 "20.0"，起始角度 "180.0"，终止角度 "0.0"，按 Enter 键确认，单击【确定】按钮☑，结果如图 5-25 所示。

图 5-24　输入极坐标圆弧半径、起始角度及终止角度

(17) 选择菜单栏中的保存命令【File】/【Save】，以文件名"实例 5-2.MCX-5"保存文件。

例 5-3 绘制图 5-26(a)所示的线架构，此线架构将用于产生图 5-26(b)所示的曲面模型。

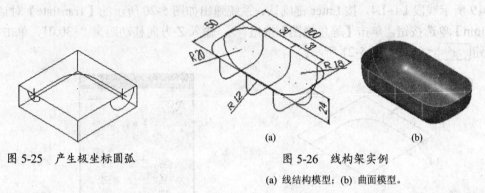

图 5-25 产生极坐标圆弧

图 5-26 线构架实例

(a) 线结构模型；(b) 曲面模型。

操作步骤：

(1) 选择菜单栏中的新建文件命令【File】/【New】。

(2) 单击顶部工具栏中的【等角视图】按钮 及【俯视构图面】按钮 Top (WCS)。

(3) 选择菜单栏中的矩形命令【Create】/【Rectangle】，在如图 5-27 所示的操作栏中单击【中心点定位矩形】按钮，输入矩形中心点 X 坐标"0.0"，Y 坐标"0.0"，Z 坐标"0.0"，按 Enter 键确认；输入矩形长度"100.0"，宽度"50.0"，按 Enter 键确认，单击【确定】按钮，结果如图 5-28 所示。

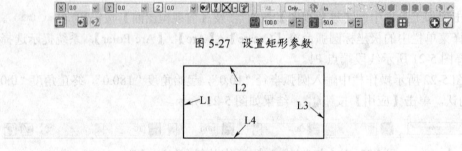

图 5-27 设置矩形参数

图 5-28 产生的矩形

(4) 选择菜单栏中的圆角命令【Create】/【Fillet】/【Entities】，在如图 5-29 圆角操作栏中输入圆角半径"18.0"，依次选取图 5-28 所示 L1 和 L2，单击【应用】按钮，完成第一个倒圆角；选取 L2 和 L3，单击【应用】按钮，完成第二个圆角；选取 L3 和 L4，单击【应用】按钮，完成第三个倒圆角；选取 L4 和 L1，单击【确定】按钮，完成第四个例圆角，结果如图 5-30 所示。

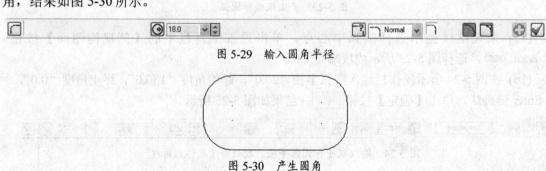

图 5-29 输入圆角半径

图 5-30 产生圆角

(5) 单击顶部工具栏中的【等角视图】按钮 ⊕ 及【前视构图面】按钮 ⊞ Front (WCS)。

(6) 选择菜单栏中的矩形命令【Create】/【Rectangle】，系统提示选择第一点的位置，在图 5-31 所示的操作栏中输入矩形点 X 坐标 "-50"，Y 坐标 "0.0"，Z 坐标 "0.0"，按 Enter 键确认；输入矩形长度 "100.0"，宽度 "24.0"，按 Enter 键确认，单击【确定】按钮 ✓ ，结果如图 5-32 所示。

图 5-31　设置矩形参数

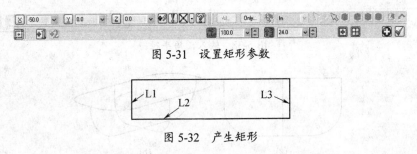

图 5-32　产生矩形

(7) 选择菜单栏中的圆角命令【Create】/【Fillet】/【Entities】。

(8) 系统弹出如图 5-33 所示的【圆角】操作栏，在操作栏中输入圆角半径 "20.0"，按 Enter 键确认，依次选取图 5-32 所示 L1 和 L2，单击【应用】按钮 ⊕ ，完成第一个倒圆角；选取 L2 和 L3，单击【确定】按钮 ✓ ，完成第二个圆角，结果如图 5-34 所示。

图 5-33　输入圆角半径

(9) 单击顶部工具栏中的【等角视图】按钮 ⊕ ，显示结果如图 5-35 所示。

图 5-34　产生圆角

图 5-35　等角视图显示结果

(10) 单击顶部工具栏中的【等角视图】按钮 ⊕ 及【右视构图面】按钮 ⊞ Right (WCS)。

(11) 选择菜单栏中的矩形命令【Create】/【Rectangle】，系统提示选择第一点的位置，在图 5-36 所示操作栏输入矩形点 X 坐标 "-25.0"，Y 坐标 "0.0"，Z 坐标 "0.0"，按 Enter 键确认；输入矩形长度 "50.0"，宽度 "24.0"，按 Enter 键确认，单击【确定】按钮 ✓ ，结果如图 5-37 所示。

图 5-36　设置矩形参数

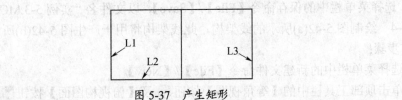

图 5-37　产生矩形

(12) 选择菜单栏中的圆角命令【Create】/【Fillet】/【Entities】。

(13) 系统弹出如图 5-38 所示的【圆角】操作栏，在操作栏输入圆角半径"12.0"，按 Enter 键确认，依次选取图 5-37 所示 L1 和 L2，单击【应用】按钮 ，完成第一个倒圆角；选取 L2 和 L3，单击【确定】按钮 ，完成第二个圆角，结果如图 5-39(a)所示。单击【等角视图】按钮 ，显示如图 5-39(b)所示。

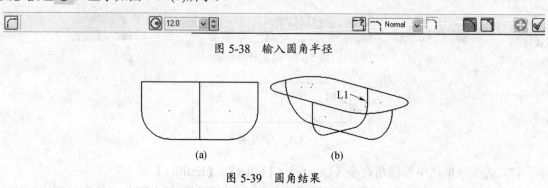

图 5-38　输入圆角半径

(a)　　　　　　　　　　(b)

图 5-39　圆角结果

(a) 产生圆角；(b) 等角显示。

(14) 选择菜单栏中的移动命令【Xform】/【Translate】，系统提示选择要偏移的线段，选择图 5-39(b)所示线段 L1，按 Enter 键确认。

(15) 系统弹出如图 5-40 所示【Translate】对话框，选择【Copy】单选按钮，单击【等角视图】按钮 ，输入 X 方向移动距离"31.0"。按 Enter 键确认，单击【确定】按钮 ，结果如图 5-41 所示。

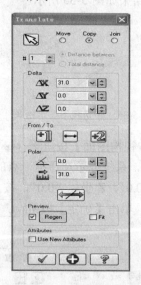

图 5-40　设置移动参数

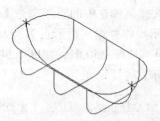

图 5-41　移动结果

(16) 选择菜单栏中的保存命令【File】/【Save】，以文件名"实例 5-3.MCX-5"保存文件。

例 5-4　绘制图 5-42(a)所示的线架构，此线架构将用于产生图 5-42(b)所示的曲面模型。

操作步骤：

(1) 选择菜单栏中的新建文件命令【File】/【New】。

(2) 单击顶部工具栏中的【等角视图】按钮 及【俯视构图面】按钮 Top (WCS)。

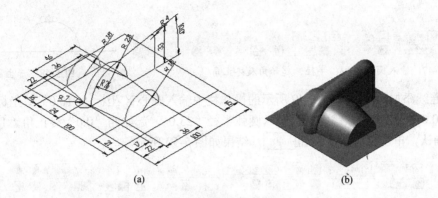

图 5-42　线构架实例

(a) 线结构模型；(b) 曲面模型。

(3) 选择菜单栏中的矩形命令【Create】/【Rectangle】，在图 5-43 所示操作栏中单击【中心点定位矩形】按钮 ，输入矩形中心点 X 坐标 "0.0"，Y 坐标 "0.0"，Z 坐标 "0.0"，按 Enter 键确认；输入矩形长度 "100.0"，宽度 "100.0"，按 Enter 键确认，单击 ✓ 按钮，结果如图 5-44 所示。

图 5-43　设置矩形参数

图 5-44　产生矩形

(4) 选择菜单栏中的极坐标圆弧命令【Create】/【Arc】/【Arc Polar】。

(5) 系统提示选择圆弧中心，在图 5-45 所示操作栏中输入圆心 X 坐标 "-10.0" Y 坐标 "-33.0" Z 坐标 "0.0"，按 Enter 键确认；输入圆弧半径 "7.0"，起始角 "180.0"，终止角 "0.0"，按 Enter 键确认，单击【应用】按钮，结果如图 5-46 所示。

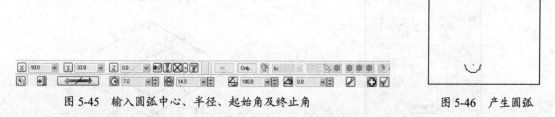

图 5-45　输入圆弧中心、半径、起始角及终止角

图 5-46　产生圆弧

(6) 单击顶部工具栏中的【等角视图】按钮 及【右视构图面】按钮 Right (WCS)。

(7) 系统提示选择圆弧中心，在图 5-47 所示操作栏输入圆心 X 坐标 "-10.0" Y 坐标 "0.0" Z 坐标 "29.0"，按 Enter 键确认；输入圆弧半径 "18.0"，起始角 "0.0"，终止角 "180.0"，按 Enter 键确认，单击【应用】按钮，结果如图 5-48 所示。

图 5-47 输入圆弧中心、半径、起始角及终止角

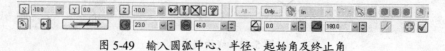

图 5-48 产生圆弧

(8) 继续添加圆弧，在图 5-49 所示的操作栏中输入圆心 X 坐标 "-10.0" Y 坐标 "0.0" Z 坐标 "-10.0"，按 Enter 键确认；输入圆弧半径 "23.0"，起始角 "0.0" 终止角 "180.0"，按 Enter 键确认，单击【确定】按钮 ☑ ，结果如图 5-50 所示。

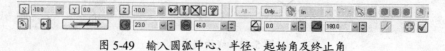

图 5-49 输入圆弧中心、半径、起始角及终止角

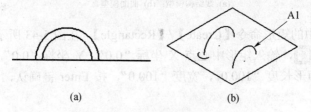

(a)   (b)

图 5-50 产生圆弧及等角视图显示

(a) 产生圆弧；(b) 等角视图显示。

(9) 选择菜单栏中的移动命令【Xform】/【Translate】，选择图 5-50(b)所示圆弧 A1，按 Enter 键确认，系统弹出如图 5-51 所示【Translate】对话框，选择【Copy】单选按钮，单击【等角视图】按钮 ⊕ ，输入 X 方向移动距离 "63.0"，调准移动方向，按 Enter 键确认，单击【确定】按钮 ☑ ，结果如图 5-52 所示。

(10) 将圆弧端点连接起来，结果如图 5-53 所示。

图 5-51 设置偏移参数

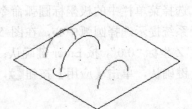

图 5-52 偏移结果

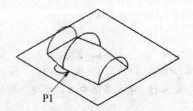

图 5-53 连接结果

(11) 单击顶部工具栏中的【等角视图】按钮 ⊕ 及【右视构图面】按钮 ▣ Right (WCS)。

(12) 选择菜单栏中的直线命令【Create】/【Line】/【Endpoint】。

(13) 系统提示选择直线起点，选择图 5-53 所示圆弧端点 P1，并输入直线长度 "58.0" 及

角度 "0.0"，按 Enter 键确认，然后以产生的线段端点为下一线段起点，输入长度 "33.0"，角度 "90.0"，结果如图 5-54 所示。

(14) 继续添加直线，以图 5-54 所示 P1 为起点，在操作栏输入长度 "100.0"，角度 "190.0"，按 Enter 键确认，以 P2 为起点。在操作栏输入长度 "30.0"，角度 "90.0"，按 Enter 键确认，结果如图 5-55 所示。

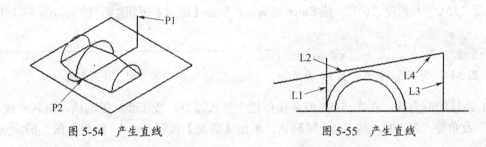

图 5-54　产生直线　　　　　图 5-55　产生直线

(15) 选择菜单栏中的圆角命令【Create】/【Fillet】/【Entities】。

(16) 系统如图 5-56 弹出圆角对话框，在操作栏输入圆角半径 "26.0"，按 Enter 确认，选择图 5-55 所示线段 L1、L2 处，按 Enter 键确认，产生圆角，单击 "应用" 按钮，继续选择 L3、L4 处，并在图 5-57 所示圆角操作栏输入圆角半径 "4.0"，按 Enter 键确认，结果如图 5-58 所示；单击【确定】按钮　，结束圆角操作。

图 5-56　输入圆角半径

图 5-57　输入圆角半径

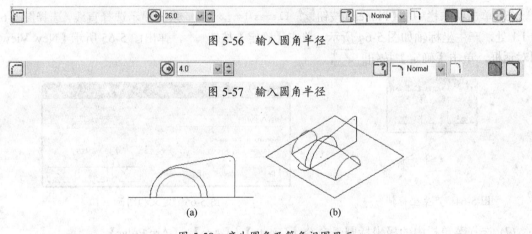

(a)　　　　　(b)

图 5-58　产生圆角及等角视图显示

(a) 产生圆角；(b) 等角视图显示。

(17) 选择菜单栏中的【File】/【Save】命令，以文件名 "实例 5-4.MCX-5" 保存文件。

例 5-5　绘制图 5-59(a)所示的线架构，此线架构将用于产生图 5-59(b)所示的曲面模型。

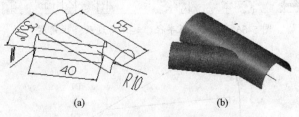

(a)　　　　　(b)

图 5-59　线构架实例

(a) 线结构模型；(b) 曲面模型。

操作步骤:

(1) 选择菜单栏中的新建文件命令【File】/【New】。

(2) 单击顶部工具栏中的【等角视图】按钮⊕及【俯视构图面】按钮 Top (WCS) 。

(3) 选择菜单栏中的直线命令【Create】/【Line】/【Endpoint】。

(4) 系统提示选择直线起点,在图 5-60 所示操作栏中输入起点,按 Enter 键确认,并输入直线长度 "55.0" 及角度 "0.0",按 Enter 键确认,单击【应用】按钮➕,结果如图 5-61 所示。

图 5-60 输入线段起点、长度、角度 图 5-61 产生直线

(5) 继续绘制直线,在图 5-62 所示操作栏中输入起点,按 Enter 键确认,输入直线长度 "40.0" 及角度 "215.0",按 Enter 键确认,单击【确定】按钮 ✓ ,结果如图 5-63 所示。

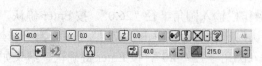
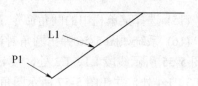

图 5-62 输入线段起点、长度、角度 图 5-63 产生线段

(6) 单击状态栏中的【Planes】按钮 Planes by normal ,系统提示选择直线,选择图 5-63 中 L1 处,产生坐标轴如图 5-64 所示,单击【确定】按钮 ✓ ,弹出图 5-65 所示【New View】图对话框,单击【确定】按钮 ✓ 。

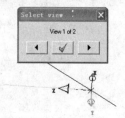

图 5-64 产生坐标轴 图 5-65 定义构图面

(7) 选择菜单栏中的极坐标圆弧命令【Create】/【Arc】/【Arc Polar】。

(8) 系统提示选择圆弧中心,选择图 5-64 所示 P1 处端点,在图 5-66 所示操作栏中输入圆弧半径 "8.0",起始角 "180.0" 终止角 "0.0",按 Enter 键确认,单击【确定】按钮 ✓ ,结果如图 5-67 所示。

图 5-66 输入圆弧半径、起始角度及终止角度

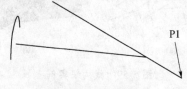

图 5-67 产生圆弧

(9) 单击顶部工具栏中的【等角视图】按钮 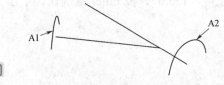 及【右视构图面】按钮 Right (WCS)。

(10) 选择菜单栏中的极坐标圆弧命令【Create】/【Arc】/【Arc Polar】。

(11) 系统提示选择圆弧中心，选择图 5-67 所示 P1 处端点，在图 5-68 所示操作栏中输入圆弧半径"10.0"，起始角"180.0"终止角"0.0"，按 Enter 键确认，单击【确定】按钮 ✓，结果如图 5-69 所示。

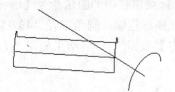

图 5-68 输入圆弧半径、起始角度及终止角度

图 5-69 产生圆弧

(12) 选择菜单栏中的移动命令【Xform】/【Translate】，系统提示选择移动线段，选择图 5-69 所示圆弧 A1，按 Enter 键确认。系统弹出如图 5-70 所示的【Translate】对话框，选择【Join】单选按钮，单击 ↔ 按钮，选择图 5-63 所示 L1，单击【确定】按钮 ✓，结果如图 5-71 所示。

(13) 继续进行移动操作，步骤同上，产生结果如图 5-72 所示。

图 5-70 设置移动参数

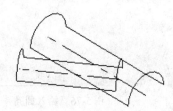

图 5-71 移动结果

图 5-72 移动结果

(14) 选择菜单栏中的保存命令【File】/【Save】，以文件名"实例 5-5.MCX-5"保存文件。

例 5-6 绘制图 5-73(a)所示的线架构，此线架将用于产生图 5-73(b)所示的曲面模型。

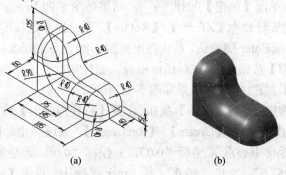

(a)　　　　　　(b)

图 5-73 线构架实例

(a) 线结构模型; (b) 曲面模型。

操作步骤：

(1) 选择菜单栏中的新建文件命令【File】/【New】。

(2) 单击顶部工具栏中的【等角视图】按钮 及【右视构图面】按钮 Right (WCS)。

(3) 选择菜单栏中的矩形命令【Create】/【Rectangle】，在如图 5-74 所示操作栏中输入矩形中心点 X 坐标"0.0"，Y 坐标"0.0"，Z 坐标"0.0"，按 Enter 键确认；输入矩形长度"80.0"，宽度"135.0"，按 Enter 键确认，单击【确定】按钮，结果如图 5-75 所示。

图 5-74　设置矩形参数　　　　　　　　　　　　　图 5-75　产生矩形

(4) 选择菜单栏中的圆角命令【Create】/【Fillet】/【Entities】，系统如图 5-76 弹出圆角对话框，在操作栏输入圆角半径"40.0"，按 Enter 键确认；选择图 5-75 所示线段 L1、L2 处，单击【确定】按钮，结果如图 5-77 所示。

图 5-76　输入圆角半径　　　　　　　　　　　　　图 5-77　产生圆角

(5) 选择菜单栏中的移动命令【Xform】/【Translate】，系统提示选择移动线段，选择图 5-77 所示线段 L1，按 Enter 键确认，系统弹出如图 5-78 所示【Translate】对话框，选择【Jion】单选按钮，单击【等角视图】按钮，在对话框中输入 X 方向移动距离"15.0"，调准移动方向，按 Enter 键确认，单击【确定】按钮，结果如图 5-79 所示。

(6) 选择菜单栏中的旋转命令【Xform】/【Rotate】，系统提示选择要旋转的几何图形，选择图 5-79 所示线段 L1，按 Enter 键确认，系统弹出如图 5-80 所示【Rotate】对话框，选择【Jion】单选按钮，单击【前视图】按钮，在对话框中输入旋转角度及选择图 5-79 所示点 P1 作为旋转中心，单击【确定】按钮，结果如图 5-81 所示。

(7) 单击顶部工具栏中的【等角视图】按钮 及【右视构图面】按钮 Top (WCS)。

(8) 选择菜单栏中的矩形命令【Create】/【Rectangle】，系统弹出如图 5-82 所示【矩形】操作栏，在操作栏输入矩形中心点 X 坐标"0.0"，Y 坐标"0.0"，Z 坐标"0.0"，按 Enter 键确认；输入矩形长度"185.0"，宽度"80.0"，按 Enter 键确认，单击【确定】按钮，结果如图 5-83 所示。

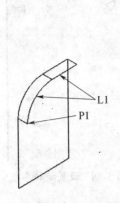

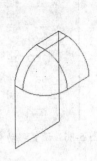

图 5-78　设置移动参数　　　　图 5-79　移动结果　　　图 5-80　设置旋转参数　　　图 5-81　旋转结果

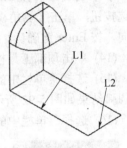

图 5-82　设置矩形参数

图 5-83　产生矩形

(9) 选择菜单栏中的圆角命令【Create】/【Fillet】/【Entities】。

(10) 系统弹出如图 5-84 所示【圆角】操作栏,在操作栏输入圆角半径"40.0",按【Enter】键确认,选择图 5-83 所示线段 L1、L2 处,单击【确定】按钮 ✓ ,结果如图 5-85 所示。

图 5-84　输入圆角半径

(11) 选择菜单栏中的移动命令【Xform】/【Translate】,系统提示选择移动线段,选择图 5-85 所示线段 L1,按 Enter 键确认,系统弹出如图 5-86 所示【Translate】对话框,选择【Jion】单选按钮,单击【等角视图】按钮 ⊕ ,在对话框中输入 Z 方向移动距离 "15.0",调准移动方向,按 Enter 键确认,单击【确定】按钮 ✓ ,结果如图 5-87 所示。

(12) 选择菜单栏中的旋转命令【Xform】/【Rotate】,系统提示选择要旋转的几何图形,选择图 5-87 所示线段 L1,按 Enter 键确认,系统弹出如图 5-88 所示【Rotate】对话框,选择【Jion】单选按钮,单击【前视图】按钮 ⬡ ,在对话框中输入旋转角度及选择图 5-87 所示点 P1 作为旋转中心,单击【确定】按钮 ✓ ,结果如图 5-89 所示。

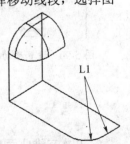

图 5-85　产生圆角

图 5-86 设置移动参数

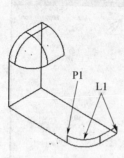

图 5-87 移动结果

图 5-88 设置旋转参数

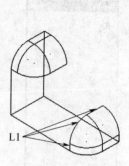

图 5-89 旋转结果

(13) 选择菜单栏中的移动命令【Xform】/【Translate】，系统提示选择移动线段，选择图 5-89 所示线段 L1，按 Enter 键确认，系统弹出如图 5-90 所示【Translate】对话框，选择【Jion】单选按钮，单击【等角视图】按钮，在对话框中输入 X 方向移动距离"50.0"，调准移动方向，按 Enter 键确认，单击【确定】按钮，结果如图 5-91 所示。

(14) 单击顶部工具栏中的【等角视图】按钮及【前视构图面】按钮 Front (WCS)。

(15) 选择菜单栏中的极坐标圆弧命令【Create】/【Arc】/【Create Arc Endpoints】，绘制 3 个圆弧结果如图 5-92 所示。

(16) 选择菜单栏中的保存命令【File】/【Save】，以文件名"实例 5-6.MCX-5"保存文件。

图 5-90 设置移动参数

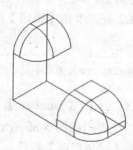

图 5-91 移动结果

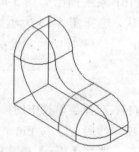

图 5-92 产生圆弧

5.2 创建基本三维曲面

基本三维曲面是指具有规则的和固定形状的曲面。在 Mastercam 中可以创建圆柱曲面、圆锥曲面、长方体曲面、球面和圆环曲面。

选择菜单栏中的【Create】/【Primitives】命令，从弹出的子菜单中可选择绘制各种基本曲面的命令，如图 5-93 所示。也可以单击【Sketcher】工具栏中的 按钮下拉箭头，从下拉菜单中选择，如图 5-94 所示。

图 5-93　基本曲面的命令

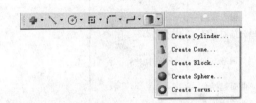

图 5-94　【Sketcher】工具栏上的基本曲面绘制命令

1. 圆柱曲面

选择菜单栏中的【Create Cylinder】命令，或单击【Sketcher】工具栏中的 ▇按钮，即可绘制基本圆柱曲面。选择此命令后，系统弹出如图 5-95 所示的【Cylinder】对话框。在对话框中设置圆柱半径值、高度值、基点位置和中心轴等参数即可绘制圆柱曲面。

在对话框中输入起始角(≥0°)和终止角(≤360°)，可绘制部分圆柱曲面。如图 5-96 所示，输入的起始角度值为 30°。终止角为 270°。

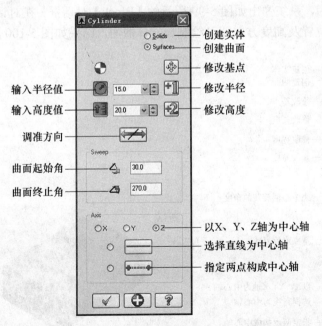

图 5-95　【Cylinder】对话框

图 5-96　构建的部分圆柱曲面

2. 圆锥曲面

选择菜单栏中的【Create Cone】命令，或单击【Sketcher】工具栏中的 ▋ 按钮，即可绘制基本圆锥曲面。选择此命令后，系统弹出如图 5-97 所示的【Cone】对话框。在对话框中，设置圆锥底面半径值、高度值、顶面半径值(或锥角)、基点位置和中心轴等即可绘制圆锥曲面。输入的起始角度值为 30°，终止角为 270°，如图 5-98 所示。

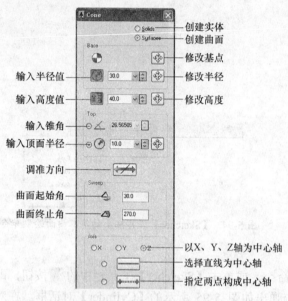

图 5-97 【Cone】对话框

图 5-98 构建的部分圆锥曲面

3. 长方体曲面

选择菜单栏中的【Create Block】命令，或单击【Sketcher】工具栏中的 ◢ 按钮，即可绘制基本长方体曲面。选择此命令后，系统弹出如图 5-99 所示的【Block】对话框。在对话框中设置长方体的长、宽、高和基点位置及高度方向即可绘制长方体曲面，结果如图 5-100 所示。

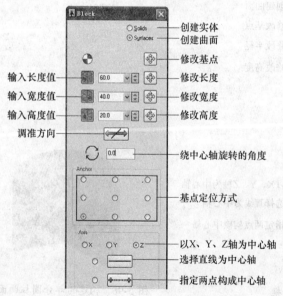

图 5-99 【Block】对话框

图 5-100 构建的长方体

4. 球体曲面

选择菜单栏中的【Create Sphere】命令，或单击【Sketcher】工具栏中的 按钮，可以绘制基本球体曲面。选择此命令后，系统弹出如图 5-101 所示的【Sphere】对话框。在对话框中设置球体的半径、基点位置和中心轴，即可绘制球体曲面，结果如图 5-102 所示。

图 5-101　【Sphere】对话框　　　　　　　　图 5-102　构建的部分球体曲面

当曲面用线框显示时，默认曲线的线框显示密度为 1。若想改变此值，可以先选中球体曲面，右击状态栏上的【属性】按钮 Attributes ，在弹出的【Attributes】对话框的【Surface Density】输入框中输入不同的值（0～15 之间），可得到不同的线框显示效果，如图 5-103 所示。其他基本曲面的显示密度都可以采用此方法快速修改。

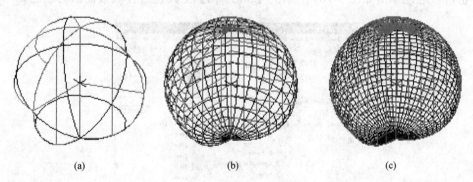

(a)　　　　　　　　(b)　　　　　　　　(c)

图 5-103　不同显示密度的线框显示效果

(a) Density=1；(b) Density=5；(c) Density=10。

5. 圆环曲面

圆环曲面实际上就是一个基准圆线绕同一个平面内的一条轴线旋转所产生的曲面。

选择选择菜单栏中的【Create Torus】命令，或单击【Sketcher】工具栏中的 按钮，可以绘制基本圆环曲面。选择此命令后，系统弹出如图 5-104 所示的【Torus】对话框。在对话框中设置圆环的基圆半径、基圆中心半径、基点位置和中心轴，即可绘制圆环曲面，结果如图 5-105 所示。

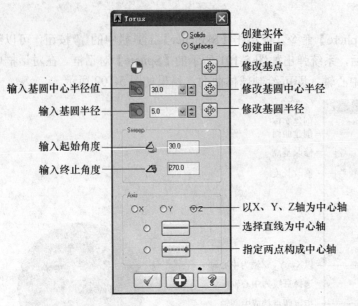

图 5-104 【Torus】对话框

右侧标注（从上到下）：
- 创建实体
- 创建曲面
- 修改基点
- 修改基圆中心半径
- 修改基圆半径
- 以X、Y、Z轴为中心轴
- 选择直线为中心轴
- 指定两点构成中心轴

左侧标注（从上到下）：
- 输入基圆中心半径值
- 输入基圆半径
- 输入起始角度
- 输入终止角度

图 5-105　构建的部分圆环曲面

5.3　高级三维曲面设计

高级曲面通常是由基本图素构成的一个个封闭的或开放的二维图形经过旋转、拉伸、举升等操作而形成的。

选择菜单栏中的【Create】/【Surfaces】命令，即可显示如图 5-106 所示的【Surfaces】子菜单，也可以通过单击如图 5-107 所示的【Surfaces】工具栏进行高级曲面的创建。

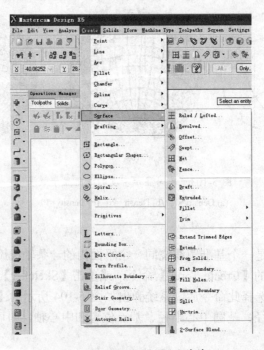

图 5-106　【Surfaces】子菜单

图 5-107　【Surfaces】工具栏

1. 直纹/举升曲面

直纹/举升曲面是将两个或两个以上的截面外形平滑顺接所产生的曲面。若以直线方式熔接，则产生直纹曲面；若以参数化方式熔接，则产生举升曲面。

选择菜单栏中的【Create Ruled/Lofted】命令，或单击【Surfaces】工具栏中的 ⊟ 按钮，可以绘制直纹/举升曲面。选择此命令后，弹出【Chaining】对话框，用户按照系统的提示选择用来作为截断面形状的数个串连之后 (注意：选择曲线或线串是一定要注意鼠标点击的位置，使各个曲线或线串的起点和串联方向一致，否则生成扭曲的曲面)，根据提示依次选择后，单击【确定】按钮 ✓ ，系统弹出如图 5-108 所示的【直纹/举升曲面】工具栏，选择构建直纹/举升曲面方式，即可产生曲面，如图 5-109 所示。

串选择　直纹面　举升面

图 5-108　【直纹/举升曲面】工具栏

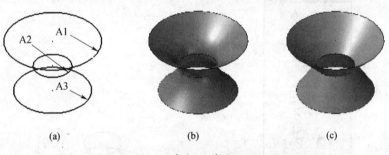

(a)　　　　　　　　(b)　　　　　　　　(c)

图 5-109　构建直纹/举升曲面

(a) 线框；(b) 直绞曲面；(c) 举升曲面。

同样的线架构，用户选择线串的顺序不同，产生的曲面也将发生变化，如图 5-110 所示。

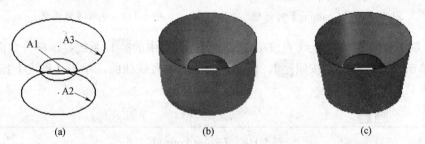

(a)　　　　　　　　(b)　　　　　　　　(c)

图 5-110　调整线串选择顺序构建的举升曲面

(a) 线框；(b) 举升曲面；(c) 着色显示。

例 5-7　打开源文件夹中文件"实例 5-7.MCX-5"，选择【Create】/【Surfaces】/【Ruled/Lofted】命令将图 5-111(a)中的线架构绘制成直纹/举升曲面，结果如图 5-111(b)、(c)所示。

操作步骤：

(1) 选择菜单栏中的【File】/【Open】命令，打开源文件夹中文件"实例 5-7.MCX-5"，如图 5-111(a)所示。

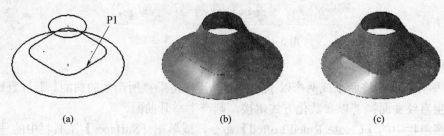

(a)　　　　　　　　　　(b)　　　　　　　　　　(c)

图 5-111　直纹/举升曲面

(a) 线架模型；(b) 举升曲面；(c) 直纹曲面。

(2) 绘制直纹/举升曲面之前，先将图 5-111(a)中的矩形边在中点 P1 处打断，以保证举升曲面 3 个截面的起始点相对应(圆的起始点在其 "0°" 位置)。

(3) 选择菜单栏中的直纹/举升曲面命令【Create】/【Surfaces】/【Ruled/Lofted】。系统弹出图 5-112 所示【Chaining】对话框，单击【串连选择】按钮 。

(4) 选择图 5-113 所示 P1、P2、P3 处，使串连方向及起点保持一致(注意选择位置会影响产生的曲面，串连方向及起点不一致时会产生扭曲直纹曲面)，单击【确定】按钮 ✓ 。

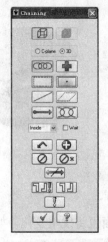

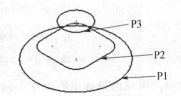

图 5-112　【Chaining】对话框　　　　　图 5-113　选择串连曲线

(5) 单击如图 5-114 所示【直纹/举升曲面】工具栏中的，系统显示举升曲面，如图 5-115 所示。单击【直纹曲面】按钮，使产生的曲面为直纹曲面，单击【确定】按钮 ✓ ，结果如图 5-116 所示。

图 5-114　【Ruled/Lofted】工具栏

图 5-115　举升曲面　　　　　　　图 5-116　直纹曲面

(6) 选择菜单栏中的【File】/【Save】命令，以文件名"实例 5-7.MCX-5"保存文件。

2．旋转曲面

旋转曲面是以所定义的串连外形绕指定的旋转轴旋转一定角度而得到的曲面，其串连外形可以由直线、圆弧等图素组成。该类曲面的创建比较简单，只需要先绘制出串连外形，然后指定旋转中心轴线，就可以生成旋转曲面。

选择菜单栏中的【Create Revolved Surface】命令，或单击【Surfaces】工具栏中的 按钮，可以绘制旋转曲面。选择此命令后，弹出【Chaining】对话框。用户选择的串连可以是闭式的，也可以是开式的。选择之后，单击该对话框中的【确定】按钮 ，系统弹出【构建旋转曲面】工具栏，如图 5-117 所示。然后选择旋转轴线，指定旋转方向，输入起始及终止角度，即可产生旋转曲面，如图 5-118 所示。

| | | | ← → | | 120.0 | | | 360.0 | | | | |

图 5-117　【构建旋转曲面】工具栏

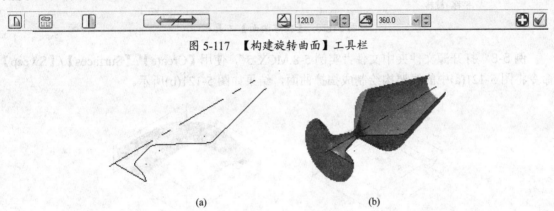

(a)　　　　　　　　　　　　　　　(b)

图 5-118　构建旋转曲面

(a) 线框；(b) 旋转曲面。

3．扫掠曲面

扫掠曲面是将选择的一个几何截面沿着一个或两个路径线平移或旋转而成的曲面，或将两个几何截面沿着一个路径线平移或旋转而成的曲面。Mastercam X5 系统提供了 4 种扫掠曲面形式。

(1) 一个扫描截面与一个扫描路径，如图 5-119(a)所示。

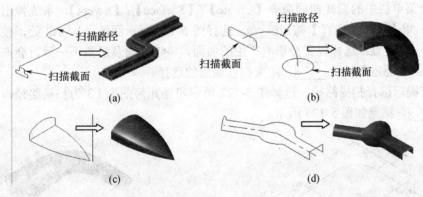

扫描路径

扫描路径

扫描截面

扫描截面

扫描截面

(a)　　　　　　　　　　　　　　　(b)

(c)　　　　　　　　　　　　　　　(d)

图 5-119　扫略曲面

(a) 一个扫描截面与一个扫描路径；(b) 两个或多个扫描截面与一个扫描路径；

(c) 一个扫描截面与多个扫描路径；(d) 两个扫描截面与两个扫描路径。

(2) 两个或多个扫描截面与一个扫描路径, 如图 5-119(b)所示。

(3) 一个扫描截面与多个扫描路径, 如图 5-119(c)所示。

(4) 两个扫描截面与两个扫描路径, 如图 5-119(d)所示。

选择菜单栏中的【Create Sweep Surface】命令, 或单击【Surfaces】工具栏中的 🖉 按钮, 可以绘制扫掠曲面。选择此命令后, 弹出【Chaining】对话框, 选择用于扫琼的截断面外形之后。单击【Chaining】对话框中的【确定】按钮 ☑ , 系统又提示选择扫描路径线, 选择确定后, 系统弹出如图 5-120 所示的【扫琼曲面】工具栏。同时, 系统显示出所创建的扫琼曲面。若满意即可确定, 否则可以利用该工具条进行曲面参数的重新设置。

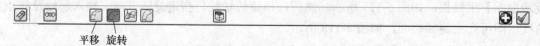

平移　旋转

图 5-120　【扫琼曲面】工具栏

例 5-8　打开源文件夹中文件 "实例 5-8.MCX-5", 使用【Create】/【Surfaces】/【Sweep】命令将图 5-121(a)中的线架构绘制成扫掠曲面, 结果如图 5-121(b)所示。

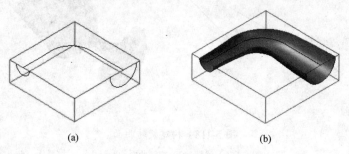

(a)　　　　　　　　(b)

图 5-121　扫描曲面

(a) 线架模型; (b) 扫掠曲面。

操作步骤:

(1) 选择菜单栏中的【File】/【Open】命令, 打开源文件夹中文件 "实例 5-8.MCX-5", 如图 5-142(a)所示。

(2) 选择菜单栏中的旋转曲面命令【Create】/【Surface】/【Swept】, 系统弹出【串连选择】对话框, 单击【单体选择】按钮 ◢ , 选择图 5-122 所示圆弧 A1、A2 处, 使串联方向及起点保持一致(注意: 选择位置会影响产生的曲面, 串连方向及起点不一致时会产生扭曲扫描曲面), 单击【确定】按钮 ☑ , 结束扫描截面的选择。

(3) 系统提示选择扫描路径, 选择图 5-122 所示串连几何图形 L3 为扫描路径, 单击【确定】按钮 ☑ , 结果如图 5-123 所示。

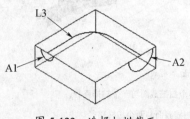

图 5-122　选择扫描截面

图 5-123　扫描曲面

(4) 单击图 5-124 所示【扫描曲面】工具栏中的【确定】按钮 ，接受产生的扫描曲面。

图 5-124　【扫琼曲面】工具栏

(5) 选择菜单栏中的【File】/【Save As】命令，以文件名"实例 5-8.MCX-5"保存文件。

4．网格曲面

网格曲面是 Mastercam X5 的新增功能，它取代了老版本中创建昆氏曲面功能。网格曲面命令可以由一系列由横向(Along)和纵向(Across)组成的网格状线架构来产生曲面，且横向和纵向曲线在 3D 空间可以不相交，各曲线的端点也可以不相交。

除了以上新的亮点外，网格曲面较以往昆氏曲面的最大改进是支持"眉毛胡子一把抓"功能，即用户可以采用视窗选择的方法选择网格线架构来创建网格曲面，省却了昆氏曲面复杂的切削方向、截断方向数目的输入及逐一选择单条边界的操作，这对于新手来说无疑是一福音，如图 5-125 所示。

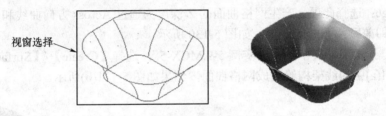

图 5-125　视图选择创建网格曲面

选择菜单栏中的【Create Sweep Surface】命令，或单击【Surfaces】工具栏中的 按钮，可以创建网格曲面。选择此命令后，系统弹出【Chaining】对话框，同时显示如图 5-126 所示【网格曲面创建】工具栏，系统提示选择线串 1、线串 2、线串 3、…等，根据提示依次选择横向和纵向线串。

图 5-126　【网格曲面创建】工具栏

单击【网格曲面创建】工具栏的 按钮，可以创建 3 边网格曲面，即组成曲面的线架构有两条 Along 线和一条 Across 线或两条 Across 线和一条 Along 线。根据系统提示选择 3 条线串后，系统提示选择 Indicate the apex position （选择顶点），通过选择顶点代替缺少的第 4 条线，如图 5-127 所示。

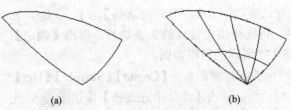

|　　(a)　　|　　(b)　　|

图 5-127　创建 3 边网格曲面

(a) 选择 Along 线和 Across 线，再选择顶点；(b) 网格曲面。

网格曲面创建工具条中的 ![Z] 按钮用来设置非相交网格曲面 Z 深度方式。当构成网格曲面的线架构在 3D 空间不相交时，可以利用此选项来控制网格曲面的 Z 深度，有 Along、Across 及 Average 共 3 种控制方式。

(1) Along：选择此项，产生网格曲面的 Z 深度由 Along 方向曲线控制，即网格曲面通过全部的 Along 方向曲线，如图 5-128 所示。

(2) Across：选择此项，产生网格曲面的 Z 深度由 Across 方向曲线控制，即网格曲面通过全部的 Across 方向曲线，如图 5-129 所示。

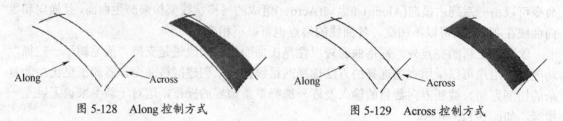

图 5-128　Along 控制方式　　　　　　图 5-129　Across 控制方式

(3) Average：选择此项，产生网格曲面的 Z 深度为通过 Across 方向曲线和 Along 方向曲线的平均值，即兼顾两方向的造型，如图 5-130 所示。

例 5-9　打开源文件夹中文件"实例 5-9.MCX-5"，选择【Create】/【Surfaces】/【Net】命令将图 5-131(a)中的线架构绘制成网格曲面，结果如图 5-131(b)所示。

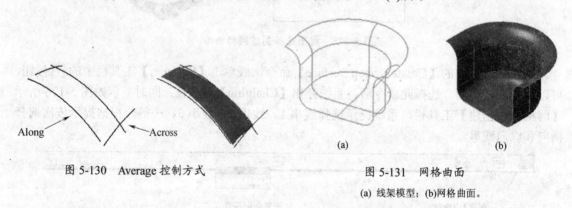

图 5-130　Average 控制方式

图 5-131　网格曲面
(a) 线架模型；(b)网格曲面。

操作步骤：

(1) 选择菜单栏中的【File】/【Open】命令，打开源文件夹中文件"实例 5-9.MCX-5"，如图 5-131(a)所示。

(2) 选择【Edit】/【Trim/Break】/【Break at Intersection】命令，在交点处打断几何图形命令，选择如图 5-132 所示的圆弧 A1、线段 L2，将两者在交点处打断。

(3) 选择菜单栏中的网格曲面命令【Create】/【Surface】/【Net】，系统弹出【网格曲面】对话框，单击【部分串连选择】按钮 ![○○]，先选择纵方向的 3 条边界，再选择横向方向的 2 条边界，单击【确定】按钮 ![✓]，产生如图 5-133 所示的网格曲面。

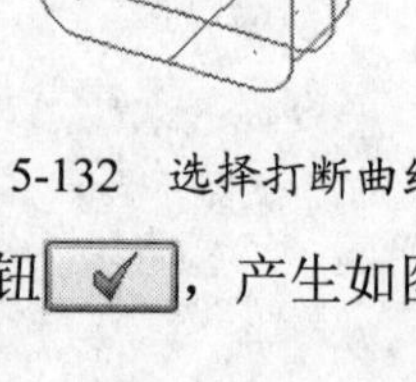

(4) 继续选择菜单栏中的网格曲面命令【Create】/【Surface】/【Net】，系统弹出【网格曲面】对话框，单击【部分串连选择】按钮 ![○○]，先选择纵方向的 3 条边界，再选择横向方向的 5 条边界，单击【确定】按钮 ![✓]，产生如图 5-134 所示的网格曲面。

图 5-132　选择打断曲线

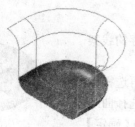

图 5-133　产生网格曲面　　　　　　　　图 5-134　产生的网格曲面

(5) 单击图 5-135 所示【网格曲面】工具栏中的【确定】按钮 ✓，接受产生的网格曲面。

图 5-135　接受产生的网格曲面

(6) 选择菜单栏中的保存命令【File】/【Save As】，以文件名"实例 5-9.MCX-5"保存文件。

5．放式曲面

放式曲面也是 Mastercam X5 的新增功能，它可以利用线段、圆弧、曲线等在曲面上产生垂直于此曲面或与曲面成一定扭曲角度的曲面。

选择菜单栏中的【Create Fence Surface】命令，或单击【Surfaces】工具栏中的 🖢 按钮，可以创建放式曲面，系统弹出如图 5-136 所示的【放式曲面】工具栏。

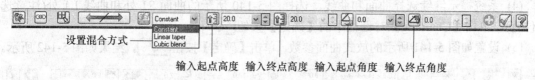

设置混合方式　　　　　　　输入起点高度　输入终点高度　输入起点角度　输入终点角度

图 5-136　【放式曲面】工具栏

Mastercam X5 系统提供了 3 种放式曲面的混合方式：Constant(恒定的)、Linear(线性倾斜)、Cubic blend(立方混合)。

(1) Constant：创建的围栏曲面其高度值和角度值沿着围栏曲线是恒定的，这是系统默认状态。

(2) Linear：创建的围栏曲面其高度值和角度值沿着图栏曲线呈线性变化。

(3) Cubic blend：创建的围栏曲面其高度值和角度值沿着围栏曲线呈 S 形的立方混合功能变化。

启动构建围栏曲面功能后，根据系统提示选择曲面和曲面上的围栏曲线，在【放式曲面】工具栏中设置相应的混合方式，输入起始高度和终止高度、起始角度和终止角度，即可构建围栏曲面。

例 5-10　打开源文件夹中文件"实例 5-14.MCX-5"，选择【Create】/【Surfaces】/【Fence】命令将图 5-137(a)中的线架构绘制成放式曲面，结果如图 5-137(b)所示。

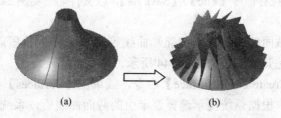

(a)　　　　　　　　　　(b)

图 5-137　放式曲面

(a) 线架构；(b)放式曲面。

操作步骤:

(1) 选择菜单栏中的【File】/【Open】命令打开保存的线架文件"实例 5-10.MCX-5",如图 5-137(a)所示。

(2) 选择【Create】/【Surfaces】/【Fence】命令,再选择图 5-138 所示的曲面 S1,系统提示选择放式曲线,然后选择曲线 L2 处(注意选择位置),最后单击【Chaining】对话框中的【确定】按钮 ✓ 。

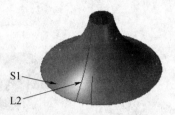

图 5-138　选择曲面和曲线

(3) 设置图 5-139 所示的放式曲面参数,单击【应用】按钮 ✚ ,结果如图 5-140 所示。

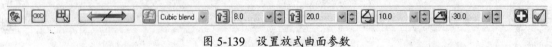

图 5-139　设置放式曲面参数

图 5-140　产生放式曲面

(4) 系统提示继续选择曲面和曲线,选择图 5-140 所示的曲面 S1 处和曲线 L1 处(注意选择位置),单击【Chaining】对话框中的【确定】按钮 ✓ 。

(5) 设置如图 5-141 所示的放式曲面参数,单击【确定】按钮 ✓ ,结果如图 5-142 所示。

图 5-141　设置放式曲面参数

(6) 选择已生成的放式曲面,单击【俯视图】按钮 ,选择【Xform】/【Xform Rotate】命令旋转阵列放式曲面,复制个数为"11",旋转角度"30",结果如图 5-164 所示。

图 5-142　产生放式曲面　　　　　　　图 5-143　旋转阵列结果

(7) 选择菜单栏中的保存命令【File】/【Save As】,以文件名"实例 5-10.MCX-5"保存文件。

6. 牵引曲面

牵引曲面是将一个截面曲线(直线、圆弧和曲线等)沿某一方向挤压而成的曲面。截面曲线可以是封闭的,也可以是开放的,如图 5-144 所示。

选择菜单栏中的【Create Draft Surface】命令,或单击【Surfaces】工具栏中的 ◈ 按钮,启动构建牵引曲面功能。根据系统提示选择要牵引的截面曲线后,系统弹出如图 5-145 所示的构建牵引曲面【Draft Surface】对话框,输入牵引长度、角度,指定牵引方向,即可产生牵引曲面,如图 5-146 所示。

图 5-144　牵引曲面

(a) 开放截面线；(b) 封闭截面线。

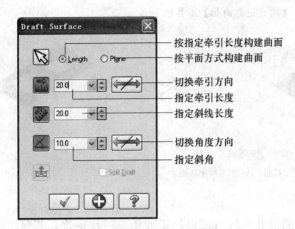

图 5-145　【Draft Surface】对话框

图 5-146　创建的牵引曲面

7．拉伸曲面

拉伸曲面是将一个封闭的截面曲线(直线串、圆弧串和封闭曲线等)沿某一方向拉伸而成的曲面。它与牵引曲面的区别是截面曲线必须是封闭的。

选择菜单栏中的【Create Draft Surface】命令，或单击【Surfaces】工具栏中的按钮，可以启动构建拉伸曲面功能。根据系统提示选择要拉伸的截面线后，系统弹出如图 5-147 所示的【Extruded Surface】对话框，设置各项参数，结果如图 5-148 所示。

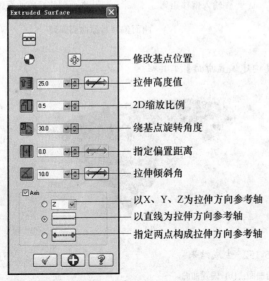

图 5-147　【Extruded Surface】对话框

图 5-148　创建的拉伸曲面

8. 边界曲面

边界曲面可以由一单一封闭或多重封闭的平面截面外形产生曲面。

选择菜单栏中的【Create】/【Surface】/【Flat Boundary Surface】命令，或单击【Surfaces】工具栏中的 按钮，可以启动构建边界曲面功能。根据系统提示选择边界截面线后，即可产生边界曲面。同时系统弹出如图 5-149 所示的【构建边界曲面】工具栏，通过其中的功能按钮可以重新选择边界线。其中两种平面截面产生的结果如图 5-150 所示。

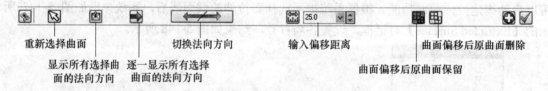

图 5-149 【构建边界曲面】工具栏

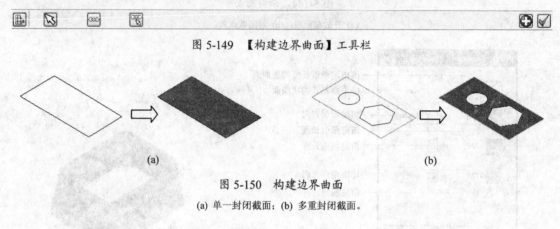

(a)   (b)

图 5-150 构建边界曲面

(a) 单一封闭截面；(b) 多重封闭截面。

9. 偏移曲面

偏置曲面是将选定的一个或多个曲面沿其法线方向以给定的距离进行偏置。若曲面存在圆角，则向圆角内侧偏移曲面时建议偏移距离小于曲面的最小圆角半径。

选择菜单栏中的【Create Offset Surface】命令或单击【Surfaces】工具栏中的 按钮，即可绘制偏置曲面。选择此命令后，系统提示选择偏置曲面。根据提示选择并确定后，系统弹出如图 5-151 所示【构建偏置曲面】工具栏。在工具栏中输入偏移距离，指定偏移方向即可生成偏置曲面，结果如图 5-152 所示。

重新选择曲面		切换法向方向		输入偏移距离		曲面偏移后原曲面删除				
	显示所有选择曲面的法向方向	逐一显示所有选择曲面的法向方向			曲面偏移后原曲面保留					

图 5-151 【构建偏置曲面】工具栏

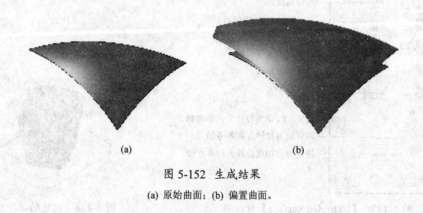

(a)   (b)

图 5-152 生成结果

(a) 原始曲面；(b) 偏置曲面。

10. 由实体生成曲面

在 Mastercam X5 中，实体造型和曲面造型可以相互转换，由实体表面可以转换为曲面，实际上就是提取实体的表面，另外由曲面也可以转换为实体造型。

选择菜单栏中的【Create Offset Surface】命令或【Surfaces】工具栏中的 按钮，系统弹出如图 5-153 所示的【实体选择】操作栏，单击选项按钮，即可实现由实体表面到曲面的转换。操作时选择要转换的实体表面后按 Enter 键即可，结果如图 5-154 所示。

图 5-153 【实体选择】操作栏

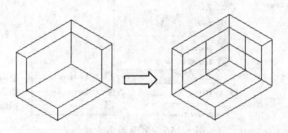

图 5-154 由实体生成曲面

5.4 三维曲面编辑

一般来说，物体外形很少由单一曲面构成，大部分具有至少两个以上的曲面。通常，将这种由两个以上曲面构建的物体称为多重曲面，使用多重曲面时往往要对曲面进行修整或编辑。在 Mastercam 中，常用的曲面编辑命令主要有倒圆角、曲面修剪、曲面延伸、曲面熔接、分割曲面等。

选择菜单栏中的【Create】/【Surface】命令，从下拉菜单中进行选择，如图 5-155 所示。

图 5-155 曲面编辑命令

1．曲面圆角

曲面倒圆角是对两个或三个相交的曲面之间的公共边或公共角落倒曲面圆角，以在曲面之间产生光滑平顺的倒圆角。在设计产品时，经常需要对尖锐部位进行曲面倒圆角，以产生光滑过渡，减少零件的内应力。

菜单栏中的【Create】/【Surfaces】/【Fillet】命令包括 3 种类型：曲面和曲面倒圆角、曲面和曲线倒圆角、曲面和平面倒圆角，如图 5-156 所示。

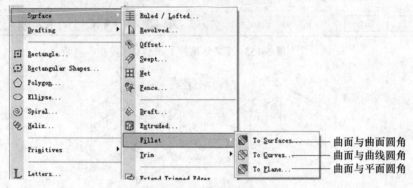

图 5-156　曲面圆角方式

1）曲面与曲面圆角

该命令用于对单一或多重曲面进行倒圆角，即在两个或多组曲面间产生倒圆角曲面，其分别正切于两个相邻的参考曲面，这个命令使用最多。

选择菜单栏中的【Create】/【Surfaces】/【Fillet】/【To Surfaces】命令，可以在曲面与曲面之间产生因角。所选择的曲面法线方向必须相交，且均指向回角曲面的圆心方向，否则产生不了圆角。不同的法向方向组合将产生不同的圆角效果，如图 5-157 所示。

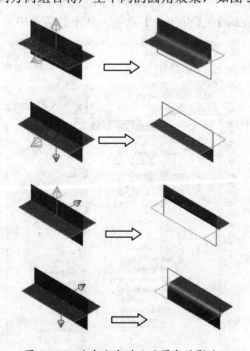

图 5-157　法向方向对曲面圆角的影响

　　启动曲面与曲面圆角命令并结束两组曲面选择后，系统弹出【Fillet Surf to Surf】对话框，各项功能如图 5-158 所示，曲面圆角结果设置由对话框中的 ▦ 按钮控制，如图 5-159 所示。设置各项参数，产生圆角如图 5-160 所示。

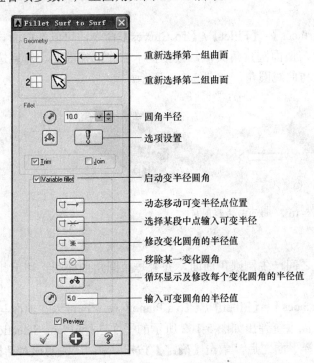

图 5-158　【Fillet Surf to Surf】对话框　　　　图 5-159　【曲面圆角结果设置】对话框

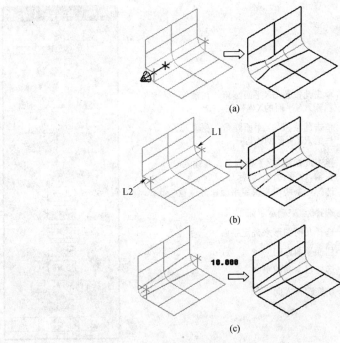

(a)

(b)

(c)

图 5-160　产生圆角

(a) 动态变化半径圆角；(b) 段中间生成变化半径圆角；(c) 渐变半径圆角。

2) 曲面与曲线圆角

该命令用于在选取的曲线与曲面间产生倒圆角曲面,该圆角曲面必须定位于串连曲线上,且正切于所选取的参考曲面。另外,要想产生完整的圆角曲面,其半径值必须大于曲线与曲面间的最大距离值。

选择菜单栏中的【Create】/【Surfaces】/【Fillet】/【To Curves】命令,可以在曲面与曲线之间产生圆角。其操作方法与曲面与曲面圆角角类似,根据提示首先选择曲面,然后选择曲线,输入合适的半径即可完成曲面与曲线圆角,如图 5-161 所示。

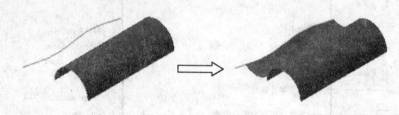

图 5-161　曲面与曲线圆角

3) 曲面与平面圆角

该命令用于在定义的平面与曲面之间产生倒圆角曲面,并且每个圆角曲面都正切于此平面和曲面。

选择菜单栏中的【Create】/【Surfaces】/【Fillet】/【To a Plane】命令,可以在曲面与平面之间产生圆角。根据提示选择曲面后,系统弹出如图 5-162 所示的平面选择【Plane Selection】对话框,系统提示选择平面。用户选择平面之后,单击【确定】按钮 ,关闭该对话框。同时弹出如图 5-163 所示的【Fillet Sufaces to Plane】对话框。

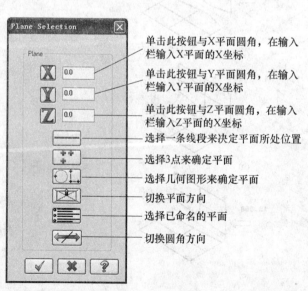

单击此按钮与X平面圆角,在输入栏输入X平面的X坐标

单击此按钮与Y平面圆角,在输入栏输入Y平面的X坐标

单击此按钮与Z平面圆角,在输入栏输入Z平面的X坐标

选择一条线段来决定平面所处位置

选择3点来确定平面

选择几何图形来确定平面

切换平面方向

选择已命名的平面

切换圆角方向

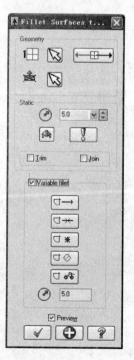

图 5-162　【Plane Selection】对话框　　　　图 5-163　【Fillet Sufaces to Plane】对话框

根据对话框设置相应的平面，输入圆角半径即可产生圆角，如图 5-164 所示。

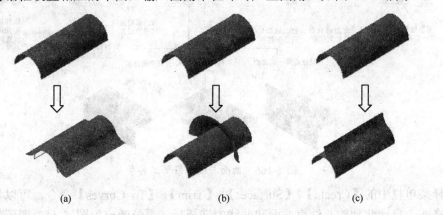

(a)　　　　　　　　　　　(b)　　　　　　　　　　　(c)

图 5-164　曲面与平面圆角

(a) 曲面与 Z 平面圆角；(b)曲面与 X 平面圆角；(c)曲面与 Y 平面圆角。

2．曲面修剪

曲面修剪是指把一组已存在的曲面修剪到指定的曲面、平面或曲线，生成新的修剪后的曲面。

选择菜单栏中的【Create】/【Surfaces】/【TrimSurface】命令，即可显示如图 5-165 所示【Trim】子菜单，曲面修剪包括曲面与曲面、曲面与曲线、曲面与平面。

图 5-165　【Trim】子菜单

1）曲面与曲面修剪

该命令允许用一组曲面去修剪另一组曲面，或者两组曲面相互修剪至其相交线的位置。执行此项功能时，要求两组曲面中有一组只能包含一个曲面体。

选择菜单栏中的【Create】/【Surfaces】/【Trim】/【To Surfaces】命令，可以将曲面与曲面进行修剪。启动此功能并结束两组曲面的选择后，系统弹出如图 5-166 所示的【曲面与曲面修剪】工具栏。实际操作时指定修剪样式、选择修剪后原曲面的保留形式，即可完成修剪操作。

2）曲面与曲线修剪

该命令用于将所选曲面修剪至一条或多条封闭的曲线，如果曲线并不位于曲面上，系统会自动投影这些曲线至曲面来执行修剪。执行该命令时，可以选择保留曲线内的曲面不变或曲线外的曲面部分不变。

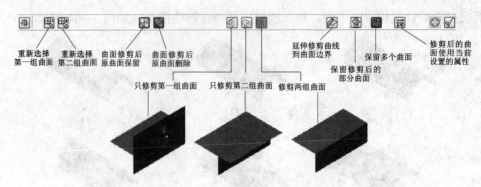

图 5-166　曲面与曲面修剪工具条

选择菜单栏中的【Create】/【Surfaces】/【Trim】/【To Curves】命令，可以将曲面与曲线进行修剪，启动此功能并结束曲面和曲线的选择后，系统弹出如图 5-167 所示的【曲面与曲线修剪】工具栏。

图 5-167　【曲面与曲线修剪】工具栏

选择命令后，根据系统提示选择要修剪的曲面和曲线，选择要保留的曲面部分，单击【确定】按钮   或按 Enter 键，即可完成修剪操作，如图 5-168 所示。

图 5-168　曲面与曲线修剪

3）曲面与平面修剪

该命令用于修剪一个或多个曲面至所定义的平面位置。

选择菜单栏中的【Create】/【Surfaces】/【Trim】/【To Plane】命令，可以在曲面与平面之间进行修剪。启动此功能并结束曲面的选择后，系统弹出如图 5-169 所示的平面选择【Plane Selection】对话框，根据需要选择平面后即可产生修剪曲面，如图 5-170 所示。

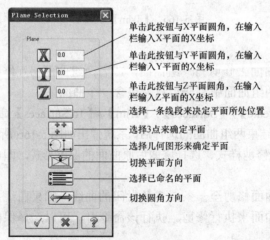

图 5-169　【Plane Selection】对话框

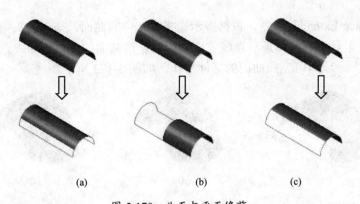

图 5-170　曲面与平面修剪

(a) 曲面与 Z 平面修剪；(b)曲面与 X 平面修剪；(c)曲面与 Y 平面修剪。

3．延伸修剪曲面边界

选择菜单栏中的【Create】/【Surfaces】/【Extend Trimmed Edges】命令可以将修剪后的曲面边界延伸一定的距离，选择【Extend Trimmed Edges】命令后，系统给出修剪曲面延伸操作选项，各选项功能如图 5-171 所示。

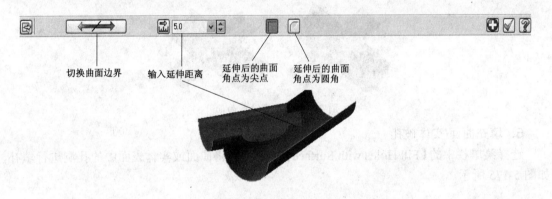

图 5-171　修剪曲面延伸操作选项

修剪曲面延伸的操作非常简单，选择曲面后移动箭头到边界选择两个点来确定延伸范围即可。

4．曲面延伸

曲面延伸是指沿曲面上指定边界执行曲面的延伸，允许延伸指定的长度或延伸至指定的平面，此时将产生一个新的延伸曲面。但是，曲面延伸功能仅能对未被修剪过的曲面边界进行延伸操作。

选择菜单栏中的【Create】/【Surface】/【Surface Extend】命令。根据系统的提示用户选择要延伸的曲面后，系统要求移动鼠标到需要延伸的边界，用户可以在如图 5-172 所示的【曲面延伸】工具栏中对延伸参数进行设置。

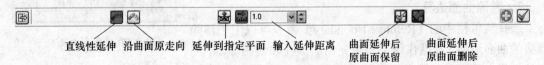

图 5-172　【曲面延伸】工具栏

选择【Surface Extend】命令，根据提示选择要延伸的曲面，拖动箭头指定延伸的边界，在【曲面延伸】工具栏中选择是沿直线方向延伸还是沿曲面的走向延伸，输入延伸距离，单击【确定】按钮 即可完成曲面的延伸操作，如图 5-173 所示。

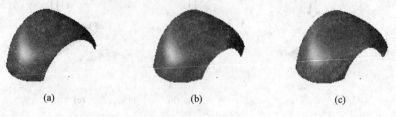

(a)   (b)   (c)

图 5-173 延伸曲面

(a) 原始曲面；(b) 线性延伸；(c) 沿曲面走向延伸。

5．恢复修剪

曲面延伸恢复修剪就是撤消对曲面所进行的修剪操作，恢复修剪之前的曲面形状。

选择菜单栏中的【Create】/【Surfaces】/【Un—trimSurfaces】命令，根据系统的提示用户选择曲面后，系统会立即恢复该曲面在修剪之前的形状，如图 5-174 所示。

图 5-174 恢复修剪曲面

6．填充曲面/实体破孔

选择菜单栏中的【Fill Holes with Surface】命令可以将曲面或实体表面中的孔洞进行填补，如图 5-175 所示。

图 5-175 填充曲面/实体破孔

填充曲面/实体破孔的操作非常简单，启动命令后选择所需曲面或实体面并移动箭头到所需边界即可，如果曲面中存在多个破孔，系统将弹出图 5-176 所示提示对话框，提示是否填充曲面的所有破孔，单击 是(Y) 按钮将填充曲面的所有破孔，单击 否(N) 按钮则只填充移动箭头移动到边界处的破孔。

7．移除曲面边界

选择菜单栏中的【Remove Boundary】命令可以用于移除修剪的曲面边界，其操作结果与填充曲面破孔非常相似，不同之处在于，填充的破孔曲面与原曲面各自独立，并非为一个整体曲面，而移除曲面边界得到的曲面与原曲面为一个整体曲面，如图 5-177 所示。

图 5-176 填充曲面提示

图 5-177 移除曲面边界

移除曲面边界的操作方法与填充曲面操作方法相似，启动命令后选择所需要曲面并移动箭头到所需边界即可。

8．分割曲面

选择菜单栏中的【Split】命令能够将曲面从其纵向或横向进行分割，使一个曲面变成两个曲面，如图 5-178 所示(分割后移开的效果)。

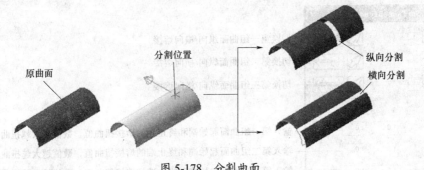

图 5-178 分割曲面

系统默认首先从纵向分割曲面，要横向分割曲面，单击【分割曲面】工具栏中的分割方向切换按钮 即可。

9．2 曲面熔接

选择菜单栏中的【2Surface Blend】命令能够在 2 个曲面之间产生一顺滑曲面将 2 曲面熔接起来，启动【2Surface Blend】命令后，系统弹出 2 曲面熔接【2Surface Blend】对话框，各选项功能如图 5-179 所示。选择每个曲面，指定熔接位置后，单击【确定】按钮 ，结果如图 5-180 所示。

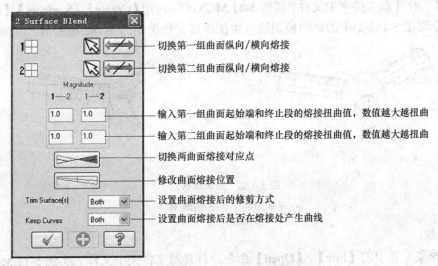

图 5-179 【2Surface Blend】对话框

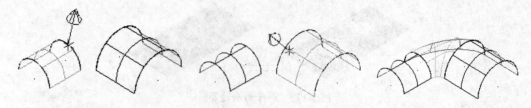

图 5-180　2 曲面熔接操作

10．3 曲面熔接

【3Surface Blend】命令能够在 3 个曲面之间产生一顺滑曲面将 3 个曲面熔接起来，启动【3Surface Blend】命令并选择曲面后，系统弹出 3 曲面熔接【3-Surface Blend】对话框，各选项功能如图 5-181 所示。

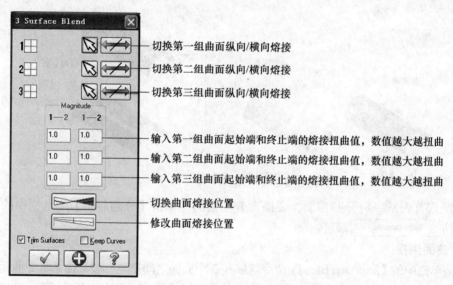

图 5-181　【3Surface Blend】对话框

例 5-11　打开源文件夹中文件"实例 5-11.MCX-5"，使用【Create】/【Surfaces】/【3Surface Blend】命令将图 5-182(a)中的曲面模型进行熔接操作，结果如图 5-182(b)所示。

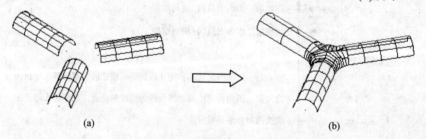

图 5-182　曲面熔接

(a) 原曲面模型；(b) 3 曲面熔接。

操作步骤：

(1) 选择菜单栏中的【File】/【Open】命令，打开源文件夹中文件"实例 5-11.MCX-5"，如图 5-182(a)所示。

(2) 选择菜单栏中的两曲面熔接命令【Create】/【Surfaces】/【3Surface Blend】命令，系统提示选择第一组曲面，选择图 5-183 所示曲面 S1，移动箭头到熔接位置 P2 处单击(提示：选择熔接位置时关闭所有自动捕捉功能，便于选择所需的位置)，按 F 键，切换为横向熔接。

(3) 系统提示选择第二组曲面，选择图 5-184 所示曲面 S1，移动箭头到 P2 处单击，按 F 键，切换为横向熔接。

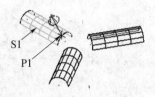
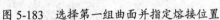

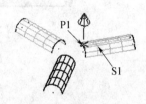

图 5-183　选择第一组曲面并指定熔接位置　　　图 5-184　选择第二组曲面并指定熔接位置

(4) 系统提示选择第三组曲面，选择图 5-185 所示曲面 S1，移动箭头到 P2 处单击，按 F 键，切换为横向熔接，按 Enter 键确认。

(5) 系统弹出【3Surface Blend】对话框，单击【确定】按钮 ✓ ，结果如图 5-186 所示。

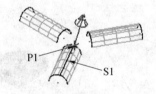

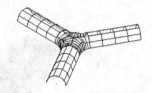

图 5-185　选择第三组曲面并指定熔接位置　　　　　图 5-186　熔接结果

(6) 选择菜单栏中的保存命令【File】/【Save As】，以文件名"实例 5-11.MCX-5"保存文件。

11．3 圆角曲面熔接

【3Fillet Blend】命令能够在 3 个圆角曲面之间产生一顺滑曲面将 3 个圆角曲面熔接起来。如图 5-187 所示，首先曲面 S1 与 S2 圆角，然后曲面 S3 与 S4 圆角，最后圆角曲面 S5、S6、S7 进行熔接。

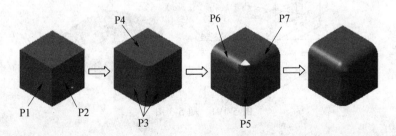

图 5-187　3 圆角曲面熔接

启动【3Fillet Blend】命令并结束 3 个圆角曲面选择后，系统弹出 3 圆角曲面熔接【3Fillet Blend】对话框，各选项功能如图 5-188 所示。

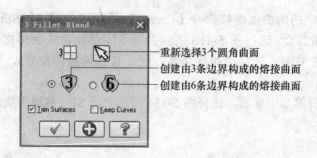

图 5-188　【3Fillet Blend】对话框

重新选择3个圆角曲面
创建由3条边界构成的熔接曲面
创建由6条边界构成的熔接曲面

习　题

5-1　绘制图 5-189 所示的线架及利用直纹/举升曲面创建曲面模型，以文件名"习题 5-1.MCX-5"保存文件。

5-2　绘制图 5-190 所示的线架及利用扫掠曲面创建曲面模型，以文件名"习题 5-2.MCX-5"保存文件。

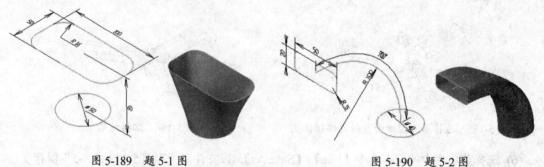

图 5-189　题 5-1 图　　　　　　　　　　　　　　图 5-190　题 5-2 图

5-3　绘制图 5-191 所示的线架及利用旋转曲面、扫掠曲面、边界曲面创建曲面模型，以文件名"习题 5-3.MCX-5"保存文件。

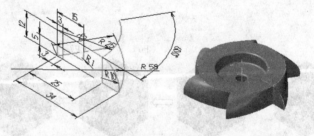

图 5-191　题 5-3 图

第 6 章

实体设计

实体设计也是 Mastercam X5 系统设计部分的核心内容之一。实体设计功能提供了直接创建三维实体的方法。与曲面设计相比，三维实体设计更容易获得设计零件的物理参数，如重量、质心、惯性矩等。

本章主要讲述 Mastercam X5 几种常见的三维实体造型命令、实体编辑命令的参数含义及设置方法。通过本章的学习，用户能够掌握实体的基本概念，并掌握在 Mastercam X5 软件环境中灵活运用其提供的各种实体造型命令，进行编辑和布尔运算等以生成复杂实体模型的方法。

6.1 创建基本实体

Mastercam X5 系统提供了一些方便快捷的基本实体命令，如圆柱体、圆锥体、方体、球体及圆环体。选择菜单栏中的【Create】/【Primitives】命令，或单击【Sketcher】工具栏中的 按钮下拉箭头，从下拉菜单中选择，如图 6-1 所示。

图 6-1 基本实体设计

1. 圆柱体

通过【Cylinder】命令能够产生指定半径和高度的圆柱体，选择【Cylinder】命令后，系统弹出如图 6-2 所示的【Cylinder】对话框，设置各项参数，产生的圆柱体如图 6-3 所示。

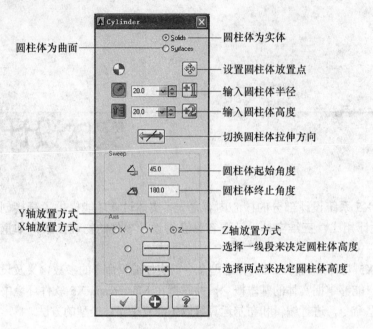

圆柱体为曲面 —— 圆柱体为实体

—— 设置圆柱体放置点

—— 输入圆柱体半径

—— 输入圆柱体高度

—— 切换圆柱体拉伸方向

—— 圆柱体起始角度

—— 圆柱体终止角度

Y轴放置方式
X轴放置方式 —— Z轴放置方式

—— 选择一线段来决定圆柱体高度

—— 选择两点来决定圆柱体高度

图 6-2 【Cylinder】对话框

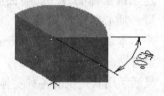

图 6-3 构建的圆柱体

2. 圆锥体

通过【Cone】命令能够产生指定半径和高度的圆锥体，选择【Cone】命令后，系统弹出如图 6-4 所示的【Cone】对话框，设置各项参数，产生的圆锥体如图 6-5 所示。

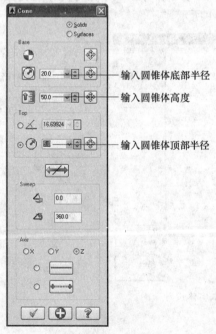

—— 输入圆锥体底部半径

—— 输入圆锥体高度

—— 输入圆锥体顶部半径

图 6-4 【Cone】对话框

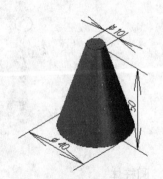

图 6-5 构建的圆锥体

3. 方体

通过【Block】命令能够产生指定长度、宽度、高度的方体，选择【Block】命令后，系统弹出如图 6-6 所示的【Block】对话框，设置各项参数，产生的方体如图 6-7 所示。

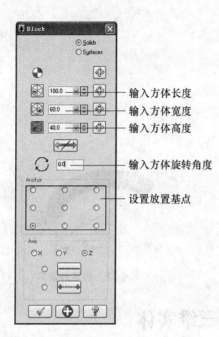

图 6-6 【Block】对话框

输入方体长度

输入方体宽度

输入方体高度

输入方体旋转角度

设置放置基点

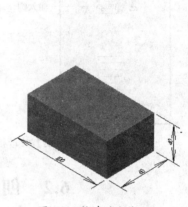

图 6-7 构建的方体

4．球体

通过【Sphere】命令能够产生指定半径的球体，选择【Sphere】命令后，系统弹出如图 6-8 所示的【Sphere】对话框，设置各项参数，产生的球体如图 6-9 所示。

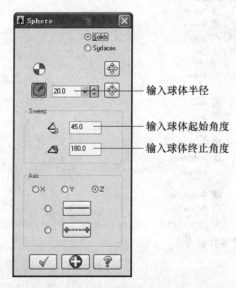

输入球体半径

输入球体起始角度

输入球体终止角度

图 6-8 【Sphere】对话框

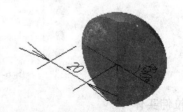

图 6-9 构建的球体

5．圆环

通过【Torus】命令能够产生指定轴心圆半径和截面圆半径的圆环体，选择【Torus】命令后，系统弹出如图 6-10 所示的【Torus】对话框，设置各项参数，产生的圆环如图 6-11 所示。

图 6-10 【Torus】对话框

输入轴心的半径
输入截面圆半径
输入圆体环起始角度
输入圆体环终止角度

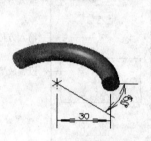

图 6-11　构建的圆环

6.2　创建高级三维实体

Mastercam X5 提供了多种由二维图形创建实体的方法，主要有拉伸、旋转、扫描和举升。这些方法都需要先绘制出二维截面图形。选择菜单栏中的【Solids】命令，或单击【Solids】工具栏中的相关按钮，即可启动这些命令，如图 6-12 所示。

图 6-12　创建实体的命令

1．拉伸实体

拉伸实体是将一个或多个共面的串连曲线按指定方向和距离进行拉伸(或称"挤出")所构建的实体，创建的实体可以与其他实体进行布尔运算。选择菜单栏中的【Solid 】/【Extrude】命令，或单击【Solids】工具栏中的【拉伸】按钮 ，选择【Extrude】命令并选择拉伸实体截面后，系统将弹出【Extrude Chain】对话框，各选项功能如图 6-13 及图 6-14 所示，设置各项参数，产生拉伸实体如图 6-15 所示。

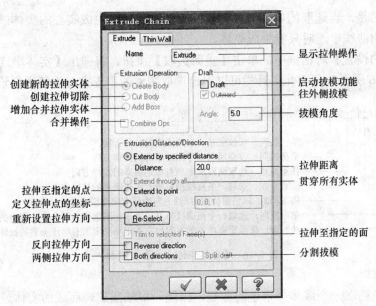

图 6-13　【Extrude】选项卡

显示拉伸操作

创建新的拉伸实体
创建拉伸切除
增加合并拉伸实体
合并操作

启动拔模功能
往外侧拔模

拔模角度

拉伸距离
贯穿所有实体

拉伸至指定的点
定义拉伸点的坐标
重新设置拉伸方向

拉伸至指定的面

反向拉伸方向
两侧拉伸方向

分割拔模

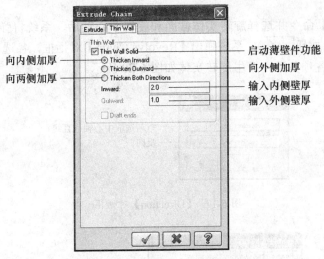

图 6-14　【Thin Wall】选项卡

向内侧加厚
向两侧加厚

启动薄壁件功能
向外侧加厚

输入内侧壁厚
输入外侧壁厚

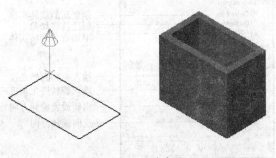

图 6-15　拉伸实体

拉伸的长度可指定一个确切值，也可以选取一个指定的实体面或点，使生成的实体拉伸
至该实体面或点。

值得注意的是，当选取的串连为封闭曲线串连时，可以生成实心的实体或壳体；当选取的串连为不封闭曲线串连时只能生成壳体。

在【实体的设置】对话框中，单击【重新选取】按钮，将弹出【实体串连方向】带状工具栏，如图 6-16 所示。利用此工具栏可以对已选取图素的串连方向重新进行设置。

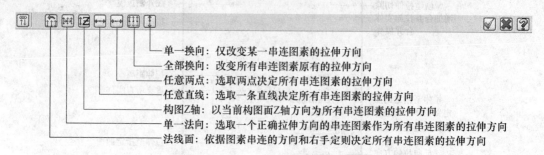

单一换向：仅改变某一串连图素的拉伸方向
全部换向：改变所有串连图素原有的拉伸方向
任意两点：选取两点决定所有串连图素的拉伸方向
任意直线：选取一条直线决定所有串连图素的拉伸方向
构图Z轴：以当前构图面Z轴方向为所有串连图素的拉伸方向
单一法向：选取一个正确拉伸方向的串连图素作为所有串连图素的拉伸方向
法线面：依据图素串连的方向和右手定则决定所有串连图素的拉伸方向

图 6-16 【实体串连方向】工具栏

2. 旋转实体

旋转实体是选取一个或多个串连的曲线，围绕一根轴线旋转而成的实体或薄壁件。选择菜单栏中的【Solid 】/【Revolve】或单击【Solids】工具栏中的【旋转】按钮 🔄，即可启动旋转实体命令。

选择【Extrude】命令并选择旋转实体截面和旋转中心轴后，系统将弹出【Direction】对话框，单击【确定】按钮 ✓，系统弹出【Revolve Chain】对话框，各选项功能如图 6-17～图 6-19 所示，设置各项参数，产生旋转实体如图 6-20 所示。

重新选取中心轴（直线）
反向

图 6-17 【Direction】对话框

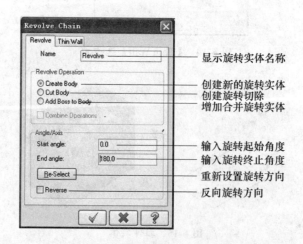

显示旋转实体名称

创建新的旋转实体
创建旋转切除
增加合并旋转实体

输入旋转起始角度
输入旋转终止角度
重新设置旋转方向
反向旋转方向

图 6-18 【Revolve】选项卡

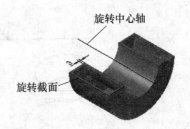

图 6-19　【Thin Wall】选项卡　　　　　　　图 6-20　旋转实体

3.扫描实体

扫描实体是将一个或多个共面的封闭曲线串连沿一条平滑路径扫掠(平移和旋转)所生成的实体。平滑路径一般应沿封闭曲线平面的法线方向穿过该平面,当倾角超过 5°时,将无法生成扫描实体,而显示"路径曲线的平滑超过 5°"的警示对话框。选择菜单栏中的【Solids】/【Sweep】命令,或单击【Solids】工具栏中的【扫描】按钮 ,即可启动扫描实体命令,选择【Sweep】命令并选择扫描实体截面和扫描路径后,系统将弹出如图 6-21 所示的【Sweep Chain】对话框,设置各项参数,产生的扫掠实体如图 6-22 所示。

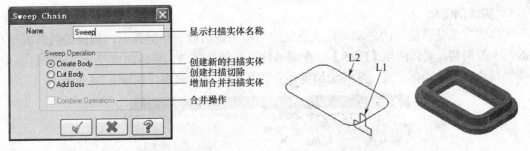

图 6-21　【Sweep Chain】对话框　　　　　　图 6-22　扫描实体

4.举升实体

举升实体(又称"放样实体")是使用至少两条或两条以上的封闭曲线串连,按选取的熔接方式进行熔接所构成的实体。选择菜单栏中的【Solid】/【Loft】命令,或单击【Solids】工具栏中的【举升】按钮 ,即可启动扫描实体命令。

选择【Loft】命令并选择多个举升截面后,系统将弹出【Loft Chain】对话框,各选项功能如图 6-23 所示。

提示:与构建举升曲面相同,在选取各曲线串连时应保证各串连的方向和起点一致,否则举升实体将发生扭曲。同样的图素,若选取的顺序不同,所得到的放样图形也不同。

除按上述要求,选取的串连必须为封闭串连并注意串连的顺序、起点及串连的方向外,还要求曲线的串连不能重复选取;选取的曲线串连不能自身相交;每个选取的曲线串连必须位于同一平面,但构成实体的一组曲线串连之间不要求必须在同一平面。

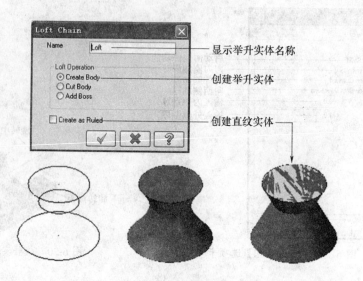

图 6-23 Loft Chain 对话框

6.3 实体编辑

Mastercam X5 提供了许多对单个实体进行编辑的命令，主要包括对实体倒角、抽壳、加厚、修剪以及对实体的表面进行牵引等。通过这些编辑命令，用户可以构建复杂的实体形状，需熟练掌握。

1. 实体倒圆角

实体倒圆角是以指定的曲率半径或变化的曲率半径构建一个圆弧面，构建的圆弧面与相邻的两个面相切。实体圆角【Fillet】命令能够将选择的实体边、实体面或整个实体进行圆角，实体倒圆角有两种操作方式：实体边倒圆角和实体面与面倒圆角，如图 6-24 所示。

图 6-24 实体圆角方式

实体边倒圆角是对两个面的交线或两组面的交线倒圆角。其操作过程比较简单，依次选取两个面或两组面，通过设置相关参数，即可在两个相邻面之间生成圆滑过渡的圆角。实体面与面倒圆角可以在同一实体的两个没有公共边的实体面之间产生圆角。在两个实体面之间如果有槽或孔的话，在执行该功能时均会被填充。

启动实体圆角命令后系统激活图 6-25 所示【实体选择】工具栏，各选项得出的圆角结果如图 6-26 所示。

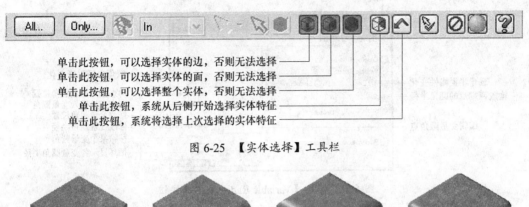

单击此按钮，可以选择实体的边，否则无法选择
单击此按钮，可以选择实体的面，否则无法选择
单击此按钮，可以选择整个实体，否则无法选择
单击此按钮，系统从后侧开始选择实体特征
单击此按钮，系统将选择上次选择的实体特征

图 6-25 【实体选择】工具栏

| (a) | (b) | (c) | (d) |

图 6-26 选取边、面、体时显示的圆角结果

(a) 原实体；(b) 边圆角；(c) 面圆角；(d) 整体圆角。

1) 实体边圆角

【Fillet】命令能够对实体边进行常量或变量圆角，采用此方式进行圆角时建议关闭图 6-25 所示【实体选择】工具栏中的【实体面选择】按钮 🔲 和【整个实体选择】按钮 🔲，以方便对实体边的选择。选择菜单栏中的【Solid 】/【Fillet】/【Fillet】命令，或单击【Solids】工具栏中的【倒圆角】按钮 🔲，选择【Fillet】命令并选择实体边后，系统弹出【Fillet Parameters】对话框。其中选中【常量圆角】单选按钮或【变量圆角】单选按钮分别如图 6-27、图 6-28 所示。设置变化圆角各项参数，产生结果如图 6-29 所示。

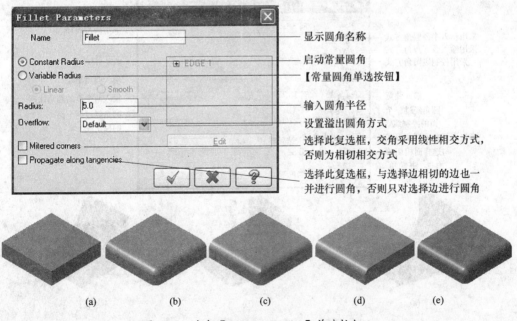

显示圆角名称
启动常量圆角
【常量圆角单选按钮】
输入圆角半径
设置溢出圆角方式
选择此复选框，交角采用线性相交方式，否则为相切相交方式
选择此复选框，与选择边相切的边也一并进行圆角，否则只对选择边进行圆角

| (a) | (b) | (c) | (d) | (e) |

图 6-27 选中【Constant Radius】单选按钮

(a) 原实体；(b) 交角相切相交；(c) 交角线性相交；(d) 原实体；(e) 与选择边相切的边圆角。

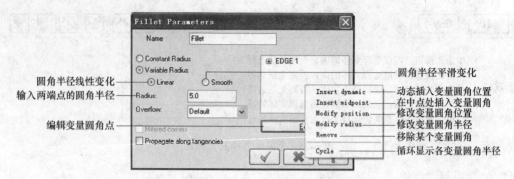

图 6-28　选中【Variable Radins】单选按钮

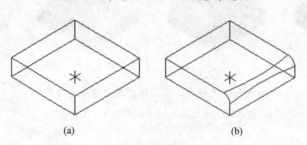

图 6-29　变化圆角选项

(a) 原实体；(b) 在中点处插入变量圆角。

2) 实体面与面圆角

【Face-Face Fillet】命令能够在两个实体面之间产生圆角，而这两个面并不需要有共同的边，且在两个面之间的槽或孔均会被圆角填充覆盖，选择【Face-Face Fillet】命令并选择两个实体面后，系统弹出【Face-Face Fillet Parameters】对话框，各选项功能如图 6-30 所示。

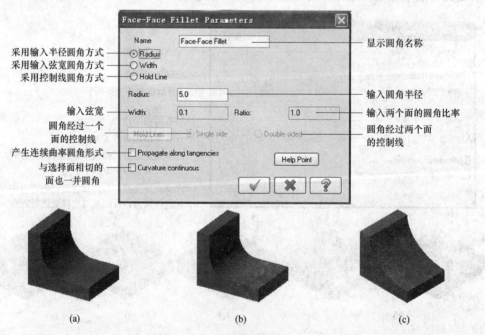

图 6-30　【Face-Face Fillet Parameters】对话框

(a) 半径圆角方式；(b) 弦宽圆角方式；(c) 控制线方式。

2. 实体倒角

实体倒角【Chamfer】命令将选取的实体边、实体面或整个实体进行倒角。实体倒角分为3种类型，即【单一距离】倒角、【不同距离】倒角以及【距离/角度】倒角，如图 6-31 所示。从倒角类型方面来讲，各选项的参数设置与二维图形的倒角相似。

图 6-31 实体倒角方式

选择菜单栏中的【Solid 】/【Chamfer】命令，或单击【Solids】工具栏中【倒角】按钮 、【不同距离】按钮 或【距离/角度】按钮 。系统激活图 6-25 所示【实体选择】工具栏，借助工具栏中 、 、 、 、 按钮，在绘图区中选取需创建倒角操作的实体边、面或整个实体。完成后单击【结束选择】按钮 或按 Enter 键，系统弹出对应倒角类型的对话框，如图 6-32 所示，设置相关参数后，单击【确定】按钮 ，相对的倒角操作将被创建。

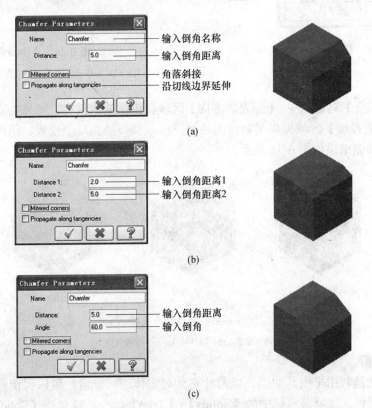

图 6-32 倒角选项

(a) 相同倒角距离及结果；(b) 不同倒角距离及结果；(c) 倒角距离与角度及结果。

3. 实体抽壳

实体抽壳当选取实体上的某一个或几个面试，可将所选的面移除，生成一定的薄壁实体；当选取整个实体时，也可以将整个实体变为内空的薄壁实体，且生成的薄壁实体具有均匀的壁厚。

选择菜单栏中的【Solids】/【Shell】命令，或单击【Solids】工具栏中【抽壳】按钮⊡，系统弹出如图 6-25 所示工具栏，单击实体主体按钮⬛或【选取实体面】按钮⬛，选择要抽壳的面或体后，单击【结束选择】按钮⬛或按 Enter 键。系统弹出【Shell Solids】对话框，如图 6-33 所示。设置相关参数后，单击【确定】按钮 ✔，结果如图 6-34 所示。

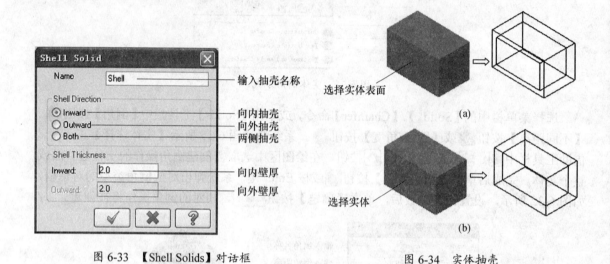

图 6-33 【Shell Solids】对话框

图 6-34 实体抽壳

(a) 选择实体表面抽壳；(b) 选择整个实体抽壳。

在【实体抽壳】对话框中，【抽壳的方向】区域提供了朝内抽壳、朝外抽壳和朝两侧抽壳3 种方式。【抽壳厚度】区域提供了朝内的抽壳厚度和朝外抽壳厚度设置，用户可根据需要进行设置，产生抽壳结果如图 6-35 所示。

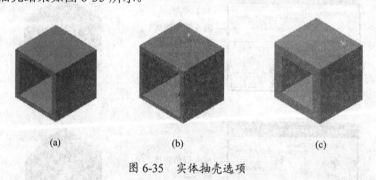

图 6-35 实体抽壳选项

(a) 朝内抽壳；(b) 朝外抽壳；(c) 朝两侧抽壳。

4. 实体修剪

实体修剪就是利用平面、曲面、或薄片实体对实体进行修剪，可以保留修剪实体的一部分或两部分度保留。选择菜单栏中的【Solids】/【Trim】命令，或单击【Solids】工具栏中的【实体修剪】按钮⬛，选择实体修剪【Trim】命令并选择实体后，系统弹出"Trim Solid"对话框，各选项功能如图 6-36 所示。设置各项参数，实体修剪结果如图 6-37 所示。

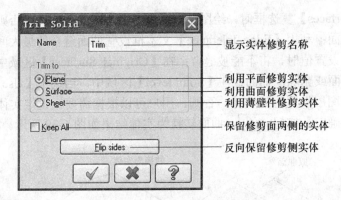

图 6-36 【Trim Solid】对话框

右侧标注文字：
- 显示实体修剪名称
- 利用平面修剪实体
- 利用曲面修剪实体
- 利用薄壁件修剪实体
- 保留修剪面两侧的实体
- 反向保留修剪侧实体

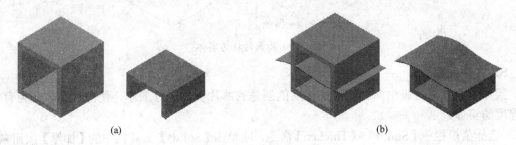

(a)　　　　　　　　　　　　　　　(b)

图 6-37　实体修剪选项

(a) 平面修剪实体；(b) 曲面修剪实体。

5.曲面转换为实体

曲面转为实体功能实质上是通过将选取的曲面"缝合"到一起来创建一个或多个实体。如果曲面边界之间的间隙超过了设置的"边界误差"，则曲面不能缝合，生成开放的薄片实体。若曲面缝合后形成封闭的曲面，则可生成封闭实体。

选择菜单栏中【Solids】/【From Surfaces】命令，或单击【Solids】工具栏中的【曲面转换为实体】按钮 。系统弹出如图 6-38 所示的【Stitch Surfaces into Solid(s)】对话框，选中

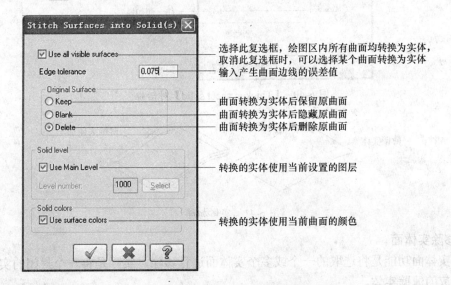

右侧标注文字：
- 选择此复选框，绘图区内所有曲面均转换为实体，取消此复选框时，可以选择某个曲面转换为实体
- 输入产生曲面边线的误差值
- 曲面转换为实体后保留原曲面
- 曲面转换为实体后隐藏原曲面
- 曲面转换为实体后删除原曲面
- 转换的实体使用当前设置的图层
- 转换的实体使用当前曲面的颜色

图 6-38　【Stitch Surfaces into Solid(s)】对话框

【Use all visible Surfaces】复选框时，绘图区内所有曲面均转换为实体，否则需在绘图区选取要转换为实体的曲面；利用【Edge tolerance】文本框设置曲面缝合的最大间隙，当曲面边界之间的间隙超过此设置值时，将不能被缝合；在【Original Surfaces】区域中，可以选择保留原曲面、隐藏原曲面或删除原曲面；在【Solid level】区域中，当选中【Use Main level】复选框时，使用当前的图层设置生成实体，否则，用户可以根据需要，设定实体所用的图层。设置完成后，单击【确定】按钮 ✓ ，曲面转换为实体结果如图 6-39 所示。

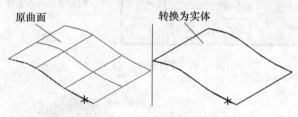

图 6-39　曲面转换为实体

6. 实体加厚

实体加厚命令是将由曲面转为实体功能创建的薄片实体进行加厚，使薄片实体变为有一定厚度的实体。

选择菜单栏中【Solids】/【Thicken】命令，或单击【Solids】工具栏中的【加厚】按钮 ⬤。系统提示选择要增加厚度的薄片实体，选择完薄片实体后，弹出【Thicken sheet solid】对话框，如图 6-40 所示。设置加厚实体的名称、加厚实体的厚度及单侧加厚或双侧加厚，单击【确定】按钮 ✓ ，实体加厚结果如图 6-41 所示。

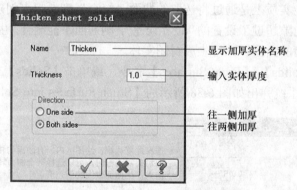

图 6-40　【Thicken sheet solid】对话框

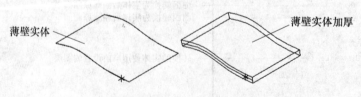

图 6-41　实体加厚

7. 移除实体面

移除实体面功能是将选取的一个或多个实体面进行移除，实际是将一个封闭的实体转化成一个开放的薄壁实体。

选择菜单栏中的【Solids】/【Remove Faces】命令，或单击【Solids】工具栏中的【移除实体表面】按钮█，系统提示选取实体和选取实体的一个或多个表面，完成后单击⬤按钮。系统弹出如图 6-42 所示的【Remove faces from a solid】对话框，设置对原实体的处理方式等，单击【确定】按钮 ✓ ，系统弹出如图 6-43 所示的【是否创建边界曲线】提示对话框，单击 否(N) 按钮，移除结果如图 6-44 所示。

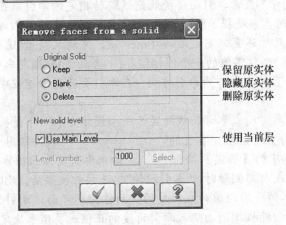

图 6-42　【Remove faces from a solid】对话框

图 6-43　是否创建边界曲线提示对话框

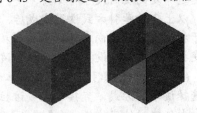

图 6-44　移除实体面

8．牵引实体面

牵引实体面的功能是将实体表面进行一定角度的倾斜，多用于模具设计中对实体表面进行拔模。在【牵引实体面】对话框中，可以设置牵引面名称、牵引方式和牵引角度等参数。

选择菜单栏中的【Solids】/【Draft Faces】命令，或单击【Solids】工具栏中的【牵引实体面】按钮█，并选择要拔模的实体面后，系统弹出【Draft Face Parameters】对话框，各选项功能如图 6-45 所示。

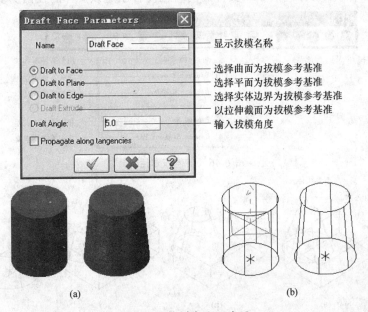

图 6-45　拔模实体面选项

(a) 选择曲面为拔模参考基准；(b) 选择平面为拔模参考基准。

提示：

(1) 当选择【牵引到实体面】单选钮时，系统提示"选择平的实体面来指定牵引平面"，此时需要指定一个实体面(参考面)，则该面与牵引面的交线处几何尺寸不变，牵引面将绕此交线旋转指定的牵引角度。

(2) 当选择【牵引到指定平面】单选钮时，将弹出【平面选项】对话框，利用该对话框指定平面，则该平面与牵引面的交线处几何尺寸不变，牵引面将绕此交线旋转指定的牵引角度。

(3) 当选择【牵引到指定边界】单选钮时，系统提示"选择突显之实体面的参考边界"，此时选取的实体边界(一条或多条)将保持几何尺寸不变，完成后按 Enter 键；系统又提示"选择边界或实体面来指定牵引的方向"，此时可以选取实体的一个线性边界(参考轴线)来指定牵引方向，也可以选取一个实体面，以与该面垂直的方向作为牵引方向。在牵引面的变形过程中，指定边界处的几何尺寸将保持不变。

以上 3 种牵引方式设置完成后，都会在参考面或参考轴线处显示一个圆锥台和一个箭头，用于指示拔模的方向，同时弹出【拔模方向】对话框，其上的 Reverse it 按钮用于改变拔模的方向，设置完成后单击该对话框中的【确定】按钮 ✓ ，结束牵引实体面操作。

(4) 当选取的牵引面是拉伸实体的外部或内部侧壁时，"牵引拉伸"单选按钮被激活。此时若选择该牵引方式，直接以生成该拉伸实体的平面轮廓曲线所处的平面作为参考面，牵引的方向由创建拉伸实体的方向【确定】，向内或向外拔模则由输入牵引角度的正值或负值来决定。

9. 实体布尔运算

布尔运算是一种实体建模的重要方法，通过布尔运算可以创建出比较复杂的零件。实体布尔运算包括相关实体逻辑求和运算、逻辑求差运算、逻辑求交运算和非相关实体逻辑求差运算、逻辑求交运算。

单击【Solids】工具栏中的 🔲 ▾ 下拉箭头，有关实体布尔运算的命令如图 6-46 所示，利用这些命令可以对三维实体进行求和、求差、求交操作和非相关的求差、求交操作，布尔运算的不同结果如图 6-47 所示。后者与前者的主要区别是：由布尔运算创建的实体与原实体不具有任何关联性，而成为分离的独立实体，同时也没有创建该实体的任何历史记录。

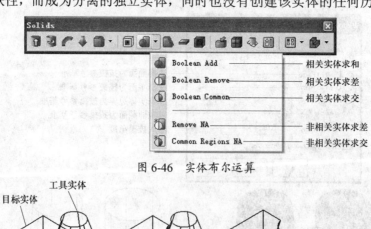

图 6-46　实体布尔运算

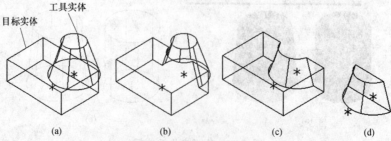

图 6-47　布尔运算的不同结果

(a) 原实体；(b) 实体求和；(c) 实体求差；(d) 实体求交。

非相关布尔运算【Non-associative】包括非相关实体求差【Remove NA】和非相关实体求交【Common Regions NA】两种操作，其操作步骤与相关实体求差和相关实体求交操作步骤基本相同，不同之处在于系统还将弹出图 6-48 所示对话框。该对话框提示创建的新实体将没有(历史)操作记录，并可以选择保留或删除原来的目标实体和(或)工具实体。

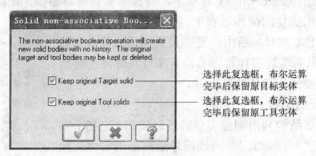

图 6-48 【保留实体】提示对话框

10. 查找实体特征

在前面所述的实体编辑中，会遇到一类没有任何历史记录的实体，当完成实体编辑操作之后，这些实体将作为一个主体而存在于实体管理器中。如实体修剪中若选择了【全部保留】复选框，将保留应被修剪的实体部分；布尔运算中创建的非关联实体。此外，若实体是经由其他软件汇入的，也将没有任何历史记录。Mastercam 中将这类没有历史记录的实体统称为"汇入实体"。所谓查找实体特征，是指可以查找这类汇入实体中的圆角和孔的特征，并在实体管理器中创建特征的操作记录或从实体上移除这些特征。

选择菜单栏中的【Solids】/【Find Features】命令，或单击【Solids】工具栏中的【查找实体特征】按钮，选择查找实体特征【Find Features】命令后，系统弹出【Find Features】对话框，各选项功能及特征示例如图 6-49、图 6-50 所示。

图 6-49 【Find Features】对话框

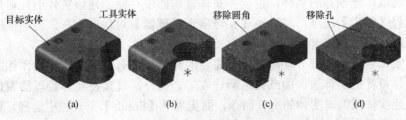

图 6-50 查找实体特征示例

6.4 实体管理器

选择操作管理器上部的【Solids】选项卡，将显示实体管理窗口，如图 6-51 所示。当用户在绘图区创建或编辑实体的操作过程中，都将在实体管理器中建立一个相对应的操作。这样，当用户需要重新编辑或修改实体时，无需从头做起，只需通过实体管理器即可实现实体特征参数的修改、删除以及调整实体操作的顺序等。

图 6-51　实体管理器

1．修改实体特征的参数

实体管理器以树状结构列出创建实体的所以操作。当某个实体或操作名前显示为"+"号时，单击该符号或双击该实体或操作名，可以展开该操作夹。也可以在窗口空白区右击，从弹出的快捷菜单中选择【Expand all】命令，来展开所有的文件夹。想要对某个实体或特征的参数进行修改，选择【Parameters】选项，即可弹出创建该参数时的对话框，从中选择参数进行修改，修改完成后单击【确定】按钮 ✓ 。此时，被修改参数的实体前将出现红色的"x"形标记，再次单击实体管理器中的【重新计算】按钮 Regen all ，按修改的参数重新计算后，该标记消失，屏幕中的实体设置的参数重新显示。

2．隐藏实体特征

在实体管理器中选择需要隐藏的实体特征后右击，从弹出的快捷菜单中选择【Collapse】命令，该实体特征将被隐藏。同时，被隐藏实体特征的图标局部成为灰色显示，右键快捷菜单中的【Collapse】选项也会出现"√"标记。要取消实体特征的隐藏功能，只需在右键快捷菜单中再次选择【Collapse】选项，取消"√"标记。

3．删除实体的某个特征

要删除实体的某个特征，可以先在实体管理器中选择实体特征，然后右击，从弹出的快捷菜单选择【Delete】选项，或直接按 Delete 键，再单击实体管理器中的【重新计算】按钮 Regen all ，即可实现实体特征的删除。

4．调整实体操作的顺序

在不违反几何模型构建原理的情况下，调整实体操作的顺序，有可能生成不同的模型，如图 6-52 所示。在实体管理器中，用鼠标左键拾取将要移动的实体特征，将它拖动到需要的位置，释放鼠标左键，即可实现操作顺序调整。若在拖动时，未出现向下的箭头"↓"，而在其图标处显示为一个禁止标志，则拖动操作将不能实现。

5．增加或删除串连

对于通过选取串连创建的实体，也会在实体管理器中存储创建该实体的几何串连。在相应的操作中选择【图形】选项，将弹出【实体串连管理器】对话框。在该对话框的窗口中右击，可以增加或删除串连或重新设置串连。

以上仅对实体管理器的部分功能进行了简要的介绍，还有一些与实体操作相关的操作，例如对生成实体特征的实体边、面或体重新选取等。另外，直接在实体管理器窗口中右击，也可以选择创建实体或编辑实体的所有命令，而无需从【Solids】工具栏中选择，这对某些老用户，可能更为习惯。

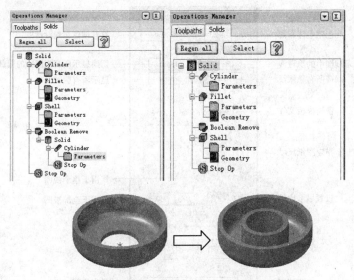

图 6-52　调整实体操作的顺序

6.5　生成工程图

生成工程图功能可以在指定的图层内创建实体的多个不同视图，还可以在实体布局时，指定纸张大小、排列方向以及插入图框及标题栏等。

选择菜单栏中的【Solids】/【Layout】命令，或单击【Solids】工具栏中的【生成工程图】按钮 ⬛ 。系统弹出【Solid Drawing Layout】对话框，各选项功能如图 6-53 所示。

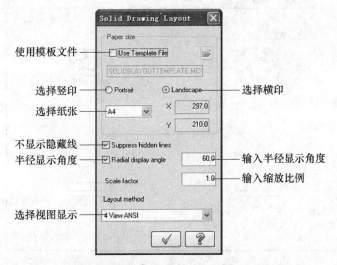

图 6-53　【Solid Drawing Layout】对话框

设置完参数后，单击对话框中的【确定】按钮 ✓ ，将弹出【层别】对话框，可以为生成的视图选择一个新的图层。设置图层后还将弹出【实体布局(编辑)】对话框，如图 6-54 所示。可以进一步更改已设置的参数，平移、排列(使视图对齐)、旋转视图，增加视图、截面图、局部图等。关闭该对话框后，实体布局将不能再进行编辑。实体布局示例如图 6-55 所示。

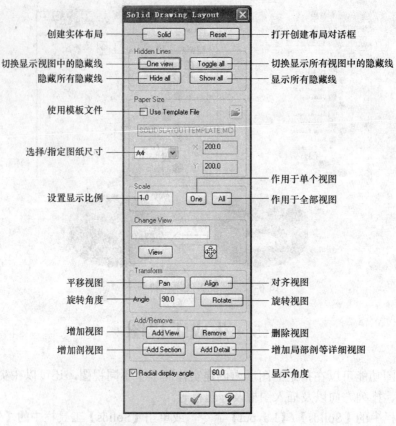

图 6-54 【实体布局(编辑)】对话框

图中标注（左侧自上而下）：
- 创建实体布局 —— Solid
- 切换显示视图中的隐藏线 —— One view
- 隐藏所有隐藏线 —— Hide all
- 使用模板文件 —— Use Template File
- 选择/指定图纸尺寸 —— A4
- 设置显示比例 —— Scale
- 平移视图 —— Pan
- 旋转角度 —— Angle
- 增加视图 —— Add View
- 增加剖视图 —— Add Section

图中标注（右侧自上而下）：
- 打开创建布局对话框 —— Reset
- 切换显示所有视图中的隐藏线 —— Toggle all
- 显示所有隐藏线 —— Show all
- 作用于单个视图 —— One
- 作用于全部视图 —— All
- 对齐视图 —— Align
- 旋转视图 —— Rotate
- 删除视图 —— Remove
- 增加局部剖等详细视图 —— Add Detail
- 显示角度 —— Radial display angle

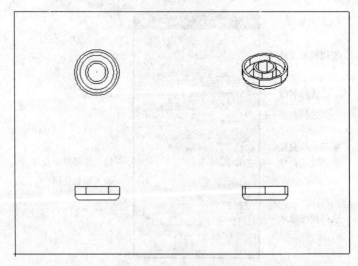

图 6-55 实体布局示例

习 题

6-1 打开源文件夹中文件 "习题 6-1.MCX"，利用拉伸实体和倒圆角命令，将图 6-56(a) 中的线架构绘制成实体，结果如图 6-56(b)所示。

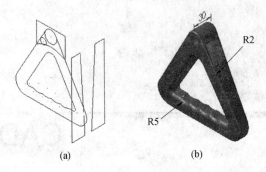

(a)　　　　　　(b)

图 6-56　题 6-1 图

6-2　打开源文件夹中文件"习题 6-2.MCX"，利用旋转实体、拉伸实体、抽壳和倒圆角命令，将图 6-57(a)中的线架构绘制成实体，结果如图 6-57(b)所示。

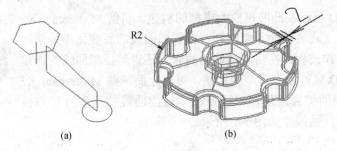

(a)　　　　　　(b)

图 6-57　题 6-2 图

6-3　打开源文件夹中文件"习题 6-3.MCX"，利用扫描实体、拉伸实体、布尔求和及倒圆角命令，将图 6-58(a)中的线架构绘制成实体，结果如图 6-58(b)所示。

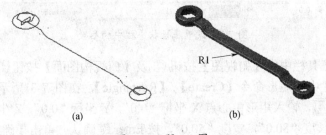

(a)　　　　　　(b)

图 6-58　题 6-3 图

6-4　打开源文件夹中文件"习题 6-4.MCX"，利用举升实体、拉伸实体和倒圆角命令，将图 6-59(a)中的线架构绘制成实体，结果如图 6-59(b)所示。

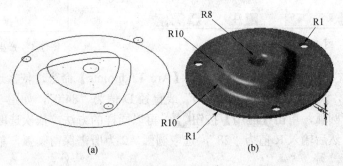

(a)　　　　　　(b)

图 6-59　题 6-4 图

第7章

CAD 综合实例

7.1　鼠标及凸凹模曲面造型

本实例通过 3D 鼠标及凸凹模曲面模型的构建，讲解 Mastercam X5 曲面造型功能中的牵引曲面、曲面修剪、边界曲面、填充孔、偏置曲面及曲面变化半径倒圆角等造型方法与操作过程，在讲解曲面的同时，还讲解投影曲线的构建方法。用户通过 3D 鼠标曲面模型的构建，可以全面掌握 Mastercam X5 一些曲面造型功能的综合运用，巩固前面学过的曲线的造型方法与技巧。完成后的鼠标曲面模型如图 7-1 所示。

图 7-1　3D 鼠标

操作步骤：

(1) 选择菜单栏中的新建文件命令【File】/【New】或单击▯按钮，新建一个文件。

(2) 在属性状态栏中设置构图面深度 Z 值为 "0.0"，图层号为 "1"，并设置颜色为黑色，如图 7-2 所示。

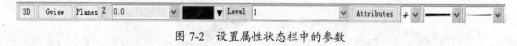

图 7-2　设置属性状态栏中的参数

(3) 单击顶部工具栏中的【俯视图】按钮▦及【俯视构图面】按钮▦ Top (WCS)。

(4) 选择菜单栏中的矩形命令【Create】/【Rectangle】，在图 7-3 所示操作栏单击【中心点定位矩形】按钮▦，输入矩形中心点 X 坐标 "0.0"，Y 坐标 "0.0"，Z 坐标 "0.0"，按 Enter 键确认；输入矩形长度 "80.0"，宽度 "50.0"，按 Enter 键确认，单击【确定】按钮☑，结果如图 7-4 所示。

图 7-3　矩形参数

图 7-4　产生矩形

(5) 选择菜单栏中的【Create】/【Arc】/【Arc Endpoints】命令，依次选取如图 7-5 所示矩形的点 P1 和 P2，然后输入 R 值为 "42.0" 或直径 D 值为 "84.0"，如图 7-5 所示。选取圆弧 A1 为所需保留圆弧，单击【应用】按钮▦，再以同样的方法，依次选取如图 7-6 所示矩形的点 P3 和 P4，然后输入 R 值为 "28"，选取圆弧 A2 为所需保留圆弧，单击【确定】按钮

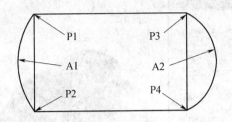，绘制结果如图 7-5 所示。

图 7-5 绘制两圆弧

图 7-6 输入圆弧半径或直径值

(6) 选取如图 7-5 所示矩形的两条短边，按 Delete 键，或选择菜单栏中的【Edit】/【Delete】/【Delete entities】命令，单击工具栏中的【结束选择】按钮⬤或按 Enter 键，确定删除。

(7) 选择菜单栏中的【Create】/【Fillet】/【Entities】命令，输入圆角半径为 "20"，依次选取圆弧 A1 和矩形边 L1，单击【应用】按钮➕，完成第一个倒圆角；选取圆弧 A1 和矩形边 L2，单击【应用】按钮➕，完成第二个圆角；设置圆角半径为 22，依次选取圆弧 A2 和矩形边 L1，单击【应用】按钮➕，完成第三个倒圆角；选取圆弧 A2 和矩形边 L2，单击【确定】按钮✔，完成第四个倒圆角。结果如图 7-7 所示。

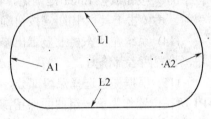

图 7-7 鼠标线框

(8) 选择菜单栏中的【Create】/【Surface】/【Draft】命令，系统弹出如图 7-8 所示的【串连】对话框。利用系统默认的串连方式选取如图 7-7 所示的鼠标线框，单击【确定】按钮✔，系统弹出如图 7-9 所示的【Draft Surface】对话框，设置牵引方向朝上，牵引长度为 "35.0"。完成后的基体曲面如图 7-10 所示。

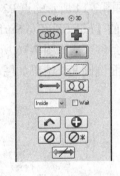

图 7-8 【串连】对话框

图 7-9 设置牵引曲面参数

图 7-10 产生鼠标基体曲面

(9) 单击顶部工具栏中的【前视图】按钮🔲及【俯视构图面】按钮🔲 Front (WCS)。

(10) 在属性状态栏中的 Z 值栏中输入数值为 "30"。

(11) 选择菜单栏中的【Create】/【Arc】/【Arc 3 points】命令，依次输入第一点坐标(X-60，Y8.9)、第二点坐标(X-8.8，Y30)和第三点坐标(X60，Y3.7)，确定后，三点圆弧的绘制结果如图 7-11 所示。

(12) 选择菜单栏中的【Create】/【Surface】/【Draft】命令，利用串连方式选取如图 7-11 所示的三点圆弧，单击【确定】按钮✔，系统弹出如图 7-12 所示的【Draft Surface】对话框。设置方向指向基体曲面，牵引长度为"60.0"。完成后的牵引曲面如图 7-13 所示。

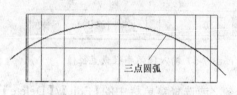

三点圆弧

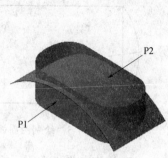

P2

P1

图 7-11　三点圆弧　　　图 7-12　设置牵引曲面参数　　图 7-13　产生牵引曲面

(13) 选择菜单栏中的【Create】/【Surface】/【Trim】/【To Surface】命令，根据系统提示选取第一组曲面，利用鼠标直接点取鼠标所有基体曲面作为第一组曲面，选取完单击工具栏中的██按钮或按 Enter 键确定，再选取第二组曲面，也用鼠标直接点取如图 7-13 所示的牵引面，再单击工具栏中的██按钮确定。

(14) 系统在状态栏上显示出修整参数选择，单击██按钮，设置删除原曲面；单击██按钮，设置两者都修剪。

(15) 根据提示选择保留部分，利用鼠标依次选取图 7-13 所示的点 P1 所在位置作为第一组曲面保留部分后单击，再选取点 P2 所在位置作为第二组曲面的保留部分后单击鼠标左键，单击【确定】按钮 ██，修整后的曲面如图 7-14 所示。

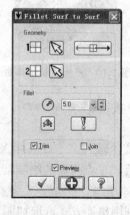

图 7-14　修整后的曲面

(16) 选择菜单栏中的【Create】/【Surface】/【Fillet】/【To Surface】命令，根矩系统提示选取第一组曲面，利用鼠标直接点取鼠标的基体曲面作为第一组曲面，选取完单击工具栏中的██按钮确定，再选取第二组曲面，用鼠标直接选取如图 7-14 所示的点 P2 所指曲面，选取完后单击工具栏中的██按钮确定，系统弹出如图 7-15 所示的【Fillet Surf to Surf】对话框，再单击对话框中的██按钮，此时对话框中增加了变化半径倒圆角参数，如图 7-16 所示。

(17) 设置变化半径值为"5.0"，单击【确定】按钮 ██，完成曲面倒圆角，结果如图 7-17 所示。

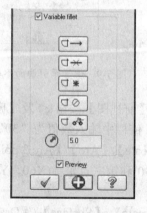

图 7-15　【Fillet Surf to Surf】对话框　　图 7-16　变化半径参数设置　　图 7-17　曲面倒圆角

(18) 单击顶部工具栏中的【俯视图】按钮 ⊕ 及【俯视构图面】按钮 🔲 Top (WCS)。

(19) 在属性状态栏中设置构图面深度 Z 值为 "40"。

(20) 选择菜单栏中的【Create】/【Arc】/【Arc Endpoints】命令，输入第一点坐标为(X-36，Y0)，第二点坐标为(X-12，Y0)，输入 R 值为 "20"，选择凸的小圆弧为所需圆弧。

(21) 再以同样的绘图方式在相同的坐标点位置绘制与刚才圆弧相等且方向相反的另一圆弧，或利用镜像【Mirror】命令生成另一圆弧，两条圆弧绘制如图 7-18 所示。

(22) 选择菜单栏中的【Create】/【Fillet】/【Entities】命令，设置圆角半径为 "1.5"，依次选取如图 7-18 所示的两条圆弧的左端，再选取两条圆弧的右端进行倒圆角，完成倒圆角的图形如图 7-19 所示。

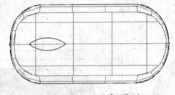

图 7-18　两条圆弧

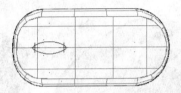

图 7-19　倒圆角

(23) 选择菜单栏中的【Xform】/【Project】命令，根据系统提示的串连方式选取如图 7-19 所示的线框，选取完后单击工具栏中的 🔵 按钮确定，系统弹出如图 7-20 所示的【Profell】对话框。

(24) 单击如图 7-20 所示对话框中的【投影至平面】按钮 ⊞，选取如图 7-21 所示箭头所指的曲面。确定参数后，完成的投影线框如图 7-21 所示。

(25) 选择菜单栏中的【Create】/【Surface】/【Fillet】/【To Surface】命令，根据系统提示选取如图 7-21 箭头所指曲面作为修剪曲面，再单击工具栏中的 🔵 按钮，再串连选取如图 7-21 所示曲面上的投影线框，单击【确定】按钮 ✓。

(26) 系统在状态栏中显示出修整参数选择，单击 🔳 按钮，设置删除修剪部分，再利用鼠标选取如图 7-21 所示箭头所指位置为曲面保留部分，单击确认。

(27) 完成修整后，产生的鼠标滚轮槽如图 7-22 所示。

(28) 关闭所有的线框图层，完成后的 3D 鼠标图形如图 7-23 所示。

图 7-20　投影选项参数设置

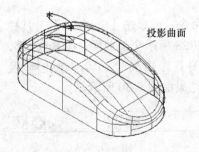

投影曲面

图 7-21　投影线框

图 7-22　鼠标滚轮槽

图 7-23　3D 鼠标曲面

(29) 选择菜单栏中的【Create】/【Surface】/【Fill Holes】命令，或单击【Surface】工具栏中的【填充曲面孔】按钮 ，系统提示选择曲面，选择如图 7-24 所示 S1 曲面，系统提示选择孔的边界，移动鼠标使箭头至图 7-24 所示位置后单击，单击【填充曲面孔】工具栏中的【确定】按钮 ，结果如图 7-25 所示。

(30) 在属性状态栏中设置构图面深度 Z 值为 "0"，单击顶部工具栏中的【俯视图】按钮 及【俯视构图面】按钮 Top (WCS)。

(31) 选择菜单栏中的矩形命令【Create】/【Rectangle】，在操作栏单击【中心点定位矩形】按钮，输入矩形中心点 X 坐标 "0"，Y 坐标 "0"，Z 坐标 "0"，按 Enter 键确认；输入矩形长度 "120"，宽度 "64"，按 Enter 键确认，单击【确定】按钮 ，结果如图 7-26 所示。

图 7-24 选择填充曲面及孔的边界　　　图 7-25 填充结果　　　图 7-26 产生矩形

(32) 选择菜单栏中的【Create】/【Surface】/【Flat Boundary Surface】命令，或单击【Surfaces】工具栏中的【边界曲面】按钮，系统弹出【串连】对话框，选择边界截面线后，单击【串连】对话框中的【确定】按钮 ，单击【边界曲面】工具栏中的【确定】按钮 ，结果显示如图 7-27 所示。

(33) 选择菜单栏中的【Create】/【Surface】/【Fillet】/【To Surface】命令，将曲面倒角，设置圆角半径为 "2"。结果如图 7-28 所示。

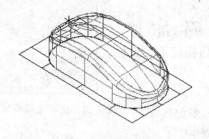
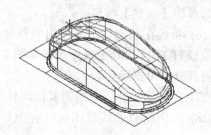

图 7-27 边界曲面　　　　　　　　　图 7-28 曲面圆角

(34) 选择菜单栏中的【Create】/【Surface】/【Offset】命令，或单击【Surfaces】工具栏中的【偏置曲面】按钮，系统提示选择偏置曲面，选择图 7-28 所示全部曲面，按 Enter 键，系统弹出如图 7-29 所示的【偏置曲面】工具栏，设置偏置距离为 "1.0"，单击 及
 按钮，使各个曲面偏置方向一致向外，偏置结果如图 7-30 所示。

图 7-29 【偏置曲面】工具栏

(35) 选择原曲面，单击工具栏中的【隐藏】按钮，凹模显示如图 7-31 所示。

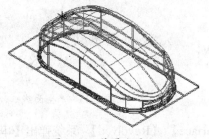

图 7-30　偏置曲面

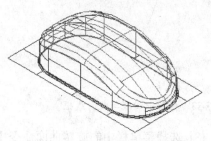

图 7-31　凹模

(36) 凸模曲面造型与凹模的方法相同，在此不再赘述。

(37) 选择菜单栏中的保存命令【File】/【Save】，选择要保存的位置，输入文件名为"鼠标及凸凹模曲面.MCX"，单击【确定】按钮即可。

7.2　整体叶轮曲面造型

本实例通过整体叶轮曲面模型的构建，讲解 Mastercam X5 曲面造型功能中的旋转曲面、放式曲面及边界曲面等造型方法完成叶片曲面的设计。通过整体叶轮曲面模型的构建，用户可以掌握 Mastercam X5 一些曲面造型功能的综合运用及编辑功能。完成后的曲面模型如图 7-32 所示。

操作步骤：

(1) 选择菜单栏中的新建文件命令【File】/【New】或单击按钮，新建一个文件。

(2) 单击顶部工具栏中的前视图按钮及前视构图面 Front (WCS) 按钮。

图 7-32　整体叶轮

(3) 选择菜单栏中的【Create】/【Line】/【Endpoint】命令，输入第一点坐标为(X0，Y50)，第二点坐标为(X0，Y0)，完成旋转中心线。

(4) 选择菜单栏中的【Create】/【Arc】/【Create Arc Endpoint】命令。输入第一点坐标为(X10，Y50)，第二点坐标为(X50，Y0)。输入圆弧半径值为"70"。选取小凹圆弧作为所需圆弧。完成后的图形如图 7-33 所示。

(5) 单击顶部工具栏中的【俯视构图面】按钮 Top (WCS) 。

(6) 选择菜单栏中的绘制点【Create】/【Point】/【Position】命令。在系统提示下输入第一点坐标(X0，Y-10，Z50)，按 Enter 键确认，继续输入第二点坐标(X6.6，Y-25.73，Z17.08)，按 Enter 键确认，继续输入第三个点坐标(X17，Y-47.02，Z0)，按 Enter 键确认，单击【确定】按钮，结果如图 7-34 所示。

(7) 选择菜单栏中的手动绘制曲线命令【Create】/【Spline】/【Manual Spline】，逐一选择图 7-34 所示点 P1、P2、P3，按 Enter 键确认，单击【确定】按钮，产生曲线如图 7-35 所示。

图 7-33　旋转中心线与截面线框

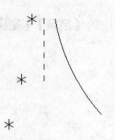

图 7-34　产生点

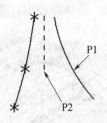

图 7-35　产生曲线

（8）选择菜单栏中的旋转曲面命令【Create】/【Surface】/【Revolved】，系统弹出【串连选择】对话框，单击【单体选择】按钮 ⟋，选择图 7-35 所示圆弧 P1 为旋转曲面截面，单击【确定】按钮 ✓；系统提示选择旋转中心轴，选择中心线 P2 为旋转中心轴，单击【确定】按钮 ✓，结果如图 7-36 所示。

（9）选择菜单栏中的放式曲面命令【Create】/【Surface】/【Fence】，系统提示选择曲面，选择图 7-36 所示旋转曲面 S1。

（10）系统弹出【串连选择】对话框，单击【单体选择】按钮 ⟋，选择图 7-36 所示曲线 P2 处，单击【确定】按钮 ✓。

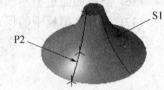

图 7-36　产生旋转曲面

（11）在图 7-37 所示操作栏设置混合方式为【Cubic blend】，输入起点高度为 "10.0"，终点高度为 "20.0"，起点角度 "12.0"，终点角度 "-28.0"，单击 ✓ 按钮，结果如图 7-38 所示。

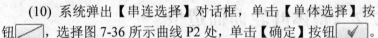

图 7-37　设置放式曲面参数

（12）单击顶部工具栏中的【俯视构图面】按钮 Top (WCS)。

（13）选择菜单栏中的旋转命令【Xform】/【Rotate】，系统提示选择要旋转的几何图形，选择图 7-38 所示放式曲面 P1，按 Enter 键确认。

（14）在图 7-39 所示【Rotate】对话框输入复制个数 "11"，输入旋转角度 "30"，单击【确定】按钮 ✓，结果如图 7-40 所示。

图 7-38　产生放式曲面

图 7-40　旋转结果

图 7-39　设置旋转参数

(15) 选择菜单栏中的创建边框命令【Create】/【Curve】/【Create on One Edge】，选择图 7-40 所示 P1 曲面，系统提示移动箭头以定义曲面边框，移动鼠标至合适位置后单击，单击【应用】按钮 ⊞，系统提示继续选择曲面，选择 7-40 所示 P1 曲面，移动鼠标至合适位置后单击，单击【确定】按钮 ✓，产生曲面边框如图 7-41 所示。

(16) 选择菜单栏中的边界命令【Create】/【Surfaces】/【Flat Boundary】。

(17) 系统弹出【串连选择】对话框提示选择平面截面，选择图 7-42 所示圆 C1 为边界曲面平面截面，单击【应用】按钮 ⊞，系统提示继续选择边界曲面平面截面，选择 7-42 所示圆 C2 为边界曲面平面截面，单击【确定】按钮 ✓，结果如图 7-43 所示。

图 7-41　产生曲面边缘线

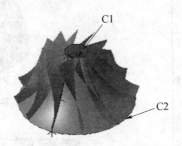
图 7-42　选择曲面边界

图 7-43　产生边界曲面

(18) 选择菜单中的保存命令【File】/【Save】，选择要保存的位置，输入文件名为"整体叶轮.MCX"，单击【确定】按钮 ✓。

7.3　箱体实体造型

本实例是箱体的设计，主要运用了 Mastercam X5 中的拉伸、孔、抽壳和倒圆角等特征创建命令。需要注意在选取构图面、拉伸方向等过程中用到的技巧和注意事项，用户通过箱体的设计过程，可以基本掌握 Mastercam X5 中实体建模的命令及编辑功能。完成后的实体模型如图 7-44 所示。

操作步骤：

(1) 选择菜单栏中的新建文件命令【File】/【New】或单击 按钮，新建一个文件。

(2) 单击顶部工具栏中的【右视图】按钮 及【右视构图面】按钮 Right (WCS)。

(3) 绘制截面草图，圆弧 R130 的中心为(X0，Y0)，如图 7-45 所示。

图 7-44　箱体

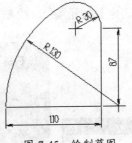
图 7-45　绘制草图

(4) 选择菜单栏中的拉伸命令【Solid】/【Extrude】，系统弹出【串连设置】对话框，利用系统默认的串连方式选取如图 7-45 所示线框，单击【确定】按钮 ✓，系统弹出如图 7-46

所示的【Extrude Chain】对话框，设置拉伸方向为双向，拉伸距离为"40.0"，单击【确定】按钮 ✓ 。结果如图 7-47 所示。

(5) 选择菜单栏中的抽壳命令【Solid】/【Shell】，系统激活图 7-48 所示【实体选择】工具栏，选择实体面后，系统弹出如图 7-49 所示的【Shell Solid】对话框，设置抽壳内侧厚度为"10.0"，单击【确定】按钮 ✓ ，结果如图 7-50 所示。

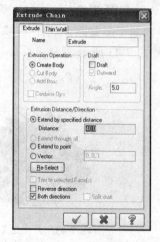

图 7-46　设置拉伸参数

图 7-47　拉伸结果

图 7-48　【实体选择】工具栏

(6) 单击【仰视图】按钮 Bottom (WCS) 及【实体面构图面】按钮 Planes by solid face 。

(7) 系统提示选择实体平面，选择图 7-50 所示 P1 平面，系统弹出【Select View】对话框，选择合适的坐标如图 7-51 所示。

图 7-49　设置抽壳参数

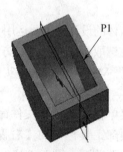

图 7-50　抽壳结果

(8) 单击【确定】按钮 ✓ ，绘制如图 7-52 所示的截面草图。

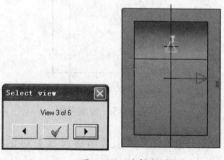

图 7-51　选择视角

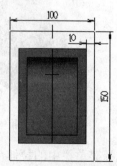

图 7-52　绘制截面草图

(9) 选择菜单栏中的拉伸命令【Solid】/【Extrude】，系统弹出【串连设置】对话框，利用系统默认的串连方式选取如图 7-52 所示线框，单击【确定】按钮 ，系统弹出如图 7-53 所示的【Extrude Chain】对话框，设置拉伸距离为 "10.0"，单击【确定】按钮 ✓ 。结果如图 7-54 所示。

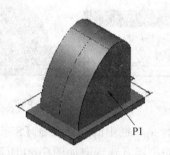

图 7-53　设置拉伸参数　　　　　　　　　　图 7-54　拉伸结果

(10) 单击【右视图】按钮 及【实体面构图面】按钮 Planes by solid face 。

(11) 系统提示选择实体平面，选择图 7-54 所示 P1 平面，系统弹出【Select View】对话框，选择合适的坐标如图 7-55 所示。

(12) 单击【确定】按钮 ✓ ，绘制如图 7-56 所示的截面草图。

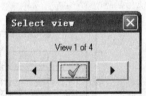

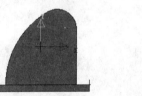

图 7-55　选择视角　　　　　　　　　　　图 7-56　绘制截面草图

(13) 选择菜单栏中的拉伸命令【Solid】/【Extrude】，系统弹出【串连设置】对话框，利用系统默认的串连方式选取如图 7-56 所示线框，单击【确定】按钮 ✓ ，系统弹出如图 7-57 所示的【Extrude Chain】对话框，设置拉伸距离为 "8.0"，单击【确定】按钮 ✓ 。结果如图 7-58 所示。

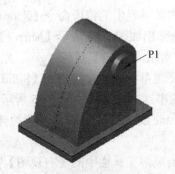

图 7-57　设置拉伸参数　　　　　　　　　　图 7-58　拉伸结果

（14）单击【右视图】按钮及【实体面构图面】按钮 Planes by solid face。

（15）系统提示选择实体平面，选择图 7-58 所示 P1 平面，系统弹出【Select View】对话框，选择合适的坐标如图 7-59 所示。

（16）单击【确定】按钮 √ ，绘制如图 7-60 所示的截面草图。

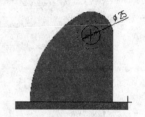

图 7-59　选择视角　　　　　　　　　　　　　图 7-60　绘制草图截面

（17）选择菜单栏中的拉伸命令【Solid】/【Extrude】，系统弹出【串连设置】对话框，利用系统默认的串连方式选取如图 7-60 所示线框，单击【确定】按钮 √ ，系统弹出如图 7-61 所示的【Extrude Chain】对话框，设置拉伸距离为"18.0"，单击【确定】按钮 √ 。结果如图 7-62 所示。

（18）单击顶部工具栏中的【俯视图】按钮及【俯视构图面】按钮 Top (WCS)。绘制如图 7-63 所示的截面草图。

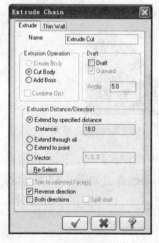

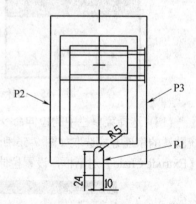

图 7-61　设置拉伸参数　　　　图 7-62　拉伸结果　　　　图 7-63　绘制截面草图

（19）单击菜单栏中的镜像命令【Xform】/【Mirror】，选择图 7-63 所示 P1 线框，按 Enter 键确认，系统弹出如图 7-64 所示【Mirror】对话框，单击按钮，选择图 7-63 所示 P2 、P3 线段的中点，单击【确定】按钮 √ 。结果如图 7-65 所示。

（20）选择菜单栏中的拉伸命令【Solid】/【Extrude】，系统弹出【串连设置】对话框，利用系统默认的串连方式选取如图 7-65 所示线框，单击【确定】按钮 √ ，系统弹出如图 7-66 所示的【Extrude Chain】对话框，设置拉伸距离为"10.0"，单击【确定】按钮 √ 。结果如图 7-67 所示。

（21）单击顶部工具栏中的【右视图】按钮及【右视构图面】按钮 Right (WCS)。绘制如图 7-68 所示的直线。

图 7-64　镜像对话框

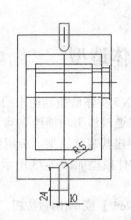
图 7-65　镜像结果

图 7-66　设置拉伸参数

图 7-67　拉伸结果

(22) 在状态栏中单击【等角视图】按钮及【法线构图面】按钮 Planes by normal，选择图 7-68 所示直线作为法线，系统弹出【Select View】对话框，选择合适的坐标如图 7-69 所示。

(23) 单击【确定】按钮，绘制如图 7-70 所示的截面草图。

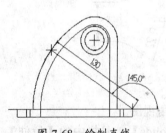
图 7-68　绘制直线

图 7-69　选择视角

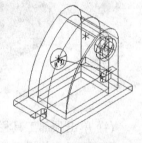
图 7-70　绘制草图截面

(24) 选择菜单栏中的拉伸命令【Solid】/【Extrude】，系统弹出【串连设置】对话框，利用系统默认的串连方式选取如图 7-70 所示线框，单击【确定】按钮，系统弹出如图 7-71 所示的【Extrude Chain】对话框，设置拉伸距离为"12.0"，单击【确定】按钮。结果如图 7-72 所示。

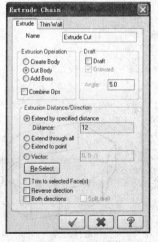
图 7-71　设置拉伸参数

图 7-72　拉伸结果

(25) 选择菜单中的保存命令【File】/【Save】，选择要保存的位置，输入文件名为"箱体.MCX"，单击【确定】按钮 ✔。

7.4 表壳实体造型

本实例通过表壳模型的构建，讲解 Mastercam X5 实体造型功能中的拉伸实体、实体修剪等命令的应用，由于表壳产品外形较复杂，需要先通过线架功能绘制其大体轮廓线架，接着通过实体功能将线架拉成实体，再通过曲线功能创建其装饰线架，应用曲面功能通过装饰线架创建曲面并应用修剪功能修剪实体。完成后的实体模型如图 7-73 所示。

操作步骤：

(1) 选择菜单栏中的新建文件命令【File】/【New】或单击 按钮，新建一个文件。

(2) 单击顶部工具栏中的【俯视图】按钮 及【俯视构图面】按钮 Top (WCS)。

(3) 使用【Line】、【Circle Center Point】、【Arc Tangent】及【Trim】等基本绘图功能绘制如图 7-74 所示的 2D 线架。(半径为 30 的圆弧可用【Arc Tangent】功能中的 功能创建。)

图 7-73 表壳

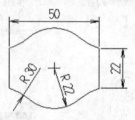

图 7-74 2D 线架

(4) 单击顶部工具栏中的等角视图按钮 ，将视图切换到等角视图。

(5) 选择菜单栏中的【Solid】/【Extrude】命令，或单击【Solids】工具栏中的【拉伸】按钮 ，系统弹出【Chaining】对话框，选择图 7-74 所示拉伸实体截面后，系统将弹出如图 7-75 所示的【Extrude Chain】对话框，设置各项参数，拉伸方向向上，单击【确定】按钮 ✔，结果如图 7-76 所示。

图 7-75 设置拉伸参数

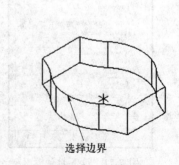

选择边界

图 7-76 拉伸结果

（6）选择菜单栏中的【Create】/【Curve】/【Curve On One Edge】命令，系统弹出如图 7-77 所示【Curve On One Edge】工具栏，选择图 7-76 所示边界，单击工具栏中的【确定】按钮✅。

图 7-77　【Curve On One Edge】工具栏

（7）单击顶部工具栏中的【前视图】按钮🧊及【前视构图面】按钮🧊 Front (WCS)。在状态栏中的【2D/3D】选项中设置当前为 2D 状态。选择状态栏中的【Z】选项，系统提示选择一点作为新的构图深度，如图 7-78 所示。

图 7-78　选择新的构图深度

（8）设置当前图层为 "2"。

（9）选择菜单栏中的【Create】/【Arc】/【Arc Endpoint】命令，或单击【Sketcher】工具栏中的【两点划弧】按钮✛，创建如图 7-79 所示的一条圆弧。

（10）选择菜单栏中的【Create】/【Surface】/【Draft】命令，或单击【Surface】工具栏中的【牵引曲面】按钮◈，系统弹出【Chaining】对话框，选择图 7-79 所示圆弧后，系统将弹出如图 7-80 所示的【Draft Surface】对话框，设置各项参数，单击【确定】按钮✅，结果如图 7-81 所示。

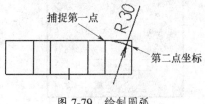

图 7-79　绘制圆弧

图 7-80　设置牵引参数

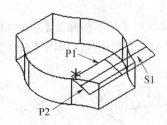

图 7-81　牵引曲面

（11）选择菜单栏中的【Create】/【Surface】/【Surface Extend】命令，系统弹出如图 7-82 所示【曲面延伸】工具条，单击图 7-81 所示曲面 S1，移动鼠标使箭头至 P1 处后单击，同样再次单击图 7-81 所示曲面 S1，移动鼠标使箭头至 P2 处后单击鼠标左键，单击【确定】按钮✅，结果如图 7-83 所示。

图 7-82　设置延伸参数

(12) 单击顶部工具栏中的【俯视图】按钮，将构图面切换至俯视图。

(13) 选择菜单栏中的镜像命令【Xform】/【Mirror】，选择图 7-83 所示曲面，按 Enter 键，系统弹出【Mirror】对话框，单击【两点镜像方式】按钮，镜像结果如图 7-84 所示。

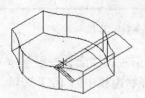

图 7-83 曲面延伸

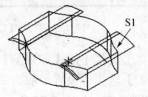

图 7-84 曲面镜像

(14) 选择菜单栏中的【Solids】/【Trim】命令，或单击【Solids】工具栏中【实体修剪】按钮，系统弹出如图 7-85 所示的【Trim Solid】对话框，选中【Surface】单选按钮，选择图 7-84 所示曲面 S1，单击【确定】按钮，结果如图 7-86 所示。

(15) 参考上一步操作，对另一边进行修剪，结果如图 7-87 所示。

图 7-85 【Trim Solid】对话框

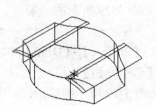

图 7-86 修剪实体

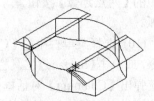

图 7-87 修剪结果

(16) 关闭图层"2"，隐藏曲面和部分曲线。

(17) 参考第 6 步操作，选择【Curve On One Edge】命令，选择图 7-88 所示曲线 L1、L2，创建两条边界线，如图 7-88 所示。

(18) 选择菜单栏中的平移命令【Xform】/【Translate】，选择前面生成的 4 条边界线，按 Enter 键，系统弹出【串连】对话框，单击【从点到点方式】按钮，平移结果如图 7-89 所示。

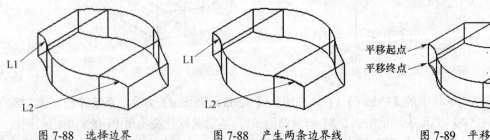

图 7-88 选择边界　　图 7-88 产生两条边界线　　图 7-89 平移结果

(19) 在状态栏中的【2D/3D】选项中设置当前为 3D 状态。选择菜单栏中的绘制直线命令【Create】/【Line】，绘制如图 7-90 所示线段。

(20) 选择菜单栏中的【Create】/【Surface】/【Sweep】命令，或单击【Surfaces】工具栏中的按钮，系统弹出【Chaining】对话框，选择图 7-91 所示串连图素 L1，单击【确定】

按钮 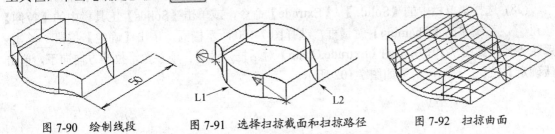，选择图 7-91 所示 L2 线段，单击【确定】按钮 ，系统显示 "Sweep Surface"
工具栏，单击【确定】按钮 ，结果如图 7-92 所示。

图 7-90　绘制线段　　　　图 7-91　选择扫掠截面和扫掠路径　　　　图 7-92　扫掠曲面

(21) 参考第 11 步操作，选择【Surface Extend】命令将图 7-92 所示曲面各边完全伸出实
体，结果如图 7-93 所示。

(22) 参考第 14 步操作，选择【Trim】命令修剪实体，把图中的曲面和线架移动到图层 "2"
中，隐藏图素，结果如图 7-94 所示。

(23) 选择菜单栏中的【Solid 】/【Fillet】/【Fillet】命令，或单击【Solids】工具栏中【倒
圆角】按钮 ，选择图 7-94 所示实体边后，按 Enter 键，系统弹出如图 7-95 所示的【Fillet
Parameters】对话框，单击【确定】按钮 ，结果如图 7-96 所示。

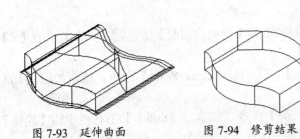

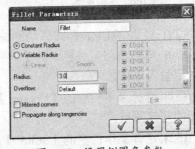

图 7-93　延伸曲面　　　　图 7-94　修剪结果　　　　图 7-95　设置倒圆角参数

(24) 参考上一步操作，选择【Fillet】命令依次选择图 7-97 所示 L1、L2 线段串(5 条实体
边界)进行倒圆角，如图 7-98 所示。

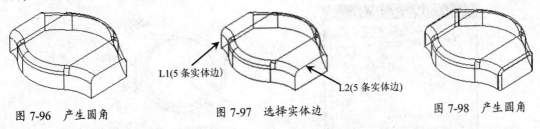

图 7-96　产生圆角　　　　图 7-97　选择实体边　　　　图 7-98　产生圆角

(25) 参考第(23)步操作，选择【Fillet】命令对产品底面的所有边进行倒圆角，结果如图
7-99 所示。

图 7-99　圆角结果

(26) 在状态栏中的【2D/3D】选项中设置当前为 2D 状态,,在【Z】输入框输入 "15"。

(27) 选择菜单栏中的椭圆命令【Create 】/【Ellipse】,绘制如图 7-100 所示椭圆。

(28) 选择菜单栏中的【Solid 】/【Extrude】命令,或单击【Solids】工具栏中的【拉伸】按钮 🔼,系统弹出【Chaining】对话框,选择图 7-100 所示椭圆,单击【确定】按钮 ✔️,系统将弹出如图 7-101 所示的【Extrude Chain】对话框,设置各项参数,拉伸方向向下,单击【确定】按钮 ✔️,结果如图 7-102 所示。

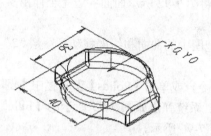

图 7-100 绘制椭圆

图 7-101 设置拉伸参数

图 7-102 拉伸结果

(29) 将第(27)步的椭圆移动到图层 "2",隐藏图素。

(30) 单击顶部工具栏中的【俯视图】按钮 及【俯视构图面】按钮 Top (WCS),在【Z】输入框输入 "1"。

(31) 选择菜单栏中的【Create 】/【Arc】/【Circle Center Point】命令,绘制如图 7-103 所示的几何图形。

(32) 选择菜单栏中的【Solid 】/【Extrude】命令,或单击【Solids】工具栏中的【拉伸】按钮 🔼,系统弹出【Chaining】对话框,选择图 7-103 所示 Φ40.0 圆,单击【确定】按钮 ✔️,系统将弹出如图 7-104 所示的【Extrude Chain】对话框,设置各项参数,单击【确定】按钮 ✔️,结果如图 7-105 所示。

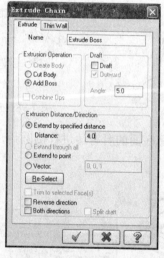

图 7-104 设置拉伸参数

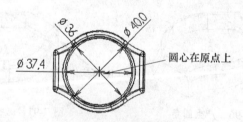

图 7-103 绘制几何图形

图 7-105 拉伸结果

(33) 参考上一步操作，选择图 7-103 所示 Φ37.4 圆，单击【确定】按钮 ，系统将弹出如图 7-106 所示的【Extrude Chain】对话框，设置各项参数，单击【确定】按钮 ，结果如图 7-107 所示。

图 7-106　设置拉伸参数

图 7-107　拉伸结果

(34) 参考第 32 步操作，选择图 7-103 所示 Φ36 圆，单击【确定】按钮 ，系统将弹出如图 7-108 所示的【Extrude Chain】对话框，设置各项参数，单击【确定】按钮 ，结果如图 7-109 所示。

(35) 将 3 个圆移动到图层 "2" 中，隐藏图素。

(36) 单击顶部工具栏中的【前视图】按钮 及【前视构图面】按钮 Front (WCS)。在【Z】输入框输入 "22"。

(37) 选择菜单栏中的【Create】/【Rectangle】命令，绘制如图 7-110 所示矩形。

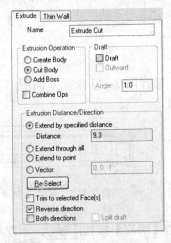

图 7-108　设置拉伸参数

图 7-109　拉伸结果

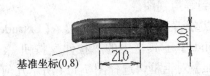

基准坐标(0,8)

图 7-110　绘制矩形

(38) 单击顶部工具栏中的【等角视图】按钮 ，将视图切换到等角视图。

(39) 选择菜单栏中的【Solid】/【Extrude】命令，或单击【Solids】工具栏中的【拉伸】按钮 ，系统弹出【Chaining】对话框，选择图 7-110 所示矩形，单击【确定】按钮 ，系统将弹出如图 7-111 所示的【Extrude Chain】对话框，设置各项参数，单击【确定】按钮 ，结果如图 7-112 所示。

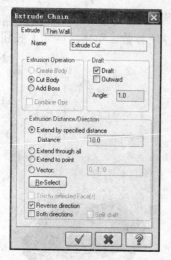

图 7-111 设置拉伸参数

图 7-112 拉伸结果

(40) 将图中的矩形移动到图层 "2" 中，隐藏图素。

(41) 单击顶部工具栏中的【前视图】按钮 及前视构图面按钮 Front (WCS)。在【Z】输入框输入 "0"。

(42) 选择菜单栏中的绘制直线命令【Create】/【Line】，绘制如图 7-113 所示几何图形。

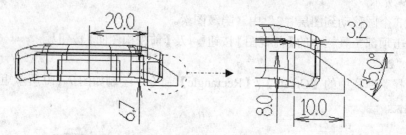

图 7-113 绘制几何图形

(43) 选择菜单栏中的镜像命令【Xform】/【Mirror】，选择图 7-113 所示几何图形，按 Enter 键，系统弹出【Mirror】对话框，单击【Y 轴镜像方式】按钮 ，镜像结果如图 7-114 所示。

(44) 单击顶部工具栏中的【等角视图】按钮 ，将视图切换到等角视图。

(45) 选择菜单栏中的【Solid】/【Extrude】命令，或单击【Solids】工具栏中的 "拉伸" 按钮 ，系统弹出

图 7-114 镜像几何图形

【Chaining】对话框，选择图 7-114 所示几何图形，单击【确定】按钮 ，系统将弹出如图 7-115 所示的【Extrude Chain】对话框，设置各项参数，单击【确定】按钮 ，结果如图 7-116 所示。

(46) 单击顶部工具栏中的【俯视图】按钮 及【俯视构图面】按钮 Top (WCS)，在【Z】输入框输入 "9"。

(47) 选择菜单栏中的【Create】/【Arc】/【Circle Center Point】命令，绘制如图 7-117 所示的几何图形。

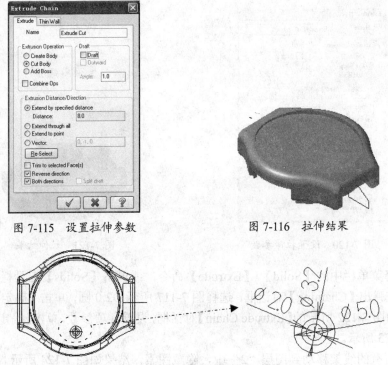

图 7-115　设置拉伸参数　　　　　图 7-116　拉伸结果

图 7-117　绘制几何图形

(48) 选择菜单栏中的【Solid】/【Extrude】命令，或单击【Solids】工具栏中的【拉伸】按钮，系统弹出【Chaining】对话框，选择图 7-117 所示 Φ5.0 圆，单击【确定】按钮，系统将弹出如图 7-118 所示的【Extrude Chain】对话框，设置各项参数，单击【确定】按钮，结果如图 7-119 所示。

图 7-118　设置拉伸参数　　　　　图 7-119　拉伸结果

(49) 选择菜单栏中的【Solid 】/【Extrude】命令，或单击【Solids】工具栏中的【拉伸】按钮，系统弹出【Chaining】对话框，选择图 7-117 所示 Φ3.2 圆，单击【确定】按钮，系统将弹出如图 7-120 所示的【Extrude Chain】对话框，设置各项参数，单击【确定】按钮，结果如图 7-121 所示。

图 7-120　设置拉伸参数　　　　　　　　　　图 7-121　拉伸结果

(50) 选择菜单栏中的【Solid】/【Extrude】命令，或单击【Solids】工具栏中的【拉伸】按钮，系统弹出【Chaining】对话框，选择图 7-117 所示 Φ2.0 圆，单击【确定】按钮，系统将弹出如图 7-122 所示的【Extrude Chain】对话框，设置各项参数，单击【确定】按钮，结果如图 7-123 所示。

(51) 将所有的线架移动到图层"2"中，隐藏图素，结果如图 7-124 所示。

图 7-123　拉伸结果

图 7-122　设置拉伸参数　　　　　　　　　图 7-124　表壳模型

(52) 选择菜单中的保存命令【File】/【Save】命令，选择要保存的位置，输入文件名为"表壳.MCX"，单击【确定】按钮。

习　题

7-1　绘制如图 7-125 所示的三维线架，利用网格曲面和扫掠命令构建如图 7-125 所示的曲面模型，以文件名"习题 7-1"保存文件。

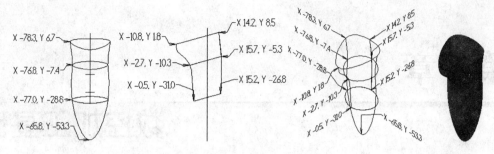

图 7-125 题 7-1 图

7-2 利用举升实体、扫描实体、拉伸实体和实体倒圆角及实体抽壳命令构建如图 7-126 所示的实体模型，以文件名"习题 7-2"保存文件。

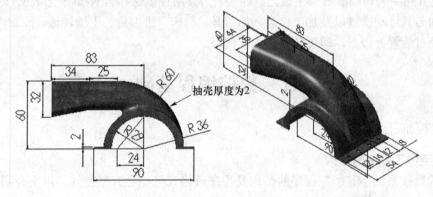

图 7-126 题 7-2 图

第8章

数控加工基础

Mastercam X5 拥有强大的数控编程功能，即 CAM 功能。CAM 主要是根据工件的几何外形，通过设置相关的切削参数来生成刀具路径。刀具路径被保存为 NCI(工艺数据)文件，它包含了一系列刀具运动轨迹以及加工信息，如刀具、机床、进刀量、主轴转速、冷却液控制等。刀具路径经过后置处理器，即可转换为 NC 代码。

8.1　数控编程基础

8.1.1　数控加工程序

1. 数控加工程序的结构

不同的数控系统，其加工程序的结构及程序段格式可能会有些差异。以下介绍常用数控系统所规定的程序结构和格式。

1) 程序格式

一个完整的数控程序由 4 部分组成：开始符、程序名、程序内容、程序结束指令。

其中，程序开始符为%(ISO 代码)或 ER(EIA 代码)，表示程序开始。程序名是零件加工程序的编号，目的是便于对程序进行检索。在 FANUC 数控系统中，一般采用英文字母 O 及其后 4 位十进制数表示("O××××")表示程序名。4 位数中若前面为 0，则可以省略，如"O0101"等效于"O101"。其他系统有时也采用符号"%"(AB8400 系统)或"P"(Sinumerik 系统)及其后 4 位十进制数表示程序号。程序内容部分是整个程序的核心，它由许多程序段组成，每个程序段由一个或多个指令构成，它表示数控机床要完成的全部动作。程序结束指令可以是 M02(程序结束)、M30(程序结束返回)或 M99(子程序结束)。

以下为数控加工程序实例。

%
N00 O10
N01 G55 G90 G01 Z40 F2000
N02 M03 S500
N03 G01 X-50 Y0
N04 G01 Z-5 F100
N05 G01 G42 X-10 Y0 H01
N06 G01 X60 Y0

N07 G03 X80 Y20 R20

N08 G03 X40 Y60 R40

N09 G01 X0 Y40

N10 G01 X0 Y-10

N11 G01 G40 X0 Y-40

N12 G01 Z40 F2000

N13 M05

N14 M30

一个大型的程序还可由主程序和子程序构成。可以将重复出现的控制功能编写成子程序，供主程序执行或调用，以便简化程序设计。子程序执行过程中也可调用其他子程序，形成子程序嵌套。

2) 程序段格式

程序的主体是由若干个程序段组成的。程序段是可作为一个单位来处理的连续的字组，它实际上是数控加工程序中的一句。多数程序段是用来指令机床完成某一个动作的。在书写、显示和打印时，每个程序段一般占一行。

程序段由若干个功能字组成。功能字是一套有规定次序的字符，可以作为一个信息单元存储、传递和操作，又称功能代码。

程序段格式是程序段中的字、字符和数据的安排形式。数控系统曾用过的程序段格式有3 种：固定顺序程序段格式、带分隔符的固定顺序(也称表格顺序)程序段格式和字地址可变程序段格式。前两种在数控系统发展的早期阶段曾经使用过，但由于程序不直观，容易出错，故现在已几乎不用，目前数控系统广泛采用的是字地址可变程序段格式。这种格式的程序段的长短、字数和字长(位数)都是可变的，字的排列顺序没有严格要求。不需要的字以及与上一程序段相同的续效字可以不写。这种格式的优点是程序简短、直观、可读性强、易于检验和修改。字地址可变程序段的一般格式为

N—	G—	X—	Y—	Z—…	F—	S—	T—	M—	;
程序段序号字	准备功能字		尺寸字		进给功能字	主轴转速功能字	刀具功能字	辅助功能字	程序段结束符

例如：　　N30 G01 X88.467 Z47.5 F50 S250 T03 M08;

　　　　　N40 X75.4;

在这段程序中，第 1 段程序中已写明，本程序段里不变化的续效功能字(G01 Z47.5 F50 S250 T03 M08)，在第 2 段中可不必重写。

2. 功能字

功能字是数控程序的基本组成单元。数控程序中的功能字一般由一个英文字母与随后的若干位十进制数字组成。这个英文字母称为地址符，如 G90、F2000。常用的功能字有 7 种：顺序号字、准备功能字(G 代码)、辅助功能字(M 代码)、进给功能字 F、主轴速度功能字 S、刀具功能字 T、尺寸号字。

JB/T 3208—1999 《数控机床穿孔带程序段格式中的准备功能 G 和辅助功能 M 的代码》对数控机床准备功能字和辅助功能字的含义作了规定。需要指出的是，各个机床公司制订的

G、M 功能字含义与国家标准可能不尽相同。

1) 顺序号字

顺序号字的地址符是 N，后续数字一般为 2 位～4 位正整数，例如：N001、N002、N003。它可看作是程序段的名称。

顺序号字可用于对程序的校对和检索修改。在加工轨迹图上标注顺序号字，可以直观地检查程序。此外还可以作为条件转向的目标。程序的复归操作等。复归操作是指操作可以回到程序的(运行)中断处重新开始，或加工从程序的中途开始的操作。

程序的执行顺序与顺序号无关，只与程序信息在存储器中的排列顺序有关，这与计算机高级语言中的标号有本质区别。顺序号字可以不连续，也不一定从小到大排列。对于整个程序，也无需全部设置顺序号字。

2) 准备功能字

准备功能字由地址符 G 和后续的 2 位数字组成，简称 G 功能、G 指令或 G 代码。它是使机床或数控系统建立起某种工作方式(如插补、刀具补偿)的指令，从 G00～G99 共 100 种。随着数控功能的增加，G00～G99 已不够用，有些数控系统将后续数字增加为 3 位数。

各数控系统的 G 功能差别较大，即使是国内生产的数控系统，也没有完全按 JB/T 3208—1999 来规定 G 指令字的含义。在各数控系统中，只有 G01～G04、G17～G19、G40～G42 的含义基本相同。

3) 辅助功能字

辅助功能字用于指令机床辅助装置的接通和断开，如主轴的开停、切削液的开闭、运动部件的夹紧与松开。由地址符 M 及随后的 1 位～3 位数字组成。

M 指令在各类数控系统中也有较大差别，一般 M00～ M05 及 M30 的含义一致，M06～M11 以及 M13～M14 的含义基本一致。

4) 尺寸字

尺寸字用来指令刀具运动到达的坐标位置或暂停时间：X、Y、Z、U、V、W、P、Q、R——指令到达点的直线坐标尺寸；A、B、C、D、E——指令到达点的角度坐标尺寸；I、J、K——指令圆弧轮廓圆心点的坐标尺寸。

坐标尺寸是使用米制还是英寸制，由准备功能字来控制，如 FANUC 系统用 G21/G22。在米制中，尺寸的具体单位有 1μm、10 μm 和 1mm。

5) 进给功能字

进给功能字用来指令进给速度，地址符 F，模态代码，单位一般为 mm/min。当进给速度与主轴速度有关时(如车螺纹)，单位为 mm/r。进给速度的表示有以下两种。

(1) 编码法：在地址符 F 后跟一串数字，这些数字不直接表示进给速度的大小，而是机床进给速度数列的序号(编码号)，具体的进给速度需查表确定。例如：F10 在某种机床中表示进给速度为 20000mm/min。

(2) 直接指定法：即 F 后面跟的数字就是进给速度的大小。例如，F100 表示进给速度 100mm/min。现代数控机床大多采用这种方式。

6) 主轴转速功能字

主轴转速功能字用来指令主轴的转速，地址符为 S，单位为 r/min，模态代码，也有编码法和直接指定法两种。

现代数控车床一般都具有车端面恒切速功能，用 G96 指定，并用 G97 注销恒切速和用

G92 限定最高切速。

辅助功能代码 M03、M04 必须与 S 指令一起使用，主轴才能产生顺时针或逆时针旋转。

主轴的实际转速常用数控机床操作面板上的主轴速度倍率开关来调整，编程时总是假定倍率开关指在 100%的位置上。

7) 刀具功能字

刀具功能字用于指令加工时所使用的刀具号和刀补号，地址符为 T，后面数字的位数和定义由不同机床自行确定。

对于车床，其后的数字还兼作指定刀具长度(含 X、Z 两个方向)补偿和半径补偿。 T 之后的数字有 2 位、4 位和 6 位 3 种。例如：T0102 表示 1 号刀选用 2 号刀补。对于铣床，T 之后的数字多表示刀号。辅助功能代码 M06 要求机床自动换刀，而所换的刀具号则由 T 指令来指定。例如：T02 M06 表示将当前刀具换为 02 号刀具。

8.1.2 Mastercam 数控编程步骤

1. 零件几何建模

CAD 模型是数控编程的前提和基础，其首要环节是建立被加工零件的几何模型。复杂零件建模的主要技术以曲面建模技术为基础。Mastercam X5 的 CAM 模块获得 CAD 模型的方法途径有以下 3 种：直接获得、直接造型和数据转换。

(1) 直接获得方式指的是直接利用已经造型好的 Mastercam X5 的 CAD 文件。这类文件的后缀名为.MCX。

(2) 直接造型指的是直接利用 Mastercam X5 软件的 CAD 功能，对于一些不是很复杂的工作，在编程之前直接造型。

(3) 数据转换指的是将其他 CAD 软件生成的零件模型转换成 Mastercam X5 专用的文件格式。

2. 加工参数合理设置

数控加工的效率和质量有赖于加工方案和加工参数的合理选择。加工参数合理的设置包括两方面的内容，加工工艺分析规划和参数设置。

1) 加工工艺分析和规划

加工工艺分析和规划的主要内容包括加工对象的确定、加工区域规划、加工工艺路线规划、加工工艺和加工方式确定。

加工对象的确定指的是通过对 CAD 模型进行分次，确定零件的哪些部分需要在哪种数控机床上进行加工。如数控铣不适合用于尖角和细小的筋条等部位加工。选择加工对象时，还要考虑加工的经济性问题。

加工区域规划是为了获得较高的加工效率和加工质量，将加工对象按其形状特征和精度等要求划分成数个加工区域。加工工艺路线规划主要是指安排粗、精加工的流程和进行加工余量的分配。

加工工艺分析和规划的合理选择决定了数控加工的效率和质量，其目标是在满足加工要求、机床正常运行的前提下尽可能提高加工效率。工艺分析的水平基本上决定了整个 NC 程序的质量。

2) 加工参数设置

在完成了加工工艺分析和规划后，通过加工参数的各种设置来具体实现数控编程。加工参数设置的内容有很多，最主要的是切削方式设置、加工对象设置、刀具和机床参数设置和加工程序设置。前 3 种与加工工艺分析和规划的内容相对应。加工程序设置包括进/退刀设置、切削用量、切削间距和安全高度等参数。这是数控编程中最关键的内容。

3. 刀具路径仿真

由于零件形状的复杂多变以及加工环境的复杂性，为了确保程序的安全，必须对生成的刀具路径进行检查。检查的内容有：加工过程中是否存在过切或欠切、刀具与机床和工件的碰撞问题。CAM 模块提供的刀具路径仿真功能就能很好地解决这一问题。通过对加工过程的仿真，可以准确地观察到加工时刀具运动的整个情况，因此能在加工之前发现程序中的问题，并及时进行参数的修改。

4. 后处理

后处理是数控编程技术的一个重要内容，它将通用前置处理生成的刀位数据转换成适合于具体机床数据的数控加工程序。后处理实际上是一个文本编辑处理过程，其技术内容包括机床运动学建模与求解、机床结构误差补偿和机床运动非线性误差校核修正等。

后处理生成数控程序之后，还必须对这个程序文件进行检查，尤其需要注意的是对程序头和程序尾部分的语句进行检查。后处理完成后，生成的数控程序就可以运用于机床加工了。

8.2 数控机床

1. 数控机床种类

数控机床按工艺用途，可分为数控钻床、数控车床、数控铣床、数控镗床、数控磨床、数控齿轮加工机床、数控雕刻机，以及数控加工中心等。在数控机床中，数控加工中心(Machining Center)的应用越来越广。加工中心是带有刀库和自动换刀装置的数控机床，可以在一台数控机床上完成多种加工。加工中心包括数控镗铣加工中心和车削中心。镗铣加工中心有包括卧式和立式两种形式。

2. Mastercam X5 机床类型选择

1) 机床设备类型

Mastercam X5 的机床设备种类主要分为 Mill(铣床)、Lathe(车床)、Wire(线切割机床)、Router(雕刻机)4 种。Mill 模块用来生成铣削加工刀具路径，也可以进行外形铣削、型腔加工、钻孔加工、平面加工、曲面加工以及多轴加工等的模拟；Lathe 模块主要用于生成车削加工路径，进行粗车、精车、切槽、车螺纹等加工模拟；Wire 模块用来生成线切割激光加工路径，以高效地编制线切割加工程序，并可进行 2 轴~4 轴上下异形加工模拟，还可以支持各种 CNC 控制器。

Lathe、Wire、Router 模块属于二维加工，Mill 模块属于三维加工，其中铣削是 Mastercam X5 的主要功能。

选择主菜单【Machine Type】可以看到机床类型，如图 8-1 所示。

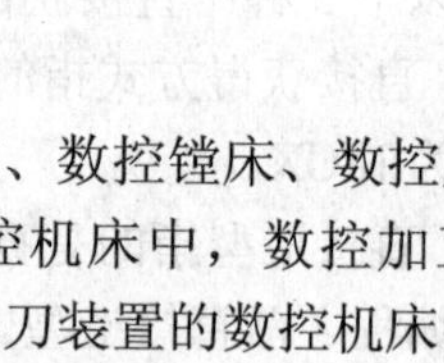

图 8-1 【Machine Type】菜单命令

2) 铣床

选择菜单栏中的【Machine Type】/【Mill】/【Manage List】命令，系统弹出【Machine Definition Menu Management】对话框，对话框中左边一栏是系统自带的各种铣床，如图 8-2 所示。选择机床类型，单击【Add】按钮，添加机床并将其显示在右边一栏，单击【确定】按钮 ，就可以在【Mill】下拉列表中看到这些机床，如图 8-2 所示。其中的设备种类可分为 7 种。

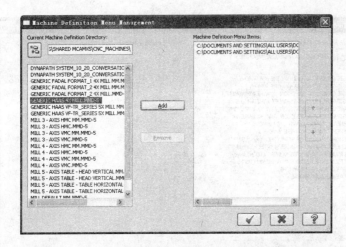

图 8-2　【Machine Definition Menu Management】对话框

(1) MILL 3-AXIS HMC：3 轴卧式铣床。卧式铣床的主轴平行于机床台面。

(2) MILL 3-AXIS VMC：3 轴立式铣床。立式铣床的主轴垂直于机床台面。

(3) MILL 4-AXIS HMC：4 轴卧式铣床。在 3 轴铣床的工作台上加一个数控分度头，并和原来的 3 轴联动，就成为 4 轴联动数控铣床。

(4) MILL 4-AXIS VMC：4 轴立式铣床。

(5) MILL 5-AXIS TABLE-HEAD VERTICAL：5 轴立式铣床。

(6) MILL 5-AXIS TABLE-TABLE HORIZONTAL：5 轴卧式铣床。

(7) MILL DEFAULT：默认铣床。

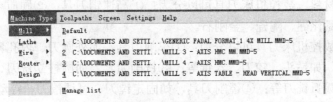

图 8-3　铣床类型

3) 车床

选择菜单栏中的【Machine Type】/【Lathe】/【Manage List】命令，在系统弹出的【Machine Definition Menu Management】对话框中添加所需车床。其车床类型可分为 6 种。

(1) LATHE 2-AXIS：2 轴车床。

(2) LATHE C-AXIS SLANT BED：带倾斜台的 C 轴车床。

(3) LATHE DEFAULT：默认的车床。

(4) LATHE MULTI-AXIS MILL-TURN ADVANCED 2-2：带 2-2 旋转台的多轴车床。

(5) LATHE MULTI-AXIS MILL-TURN ADVANCED 2-4-B：带 2-4-B 旋转台的多轴车床。

(6) LATHE MULTI-AXIS MILL-TURN ADVANCED 2-4：带 2-4 旋转台的多轴车床。

4) 线切割加工机床

Wire 模块用来生成线切割加工路径，选择菜单栏中的【Machine Type】/【Wire】/【Manage List】命令，系统弹出【Machine Definition Menu Management】对话框。如图 8-4 所示，通常可选择默认的切割机床选项，由系统自行判定该零件用何种切割机床加工。

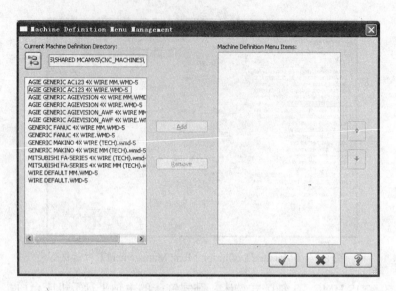

图 8-4　线切割机床选择

8.3　数控加工刀具

1. 数控机床刀具类型

按刀具结构，数控机床刀具可以分为：①整体式；②镶嵌式，包括焊接式、机夹式；③特殊形式，包括复合式、内冷式。

按制造刀具的材料，数控机床刀具可以分为：①高速钢刀具；②硬质合金刀具；③超硬材料刀具，如立方氮化硼、陶瓷、金刚石。

按工艺方式，数控机床刀具可以分为：①车削刀具，如外圆刀、内孔刀、切断刀、螺纹刀等；②钻削刀具，如钻头、铰刀、丝锥等；③铣削刀具，如圆柱立铣刀、端面铣刀、键槽铣刀、角度铣刀、圆弧铣刀等；④镗削刀具，如固定镗刀、可调镗刀、浮动镗刀等。

铣刀是数控机床上最常用的刀具，有面铣刀(盘铣刀)、立铣刀、模具铣刀、键槽铣刀、鼓形铣刀和成形铣刀等几种。各种铣刀的典型应用情况如图 8-5 所示。

数控切削用车刀包括焊接式车刀和机夹可转位式车刀两大类。

数控孔加工刀具可分为硬质合金可转位浅孔钻、整体式钻头、机夹式钻头、扩孔钻、铰刀、镗刀、复合孔加工刀具等。

选择数控刀具时应遵循以下一般原则。

(1) 选择刀具的种类和尺寸应与加工表面的形状和尺寸相适应。

(2) 尽量采用硬质合金或高性能材料制成的刀具。

(3) 尽量采用机夹或可转位式刀具。

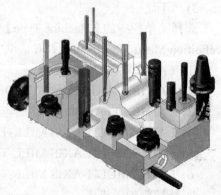

图 8-5　铣刀的应用

(4) 尽量采用高效刀具，如多功能车刀、铣刀、镗铣刀、钻铣刀等合金刀具。

2. 刀具设置

在设置每一种加工方法时，首先要做的就是为此次加工选择一把合适的刀具。刀具的选择是机械加工中关键的一个环节，需要有丰富的经验才能做出合理的选择。有时，用户往往会在虚拟的环境下选择一把普通的刀具加工难切割的材料，或者给一把直径很小的刀设置很大的进给量，类似的错误往往在仿真中能够很顺利地通过而不被发现，但是一到实际加工中就会出现错误或者出现事故，因此需要特别注意刀具的选择及其各种参数的设置。

Mastercam X5 带有刀库，用户可以从刀库中选择刀具，可以对刀库中的刀具进行修改，也可以自己定义新的刀具，并将其保存在刀库中。

从刀库中选择刀具时，选择菜单栏中的【Toolpaths】/【Tool Manager】命令，系统弹出刀具管理器，如图 8-6 所示。从刀库中选择所需刀具后，单击 ↑ 按钮即可把刀具添加到加工中所用刀具列表中。也可从当前所用刀具中选择刀库中没有的刀具，单击 ↓ 按钮，将其添加到刀库中。

图 8-6 刀具管理器

刀库中刀具比较多时，可以单击 Filter... 按钮，系统弹出刀库刀具过滤器，如图 8-7 所示。在其中，按刀具的类型、材料和尺寸等条件过滤筛选所需刀具。其中各项含义如下。

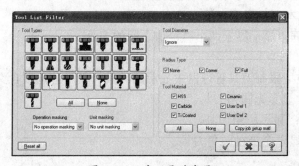

图 8-7 刀库刀具过滤器

1) Tool Types

刀具类型过滤包括刀具形状、操作限制、单位限制 3 种选项。

(1) 刀具形状：共有 22 种，刀具图形下是刀具名字，如图 8-8 所示。

(2) 操作限制：有 3 种，分别为无操作限制、操作中使用过的刀具、操作中没有使用过的刀具，如图 8-9 所示。

(3) 单位限制：有 3 种，分别为英制单位、公制单位、无单位限制，如图 8-10 所示。

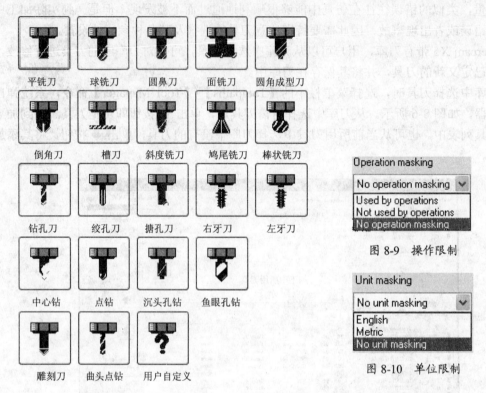

图 8-8　刀具形状

图 8-9　操作限制

图 8-10　单位限制

2) Tool Diameter

刀具直径下拉列表中有 5 个选项。

(1) Ignore 文本框：忽略刀具直径。

(2) Equal 文本框：显示与刀具直径值相等刀具，刀具直径在文本框中输入。

(3) Less than 文本框：显示小于刀具直径值的刀具。

(4) Greater than 文本框：显示大于刀具直径值的刀具。

(5) Between 文本框：显示界于两个直径值之间的刀具。

3) Radius type

根据刀具的圆角类型限制刀具管理器中显示的刀具，其中各选项含义如下。

(1) None 文本框：显示无圆角刀具。

(2) Corner 文本框：显示圆角刀具。

(3) Full 文本框：显示全半径圆角刀具。

4) Tool material

刀具过滤选择框中的刀具材料种类有 HSS(高速钢)、Ceramic(陶瓷)、Carbide(硬质合金)、Ti Coated(镀钛)、User Define(用户自定义)。

3．修改刀具库刀具

选择好刀具后，加工中所用刀具一栏中就会列出相应的刀具。双击其中刀具进行修改，系统弹出【刀具参数设置】对话框，如图 8-11 所示。用户可以编辑所需的刀具参数，主要参数含义如下。

(1) Diameter 文本框：设置刀具直径。

(2) Flute 文本框：设置刀具有效切刃长度。

(3) Shoulder 文本框：设置刀具刀刃长度。

(4) Overall 文本框：设置刀具刀尖到夹头底端面的长度。

(5) Holder 文本框：设置夹头长度。

(6) Holder dial 文本框：设置夹头直径。

(7) Arbor Diameter 文本框：设置刀柄直径。

(8) Tool#文本框：设置刀号。

(9) Head#文本框：设置刀头号。

(10) Capable of 文本框：此栏用于设置刀具的加工类型，有粗加工【Rough】、精加工【Finish】及两者皆可【Both】3 种。

此外，在【Type】选项卡中还可以设置刀具类型，如图 8-12 所示。

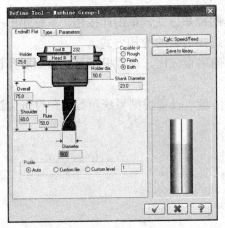

图 8-11 【刀具参数设置】对话框

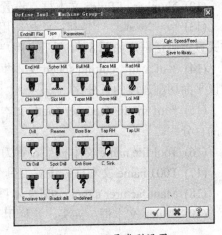

图 8-12 刀具类型设置

在【刀具参数设置】对话框中还有【Parameters】选项卡，可以设置刀具进给率、刀具材料和冷却方式等参数，如图 8-13 所示。

(1) Rough XY step(%)文本框：设置粗切削时在 XY 平面的步进量，其值为刀具直径的百分比。

(2) Finish XY step 文本框：设置 XY 平面的精切削步进量。

(3) Rough Z step 文本框：设置 Z 轴方向的粗切削步进量。

(4) Finish Z step 文本框：设置 Z 轴方向的精切削步进量。

(5) Required pilot dia. 文本框：设置在搪孔或攻牙时刀具所需的中心孔直径。

(6) Dia．offset number：设置刀具半径补偿号。

(7) Length offset number 文本框：设置刀具长度补偿号。

(8) Feed rate 文本框：设置刀具在 XY 平面的进给率。

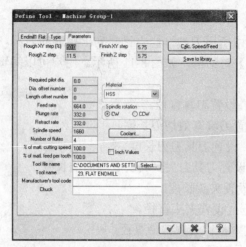

图 8-13   【Parameter】选项卡

(9) Plunge rate 文本框：设置刀具在 Z 轴方向的进给率。

(10) Retract rate 文本框：设置刀具的退刀速率。

(11) Spindle speed 文本框：设置主轴转速。

(12) Number of flutes 文本框：设置刀刃数。

(13) Coolant... 按钮：此按钮用于设置刀具的冷却方式，单击此按钮，系统弹出冷却方式设置对话框，如图 8-14 所示，用户可以在其中选择需要的冷却方式。

(14) % of matl. cutting speed 文本框：刀具切削速率百分比，设置根据系统参数所预设的建议平面切削速度的百分比。

(15) % of matl. feed per tooth 文本框：每齿进给量，设置根据系统参数所预设每齿进刀量的百分比。

(16) Tool file name 文本框：设置刀具库名称。

(17) T001 name 文本框：设置刀具名称。

(18) Manufacturer's tool code 文本框：设置制造商的刀具代码。

(19) Chuck 文本框：夹头，此栏用于输入要显示的夹头信息。

图 8-14   【Coolant】对话框

(20) Material 文本框：此栏用于设置刀具材料，有【HSS】(高速钢)、【Carbide】(碳钢)、【Ti Coated】(钛合金)、【Ceramic】(陶瓷)、【User Def 1/2】(用户自定义 1/2)等 6 种刀具材料设置方式。

(21) Spindle rotation 文本框：此栏用于设置刀具旋转方向，有顺时针方向旋转【CW】和逆时针方向旋转【CCW】两种方式。

4.定义新刀具

系统自带的刀具库中有很多刀具，但是不可能包括所有的刀具，因此系统提供给用户自定义刀具的功能。

在刀具管理器中右击，弹出快捷菜单如图 8-15 所示。选择【Create new tool】命令，系统将弹出如图 8-16 所示对话框，用于选择刀具类型并进行其他参数设置。完成各项设置后，单击 Save to library... 按钮，系统将弹出如图 8-17 所示对话框，单击【确定】按钮 ✔ ，将自定义的刀具保存至刀具库。

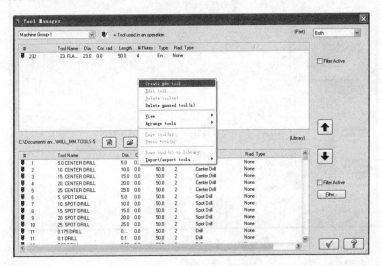

图 8-15　刀具管理器

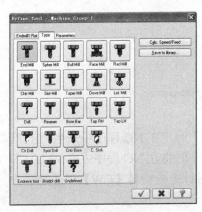

图 8-16　选择刀具类型

图 8-17　保存自定义刀具

自定义刀具保存到刀具库后，用户便可以在需要使用时对其进行调用。

5. 刀具加工参数设置

定义毛坯并产生刀具后，接着进行刀具加工参数设置。选择菜单栏中的【Toolpaths】/

【Contour】命令，系统弹出【Enter new NC name】对话框，如图 8-18 所示。输入文件名后并单击【确定】按钮 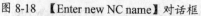，系统提示选择串连外形，选择一个已绘制好的几何图形，如图 8-19 所示。单击【确定】按钮 ✓，系统弹出【外形铣削】对话框，如图 8-20 所示。

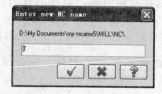

图 8-18 【Enter new NC name】对话框　　　　　图 8-19 选择几何图形

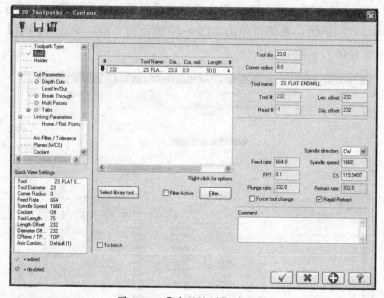

图 8-20 【外形铣削】对话框

单击【外形铣削】对话框中的【Tool】按钮，然后即可在右边对刀具加工参数进行设置。各项含义如下。

(1) Tool dia.文本框：显示刀具直径。

(2) Corner radius 文本框：显示所选刀具的圆角半径。

(3) Tool name 文本框：显示所选刀具的名称。

(4) Tool #文本框：设置刀号，如输入"1"时将在 NC 程序中产生"T1"。

(5) Head #文本框：设置刀头号。

(6) Len. offset 文本框：设置刀具长度补偿号，如输入"1"时将在 NC 程序中产生"H1"。

(7) Dia. offset 文本框：设置刀具半径补偿号，如输入"1"时将在 NC 程序中产生"D1"。

(8) Spindle direction 文本框：设置刀具旋转方向，有顺时针方向旋转【CW】和逆时针方向旋转【CCW】。

(9) Feed rate 文本框：设置刀具在 X、Y 轴方向的进给率。

(10) Plunge rate 文本框：设置刀具在 Z 轴方向的进给率。

(11) Spindle speed 文本框：设置主轴转速。

(12) Retract rate 文本框：设置刀具的退刀速率。

(13) Rapid Retract 文本框：选择此复选框，加工完毕后系统以机床的最快速度回刀；未选择此复选框时，加工完毕后系统以【Retract Rate】栏设置的回刀速率回刀。

(14) Force tool change 文本框：选择此复选框，在连续的加工操作中使用相同的加工刀具时，系统在 NCI 文件中以代码"1002"代替"1000"。

(15) Comment 文本框：此栏用于输入刀具路径注解，输入的注解会显示在 NC 程序行中。

(16) Select library tool... 按钮：此按钮用于选择刀具库。

(17) Filter... 按钮：此按钮用于过滤显示刀具。

(18) To batch 复选框：选择该复选框，系统将对 NC 文件进行批处理。

8.4   工件及材料管理

1．工件设置

选择完机床后，还要对工件进行设置，设置当前的工件参数，其中包括工件的视角、类型、尺寸、原点、材料以及工件显示等参数。选择完机床后，在加工操作管理器【Operations Manager】(图 8-21)中单击工件设置命令【Stock Setup】，系统将弹出【Machine Group Properties】对话框，如图 8-22 所示。对话框中各选项功能如下。

(1) Stock View 区域：用于工件视角设置，单击对话框中的  按钮，系统弹出【View Selection】对话框，如图 8-23 所示。根据需要选择视角，单击【确定】按钮 ✓ 。一般情况下默认选择 TOP 俯视图即可。

图 8-21　加工操作管理器

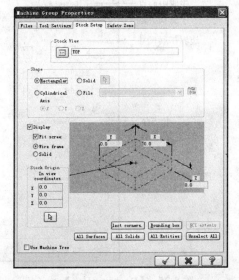

图 8-22　【Machine Group Properties】对话框

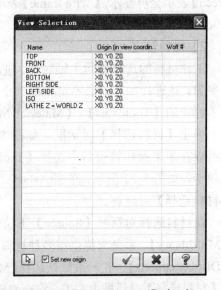

图 8-23　【View Selection】对话框

(2) Shape 区域：用于设置加工工件的类型，工件毛坯的形状可选择以下几种：

① Rectangular：长方体。

② Cylindrical：圆柱体。此时【Axis】栏被激活，用户可选 X、Y 或 Z 轴来确定圆柱摆

放的方向。

③ Solid：实体。可通过单击 按钮回到绘图区，在图中选择实体作为毛坯。

④ File：文件。可通过单击 按钮从一个 STL 文件中输入毛坯形状。

(3) Stock Origin：此栏用于工件原点设置，工件原点可以设置在长方体工件的 10 个特殊位置上，包括 8 个角点和上下面的中心点。改变工件原点，工件的位置将会改变。共有 3 种方式进行设置，可以在对话框中的 X、Y 和 Z 输入框输入工件原点坐标；可通过单击 按钮返回图形区选择一点作为工件原点；也可移动坐标原点指向箭头，在图 8-22 中的长方体特殊点处单击选择特殊点作为工件原点。

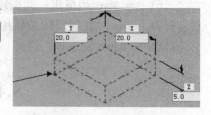

图 8-24　工件尺寸设置

工件尺寸设置：工件尺寸设置有 4 种方法。

① 直接在图 8-24 所示的尺寸输入框中输入工件尺寸。

② 单击 lect corners. 按钮，回到绘图区，选择工件的第一个对角点和第二个对角点，系统自动将尺寸填写入尺寸输入框中。

③ 单击 Bounding box 按钮，通过创建几何图形边界框来设置工件尺寸。单击此按钮后，系统提示选择边界经过的图素，框选后系统弹出如图 8-25 所示对话框。

④ 利用刀具路径边界尺寸生成毛坯。单击【NCI extents】按钮，系统自动将 NCI 刀具路径的边界尺寸作为毛坯尺寸，并填入【工件尺寸】对话框中。

(4) Display：该选项用于工件显示设置。其中【Fit screen】表示全屏显示，【Wire frame】表示线框显示，【Solid】表示实体显示。

2. 材料管理

工件材料的选择影响主轴转速、进给速度等加工参数，是进行加工前必不可少的一个环节。选择菜单栏中的【Toolpaths】/【Material Manager】命令，弹出【材料选择】对话框，如图 8-26 所示。也可以在加工操作管理器中选择【Tool Settings】选项卡，如图 8-27 所示，单击 Select... 按钮打开【材料选择】对话框。

在材料选择对话框【Source】下拉列表中选择【Mill-library】，系统将提供很多种材料供你选择。【Display options】一栏一般默认选择【Millimeters】。在【材料选择】对话框中右击，将会弹出快捷菜单。

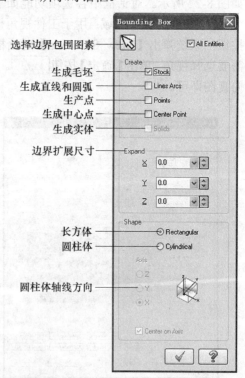

图 8-25　【Bourding Box】对话框

(1) Get from library：从材料库中选择，单击也会弹出【材料选择】对话框。

(2) Create new：设置新材料参数，定义新材料。

(3) Edit：编辑当前材料参数。选择该命令后，系统同样会打开图 8-28 所示对话框。

图 8-26　【材料选择】对话框

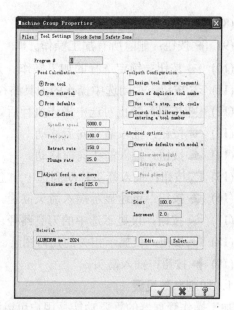

图 8-27　【Tool Settings】选项卡

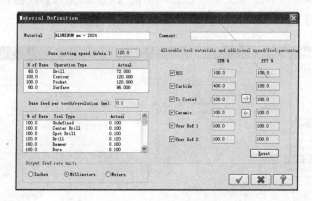

图 8-28　【Material Definition】对话框

8.5　刀具路径管理

加工参数及工件参数设置完毕后便可以利用加工操作管理器进行实际加工前的切削模拟，当一切检验无误后再利用 POST 后处理功能输出正确的 NC 加工程序。加工操作管理器如图 8-29 所示。

各按钮功能如下。

(1) ✔ 按钮：选择所有加工操作。

(2) ✔ 按钮：选择所有未更新的操作。

(3) ⫸ 按钮：重新生成所有刀具路径。

(4) ⫷ 按钮：重新生成编辑了参数的刀具路径。

(5) ≋ 按钮：刀具路径模拟。

(6) ◆ 按钮：实体加工模拟。

(7) G1 按钮：POST 后处理生成 NC 程序。

图 8-29　加工操作管理器

(8) 按钮：设置高速加工参数。

(9) 按钮：删除所有加工操作。

(10) 按钮：锁定选择的加工操作，无法修改。

(11) 按钮：关闭选中操作的刀具路径显示。

(12) 按钮：禁止对选中操作执行后处理。

(13) 按钮：插入箭头向后移动。

(14) 按钮：插入箭头向前移动。

(15) 按钮：插入箭头移动到选中加工操作后。

(16) 按钮：迅速显示插入箭头位置。

(17) 按钮：仅显示选中的刀具路径。

(18) 按钮：仅显示相关的几何图素。

(19) 按钮：插入箭头。

1．切削参数设置

加工操作管理器的重要功能是用户可以随时编辑已经完成的切削参数(如修改刀具尺寸、切削深度、补偿参数等)。单击加工操作管理器中的【Parameters】按钮，系统将弹出图 8-30 所示【切削参数设置】对话框，用户可以重新设置新的切削参数。

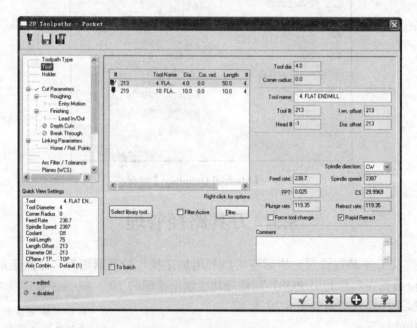

图 8-30　切削参数设置

切削参数重新编辑后，系统在加工操作管理器中以 表示已经更改参数的切削操作，要使编辑后的切削参数生效，可以单击图 8-29 所示加工操作管理器中的 按钮重新生成刀具路径，成功后加工操作管理器中的 将变回 。

2．刀具路径模拟

单击加工操作管理器中的 按钮，系统将弹出图 8-31 所示【Backplot】对话框及图 8-32 所示【刀具路径模拟播放】操作栏。

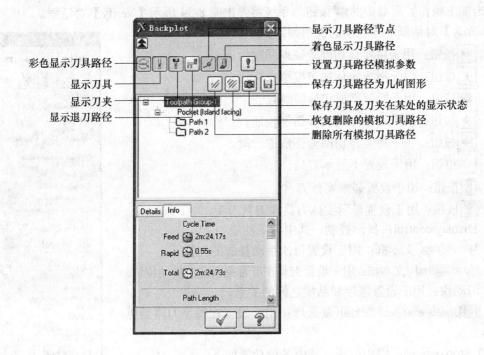

图 8-31 【Backplot】对话框

图 8-32 【刀具路径模拟播放】操作栏

其中，部分按钮功能如下。

(1) 按钮：轨迹模式。

(2) 按钮：运动模式。

(3) 按钮：暂停条件设置。单击此按钮后系统弹出 8-33 所示【Gonditional Stops】对话框。

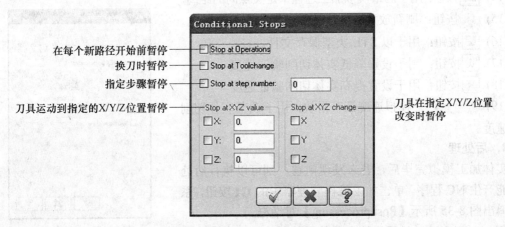

图 8-33 【Gonditional Stops】对话框

3. 实体加工模拟

单击加工操作管理器中的  按钮，系统将弹出图 8-34 所示【Verify】对话框。

【Verify】对话框中各选项的说明如下。

(1) 按钮：用于将实体切削验证返回起始点。

(2) 按钮：用于播放实体加工模拟。

(3) 按钮：用于暂停播放实体切削验证。

(4) 按钮：用于手动播放实体切削验证。

(5) 按钮：用于将实体切削验证前进一段。

(6) 按钮：用于设置不显示刀具。

(7) 按钮：用于设置显示实体刀具。

(8) 按钮：用于设置显示实体刀具和刀具卡头。

(9) Display control：显示控制。其中各项功能如下。

① Moves/step: 文本框：用于设置每次手动播放的位移。

② Moves/refresh: 文本框：用于设置刀具在屏幕更新前的移动位移。

③ 滑动块：用于设置速度和品质之间的关系。

④ Update after each toolpath 复选项：用于设置在每个刀路后更新工件。

(10) Stop options：停止选项。其中各项功能如下。

① Stop on collision 复选项：用于设置当发生撞刀时，实体切削验证停止。

图 8-34 【Verify】对话框

② Stop on tool change 复选项：用于设置当换刀时，实体切削验证停止。

③ Stop after each operation 复选项：用于设置当完成每个操作后实体切削验证停止。

(11) Verbose 复选项：用于调出校验工具栏，此工具栏显示额外的暂停或停止的详细信息，如代码、坐标、进给率、圆弧速度、当前补偿和冷却液等。

(12) 按钮：用于设置模拟加工的其他参数。

(13) 按钮：用于显示截面部分。

(14) 按钮：用于测量模拟加工过程中定义点间的距离。

(15) 按钮：刷新放大或缩小的加工区域。

(16) 按钮：用于以 STL 类型保存文件。

(17) 按钮：用于设置降低实体切削验证速度。

(18) 按钮：用于设置提高实体切削验证速度。

(19) 模拟速度调节滑块：用于调节实体切削验证速度。

4. 后处理

实体加工模拟完毕后，若未发现问题，则可以执行后处理功能产生 NC 程序。单击加工操作管理器中的 **G1** 按钮，系统将弹出图 8-35 所示【Post processing】对话框。

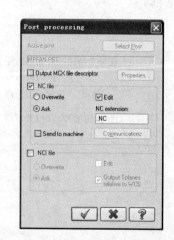

(1) Active post：显示系统当前使用的后处理器名称，系统默认的后处理器名称为 "MPFAN.PST"。

图 8-35 【Post processing】对话框

(2) Select Post 按钮：用于选择用户所需要的后处理器类型，只有在未指定任何后处理器的情况下才会被激活。若用户想更改后处理器类型，可以将用户的后处理器内容以"MPFAN.PST"为文件名保存于"X:\mcamx\mill\posts\"文件夹下将原来的 MPFAN.PST 文件覆盖即可("X"代表用户安装 Mastercam X5 软件的盘符)。

(3) Output MCX file descriptor 复选框：选择此复选框，用户对"MCX"文件的注解描述也将在 NC 程序中得到反映，而单击【Properties】按钮，还可以对注解描述进行编辑。

(4) NC file 区域：包括以下 6 项设置。

① Overwrite：选择此项，在生成 NC 文件时，若存在相同名称的 NC 文件，系统直接覆盖前面的 NC 文件。

② Ask：选择此项，在生成 NC 文件时，若存在相同名称的 NC 文件，系统在覆盖前面的 NC 文件时提示是否覆盖。

③ Edit：选择此项，系统在保存 NC 文件后还将弹出 NC 文件编辑器供用户检查和编辑 NC 程序。

④ NC extension：用户可以在此栏输入 NC 文件的扩展名。

⑤ Send to machine：选择此复选框，系统将生成的 NC 程序通过连接电缆发送至加工机床。

⑥ Communications 按钮：单击此按钮，系统弹出图 8-36 所示【Communications】对话框，用户可以进一步设置传输的相关参数。

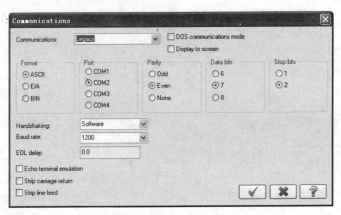

图 8-36 传输参数设置

(5) NCI file 区域：包括以下 4 项设置。

① Overwrite：选择此项，在生成 NCI 文件时，若存在相同名称的 NCI 文件，系统直接覆盖前面的 NCI 文件。

② Ask：选择此项，在生成 NCI 文件时，若存在相同名称的 NCI 文件，系统在覆盖前面的 NCI 文件时提示是否覆盖。

③ Edit：选择此项，系统在保存 NCI 文件后还将弹出 NCI 文件编辑器供用户检查和编辑 NCI 程序。

④ Output Tplanes relative to WCS 复选框：选择此复选框，系统在 NCI 文件中输入刀具面信息。

5. 锁定加工操作

用户在设置完加工操作的一系列参数后，在检查无误的情况下，可以单击加工操作管理

器中的锁定 🔒 按钮，即可临时关闭刀具路径显示，以防对其进行误操作。关闭刀具路径显示结果如图 8-37 所示。

6．关闭刀具路径显示

加工一个零件往往需要多个加工步骤，这样可能导致多个加工步骤的刀具路径显示混杂在一起，不便于观察某个单独加工步骤的刀具路径，这时可以利用加工操作管理器将不需要显示的刀具路径临时关闭。要关闭刀具路径显示，选择相应的加工操作后单击加工操作管理器中的 ≋ 按钮，临时关闭刀具路径显示，如图 8-38 所示。

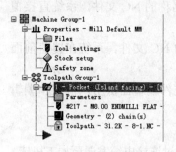

图 8-37　锁定加工操作

图 8-38　关闭刀具路径显示结果

第9章

二维加工

二维加工的刀具路径是二维轮廓。在 Mastercam X5 中，通过二维刀路功能模块产生零件加工程序。二维加工方法包括外形铣削、挖槽加工、面铣削、雕刻加工和钻孔。

9.1　外　形　铣　削

外形铣削【Contour】是刀具沿着由一系列线段、圆弧、曲线等组成的工件轮廓来产生刀具路径的铣削方法。外形铣削也能产生三维刀具路径，这由所选择的工件轮廓是二维还是三维图形来决定。二维铣削的刀具路径的铣削深度是固定的。编制外形铣削加工刀具路径的操作步骤如下。

(1) 绘制零件图。

(2) 选择菜单栏中的【Toolpaths】/【Contour】命令。如果新创建刀具路径，则系统弹出【Enter new NC name】的对话框，输入名称后，单击【确定】按钮 ✓ 。

(3) 根据系统提示选择几何图形，单击【确定】按钮 ✓ 。

(4) 系统弹出如图 9-1 所示对话框，选择【Toolpath Type】选项，在图中右侧一栏选择【Contour】项，进行外形铣削参数设置。

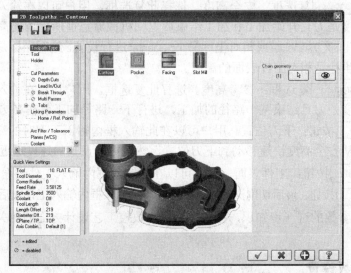

图 9-1　铣削参数设置

(5) 选择【Tool】选项，选择并设置刀具参数。

(6) 设置高度参数【Linking Parameters】。

(7) 设置铣削参数【Cut Parameters】。铣削参数设置包括【Depth Cuts】、【Lead In/Out】、【Break Through】、【Multi Passes】、【Tabs】等子项。

9.1.1 高度设置

选择对话框中的【Linking Parameters】选项，系统显示如图 9-2 所示高度参数设置对话框。主要包括安全高度 Clearance... 、参考高度 Retract... 、下刀位置 Feed plane... 、工件表面 Top of stock... 及最后切削深度 Depth... 等 5 个方面的设置。

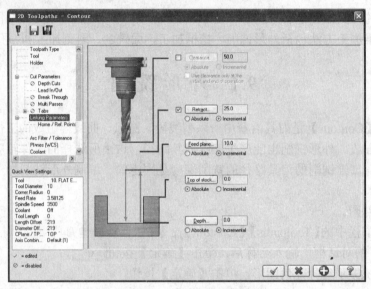

图 9-2 高度参数设置

(1) ☑ Clearance... 复选框：安全高度。选择此复选框，用户可以在输入栏内输入安全高度数值。安全高度是刀具开始加工和加工结束后返回机械原点前所停留的高度位置。安全高度可以采用绝对坐标 ○ Absolute 或相对坐标 ◉ Incremental 进行设置。绝对坐标是相对坐标系原点的坐标，而相对坐标是相对工件表面的高度。

(2) ☑ Retract... 复选框：参考高度。选择此复选框，用户可以在输入框内输入参考高度数值。参考高度是刀具结束某一路径的加工，进行下一路径加工前在 Z 方向的回刀高度。

(3) Feed plane... 按钮：下刀位置。用户可以在此输入框内输入下刀时的高度位置，在实际切削时刀具首先从安全高度快速移动到下刀位置，然后再以设置的速度逼近工件。

(4) Top of stock... 按钮：工件表面。用户可以在此输入框内输入工件表面的高度位置。

(5) Depth... 按钮：最后切削深度。用户可以在此输入框内输入工件最后的实际切削深度。

有关这 5 个参数的进一步知识，在数控编程和数控工艺设计方面的相关参考书中，描述得更具体。

9.1.2 铣削参数设置

选择对话框中的【Cut Parameters】选项卡，系统显示铣削参数设置对话框如图 9-3 所示。

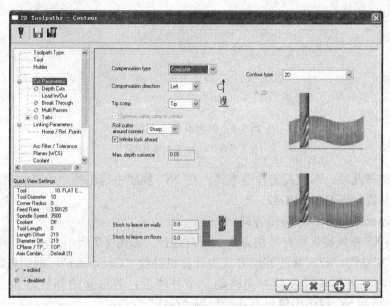

图 9-3 【铣削参数设置】对话框

1. 刀具补偿设置

铣削过程中，需要设置刀具半径补偿。Mastercam X5 系统提供了非常丰富的补偿形式和补偿方向供用户组合选择，以满足实际加工需要。

1) Compensation type(补偿方式)

系统提供 5 种补偿方式供用户选择，如图 9-4 所示。

(1) Computer：选择此项，系统采用计算机补偿方式，刀具中心往指定方向(Left/Right)移动一个补偿量(一般为刀具的半径)，补偿量在计算机中已计算出。NC 程序中的刀具移动轨迹坐标是加入了补偿量的坐标值，如图 9-5 所示。

图 9-4 补偿方式

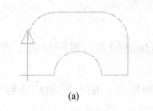

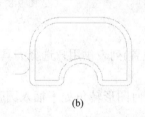

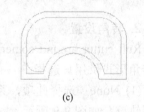

(a)   (b)   (c)

图 9-5 计算机补偿方式

(a) 选择串连方向；(b) 左补偿刀具路径；(c) 右补偿刀具路径。

(2) Control：选择此项，系统采用 NC 控制器补偿方式，由控制器将刀具中心往指定方向(Left/Right)移动一个存储在寄存器里的补偿量(一般为刀具的半径)，系统将在 NC 程序中给出补偿控制代码(左补偿 G41 或右补偿 G42)。NC 程序中的坐标值是外形轮廓的坐标值，如图 9-6 所示。

(3) Wear：选择此项，系统同时采用计算机和控制器补偿方式，且补偿方向相同，并在 NC 程序中给出加入了补偿量的轨迹坐标值，同时又输出控制补偿代码 G41 或 G42。

(4) Reverse Wear：选择此项，系统采用计算机和控制器反向补偿方式，即当采用计算机左补偿(Left)时，系统在 NC 程序中输出反向补偿控制代码 G42(右补偿)；当采用计算机右补偿(Right)时，系统在 NC 程序中输出反向补偿控制代码 G41(左补偿)。

图 9-6 控制器补偿方式

(a) 左补偿刀具路径；(b) 右补偿刀具路径。

(5) Off：选择此项，系统关闭补偿方式，在 NC 程序中给出外形轮廓的坐标值，且 NC 程序中无控制补偿代码 G41 或 G42。

2) Compensation direction(补偿方向)

Mastercam X5 系统提供两种补偿方向供用户选择，如图 9-7 所示。

(1) Left：左补偿，若选择的补偿方式为计算机补偿 "Computer"，则朝选择的串连方向看去，刀具中心往外形轮廓左侧方向移动一个补偿量；若选择的补偿方式为控制器补偿【Control】，则将在 NC 程序中输出左补偿代码 "G41"。

(2) Right：选择此项，系统采用右补偿，若选择的补偿方式为计算机补偿【Computer】，则朝选择的串连方向看去，刀具中心往外形轮廓右侧方向移动一个补偿量；若选择的补偿方式为控制器补偿【Control】，则将在 NC 程序中输出右补偿代码 "G42"。

Tip comp：补偿位置。此列表供用户选择刀具补偿的位置为球心【Center】或刀尖【Tip】，如图 9-8 所示。

图 9-7 补偿方向   图 9-8 补偿位置

2. 转角设置

Roll cutter around comers(转角设置)列表供用户选择刀具在转角处的刀具路径形式，有 3 种转角形式供用户选择。

(1) None：选择此项，系统在几何图形转角处不插入圆弧切削轨迹，所有转角均为锐角切削轨迹，如图 9-9 所示。

(2) Sharp：选择此项，系统在小于或等于 135°(工件材料一侧的角度)的几何图形转角处插入圆弧切削轨迹，大于 135°的转角不插入圆弧切削轨迹，如图 9-10 所示。

(3) All：选择此项，系统在几何图形的所有转角处均插入圆弧切削轨迹，如图 9-11 所示。

 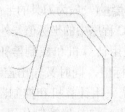 

图 9-9 【None】转角设置   图 9-10 【Sharp】转角设置   图 9-11 【All】转角设置

3. 寻找相交性及误差设置

选择复选框【Infinite look ahead】，系统启动寻找相交功能，即在创建切削轨迹前检测几何图形自身是否相交，若发现相交，则在交点以后的几何图形不产生切削轨迹。图 9-12 所示为启动此项功能的切削轨迹，图 9-13 所示为未启动此项功能的切削轨迹。

图 9-12　启动寻找相交功能

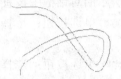

图 9-13　未启动寻找相交功能

(1) Linearization tolerance：当外形轮廓为曲线时，用户可以在此栏输入最小线性误差值，小的线性误差值能得到更精确的切削轨迹，但会花费更多的时间生成加工轨迹，并使 NC 程序加长。

(2) Max．depth variance：对于 3D 几何图形，用户可以在此栏输入 Z 方向的最大变化误差。

4. 加工余量设置

在实际加工特别是粗加工中经常要碰到加工余量的问题，加工余量设置包括侧壁方向和底部方向的加工余量设置。

(1) Stock to leave on walls：此栏用于输入侧壁方向的加工余量。

(2) Stock to leave on floors：此栏用于输入底部方向的加工余量。

5. 加工类型选择

Mastercam X5 系统除了能进行标准的外形铣削外，还能进行倒角铣削【2D chamfer】、斜线铣削【Ramp】、残料铣削【Remachining】及振荡铣削【Oscillate】。

1）倒角铣削

倒角铣削【2D chamfer】能利用倒角刀在 2D 或 3D 外形轮廓上倒角，在【外形铣削参数设置】对话框中的铣削方式设置栏【Contour type】选择【2D chamfer】项后如图 9-14 所示。用户可以设置倒角宽度【Width】和刀尖超出倒角边的距离【Tip offset】。

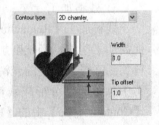

图 9-14　倒角铣削参数设置

要进行正确的倒角铣削，很重要的一点是必须选用倒角刀【chamfer mill】，如图 9-15 所示。

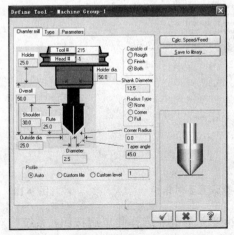

图 9-15　【倒角刀参数设置】对话框

2) 斜线加工

斜线加工【Ramp】采用逐层斜线下刀的方式对外形进行铣削加工，适用于加工铣削深度较大的外形，并能在高速加工的情况下产生较平稳的深度进刀。要启动斜线铣削功能，在图9-3 所示外形铣削参数设置对话框中的铣削方式设置栏【Contour type】中选择【Ramp】项，在如图 9-16 所示的对话框中设置参数。

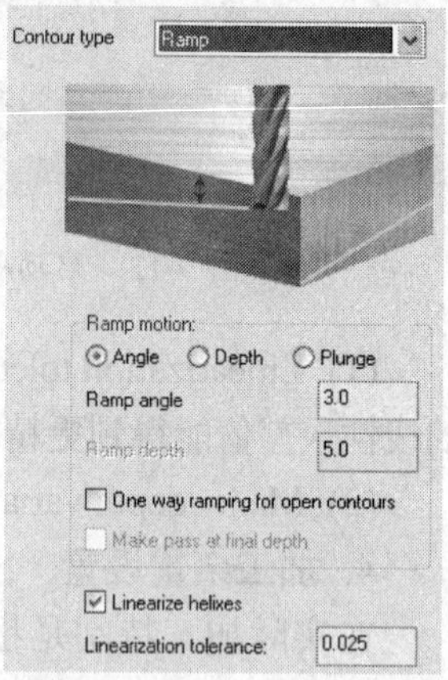

(1) ⊙ Angle 单选按钮：选择此项，采用输入角度的方式进行斜线铣削。

(2) ○ Depth 单选按钮：选择此项，采用输入每层斜线铣削深度的方式进行斜线铣削。

(3) ○ Plunge 单选按钮：选择此项，采用每层垂直下刀的方式进行斜线铣削。

(4) Ramp angle 文本框：此输入框用于输入斜线进刀的角度。

(5) Ramp depth 文本框：此输入框用于输入每层的斜线铣削深度。

(6) □ One way ramping for open contours 复选框：选择此复选框，对开放外形采用单方向斜线铣削。

(7) □ Make pass at final depth 复选框：选择此复选框，在最后深度处不采用斜线铣削方式，多铣削一次。

图 9-16　斜线铣削参数设置

(8) ☑ Linearize helixes 复选框：选择此复选框，启用螺旋误差设置。

(9) Linearization tolerance 文本框：此输入框用于输入螺旋误差。

3) 残料加工

残料加工【Remachining】一般用于铣削在上一次外形铣削加工后留下的残余材料。为了提高加工速度，当铣削加工的铣削量较大时，可以采用大尺寸刀具和大进刀量，接着采用残料加工来得到最终的光滑外形。由于采用大直径的刀具，在转角处材料不能被铣削或以前加工中预留的部分形成残料，可以通过【选择外形铣削参数设置】对话框中铣削方式设置栏【Contour type】中的【Remachining】项，在图 9-17 所示的对话框中设置相关参数，产生的残料加工刀轨如图 9-18 所示。各选项功能如下。

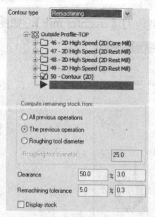

图 9-17　【残料加工参数设置】对话框

图 9-18　残料加工刀轨

(1) ○ All previous operations 单选按钮：选择此单选按钮，系统将对前面所有的加工操作进行残料加工。

（2）⦿ The previous operation 单选按钮：选择此单选按钮，系统将对上一步加工操作进行残料加工。

（3）◯ Roughing tool diameter 单选按钮：选择此单选按钮，系统将对指定刀具直径的粗加工进行残料加工。

（4）Roughing tool diameter 文本框：此输入框用于输入粗加工刀具直径。

（5）Clearance 文本框：此输入框用于输入残料加工刀具路径延伸量。

（6）Remachining tolerance 文本框：此输入框用于输入残料加工误差。

（7）☐ Display stock 复选框：选择此复选框，系统将显示残料加工区域。

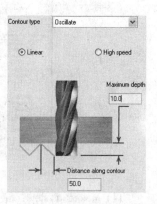

图 9-19 振荡加工参数设置

4）振荡加工

振荡加工【Oscillate】能够设置刀具在外形铣削的同时作上下振荡铣削，以得到更光滑的加工侧面。要启动振荡加工功能，在对话框中的铣削方式设置栏【Contour type】中选择【Oscillate】项，如图 9-19 所示，在其中设置相关参数即可。

（1）⦿ Linear ：选择此项，系统使用线性振荡加工。

（2）◯ High speed ：选择此项，系统采用高速曲线振荡加工。

9.1.3 外形分层铣削

选择图 9-1 所示对话框中左栏【Cut Parameters】目录下的【Multi Passes】，弹出【外形分层铣削】对话框，如图 9-20 所示。

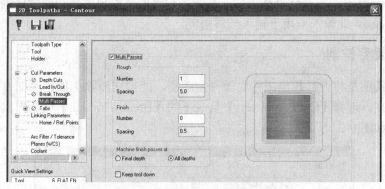

图 9-20 外形分层铣削

选择 ☑ Multi Passes 复选框激活对话框。【Rough】一栏中【Number】后的输入框用于输入粗切削分层数，【Spacing】后的输入框用于输入粗切削每层厚度。【Finish】一栏中各选项同上。

Machine finish passes at：设置精切削的时机。◯ Final depth ——所有深度方向的切削完毕后才精切削。⦿ All depths ——深度方向的每一层均进行精切削。

☐ Keep tool down ：选择此复选项，刀具在切削每一层后不回刀，直接进行下一层的铣削，否则回到参考高度后再进行下一层的铣削。

9.1.4 深度分层铣削

当铣削的厚度较大，并需要得到光滑的表面时，用户需要采用分层铣削的方法进行加工。

Mastercam X5 除了允许用户对外形进行分层铣削外，还可以在深度方向上进行分层铣削。选择图 9-20 中对话框左栏【Cut Parameters】目录下的【Depth Cuts】项，弹出【深度分层铣削】对话框，如图 9-21 所示。首先选择☑Depth cuts 复选项，其下各项功能如下。

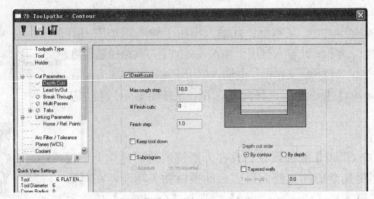

图 9-21　深度分层铣削

(1) Max rough step:：最大粗加工进刀量。

(2) # Finish cuts：精加工次数。

(3) Finish step:：精加工进刀量。

(4) ☐Subprogram：选择此复选框，在 NC 文件中生成子文件。

(5) Depth cut order：设置深度铣削的顺序。有以下两种方式：⊙By contour (层优先)、◯By depth：(深度优先)。

(6) ☐Tapered wall：选择此复选项后，系统按设置的倾斜角度进行深度铣削。

(7) Taper angle：此输入框用于输入倾斜角度。

9.1.5　深度贯穿铣削

深度贯穿铣削是将刀具超出工件底面一定距离，能彻底清除工件在深度方向的材料，避免了残料的存在。选择【Cut Parameters】目录下的【Break Through】项，弹出【深度贯穿铣削】对话框，如图 9-22 所示。

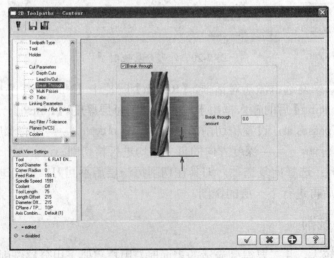

图 9-22　深度贯穿铣削

用户可以在输入框中输入刀具底端超出工件底面的距离。

9.1.6 进刀/退刀设置

在外形轮廓加工过程中，一般刀具是从工件的上方垂直下刀。在外形铣削前后加一段进刀/退刀的刀具路径，使刀具起始和结束位置延长或具有圆弧过渡。选择图 9-22 所示对话框左栏中的【Lead In/Out】项，弹出【进刀/退刀参数设置】对话框，如图 9-23 所示。

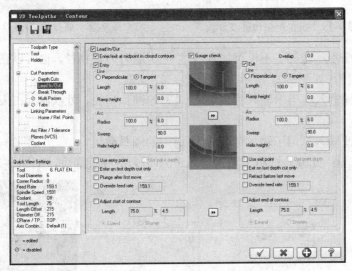

图 9-23 【进刀/退刀参数设置】对话框

1. Enter/exit at midpoint in closed contours：进刀/退刀位置

选择此复选框，将在选择几何图形的中点处产生进刀/退刀刀具路径，否则在选择几何图形的端点处产生进刀/退刀刀具路径，如图 9-24 所示。

图 9-24 进刀/退刀的位置设置

2. Gouge check：进刀/退刀过切检查

选择此复选框，将启动进刀/退刀过切检查，系统自动移除过切刀具路径。

3. Overlap：退刀超出量

此输入框用于输入退刀刀具路径超过外形轮廓端点的距离。

4. 进刀/退刀设置

选择【Entry】复选框，将启动进刀功能，否则关闭进刀功能；选择【Exit】复选框，将启动退刀功能，否则关闭退刀功能。

(1) Line：线性进刀/退刀。线性进刀/退刀有垂直【Perpendicular】和相切【Tangent】两种方式，将圆弧进刀/退刀设为 "0.0"，如图 9-25 所示。

① Length：此输入框用于输入线性进刀/退刀的长度，可以输入占刀具直径的百分比或直

接输入长度。

② Ramp height：此输入框用于输入线性进刀/退刀的渐升(降)高度，如图 9-26 所示。

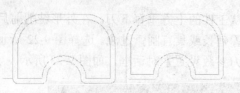 

图 9-25　垂直和相切进刀方式　　　　图 9-26　线性进刀/退刀渐升(降)高度

(2) Arc：圆弧进刀/退刀。不仅可加入线性进刀/退刀刀具路径，也可以在其后面加入圆弧进刀/退刀刀具路径，如图 9-27 所示。

① Radius：此输入框用于输入圆弧进刀/退刀的圆弧半径，可以输入占刀具直径的百分比或直接输入半径。

② Sweep：此输入框用于输入圆弧进刀/退刀的圆弧角度。

③ Helix height：此输入框用于输入圆弧进刀/退刀的螺旋高度，如图 9-28 所示。

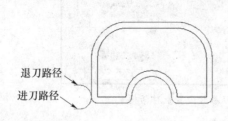 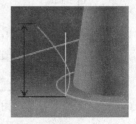

退刀路径
进刀路径

图 9-27　圆弧进刀/退刀　　　　　图 9-28　圆弧进刀/退刀的螺旋高度

(3) Use entry point：选择此复选框，将使用在选择串连几何图形前所选择的点作为进刀点。

(4) Use point depth：选择此复选框，进刀将使用所选点的深度。

(5) Enter on first depth cut only：选择此复选框，当采用深度分层切削功能时，只在第一层采用进刀刀具路径，其他深度层不采用进刀刀具路径。

(6) Plunge after first move：选择此复选框，当采用深度分层切削功能时，第一个刀具路径在安全高度位置执行完毕后才下刀。

(7) Override feed rate：选择此复选框，用户可以输入进刀的切削速率，否则系统按平面进给率【Feed rate】中设置的速率进刀切削，小的进刀速率能减少切削振动。

(8) Use exit point：选择此复选框，将使用在选择串连几何图形前所选择的点作为退刀点。

(9) Use point depth：选择此复选框，退刀将使用所选点的深度。

(10) Exit on last depth cut only：选择此复选框，当采用深度分层切削功能时，只在最后一层采用退刀刀具路径，其他深度层不采用退刀刀具路径。

(11) Retract before last move：选择此复选框，回刀后才执行最后一个退刀刀具路径。

(12) Override feed rate：选择此复选框，用户可以输入退刀的切削速率，否则系统按平面进给率【Feed rate】中设置的速率退刀切削。

(13) Adjust start of contour：选择此复选框，用户可以在【Length】栏输入进刀刀具路径在外形起点的延伸【Extend】或缩短【Shorten】量。

(14) Adjust end of contour：选择此复选框，用户可以在【Length】栏输入退刀刀具路径在外形终点的延伸【Extend】或缩短【Shorten】量。

9.1.7 过滤设置

过滤设置能在满足加工精度要求的前提下删除切削轨迹中某些不必要的点，以缩短 NC 加工程序，提高加工效率。要启动过滤设置功能，选择对话框中的【Arc Filter/Tolerance】项，系统弹出对话框如图 9-29 所示。

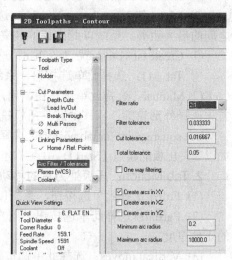

图 9-29　过滤参数设置

(1) Filter ratio：过滤误差与切削误差的比例。

(2) Filter tolerance：过滤误差。

(3) Cut tolerance：切削误差。

(4) ☐ One way filtering：单向过滤。选择此复选框，系统只对单一方向的刀具轨迹进行过滤。常用于精加工，以避免小的曲折轨迹产生。

(5) ☑ Create arcs in XY：选择此复选框，系统在 XY 平面把过滤掉的刀具轨迹用圆弧代替。

(6) Minimum arc radius：最小圆弧半径。

(7) Maximum arc radius：最大圆弧半径。圆弧半径不在最大和最小区域之间时，用直线代替。

9.1.8 装夹压板铣削设置

工件铣削时一般需要螺钉压板进行装夹。Mastercam X5 系统的装夹压板铣削设置功能，可以将刀具路径跳过装夹工件的压板，加工完其他外形轮廓后，在已加工段安装工件压板并取下第一次安装的工件压板，铣削掉剩余的材料。这为数控加工编制提供了极大的方便。

要启动装夹压板铣削设置功能，选择图 9-29 所示对话框左栏中的【Tabs】，系统弹出图 9-30 所示对话框。

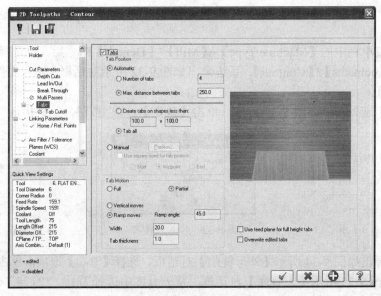

图 9-30　装夹压板铣削设置

1. Tab Position：压板位置

(1) Automatic：选择此单选按钮，系统采用自动方式创建和定位装夹压板铣削位置。

① Number of tabs：选择此单选按钮，用户可以输入装夹压板铣削位置的数量。

② Max．distance between tabs：选择此单选按钮，用户可以在输入栏输入两个装夹压板之间的最大距离，系统以此来计算装夹压板铣削位置的数量。

③ Create tabs on shapes less than：选择此单选按钮，系统在锐角处创建装夹压板铣削位置。

④ Tab all：选择此单选按钮，系统可以在任何位置创建装夹压板铣削位置。

(2) Manual：选择此单选按钮，用户可以单击 Position... 按钮手动调节装夹压板铣削位置，首先选择外形轮廓，再移动装夹压板铣削位置至所需位置即可。

Use square point for tab position：选择此复选框，系统采用相同的点来确定装夹压板铣削位置，如以装夹压板的起点【Start】、中点【Midpoint】或端点【End】来确定装夹压板铣削位置。

2. Tab Motion：压板处刀具的移动

(1) Full：选择此单选按钮，系统以工件的厚度作为装夹压板占用厚度。

(2) Partial：选择此单选按钮，用户可以在下方的【Tab thickness】栏输入装夹压板占用的工件厚度。

(3) Vertical moves：选择此单选按钮，系统垂直铣削装夹压板处的材料。

(4) Ramp moves：选择此单选按钮，系统斜线铣削装夹压板处的材料，用户可以在【Ramp angle】栏输入斜线的角度。

(5) Width：此栏用于输入未铣削的宽度。

(6) Use feed plane for full height tabs：选择此复选框，系统以下刀表面【Feed plane】栏设置的高度作为选择【Full】选项时刀具的跳跃高度。

(7) Overwrite edited tabs：选择此复选框，如果已经创建了装夹压板铣削刀具路径，则新编辑的装夹压板铣削刀具路径将覆盖前面的装夹压板铣削刀具路径。

9.1.9 外形铣削实例

例 9-1 打开源文件夹中文件 "实例 9-1.MCX-5"，铣削出如图 9-31 所示的轮廓，毛坯厚度为 3。

操作步骤：

(1) 选择菜单栏中的【Machine Type】/【Mill】/【Default】命令后，再选择菜单栏中的外形铣削命令【Toolpaths】/【Contour】，系统弹出如图 9-32 所示对话框，输入文件名，单击【确定】 ✔ 按钮。

(2) 选择串连外形，如图 9-33 所示，单击【确定】 ✔ 按钮，结束串连外形选择。

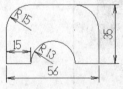

图 9-31 例 9-1 图

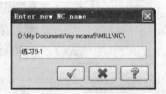

图 9-32 输入文件名

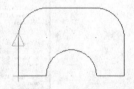

图 9-33 串连选择图形

(3) 系统弹出如图 9-34 所示【外形铣削】对话框，选择【Tool】选项。单击 Select library tool... 按钮，系统弹出图 9-35 所示【刀具库】对话框，从刀具库中选择刀具 "217#"Φ8 平铣刀，单击【确定】 ✔ 按钮，结束刀具选择。

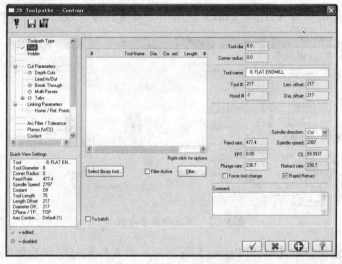

图 9-34 【外形铣削】对话框

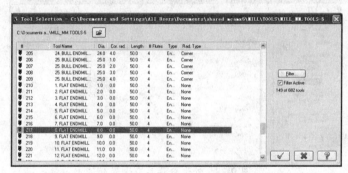

图 9-35 【刀具库】对话框

(4) 在图 9-36 中设置刀号【Tool number】为"1"，长度补偿号【Length offset】为"1"，半径补偿号【Diameter offset】为"1"，平面进给率【Feed rate】为"400"，深度进给率【Plunge rate】为"300"，转速【Spindle speed】为"2000"。

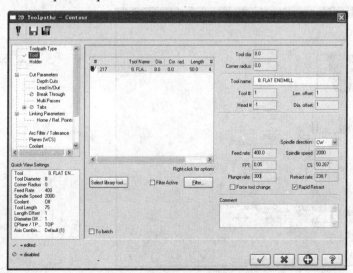

图 9-36 刀具参数设置

(5) 选择深度分层参数【Depth Cuts】复选框，设置深度分层参数，如图 9-37 所示。

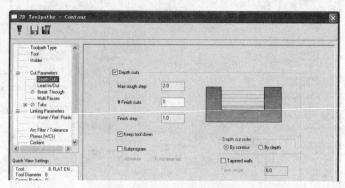

图 9-37　深度分层参数设置

(6) 选择外形分层参数【Multi Passes】复选框，设置外形分层参数如图 9-38 所示。

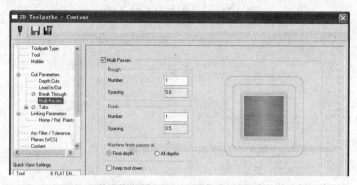

图 9-38　外形分层参数设置

(7) 选择高度参数【Linking Parameters】选项，输入参考高度【Retract】为"15.0"，下刀高度【Feed plane】为"5.0"，加工深度【Depth】为"-5.0"，如图 9-39 所示。单击【确定】按钮 ，生成刀轨如图 9-40 所示。

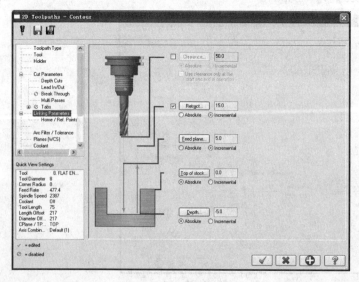

图 9-39　高度参数设置

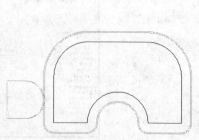

图 9-40　刀具轨迹

(8) 单击加工操作管理器中的 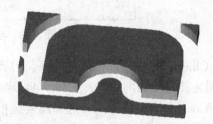 Stock setup，系统弹出【Stock Setup】选项卡，参数设置如图 9-41 所示。

(9) 单击【确定】按钮 ✓，退出毛坯设置。单击加工操作管理器中的 🔷 按钮，系统弹出【实体加工模拟】对话框，然后单击执行 ▶ 按钮，铣削结果如图 9-42 所示。

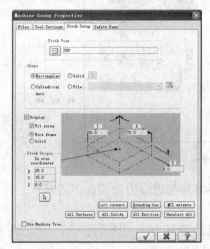

图 9-41　毛坯参数设置

图 9-42　外形铣削结果

(10) 选择菜单栏中的保存命令【File】/【Save】，选择要保存的位置，单击【确定】按钮 ✓ 即可。

9.2　挖槽加工

挖槽加工【Pocket】能对封闭或非封闭的工件轮廓产生刀具路径，这由所选择的工件轮廓是封闭还是非封闭来决定。挖槽加工一般是对封闭图形进行的，主要用于切削沟槽形状或切除封闭外形所包围的材料。用来定义外形的串连可以是封闭串连，也可以是不封闭串连，但是每个串连必须是共面串连且平行于构图面。编制挖槽加工刀具路径的操作步骤如下。

(1) 绘制零件图。

(2) 选择菜单栏中的【Toolpaths】/【Pocket】命令，系统打开【Enter new NC name】的对话框，输入名称后单击【确定】按钮 ✓。

(3) 根据提示选择串连图形。

(4) 系统打开如图 9-43 所示对话框，选择并设置刀具。

(5) 设置铣削参数，单击【确定】按钮 ✓，系统将刀具路径添加到操作管理器。

在挖槽加工参数设置中，加工通用参数与外形加工设置方法相同，下面仅介绍其特有的挖槽参数和粗/精加工参数的设置。

1. 切削参数设置

切削参数设置【Cut Parameters】的许多参数与 9.2 中介绍的外形铣削参数设置相同，不同的参数有铣削方向【Machining direction】和挖槽加工类型【Pocket type】，如图 9-43 所示。

1) 铣削方向

铣削方向【Machining direction】主要用于设置挖槽时刀具的旋转方向与进给方向之间的关系，即设置顺铣还是逆铣。

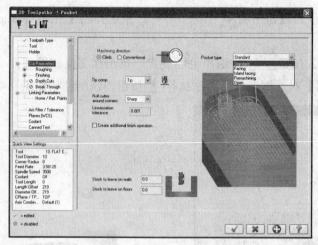

图 9-43　挖槽加工参数设置

(1) Climb：逆铣。选择此复选框，刀具的旋转方向与进给方向相反，刀具从工件材料边沿向材料内侧旋转切削材料，如图 9-44 所示。

(2) Conventional：顺铣。选择此复选框，刀具的旋转方向与进给方向相同。刀具从工件材料内侧向材料边沿旋转切削材料。

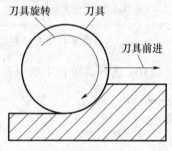

图 9-44　逆铣

2) 挖槽加工类型

挖槽加工类型【Pocket type】共有 5 种，即标准挖槽加工【Standard】、面加工【Facing】、岛屿刮面【Island facing】、残料加工【Remachining】和开放式【Open】。前 4 种加工方式为封闭串连时的加工方式；当在选择的串连中有未封闭的串连时，则只能选择开放式加工方式。

(1) Standard：标准挖槽加工。该选项为采用标准的挖槽方式，即仅铣削定义凹槽内的材料，而不会对边界外或岛屿进行铣削。

(2) Facing：面加工。该选项的功能类似于面铣削的功能，在加工过程中，只保证加工出选择的表面，而不考虑是否会对边界外或岛屿的材料进行铣削。选择此方式，然后在如图 9-45 所示对话框中设置参数即可。

① Overlap：此栏中两个输入框分别用于输入刀具路径的延伸距离占刀具直径的百分比和刀具路径延伸距离。

② Approach distance：进刀引线长度。该参数用于确定从工件至第一次端面加工的起点的距离，它是输入点的延伸。

③ Exit distance：退刀引线长度。

(3) Island facing：岛屿刮面。岛屿刮面与面加工方式基本相同，如图 9-46 所示，不同之处在于岛屿刮面还能设置岛屿上方的预留量，以待下一加工操作再切削。

Stock above islands：岛屿上方预留量。

(4) Remachining：该选项用于进行残料挖槽加工，选择【Remachining】加工方式后，单击【M 残料加工】按钮，打开如图 9-47 所示的【残料加工参数设置】对话框，其设置方法与残料外形铣削加工中的参数设置相同。各选项功能如下。

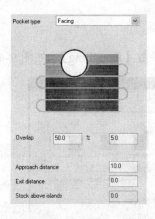

图 9-45　【面加工参数设置】对话框　　　　图 9-46　【岛屿刮面参数设置】对话框

① ◯ All previous operations：选择此单选按钮，系统将对前面所有的加工操作进行残料加工。

② ◉ The previous operation：选择此单选按钮，系统将对上一步加工操作进行残料加工。

③ ◯ Roughing tool diameter：选择此单选按钮，系统将对指定刀具直径的粗加工进行残料加工。

④ Roughing tool diameter：此输入框用于输入粗加工刀具直径。

⑤ Clearance：此输入框用于输入残料加工刀具路径延伸量。

⑥ ☑ Apply entry/exit curves to rough passes：选择此复选框，将进刀/退刀刀具路径加入到残料加工刀具路径中。

⑦ ☐ Machine complete finish passes：选择此复选框，在残料加工结束后再进行一次精加工。

⑧ ☐ Display stock：选择此复选框，系统将显示残料加工区域。

(5) Open：当选取的串连中包含有未封闭串连时，只能用开放式加工方式。选择【Pocket type】/【Open】命令后，在如图 9-48 所示对话框中进行参数设置。

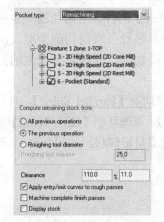

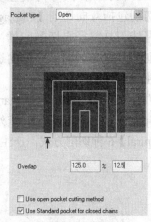

图 9-47　【残料加工参数设置】对话框　　　　图 9-48　开放式挖槽

(1) Overlap：输入开放式加工刀具路径超出开放边界的距离。

(2) ☐ Use open pocket cutting method：选择此复选框，开放式加工刀具路径从开放轮廓端点起刀。

(3) ☑ Use Standard pocket for closed chains：选择此复选框，系统采用标准挖槽加工方式加工

封闭的串连外形。

2. 粗加工参数设置

除了设置切削参数外，挖槽加工还要设置粗加工参数【Roughing】，如图 9-49 所示。

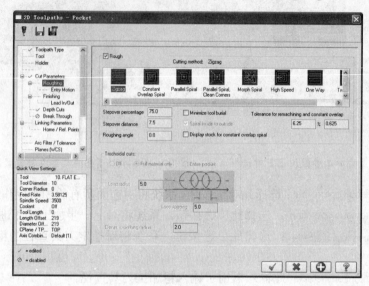

图 9-49　粗加工参数设置

粗加工参数主要包括粗加工方式、粗切削间距及下刀方式等的设置。

1) 粗加工方式

系统提供 8 种粗加工方式，包括双向切削【Zigzag】、等距环切【Constant Overlap Spiral】、环绕切削【Parallel Spiral】、环切并清角【Parallel Spiral，Clean Comers】、依外形环绕【Morph Spiral】、高速环切【High Speed】、单向切削【One Way】及螺旋切削【True Spiral】。

上述 8 种粗加工方式分为线性切削和旋转切削两大类。

线性切削包括双向切削【Zigzag】和单向切削【One Way】两种。双向切削产生一组有间隔的往复直线刀具路径来切削凹槽；单向切削所产生的刀具路径与双向切削类似，所不同的是单向切削刀具路径朝同一个方向进行切削，回刀时不进行切削。双向切削产生的刀具路径呈来回线性状，如图 9-50 所示。

旋转切削包括等距环切【Constant Overlap Spiral】、环绕切削【Parallel Spiral】、环切并清角【Parallel Spiral，Clean Comers】、依外形环绕【Morph Spiral】、高速环切【High Speed】及螺旋切削【True Spiral】6 种切削方式，产生的刀具路径围绕几何轮廓呈旋转状，如图 9-51 所示。

图 9-50　线性切削方式

图 9-51　旋转切削方式

同一个挖槽轮廓可以采用不同的加工方式来完成，但其加工质量与效率却相差较大，在实际的加工中应根据所加工的轮廓形状来选择加工方式。一般情况下，由线性几何图素(如线段)构成的挖槽轮廓宜采用线性切削方式，如图 9-52(a)所示。

而由旋转几何图素(如圆、圆弧、曲线)构成的挖槽轮廓宜采用旋转切削方式，如图 9-53 所示。

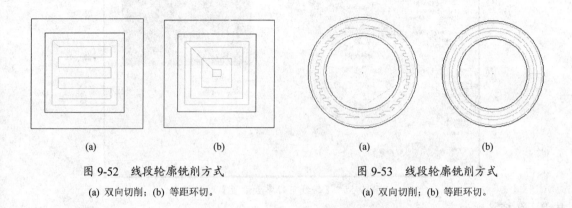

图 9-52 线段轮廓铣削方式
(a) 双向切削；(b) 等距环切。

图 9-53 线段轮廓铣削方式
(a) 双向切削；(b) 等距环切。

2) 粗切削间距

粗切削间距是指两条刀具路径间的距离。

(1) Stepover percentage：此输入框用于输入粗切削间距占刀具直径的百分比，一般为60%～75%。

(2) Stepover distance：此输入框用于直接输入粗切削间距值，其与【Stepover percentage】是关联的，输入其中一个参数，另一个参数自动更新。

(3) Roughing angle：此输入框用于输入粗切削刀具路径的切削角度，如图 9-54 所示。

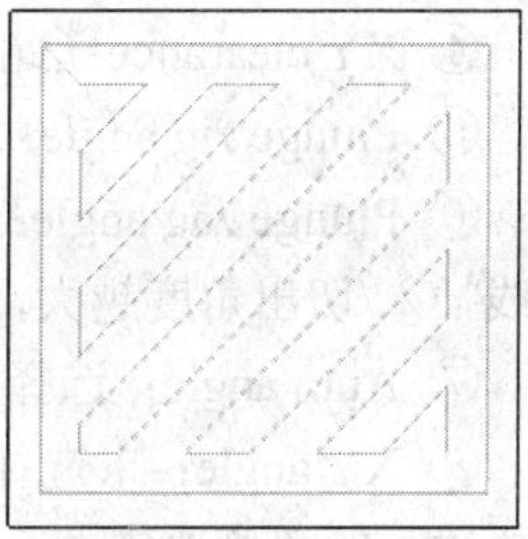

(4) Minimize tool burial：选择此复选框，能优化挖槽刀具路径，达到最佳铣削顺序。

(5) Spiral inside to outside：当用户选择的切削方式是旋转切削方式中的一种时，选择此复选框，系统从内到外逐圈切削，否则从外到内逐圈切削。

图 9-54 粗切削角度

(6) Display stock for Constant Overlap Spiral：当用户选择的切削方式是等距环切时，选择此复选框，系统将显示毛坯工件。

3) 粗加工下刀方式

挖槽粗加工一般用平铣刀，这种刀具主要用侧面刀刃切削材料，其垂直方向的切削能力很弱，刀具在第一次进入材料粗切削时，若采用直接垂直下刀式(不选用"下刀方式"时)，这样会猛烈振动，易导致刀具损环。Mastercam X5 提供了螺旋式下刀和斜线下刀两种下刀方式。

要启动螺旋或斜线下刀方式，选择图 9-55 所示对话框中的【Entry Motion】项，其中【off】为系统默认的垂直下刀，【Ramp】为斜线下刀，【Helix】为螺旋下刀。

(1) 选择【Ramp】单选按钮进行斜线下刀参数设置。

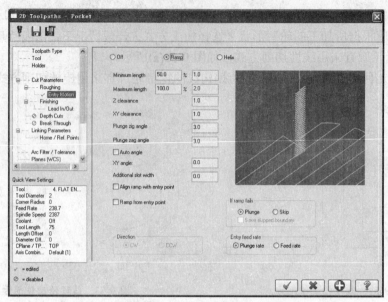

图 9-55 【斜线下刀参数设置】对话框

其中，各项功能如下。

① Minimum length：此栏用于输入斜线下刀的最小长度。

② Maximum length：此栏用于输入斜线下刀的最大长度。

③ Z clearance：此栏用于输入斜线下刀高度，此值越大，刀具在空中的斜线下刀时间越长，一般设置为粗切削每层的进刀深度即可，过大会浪费加工时间。

④ XY clearance：此栏用于输入斜线下刀位置距离加工边界在 XY 方向的距离。

⑤ Plunge zig angle：此栏用于输入刀具的斜线插入角度。

⑥ Plunge zag angle：此栏用于输入刀具的斜线切出角度，对于相同的螺旋下刀高度而言，斜线插入/切出角度越大，斜线下刀段数越少、路径越短、下刀越陡。

⑦ Auto angle：选择此复选框，由系统自动决定斜线下刀刀具路径与 XY 轴的相对角度。

⑧ XY angle：未选择【Auto angle】复选框时，斜线下刀刀具路径与 XY 轴的相对角度由此栏输入的角度决定。

⑨ Additional slot width：该选项能在斜线下刀时产生一槽形结构，而槽形结构的宽度由此栏输入。

⑩ Align ramp with entry point：选择此复选框，斜线下刀刀具路径与下刀点对齐。

⑪ Ramp from entry point：选择此复选框，将使用在选择挖槽轮廓前所选择的点作为斜线下刀的起点(即可以任意确定斜线下刀点)。

(2) 选择【Helix】单选按钮可进行螺旋下刀参数设置，螺旋下刀参数设置对话框如图 9-56 所示。

① Minimum radius：此栏用于输入螺旋下刀的最小半径，可以输入刀具直径的百分比或直接输入半径值。

② Maximum radius：此栏用于输入螺旋下刀的最大半径。

③ Z clearance：此栏用于输入螺旋的下刀高度，此值越大，刀具在空中的螺旋时间越长，一般设置为粗切削每层的进刀深度即可，过大会浪费加工时间。

④ XY clearance：此栏用于输入螺旋下刀位置距离加工边界在 XY 方向的距离。

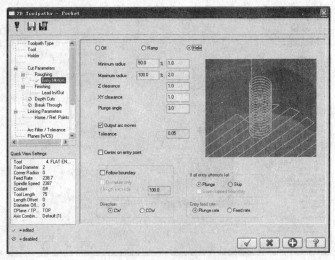

图 9-56　【螺旋下刀参数设置】对话框

⑤ Plunge angle：此栏用于输入螺旋下刀的角度，对于相同的螺旋下刀高度而言，螺旋下刀角度越大，螺旋圈数越少、路径越短、下刀越陡。

⑥ Output arc moves：选择此复选框，系统采用圆弧移动代码将螺旋下刀刀具路径写入 NCI 文件，否则以线段移动代码写入 NCI 文件。

⑦ Tolerance：输入以线段移动代码将螺旋下刀刀具路径写入 NCI 文件时的误差值。

⑧ Center on entry point：选择此复选框，将使用在选择挖槽轮廓前所选择的点作为螺旋下刀的中心点(即可以任意确定螺旋下刀点)。

⑨ Follow boundary：选择此复选框，系统将靠着粗加工边界斜线下刀。

⑩ On failure only if length exceeds：选择此复选框，只有当无法螺旋下刀时，系统才靠着粗加工边界斜线下刀，且粗加工边界的长度小于此栏输入的长度。

⑪ Direction：设置螺旋下刀的螺旋方向，选择【CW】选项，将以顺时针旋转方向螺旋下刀；选择【CCW】选项，将以逆时针旋转方向螺旋下刀。

⑫ If all entry attempts fail：设置当所有螺旋下刀尝试失败后，系统采用直线下刀【Plunge】或中断程序【Skip】，还可以选择保留程序中断后的边界为几何图形【Save skipped boundary】。

⑬ Entry feed rate：设置螺旋下刀的速率为深度方向的下刀速率【Plunge rate】或平面进给速率【Feed rate】。

3．精加工参数设置

粗加工后，如果要保证尺寸和表面光洁度，需要进行精加工。选择如图 9-57 所示对话框中【Finishing】选项，进行精加工参数设置。

(1) Passes：此栏用于输入精加工次数。

(2) Spacing：此栏用于输入精加工量。

(3) Spring passes：此栏用于输入在精加工次数的基础上再增加的环切次数。

(4) Cutter compensation：此栏用于选择精加工的补偿方式。

(5) Finish outer boundary：选择此复选框，将对挖槽边界和岛屿进行精加工，否则只对岛屿进行精加工。

(6) Start finish pass at closest entity：选择此复选框，精加工从封闭几何图形的粗加工刀具路径终点开始。

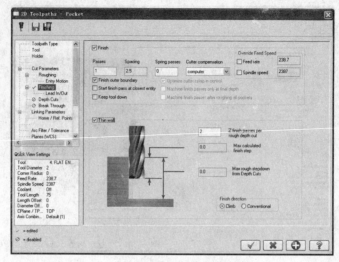

图 9-57 精加工参数设置

(7) Keep tool down：选择此复选框，粗加工后直接精加工，不提刀，否则刀具回到参考高度后再精加工。

(8) Feed rate：选择此复选框，可以输入精加工的进给速率，否则其进给速率与粗加工相同。

(9) Spindle speed：选择此复选框，可以输入精加工的刀具转速，否则其转速与粗加工相同。

(10) Optimize cutter comp in control：当精加工采用控制器补偿方式【Control】时，选择此复选框，可以消除小于或等于刀具半径的圆弧精加工路径。

(11) Machine finish passes only at final depth：当粗加工采用深度分层铣削时，选择此复选框，所有深度方向的粗加工完毕后才进行精加工，且是一次性精加工。

(12) Machine finish passes after roughing all pockets：当粗加工采用深度分层铣削时，选择此复选框，粗加工完毕后再逐层进行精加工，否则粗加工一层后马上精加工一层。

(13) Thin wall：在铣削薄壁件时，选择此复选框，用户还可以设置更细致的薄壁件精加工参数，以保证薄壁件最后的精加工时刻不变形。

(14) Z finish passes per rough depth cut：每次粗加工深度采用精加工次数。

(15) Max calculated finish step：最大精加工次数。

(16) Max rough stepdown from Depth Cuts：最大粗加工深度。

此外，用户还可以选择左侧一栏中的【Lead In/Out】选项，为精加工设置进刀/退刀方式。

4．挖槽加工实例

例 9-2 打开源文件夹中文件"实例 9-2.MCX-5"，如图 9-58 所示，对图 9-58(a)进行挖槽加工操作，毛坯厚度为 15，槽深为 10，结果如图 9-58(b)所示。

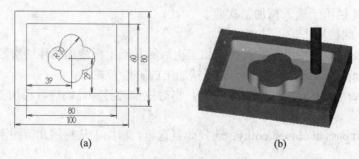

(a)   (b)

图 9-58 挖槽加工实例

操作步骤：

(1) 选择菜单栏中的【Machine Type】/【Mill】/【Default】命令后，再选择菜单【Toolpaths】/【Pocket】命令或单击回按钮，系统弹出如图 9-59 所示对话框，输入文件名，单击【确定】✔按钮。

(2) 根据系统提示选择挖槽串连外形，如图 9-60 所示，单击【确定】✔按钮，结束串连外形选择。

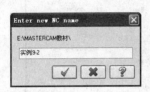

图 9-59 输入文件名

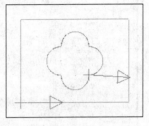

图 9-60 串连选择外形

(3) 系统弹出如图 9-61 所示【挖槽加工参数设置】对话框，选择【Tool】选项进行刀具选择与参数设置。

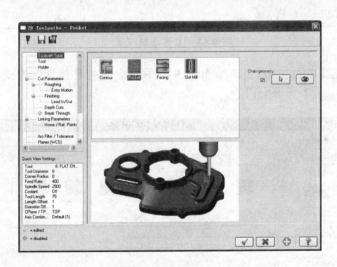

图 9-61 【挖槽加工参数设置】对话框

(4) 单击 Select library tool... 按钮，系统弹出如图 9-62 所示【刀具库】对话框，从刀具库中选择刀具 "217#" Φ8 平铣刀，单击【确定】✔按钮，结束刀具选择。

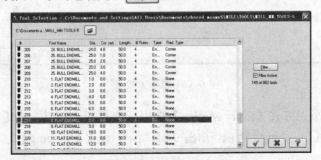

图 9-62 刀具库对话框

（5）在图 9-63 中设置刀号【Tool number】为"1"，长度补偿号【Length offset】为"1"，半径补偿号【Diameter offset】为"1"，平面进给率【Feed rate】为"400.0"，深度进给率【Plunge rate】为"350.0"，转速【Spindle speed】为"2500"。

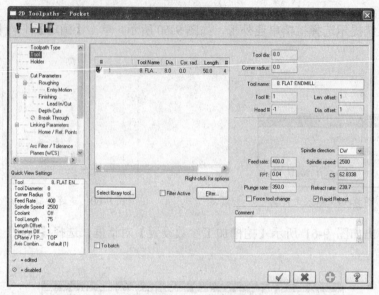

图 9-63　刀具参数设置

（6）选择粗加工【Roughing】选项，如图 9-64 所示，选择环绕切削方式【Parallel Spiral】，设置【Stepover distance】为"3.0"。

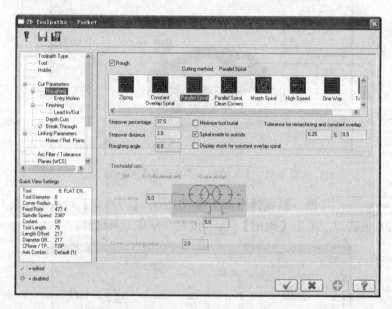

图 9-64　粗加工设置

（7）选择粗加工下刀方式【Entry Motion】选项，选择螺旋下刀方式【Helix】。

（8）选择精加工【Finishing】选项，如图 9-65 所示，设置【Spacing】为"1.0"，选择【Keep tool down】复选框。

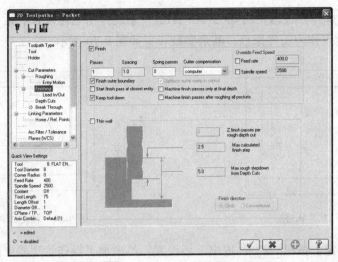

图 9-65　精加工参数设置

(9) 选择深度分层【Depth Cuts】选项，设置深度分层参数，如图 9-66 所示。

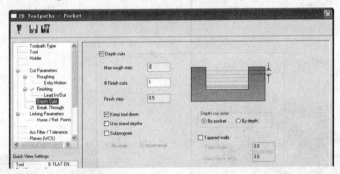

图 9-66　深度分层参数设置

(10) 选择高度参数【Linking Parameters】选项，输入下刀高度【Feed plane】为"10.0"，加工深度【Depth】为"5.0"，如图 9-67 所示。单击【确定】按钮 ，生成刀轨如图 9-68 所示。

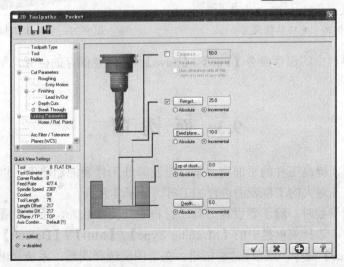

图 9-67　高度参数设置

(11) 单击加工操作管理器中的 ◇ Stock setup，系统弹出毛坯设置对话框，单击 ⟦🗕⟧ 按钮选择图 9-69 中指定点作为工件原点，其余参数设置如图 9-70 所示。

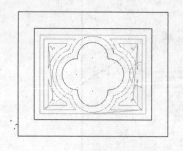

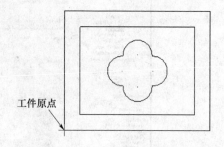

图 9-68　刀具轨迹

图 9-69　指定工件原点

(12) 单击【确定】按钮 ⟦✓⟧，退出毛坯设置。单击加工操作管理器中的 ⬡ 按钮，系统弹出【实体加工模拟】对话框，然后单击【执行】按钮 ⟦▶⟧，铣削结果如图 9-71 所示。

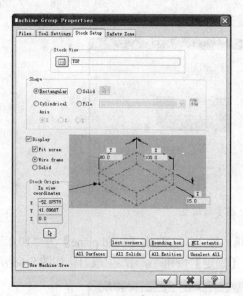

图 9-70　毛坯参数设置

图 9-71　实体加工模拟结果

(13) 选择菜单栏中的保存命令【File】/【Save】，选择要保存的位置，单击【确定】按钮 ⟦✓⟧ 即可。

9.3　面　铣　削

面铣削主要用于提高工件的平面度、平行度及降低工件表面粗糙度，以便后续的挖槽、钻孔等加工操作。在对大的工件表面进行加工时，效率非常高。

在设置面铣削参数时，除了要设置刀具、材料等共同参数外，还要设置其特有的加工参数。绘制完图形后，选择菜单栏中的【Machine Type】/【Mill】/【Default】命令后，再选择【Toolpaths】/【face】命令，或单击 ▦ 按钮，在绘图区选择图形，系统弹出的【面铣参数设置】对话框，在其中设置参数即可。

1．刀具设置

、选择【Tool】选项。单击 Select library tool. 按钮，从刀具库中选择面铣刀。面铣刀与一般刀具相比切削面积更大，加工效率更高，如图 9-72 所示。

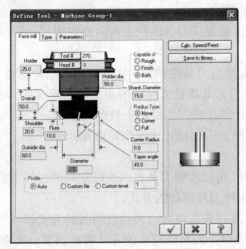

图 9-72　面铣刀

2．面铣加工参数

选择面铣削参数设置对话框中【Cut Parameters】选项，如图 9-73 所示。

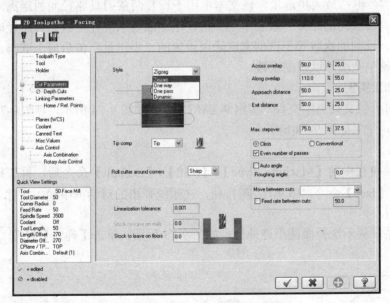

图 9-73　【面铣削参数设置】对话框

1) 面铣方式

在进行面铣削加工时，可以根据需要选取不同的铣削方式。可以在对话框中的【Style】下拉列表中选择不同的铣削方式。不同的铣削方式可以生成不同的刀具路径，系统提供了 4 种铣削方式，分别为双向铣削方式【Zigzag】、单向铣削方式【One way】、一次性铣削方式【One pass】和动态铣削方式【Dynamic】。

(1) Zigzag：刀具在加工中可以往复走刀，来回切削。

(2) One way：刀具仅沿一个方向走刀，前进时切削，返回时空走。

(3) One pass：仅进行一次铣削，刀具路径的位置为几何模型的中心位置，这时刀具的直径必须大于铣削工件表面的宽度。

(4) Dynamic：刀具将沿螺旋式刀具路径由内向外切削。

2) 刀具超出量

(1) Across overlap：设置垂直刀具路径方向切削超出铣削轮廓量。

(2) Along overlap：设置沿刀具路径方向切削超出铣削轮廓量。

(3) Approach distance：面铣削进刀引线超出铣削轮廓量。

(4) Exit distance：面铣削退刀引线超出铣削轮廓量。

3) 刀具移动方式

当选择双向铣削方式时，可以设置刀具在两次铣削间的过渡方式。在【Move between cuts】下拉列表中，系统提供了 3 种刀具移动的方式。

(1) High speed loops：选择该选项时，刀具以圆弧的方式移动到下一次铣削的起点。

(2) Linear：选择该选项时，刀具以直线的方式移动到下一次铣削的起点。

(3) Rapid：选择该选项时，刀具以直线的方式快速移动到下一次铣削的起点。

4) 其他参数设置

(1) Roughing angle：粗切削角度。输入数值后将产生带有一定角度的刀具路径。

(2) Max. stepover：最大步进量。该文本框用于设置两条刀具路径间的距离。但在实际加工中，两条刀具路径间的距离一般会小于该值，这是因为系统在生成刀具路径时，首先计算出铣削的次数，铣削的次数等于铣削宽度除以设置的"步进量"值后向上取整。实际的刀具路径间距为总铣削宽度除以铣削次数。

3. 面铣加工实例

例 9-3 打开源文件夹中文件"实例 9-3.MCX-5"，如图 9-74 所示，对图 9-74(a)所示轮廓进行面铣加工，结果如图 9-74(b)所示。

操作步骤：

(1) 选择菜单栏中的【Machine Type】/【Mill】/【Default】命令后，再选择菜单栏中的【Toolpaths】/【face】命令，或单击 ▣ 按钮，在系统弹出的对话框中输入文件名，单击【确定】按钮 ✔ 。

(2) 根据系统提示选择面铣串连外形，如图 9-75 所示，单击【确定】按钮 ✔ ，结束串连外形选择。

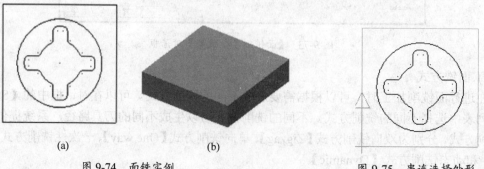

(a)	(b)	
图 9-74　面铣实例		图 9-75　串连选择外形

(3) 系统弹出如图 9-76 所示【面铣加工参数设置】对话框，选择【Tool】选项进行刀具选择与参数设置。

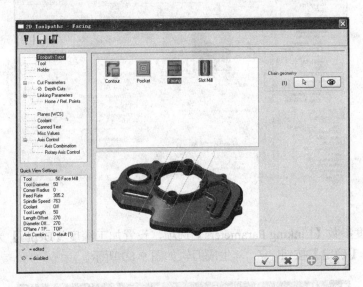

图 9-76　【面铣加工参数设置】对话框

(4) 单击 Select library tool... 按钮，从刀具库中选择刀具"270#" M50 面铣刀，单击【确定】按钮 ✓ ，结束刀具选择。

(5) 在图 9-77 中设置刀号【Tool number】为"1"，长度补偿号【Length offset】为"1"，半径补偿号【Diameter offset】为"1"，平面进给率【Feed rate】为"50.0"，深度进给率【Plunge rate】为"25.0"，转速【Spindle speed】为"1000"。

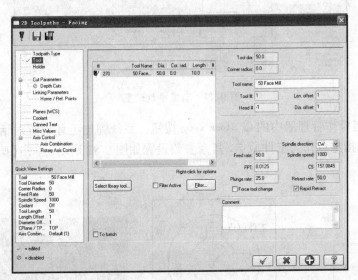

图 9-77　刀具参数设置

(6) 选择切削参数【Cut Parameters】选项，设置【Style】为【Zigzag】，【Across overlap】为"30.0"，【Along overlap】为"50.0"，【Move between cuts】为【High speed loops】，如图 9-78 所示。

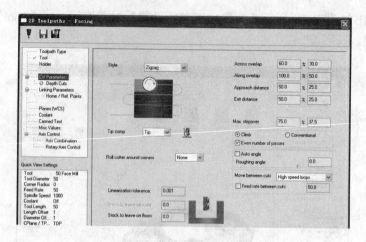

图 9-78　切削参数设置

(7) 选择高度参数【Linking Parameters】选项，设置加工深度【Depth】为"-1.0"，如图 9-79 所示。单击【确定】按钮 ✓ ，生成刀轨如图 9-80 所示。

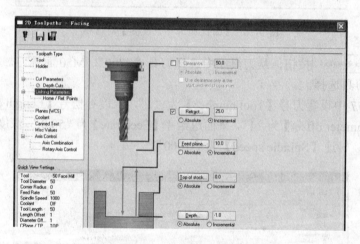

图 9-79　高度参数设置

(8) 单击加工操作管理器中的 ◇ Stock setup 按钮，系统弹出毛坯设置对话框，单击 按钮选择图 9-81 中指定点作为工件原点，其余参数设置如图 9-82 所示。单击【确定】按钮 ✓ ，退出毛坯设置。

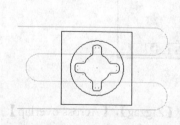

图 9-80　刀具轨迹

图 9-81　指定工件原点

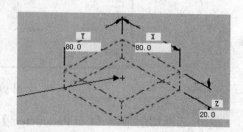

图 9-82　毛坯参数设置

(9) 单击加工操作管理器中的 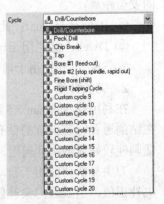 按钮，系统弹出【实体加工模拟】对话框，然后单击【执行】按钮▶，铣削结果如图9-73(b)所示。

(10) 选择菜单栏中的保存命令【File】/【Save】，选择要保存的位置，单击【确定】按钮
✓ 即可。

9.4 钻孔加工

钻孔加工是机械加工中经常使用的一种方法，钻孔功能可以应用于钻直孔、镗孔和攻螺纹孔等加工。Mastercam X5 的钻孔加工可以指定多种参数进行加工，设定钻孔参数后，自动输出相对应的钻孔固定循环加工指令，包括钻孔、铰孔、镗孔、攻丝等加工方式。

钻孔参数除了要设置公共刀具参数外，还要设置其专用的铣削参数，【钻孔参数设置】对话框如图9-83所示。

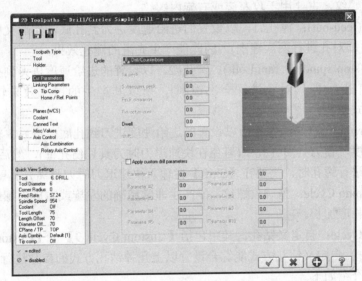

图9-83 钻孔参数设置

1. 钻孔方式

Mastercam X5 系统提供9种钻孔方式供用户选择，如图9-84所示。

1) 标准钻孔

标准钻孔(Drill/Counterbore)主要用于钻削深度小于3倍钻头直径的孔，或者用于镗沉头孔，其工作方式为：首先，钻头快速移动到孔中心的安全高度，然后快速下降到参考高度，再以设置好的深度钻削至Z深度；钻头在孔底停留一定时间，以便钻削充分；最后，钻头快速返回至参考高度或安全高度。

采用标准钻孔【Drill/Counterbore】方式进行钻孔时，用户可以在【Dwell】栏中输入钻头在孔底的停留时间。

2) 深孔啄钻

深孔啄钻(Peck Drill)主要用于钻削深度大于3倍钻头直径的深孔，特别适用于不易排屑的情况。其工作方式为：首先，钻头

图9-84 钻孔方式

快速移动到孔中心的安全高度，然后快速下降到参考高度，再以给定速度钻削。钻削至设置的第一个啄钻深度后快速返回至参考高度。在钻削下一个啄钻距离之前，钻头先要快速下降到离前一个钻孔深度之上一个啄钻间隙的位置，钻削完毕后便快速返回至参考高度。系统按这种方式钻削，直至钻削到设置的 Z 深度位置，最后快速返回至安全高度。

采用深孔啄钻【Peck Drill】方式进行钻孔时，用户可以在【Peck】栏输入每一次的啄孔深度。

3）断层式钻孔

断层式钻孔(Chip break)用于钻削深度大于 3 倍钻头直径的孔，与深孔啄钻不同之处在于钻头不需要退回到安全高度或参考高度，而只需要回缩少量的高度，这样可以减少钻孔时间，但其排屑能力不如深孔啄钻。

采用断层式钻孔【Chip break】方式进行钻孔时，用户可以在【Peck】栏输入每一次啄孔后的回缩高度。

4）其他钻孔方式

(1) Tap：攻螺纹，主要用于攻左旋或右旋内螺纹。

(2) Bore #1(feed-out)：镗孔#1，以设置的进给速度进刀到孔底，然后又以设置的进给速度退刀到孔表面(即对孔进行两次镗削)，因此能产生光滑的镗孔效果。

(3) Bore #2(stop spindle, rapid out)：镗孔#2，以设置的进给速度进刀到孔底，然后主轴停止旋转并快速退刀(即只对孔进行一次镗削)，所以其产生的镗孔效果较镗孔#1【Bore #1(feed-out)】方式差些。

(4) Fine Bore(shift)：高级镗孔，以设置的进给速度进刀到孔底，然后主轴停止旋转并将刀具旋转一定角度，使刀具离开孔壁(避免在快速退刀时刀具划伤孔壁)，然后快速退刀。

采用此方式进行镗孔时，需要在【Shift】栏输入快速退刀时刀具离开孔壁的距离。

(5) Rigid Taping Cycle：精确攻螺纹，能产生非常精确的左旋或右旋内螺纹刀具路径，同时消耗的时间也相应加长。

(6) Custom Cycle：自定义钻孔，其中包括【Custom Cycle 9】～【Custom Cycle 20】12 种自定义钻孔方式。自定义钻孔方式能综合设置以上几种钻孔方式的参数进行钻孔，如图 9-85 所示。各栏功能介绍如下。

① 1st peck：此栏用于输入第一次的啄孔深度。

② Subsequent peck：此栏用于输入以后每次的啄孔深度。

③ Peck clearance：此栏用于输入啄孔安全间隙(即第二次啄孔前钻头离上一个啄孔位置的安全距离)。

④ Retract amount：此栏用于输入啄孔的退刀距离。

⑤ Dwell：此栏用于输入钻头在孔底的停留时间。

⑥ Shift：此栏用于输入快速退刀时刀具与孔壁间的距离。

2. 刀尖补偿

在利用 Mastercam X5 系统的钻孔功能进行钻孔时，用户设置的钻孔深度是指刀尖的深度，在钻削通孔时若设置的钻孔深度与材料厚度相同，会导致孔底留有残料，而利用刀尖补偿功能则能较好地解决此问题。

刀尖补偿功能用于自动调整钻削的深度至钻头前端斜角部位的长度，以作为钻头端的刀尖补正值。当激活刀尖补偿选项时，钻头的端部斜角部分将不计算在深度尺寸内。要启动刀尖补偿功能，选择图 9-86 所示对话框中的【Tip Comp】参数。

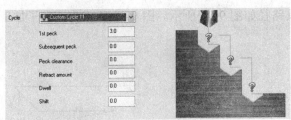

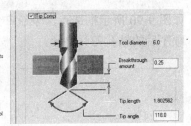

图 9-85 自定义钻孔参数设置　　　　图 9-86 刀尖补偿设置

(1) Breakthrough amount：此栏用于输入钻头的贯穿距离。

(2) Tip angle：此栏用于输入刀尖角度。

3．钻孔点的选择方式

选择钻孔加工【Drill】命令后，系统首先弹出图 9-87 所示【Drill Point Selection】对话框，供用户设置点的选择方法，主要有以下几种点选择方法。

1) 手动选点

启动钻孔加工【Drill】命令后，系统首先默认的选择方式是手动选点，用户可以选择存在的点，或输入坐标值，或捕捉几何图形的端点、中点、交点、中心点、四周点等来产生钻孔点。

2) 自动选点

单击【钻孔点选择】对话框中的 Automatic 按钮，系统将启动自动选点功能，系统自动选择一系列已经存在的点作为钻孔的中心点。选择该选项后，系统要求用户选择第一点、第二点和最后一点，系统自动选择的点如图 9-88 所示。

3) 图素选点

单击【钻孔点选择】对话框中的 Entities 按钮，系统将启动图素选点功能，系统自动选择所选几何图形的端点作为钻孔点。单击该按钮后，系统要求用户选择几何图形。使用串连方法选择正五边形，产生钻孔加工刀具路径如图 9-89 所示。

图 9-87 【Drill Point Selection】对话框

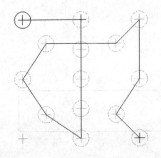

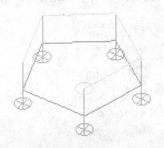

图 9-88 自动选点　　　　　　　图 9-89 图素选点

4) 视窗选点

单击【钻孔点选择】对话框中的 Window Points 按钮，系统将启动视窗选点功能，用户框选后系统自动选择视窗内的点作为钻孔点。选择该选项后，系统要求用户采用视窗方式选择点。

如图 9-90 所示框选点，系统产生的钻孔刀具路径如图 9-91 所示。图 9-92 所示为调整了加工顺序后的钻孔刀具路径。

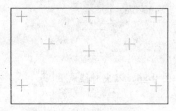

图 9-90　视窗选点

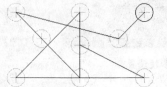

图 9-91　视窗选点生成钻孔刀具路径

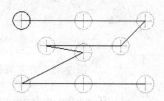

图 9-92　调整后钻孔刀具路径

用户在结束视窗选择点后，还可以单击钻孔点选择对话框中的 Sorting... 按钮进行钻孔加工顺序的设置，如图 9-93~图 9-95 所示。

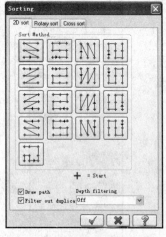

图 9-93　2D 顺序排列方式

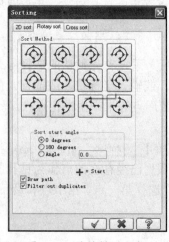

图 9-94　旋转排列方式

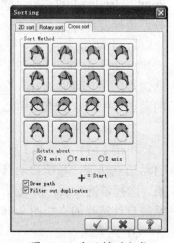

图 9-95　交叉排列方式

5）栅格阵列产生钻孔点

如图 9-96 所示，选择【钻孔点选择】对话框中的【Pattern】复选框和【Grid】单选按钮后，在【X】栏输入钻孔点数目和间距，在【Y】栏输入钻孔点数目和间距，系统将产生栅格形式的钻孔刀具路径，结果如图 9-97 所示。

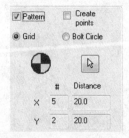

图 9-96　栅格阵列产生点

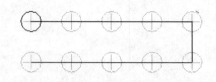

图 9-97　钻孔加工刀具路径

6）圆周阵列产生钻孔点

选择【钻孔点选择】对话框中的【Pattern】复选框和【Bolt Circle】后，在【Radius】栏输入圆半径，在【Start angle】栏输入起始角度，在【Angle between】栏输入角度间距，在

【# of holes】栏输入钻孔点数目，选择圆心点，系统将产生圆周形式的钻孔刀具路径。按照系统要求输入参数如图 9-98 所示，生成钻孔加工刀具路径如图 9-99 所示。

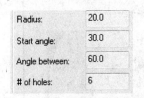

图 9-98　圆周阵列参数设置　　　　　　　　图 9-99　钻孔加工刀具路径

9.5　圆形铣削

圆形铣削【Circle Paths】包括全圆铣削【Circle mill】、螺纹铣削【Thread Mill】、自动钻孔【Auto Dill】、加工起始孔【Start Hole】、铣键槽【Slot Mill】及螺旋镗孔【Helix Bore】等 6 种加工操作，如图 9-100 所示。

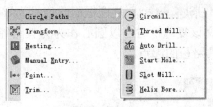

图 9-100　圆形铣削

1．全圆铣削

全圆铣削【Circle mill】的刀具路径是从圆心移动到轮廓，然后绕圆的轮廓移动形成的。一般用于扩孔。

全圆铣削选择加工对象只需选择圆心即可，设置共同刀具参数后，还要设置其专用的铣削参数，如图 9-101 所示。用户可以在此对话框中设置圆的直径、起始角度、侧壁余量、底面余量等参数。

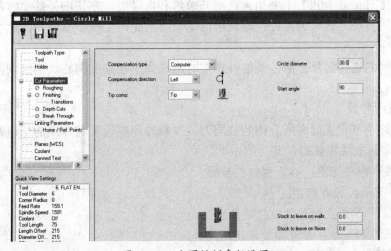

图 9-101　全圆铣削参数设置

在如图 9-102 所示的对话框中，用户可以设置下刀方式等。其中部分选项功能如下。

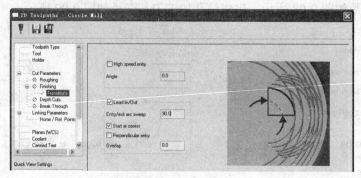

图 9-102　全圆铣削参数设置

(1) Circle diameter ：当以选择的几何模型为圆心时，该选项用于设置圆外形的直径；否则直接采用选择的圆弧或圆的直径。

(2) Start angle ：设置全圆路径的加工起点，以 X 轴正方向逆时针为正值。

(3) Entry/exit arc sweep ：设置进刀/退刀圆弧刀具路径的扫描角度，如图 9-103 所示，该值应小于或等于 180。没有选择□ Start at center 复选框而此值设为零时，将直接在起始位置进刀。

(4) ☑ Start at center ：选择该复选框时，以圆心作为刀具路径的起点，如图 9-104 所示，否则以进刀圆弧的起点为刀具路径的起点。

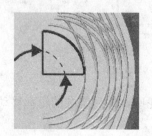

图 9-103　进刀/退刀圆弧刀具路径的扫描角度

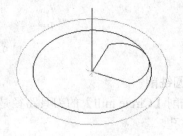

图 9-104　由圆心开始

2. 螺旋铣削

螺旋铣削【Thread Mill】主要用来铣削外螺纹和内螺纹，在铣削外螺纹时应先产生圆柱体，此圆柱体的直径为螺纹的大径；而铣削内螺纹时应先产生一个基础孔，此孔的直径为螺纹的小径。

在螺纹铣削的选择对象方面，铣削外螺纹时应选择小径圆的圆心，而铣削内螺纹时应选择大径圆的圆心。

1) 螺旋铣削参数

螺纹铣削除了要设置前面所介绍的共同刀具参数外还要设置其专用的一组铣削参数，如图 9-105 所示。其主要参数的含义介绍如下。

(1) Number of active teeth ：设置螺纹头数。

(2) Thread pitch ：设置螺距。

(3) Thread start angle ：设置螺纹起始角度。

(4) Allowance (overcut) ：设置螺纹超出距离。

(5) Taper angle ：设置螺纹锥度。

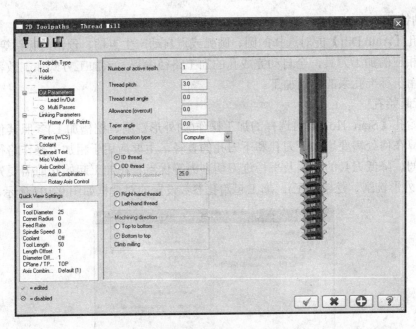

图 9-105　螺纹铣削参数设置

(6) ⦿ ID thread：启动内螺纹铣削，铣削内螺纹时需要选择此项。

(7) ◯ OD thread：启动外螺纹铣削。

(8) ⦿ Right-hand thread：铣削右旋螺纹。

(9) ◯ Left-hand thread：铣削左旋螺纹。

(10) ◯ Top to bottom：从顶部铣削到底部。

(11) ⦿ Bottom to top：从底部铣削到顶部。

2) 螺纹铣削刀具

要进行正确的螺纹铣削，除了设置恰当的铣削参数外，选择合适的刀具也很重要。螺纹铣削用的刀具是螺纹铣刀【Bore Bar】，一般螺纹的牙型角为 60°，因此螺纹铣刀的 Taper angle 角度设置为 30°，如图 9-106 所示。

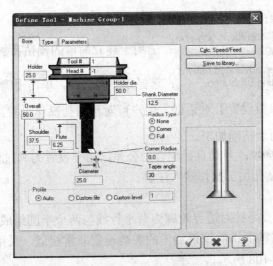

图 9-106　刀具参数设置

3. 自动钻孔

自动钻孔【Auto Dill】能对选择的圆、圆弧或点自动产生点钻、预钻与啄钻等加工路径，并自动选择相应的加工刀具，全自动完成孔的加工路径编程。该加工方式加工效率高，误差小，主要应用于标准孔系的钻削加工。

4. 加工起始孔

加工起始孔【Start Hole】对选择的加工操作(如外形铣削、挖槽加工)参照其使用的加工刀具自动计算在何处需要增加下刀孔和下刀孔的直径，主要应用于粗加工操作路径中，具有减少进刀时间、降低刀具的磨损及平稳进刀切削力等优点。在加工起始孔前需要先产生铣削加工操作(如外形铣削、挖槽加工)。加工起始孔参数设置的对话框如图 9-107 所示。

图 9-107　加工起始孔参数设置

其中各项功能如下。

(1) Operations to drill start holes：预钻孔操作选取对话框，用于选择预钻孔的加工操作。

(2) Additional diameter amount：为方便下刀，预钻孔直径一般应大于操作铣刀直径，此栏用于定义预钻孔直径的增加量。

(3) Additional depth amount：用于定义深度增加量。

(4) Basic - create drill operations only - no spot or step drilling：适用于建立简单的预钻孔加工操作。

(5) Advanced - display advanced options dialog after selecting OK button：选择该单选按钮，单击【确定】　✓　按钮，系统将自动弹出【自动钻孔参数设置】对话框。用户可对预钻孔操作设置点钻、各种加工高度以及刀尖补偿等参数，适用于精确加工。

(6) Diameter match tolerance：刀具直径配合的公差，用于设置刀具过滤公差值。

(7) Comment：对预钻孔加工操作输入注解。

5. 铣键槽

铣键槽【Slot Mill】主要是针对边界轮廓为两平行线与两个半圆组成的槽形结构进行铣削。铣键槽加工参数的设置与前面讲的挖槽加工的参数设置非常相似，采用其他的方法也能轻松地实现这一功能，如图 9-108 所示。

6. 螺旋镗孔

螺旋镗孔【Helix Bore】主要用于对孔的精加工。采用螺旋镗孔时仅需要选择孔的中心点，其下刀路径采用螺旋下刀，如图 9-109 所示。

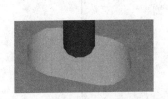

图 9-108　铣键槽

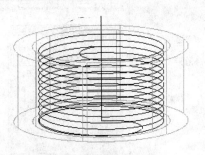

图 9-109　螺旋镗孔加工

在如图 9-110 所示的对话框中可以进行粗精加工设置。

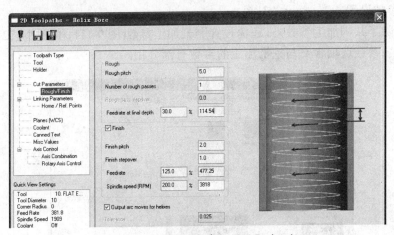

图 9-110　【螺旋镗孔参数设置】对话框

参数设置螺旋钻孔加工参数设置与其他全圆路径加工参数基本相同，但部分参数具有其特定的含义，包括铣削间距、精加工进给率与主轴转速等。

(1) Rough pitch ：粗铣间距，设定螺旋钻孔时的螺旋步进量，即每镗削一圆周时 Z 轴方向的进刀量。

(2) Number of rough passes ：粗加工次数，用于刀具平面内分层铣削加工。

(3) Rough pass stepover ：粗铣步进量，用于定义加工路径在刀具平面上的加工步进量。

(4) Feedrate at final depth ：当用户定义为多次分层粗加工时，该选项用于缓降最后一层粗加工路径的进给速度。用户可输入原始刀具进给速度的百分比或直接指定进给参数值。

9.6　雕刻加工

在实际生产中经常用中小型的数控铣床进行雕刻加工，雕刻加工广泛应用于模具、纪念品、钱币、广告牌、图章的制作。雕刻加工其实就是铣削加工的一个特例，属于铣削加工范围。雕刻加工的图形一般是平面上的各种图案和文字。

242

选择菜单栏中的雕刻加工命令【Toolpaths】/【Engraving】，系统弹出如图 9-111 所示的【Engraving】对话框。

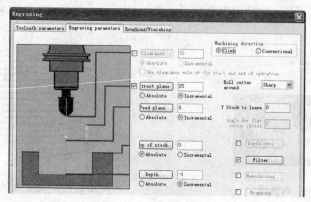

图 9-111　雕刻参数设置

1．雕刻参数设置

雕刻加工除了共同加工参数外，还需设置雕刻加工参数(图 9-111)和(图 9-112)粗/精加工两组专用参数，各参数选项含义与挖槽加工的参数有部分相同。

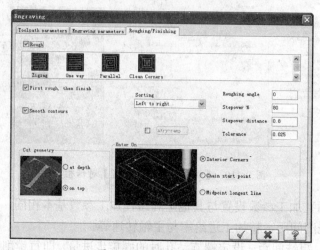

图 9-112　粗/精加工设置

下面仅介绍其不同的参数选项。

(1) ☑ Depth cuts... 复选框：选择该复选框，单击此按钮，系统将自动弹出如图 9-113 所示的【Depth cuts】对话框。该对话框与其他加工方式中的深度分层对话框有所不同。

(2) # of cuts ：用于设置分层切削加工路径的次数。

(3) ⊙ equal depth cuts ：选择该单选按钮，系统将按相等深度值的方式计算刀具加工路径。

(4) ○ constant volume depth cuts ：选择该单选按钮，系统将按每层相等切削量的方式计算刀具加工路径。

(5) ☑ Filter... 复选框：选择该复选框，单击此按钮，系统自动弹出如图 9-114 所示【Filter Settings】对话框，各参数含义与外形过滤参数的相应选项相同。

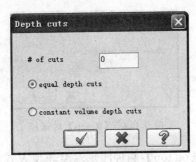

图 9-113 【Depth Cuts】对话框

图 9-114 【Filter setting】对话框

(6) ☑ Remachining... 复选框：选择该复选框，单击此按钮，系统自动弹出如图 9-115 所示【Engrave remachining】对话框，该选项主要应用于精密雕刻工艺的清角加工。

(7) ◉ Previous operation：以前一个加工操作为依据计算工件残料。

(8) ○ Roughing tool：以粗加工刀具尺寸为依据计算工件残料。

(9) Major diameter：输入所指定刀具的大径值。

(10) Angle：输入所指定刀具的过渡角度。

(11) Tip diameter：输入所指定刀具的小径值。

(12) ☐ Finish after remachining：选择该复选框，在粗加工完成后精修。

(13) ☑ Wrapping... 复选框：选择该复选框，单击此按钮，系统自动弹出如图 9-116 所示的【Wrap toolpath】对话框。该选项属于多轴加工(4 轴、5 轴)类型，用于曲面、圆柱面上文案的雕刻加工。

图 9-115 【Engrave remachining】对话框

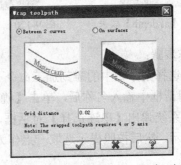

图 9-116 【Wrap toolpath】对话框

(14) ◉ Between 2 curves：系统在两条曲线之间决定路径的位置。

(15) ○ On surfaces：系统在曲面上定位其路径的放置位置。

(16) Grid distance：用于设置刀具加工路径的投影精度，数值越小，加工精度越高，但相应路径的计算速度就会减慢。

(17) Rough：与挖槽加工方式相似，系统为雕刻肛提供了【Zigzag】、【One way】、【Parallel】和【Clean Corners】4 种走刀方式，用户可根据不同的几何图素选择不同的加工路径类型。

(18) Sorting：当以窗选类型选择几何图素时，系统提供了如图 9-117 所示的 3 种串连方式，供用户定义刀具加工路径的切削顺序。

(19) ntry-ramp：选择 ☑ ntry-ramp... 复选框，系统将弹出如图 9-118 所示的【Ramp】对话框，用户可直接输入斜向下刀角度值。

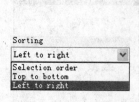

图 9-117　加工顺序

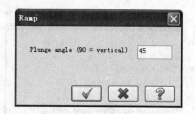

图 9-118　【Ramp】对话框

(20) Cut geometny：系统提供了【at depth】与【on top】两种图形深度表现方式。

① at depth：系统将在【雕刻加工参数】选项卡中所设置的深度值处呈现图形轮廓，如图 9-119 所示。

② on top：系统将在工件表面呈现图形轮廓。该切削方式的切削深度有可能达不到所指定的切削深度值，具体深度位置将由图形的轮廓大小确定，如图 9-120 所示。

2．雕刻加工实例

例 9-4　打开源文件夹中文件"实例 9-4.MCX-5"，如图 9-121 所示，对图 9-121(a)所示图形进行雕刻加工，加工结果如图 9-121(b)。

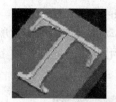

图 9-119　【at depth】效果

图 9-120　【on top】效果

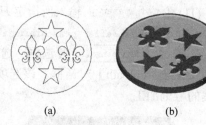

(a)　　　　　　　(b)

图 9-121　雕刻加工实例

操作步骤：

(1) 选择菜单栏中的雕刻加工命令【Toolpaths】/【Engraving】，在系统打开的如图 9-122 所示的对话框中输入名称后，单击【确定】 按钮。

(2) 系统弹出【串连选择】对话框，单击 按钮，然后在绘图区框选所需图形，如图 9-123 所示，然后按照提示选取一点作为起始点，单击【确定】按钮 按钮结束对象选择。

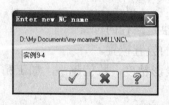

图 9-122　输入文件名

图 9-123　选择对象

(3) 在系统弹出的【Engraving】对话框中选择"262#"雕刻刀，并在此对话框中设置切削参数如图 9-124 所示。

(4) 在【外形加工参数】对话框中设置加工参数，如图 9-125 所示。需要注意的是，雕刻一般加工深度较浅，刀具补偿一般设置为不补偿。

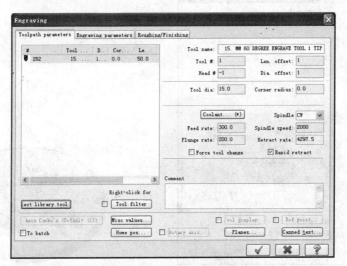

图 9-124 【Engraving】对话框

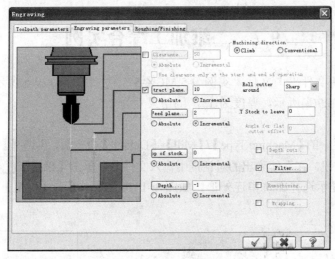

图 9-125 外形加工参数对话框

(5) 在【粗/精加工设置】对话框中选择☑Rough 和☑First rough, then finish两个复选框，并选取切削方式【Clean Corners】。设置Stepover % 为"50"，并选择◉ at depth 单选按钮。

(6) 单击【确定】按钮 ✓ ，系统产生刀具路径至操作管理器，绘图区刀具轨迹如图 9-126 所示。

(7) 单击操作管理器中◇ Stock setup 按钮进行毛坯设置，单击 ▷ 按钮选择绘图区圆的圆心，其他设置如图 9-127 所示。

(8) 单击操作管理器中 ▦ 按钮验证已选择的操作，进行仿真加工，结果如图 9-128 所示。

(9) 选择菜单栏中的保存命令【File】/【Save】，选择要保存的位置，单击【确定】按钮 ✓ 即可。

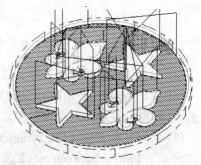

图 9-126 刀具路径

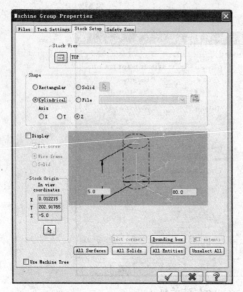

图 9-127 毛坯设置

图 9-128 仿真加工结果

9.7 二维加工综合实例

例 9-5 打开源文件夹中文件"实例 9-5.MCX-5",对如图 9-129(a)所示图形进行二维加工,立体图如图 9-129(b)所示,厚度为 15,倒角尺寸为 1.5×1.5。

操作步骤:

(1) 选择菜单栏中的【Machine Type】/【Mill】/【Default】命令后,再选择【Toolpaths】/【face】命令,或单击 按钮,在系统弹出的对话框中输入文件名,单击【确定】 按钮。

(2) 根据系统提示选择面铣串连外形,如图 9-131 所示,单击【确定】按钮 ,结束串连外形选择。

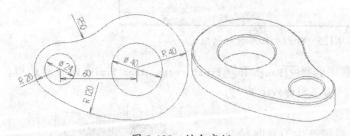

图 9-129 综合实例

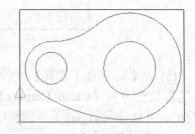

图 9-130 串连选择外形

(3) 系统弹出【面铣加工参数设置】对话框,选择【Tool】选项进行刀具选择与参数设置。

(4) 单击 Select library tool... 按钮,从刀具库中选择直径为"50.0"的面铣刀,单击【确定】按钮 ,结束刀具选择,参数设置如图 9-131 所示。

(5) 选择切削参数【Cut Parameters】选项,设置【Style】为【Zigzag】,【Along overlap】为"50.0",【Move between cuts】为【High speed loops】,如图 9-132 所示。

(6) 选择高度参数【Linking Parameters】选项,设置加工深度【Depth】为"0.0",如图 9-133 所示。单击【确定】按钮 ,生成刀轨如图 9-134 所示。

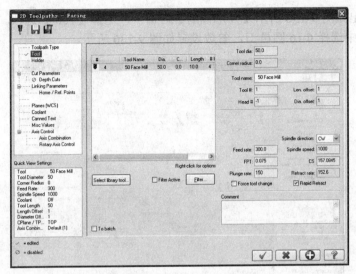

图 9-131　刀具参数设置

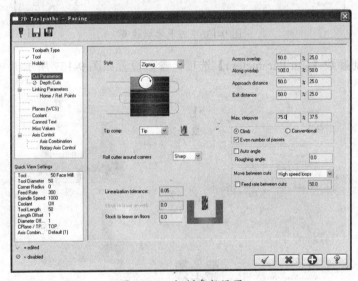

图 9-132　切削参数设置

(7) 选择菜单栏中的外形铣削命令【Toolpaths】/【Contour】，根据系统提示选择串连外形，如图 9-135 所示，单击【确定】按钮 ，结束串连外形选择。

图 9-133　高度参数设置　　　　　图 9-134　面铣刀具路径　　　　　图 9-135　串连选择图形

(8) 系统弹出如图 9-136 所示【外形铣削】对话框,选择【Tool】选项。单击 Select library tool... 按钮,从刀具库中选择 Φ16 圆鼻刀,参数设置如图 9-136 所示。

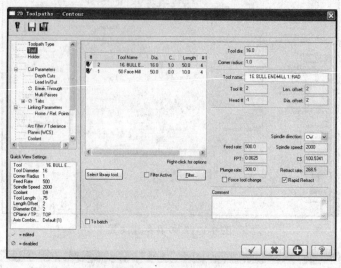

图 9-136　刀具参数设置

(9) 选择切削参数【Cut Parameters】选项,参数设置如图 9-137 所示。

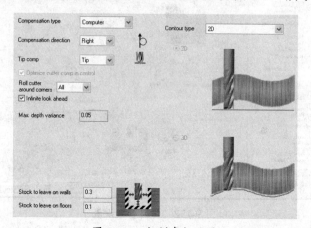

图 9-137　切削参数设置

(10) 选择深度分层参数【Depth Cuts】选项,设置深度分层参数如图 9-138 所示。

(11) 选择外形分层参数【Multi Passes】选项,设置外形分层参数如图 9-139 所示。

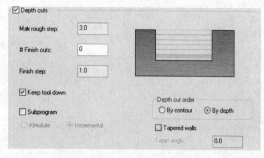

图 9-138　深度分层参数设置

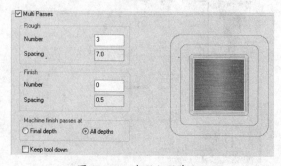

图 9-139　外形分层参数设置

(12) 选择高度参数【Linking Parameters】选项，输入参考高度【Retract】为"25.0"，下刀高度【Feed plane】为"10.0"，加工深度【Depth】为"-15.0"，如图9-140所示。单击【确定】按钮，生成刀轨如图9-141所示。

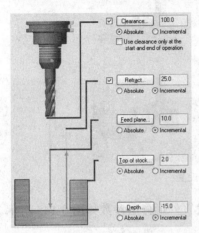

图9-140 高度参数设置

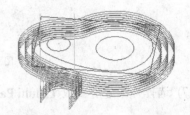

图9-141 外形铣削刀具路径

(13) 选择菜单栏中的外形铣削命令【Toolpaths】/【Contour】，根据系统提示选择如图9-135所示串连外形，单击【确定】按钮，结束串连外形选择。

(14) 系统弹出如图9-142所示【外形铣削】对话框，选择【Tool】选项。单击 Select library tool... 按钮，从刀具库中选择Φ12平底刀，参数设置如图9-142所示。

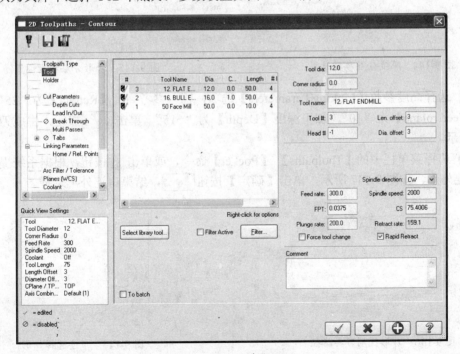

图9-142 刀具参数设置

(15) 选择切削参数【Cut Parameters】选项，参数设置如图9-143所示。

(16) 选择深度分层参数【Depth Cuts】选项，设置深度分层参数如图9-144所示。

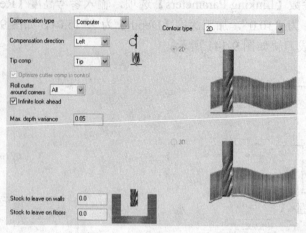

图 9-143 切削参数设置

(17) 选择外形分层参数【Multi Passes】选项，设置外形分层参数如图 9-145 所示。

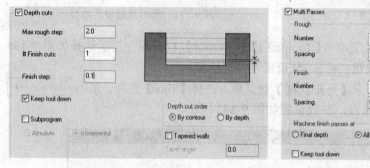

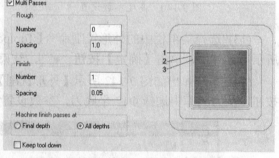

图 9-144 深度分层参数设置 　　　　图 9-145 外形分层参数设置

(18) 选择高度参数【Linking Parameters】选项，输入参考高度【Retract】为"25"，下刀高度【Feed plane】为"10"，加工深度【Depth】为"-15"，单击 ✔ 按钮，生成刀轨如图 9-146 所示。

(19) 选择菜单栏中的【Toolpaths】/【Pocket】命令，或单击回按钮，根据系统提示选择挖槽串连外形，如图 9-147 所示，单击【确定】按钮 ✔ ，结束串连外形选择。

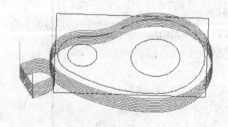

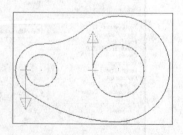

图 9-146 外形铣削刀具路径 　　　　图 9-147 串连选择外形

(20) 系统弹出【挖槽加工参数设置】对话框，选择"Tool"选项进行刀具选择与参数设置。选择"3#"Φ12 平底刀，参数设置如图 9-148 所示。

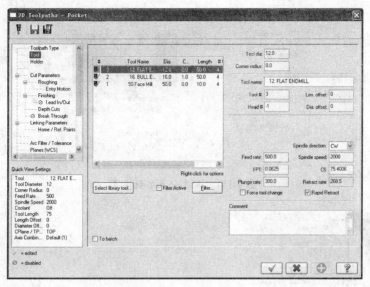

图 9-148 刀具参数设置

(21) 选择粗加工【Roughing】选项，如图 9-149 所示，选择切削方式【True Spiral】，设置【Stepover distance】为"7.2"。

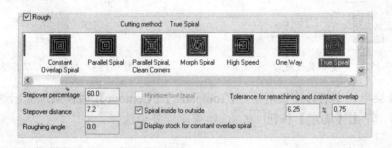

图 9-149 粗加工设置

(22) 选择粗加工下刀方式【Entry Motion】选项，选择螺旋下刀方式【Helix】。

(23) 选择精加工【Finishing】选项，如图 9-150 所示，设置【Spacing】为"0.25"，并选择【Keep tool down】复选框。

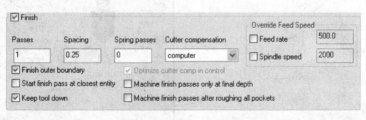

图 9-150 精加工参数设置

(24) 选择深度分层【Depth Cuts】选项，设置深度分层参数如图 9-151 所示。

(25) 选择高度参数【Linking Parameters】选项，输入下刀高度【Feed plane】为"10.0"，加工深度【Depth】为"-15.0"，如图 9-152 所示。单击【确定】按钮 ，生成刀轨如图 9-153 所示。

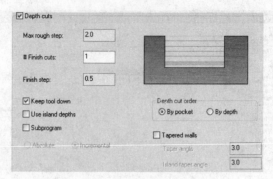

图 9-151　深度分层参数设置

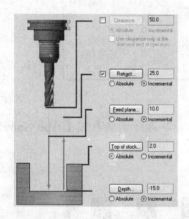

图 9-152　高度参数设置

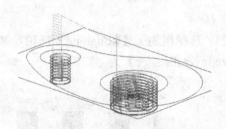

图 9-153　挖槽加工刀具路径

(26) 选择菜单栏中的外形铣削命令【Toolpaths】/【Contour】，根据系统提示选择如图 9-154 所示串连外形，单击【确定】按钮 ✓ ，结束串连外形选择。

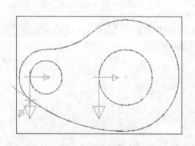

图 9-154　串连选择图形

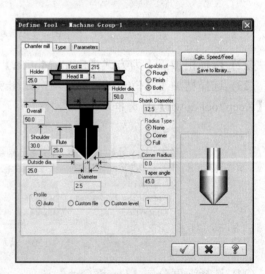

图 9-155　倒角刀参数设置

(27) 系统弹出【外形铣削】对话框，选择【Tool】选项。新建倒角刀【Chamfer mill】，参数设置如图 9-155 所示，加工参数设置如图 9-156 所示。

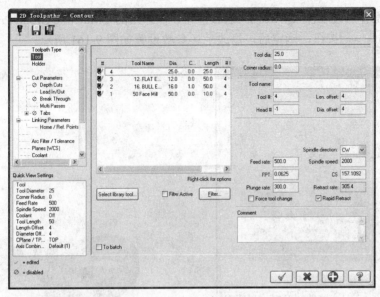

图 9-156　刀具参数设置

(28) 选择切削参数【Cut Parameters】选项，参数设置如图 9-157 所示。

(29) 选择外形分层参数【Multi Passes】选项，设置外形分层参数如图 9-158 所示。

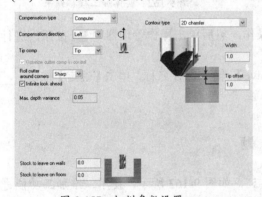

图 9-157　切削参数设置

图 9-158　外形分层参数设置

(30) 选择高度参数【Linking Parameters】选项，输入下刀高度【Feed plane】为"10.0"，加工深度【Depth】为"−1.5"，如图 9-159 所示。单击【确定】按钮 ✓，生成刀轨如图 9-160 所示。

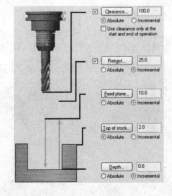

图 9-159　高度参数设置

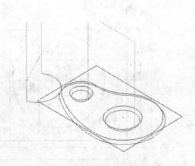

图 9-160　外形加工刀具路径

(31) 单击操作管理器中 ◇ Stock setup 按钮，在弹出的【Machine Group Properties】对话框中单击 Bounding box 按钮，确定后，修改毛坯参数设置如图 9-161 所示。

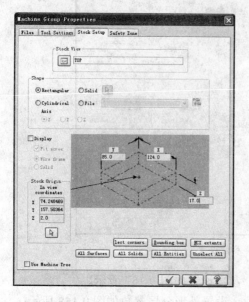

图 9-161　毛坯设置

图 9-162　实体加工模拟结果

(32) 单击操作管理器中 ✔ 按钮选择全部操作，然后单击操作管理器中 ▣ 按钮，进行加工仿真，结果如图 9-162 所示。

(33) 选择菜单栏中的保存命令【File】/【Save】，输入保存名称，单击【确定】按钮 ✔，完成保存。

习　题

9-1　打开源文件夹中文件"习题 9-1. MCX-5"，如图 9-163 所示，使用二维加工功能进行加工，加工结果如图 9-164 所示。

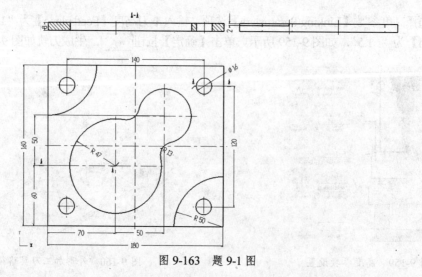

图 9-163　题 9-1 图

图 9-164 题 9-1 图

9-2 打开源文件夹中文件"习题 9-2. MCX-5",如图 9-165 所示,使用二维加工功能进行加工,加工结果如图 9-166 所示。

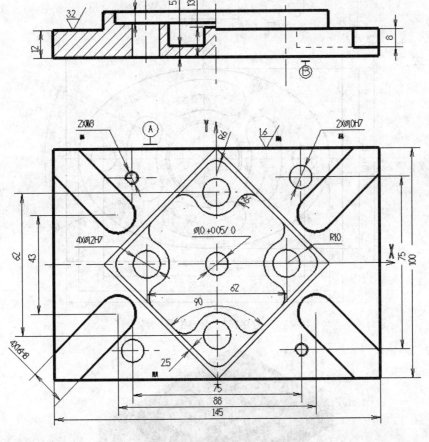

图 9-165 题 9-2 图

9-3 打开源文件夹中 "文件 9-3. MCX-5",如图 9-167 所示,使用二维加工功能进行加工,加工结果如图 9-168 所示。

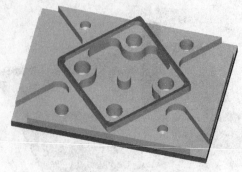

图 9-166 题 9-2 图

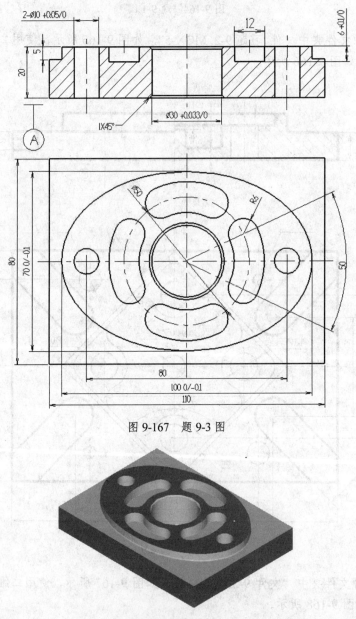

图 9-167 题 9-3 图

图 9-168 题 9-3 图

第10章

曲面粗加工

10.1 曲面加工基础

曲面加工是 Mastercam X5 系统加工模块中的核心部分。二维加工也可以利用手工编程的方法来实现,但三维曲面的加工则必须借助 Mastercam X5 系统强大的曲面粗/精加工功能来实现。选择菜单栏中的【Toolpaths】/【Surface Rough】命令,曲面粗加工菜单如图 10-1 所示。

Mastercam X5 系统的曲面加工方法包括曲面粗加工【Surface Rough】和曲面精加工【Surface Finish】两类。曲面粗加工用于切除工件的大部分余量,以方便后面的曲面精加工。曲面粗加工往往采用大直径刀具和大进给速度及大的加工余量。

曲面粗加工【Surface Rough】提供了 8 种加工方式来适应不同的工件结构。

(1)【Parallel】:平行粗加工,产生每行相互平行的粗切削刀具路径,适合较平坦的曲面加工。

(2)【Radial】:放射状粗加工,产生圆周形放射状粗切削刀具路径,适合圆形曲面加工。

图 10-1 曲面粗加工

(3)【Project】:投影粗加工,将存在的刀具路径或几何图形投影到曲面上产生粗切削刀具路径,常用于产品的装饰加工中。

(4)【Flowline】:曲面流线,顺着曲面流线方向产生粗切削刀具路径,适合曲面流线非常明显的曲面加工。

(5)【Contour】:等高外形粗加工,围绕曲面外形产生逐层梯田状粗切削刀具路径,适合具有较大坡度的曲面加工。

(6)【Restmill】:残料粗加工,对前面加工操作留下的残料区域产生粗切削刀具路径,适合清除大刀加工不到的凹槽、拐角区域。

(7)【Pocket】:挖槽粗加工,依曲面形状,于 Z 方向下降产生逐层梯田状粗切削刀具路径,适合复杂形状的曲面加工。

(8)【Plunge】:钻削式粗加工,产生逐层钻削刀具路径,用于工件材料宜用钻削加工的场合。

在进行曲面粗加工时首先面对的是加工曲面类型的选择,当用户启动某个粗加工方式时,系统将弹出图 10-2 所示 Mastercam X5 版本新增加的测试功能提示对话框,用户可以选择是否测试新增加的加工功能，随后系统将弹出图 10-3 所示的【Select Boss/Cavity】对话框，用户根据加工曲面的形状选择相应的曲面类型，这样系统将自动提前优化加工参数，减少参数设置的工作量，提高设计效率。

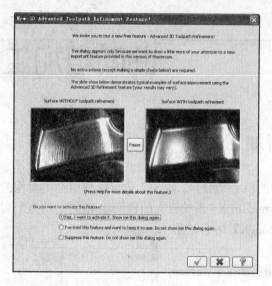

图 10-2　新功能测试提示对话框

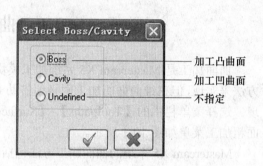

加工凸曲面
加工凹曲面
不指定

图 10-3　加工曲面类型选择

10.2　共同参数

Mastercam X5 系统的曲面加工除了包括共同刀具参数【Toolpath parameters】外，还包括共同曲面参数【Surface parameters】和一组特定铣削方式专用的设置参数(与选择的铣削方式相对应)，如图 10-4 所示。

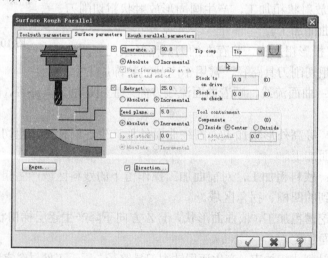

图 10-4　共同曲面参数

曲面加工的共同参数包括高度设置、进/退刀向量、刀具补偿位置、加工曲面/干涉面/加工区域设置、预留量设置及刀具补偿范围设置。

1．高度设置

曲面加工的高度设置与二维加工的高度设置基本相同，也包括安全高度【Clearance】、参考高度【Retract】、下刀位置【Feed plane】及工件表面【Top of stock】，只是少了最后切削深度选项【Depth】，因为曲面加工的最后切削深度由曲面外形自动决定，不需要设置。

2．进/退刀向量

☑ Direction... 复选框：该复选框用于设置曲面加工时刀具的切入与退出的方式，激活此复选框，单击 Direction... 按钮，系统弹出图 10-5 所示对话框。

其中【Plunge direction】区域用于设置进刀向量，【Retract direction】区域用于设置退刀向量。

(1)【Plunge angle】/【Retract angle】：设置进/退刀的角度，如图 10-6 所示。

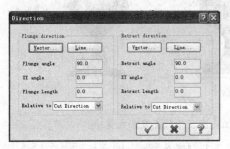

图 10-5　进/退刀向量

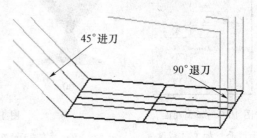

图 10-6　进/退刀角度

(2)【XY angle】：设置进/退刀线与 XY 轴的相对角度。

(3)【Plunge length】/【Retract length】：设置进/退刀线的长度。

(4)【Relative to】：设置进/退刀线的参考方向，选择【Cut Direction】选项时，进/退刀线所设置的参数相对于切削方向来度量；选择【Tool Plane X axis】选项时，进/退刀线所设置的参数相对于所处刀具平面的 X 轴方向来度量。

(5)【Vector】：单击此按钮，系统弹出图 10-7 所示对话框，用户可以输入 X、Y、Z 这 3 个方向的向量来确定进/退刀线的长度和角度。

(6)【Line】：单击此按钮，用户选择已有线段来确定进/退刀线的位置、长度和角度。

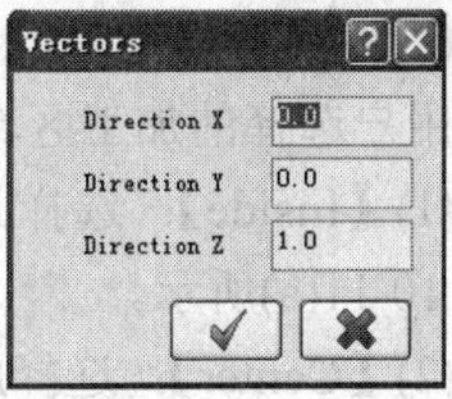

图 10-7　【Vectors】设置对话框

3．刀具补偿位置

【Tip comp】：此列表供用户选择刀具补偿的位置为刀尖【Tip】或球心【Center】，选择刀尖【Tip】补偿时产生的刀具路径显示为刀尖所走的轨迹；选择球心【Center】补偿时产生的刀具路径显示为球心所走的轨迹，如图 10-8 所示。

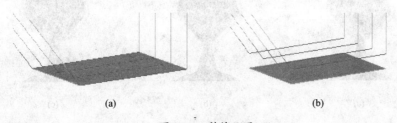

(a)　　　　　　　　　　　　　　(b)

图 10-8　补偿位置

(a) 刀尖补偿；(b)球心补偿。

4. 加工曲面、干涉面、加工区域设置

[　　] 按钮用于设置加工曲面、干涉面及加工区域。单击此按钮，系统弹出如图 10-9 所示对话框，用户可以修改加工曲面、干涉面及加工区域。

加工曲面指需要加工的曲面，干涉面不需加工，加工区域是指在加工曲面的基础上再给出某个区域进行加工，目的是针对某个结构进行加工，减少空走刀以提高加工效率，如图 10-10 所示。

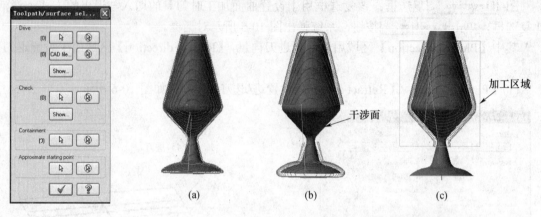

图 10-9　加工曲面、
干涉面、加工区域设置

图 10-10　加工曲面、干涉面及加工区域

(a) 所有曲面的刀具路径；(b) 有干涉面的刀具路径；(c) 有加工区域的刀具路径。

5. 预留量设置

预留量包括加工曲面的预留量【Stock to on drive】及加工刀具避开干涉面的距离【Stock to on check】。在进行粗加工时一般需要设置加工曲面的预留量【Stock to on drive】，此值一般为 0.3～0.5，目的是为了便于后续的精加工，而设置加工刀具避开干涉面的距离【Stock to on check】可以防止刀具碰撞干涉面。

6. 刀具补偿范围

用户选择的加工区域还有一个刀具补偿范围的问题，系统提供 3 种补偿范围方式。

(1)【Inside】：选择此项，刀具在加工区域内侧切削，即切削范围就是选择的加工区域，如图 10-11(a)所示。

(2)【Center】：选择此项，刀具中心走加工区域的边界，即切削范围比选择的加工区域多一个刀具半径，如图 10-11(b)所示。

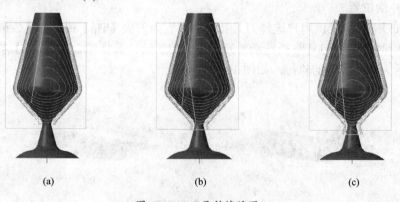

图 10-11　刀具补偿范围

(a)【Inside】；(b)【Center】；(c)【Outside】。

(3)【Outside】：选择此项，刀具在加工区域外侧切削，即切削范围比选择的加工多一个刀具半径，如图 10-11(c)所示。

当用户选择【Inside】或【Outside】刀具补偿范围方式时，还可以在【Additional offset】栏输入额外的补偿量。

10.3　平行粗加工

Mastercam X5 系统的曲面粗加工除了包括共同刀具参数【Toolpath parameters】和共同曲面参数【Surface parameters】外，还包括一组与选择的铣削方式相对应的专用粗加工参数。

曲面平行粗加工【Parallel】能产生平行的切削刀具路径，其粗加工参数设置【Rough parallel parameters】选项卡如图 10-12 所示。

图 10-12　平行粗加工参数设置

1．粗加工误差

在 total tolerance. 栏输入平行粗加工误差，一般为 0.025～0.2。

2．切削方式

【Cutting method】：此栏用于选择切削方式，有两种，如图 10-13 所示。

(1) 双向切削【Zigzag】，即刀具来回切削材料，刀具从圆弧曲面的左侧切削至右侧，再从右侧切削至左侧，如此反复切削。

(2) 单向切削【One way】，即刀具只从一个方向切削材料，刀具从圆弧曲面的左侧切削至右侧后跳回左侧，再从左侧切削至右侧，总是从单一的左侧方向切削。单向切削势必浪费一定的加工时间，所以除非特殊情况，一般采用双向切削方式。

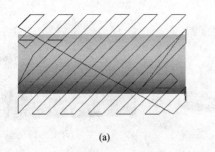
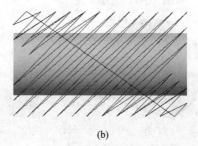

(a)　　　　　　　　　　(b)

图 10-13　切削方式

(a) 双向切削【Zigzag】；(b) 单向切削【One way】。

3. 进刀量及切削角度

(1)【Max stepdown】：此栏用于输入 Z 方向的下刀量，一般为 0.5～2。Z 方向下刀量大，产生的粗加工层数少、加工效率高，但加工粗糙，同时要求刀具直径大、刚性好；Z 方向下刀量小，产生的粗加工层数多，但加工的曲面更平滑，如图 10-14 所示，图 10-14(a)的 Z 方向的下刀量为图 10-14(b)的两倍。

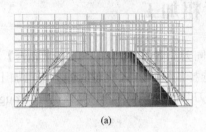 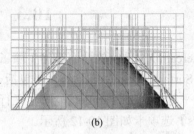

(a) (b)

图 10-14 Z 方向下刀量

(2) x. stepover.：此栏用于输入相邻两刀具路径(即 XY 平面方向)的进给量，一般为刀具直径的 50%～75%，平面进给量大，产生的粗加工行数少、加工效率高，但加工粗糙，同时要求刀具直径大、刚性好。平面进给量小，产生的粗加工行数多，但加工的曲面更平滑。如图 10-15 所示，其中图 10-15(b)的参数大于刀具直径。

(3)【Machining angle】：此栏用于输入刀具路径的切削角度，设置为 45°时切削效果如图 10-16 所示。

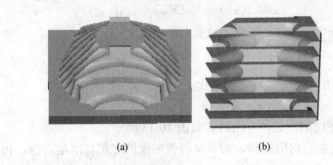 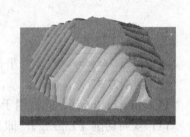

(a) (b)

图 10-15 平面进给量   图 10-16 切削角度

4. Z 方向下刀/提刀方式

Z 方向下刀/提刀方式【Plunge control】用于控制刀具在 Z 方向的下刀/提刀方式，有 3 种方式选择，如图 10-17 所示。

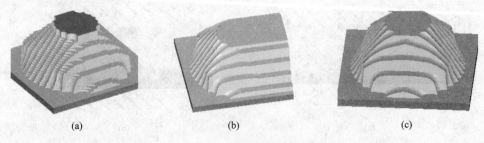

(a) (b) (c)

图 10-17 Z 方向下刀/提刀方式

(a)【Allow multiple plunges along cut】；(b)【Cut from one side】；(c)【Cut from both sides】。

(1) ⊙Allow multiple plunges along cu：选择此单选按钮，允许刀具沿曲面连续下刀和提刀，对多重凹凸曲面的加工特别有效(注：与【One way】配合，且不选择下方的沿曲面上升及下降选项)。

(2) ⊙Cut from one side：选择此单选按钮，刀具只在曲面单侧下刀或提刀。

(3) ⊙Cut from both sides：选择此单选按钮，刀具在曲面两侧下刀或提刀。

5．切削起点及沿曲面上升/下降

(1) ☑Use approximate start point：选择此复选框，系统以选择的点作为刀具路径的起点。

(2) ☑Allow negative Z motion along surface：选择此复选框，允许刀具沿曲面下降，使切削结果更光滑，否则切削结果为一层一层的阶梯状，如图 10-18(a)所示。

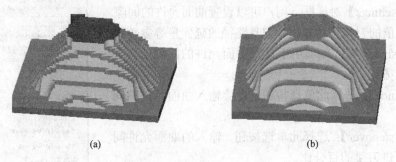

(a)　　　　　　　　　　　(b)

图 10-18　沿曲面上升/下降

(a) 不选择沿曲面上升/下降；(b) 选择沿曲面上升/下降。

(3) ☑Allow positive Z motion along surface：选择此复选框，允许刀具沿曲面上升，使切削结果更光滑，如图 10-18(b)所示。

6．粗加工深度

Cut depths...：单击此按钮，系统弹出图 10-19 所示的【Cut Depths】对话框。加工深度参数主要用于控制加工深度方向的加工区域，有相对坐标【Incremental】及绝对坐标【Absolute】两种设置方式，用户可以设置加工深度距离曲面顶面及底面的距离。

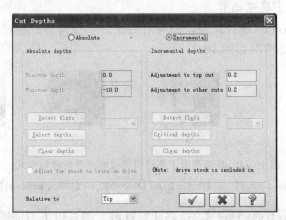

图 10-19　【Cut Depths】对话框

采用相对坐标设置方式时，其中的【Adjustment to top cut】参数用于设置加工深度的最高点，设置为正值，可以避免第一层走空刀；【Adjustment to other cuts】参数用于设置加工深度的最低点，当曲面模型最低点处由于较窄而无法下刀时，可以在此栏输入一个高于曲面最低点的深度值，而未加工低点处较窄的曲面区域采用其他加工方式实现。

采用绝对坐标设置方式时，其中的【Minimum depth】参数用于设置加工深度的最高点，设置为负值，可以避免第一层走空刀；【Maximum depth】参数用于设置加工深度的最低点。

7．间隙设置

间隙即曲面间不连续相接的空白区域，它有大于允许间隙和小于允许间隙的情况，间隙设置就是用来设置刀具遇到大于允许间隙和小于允许间隙时的刀具移动情况的。大于允许间隙时刀具提刀移动，小于允许间隙时刀具不提刀移动并可以选择系统提供的 4 种移动方式。

图 10-20　【Gap settings】对话框

要启动间隙设置，单击 ap settings. 按钮，系统弹出图 10-20 所示的【Gap settings】对话框，用户可以设置曲面允许的间隙值，小于间隙值的刀具移动方式及刀具路径的延伸量等参数。

(1) Gap size 区域：此项用于设置曲面允许的间隙值，有以下两种设置方式。

①【Distance】：选择此单选按钮，直接输入曲面允许的间隙值。

②【% of stepover】：选择此单选按钮，输入的曲面允许间隙值为与平面进刀量的百分比。

(2) Motion<Gap size，keep tool down 区域：此项用于设置当刀具的移动量小于设置的曲面允许间隙值时刀具在不提刀情况下的移动方式，有以下 4 种移动方式供选择。

①【Direct】：选择此项，刀具直接越过曲面间隙，即刀具直接从一曲面刀具路径的终点移到另一曲面刀具路径的起点。

②【Broken】：选择此项，刀具首先从一曲面刀具路径的终点沿 Z 方向移动，再沿 XY 方向移到另一曲面刀具路径的起点。

③【Smooth】：选择此项，刀具以平滑方式从一曲面刀具路径的终点移到另一曲面刀具路径的起点，此方式常用于高速加工。

④【Follow surface(s)】：选择此项，刀具沿曲面上升/下降方式越过曲面间隙。

4 种移动方式的对比情况如图 10-21 所示。

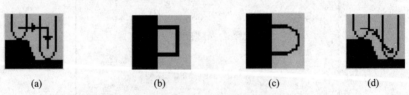

(a)　　　　　　(b)　　　　　　(c)　　　　　　(d)

图 10-21　移动量小于允许间隙值时刀具的移动方式

(a)【Direct】；(b)【Broken】；(c)【Smooth】；(d)【Follow surface(s)】。

⑤ ☑Use plunge, retract rate i：选择此复选框，刀具以下刀或回刀的速率越过曲面间隙，否则为平面进给速率。

⑥ ☑Check gap motion for gouge：选择此复选框，启动过切检查。

(3) Motion>Gap size，retract 区域：此项用于设置当刀具的移动量大于设置的曲面允许间隙值时刀具在提刀情况下的移动方式。

☑Check retract motion for gouge：选择此复选框，启动过切检查。

(4) ☑Optimize cut order：选择此复选框，将优化切削顺序，减少不必要的反复移动。

(5)【Plunge into previously cut area】：选择此复选框，允许刀具从加工过的区域下刀。

(6)【Follow containment boundary at gap】：选择此复选框，允许刀具以一定间隙沿边界切削。

(7)【Tangential arc radius】：此栏用于输入边界处刀具路径延伸的切弧半径，如图 10-22 所示(需要配合下面的切弧角度输入)。

(8)【Tangential are angle】：此栏用于输入边界处刀具路径延伸的切弧角度，如图 10-22 所示(需要配合切弧半径输入)。

(9)【Tangential line length】：此栏用于输入边界处刀具路径延伸的切线长度，如图 10-23 所示。

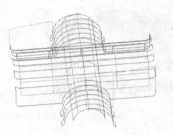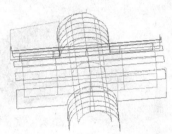

图 10-22　边界处刀具路径延伸切弧　　　　图 10-23　边界处刀具路径延伸切线

8. 高级设置

vanced settings.：单击此按钮，系统弹出如图 10-24 所示【Advanced settings】对话框，用户可以进行边界设置。

(1) At surface (solid face) edge，roll tool 区域：此项用于设置曲面边界走圆角刀具路径的方式，有以下 3 种方式供选择。

①【Automatically(based on geometry)】：选择此单选按钮，由系统根据曲面的实际情况自动决定是否在曲面边界走圆角刀具路径。

②【Only between surfaces(solid faces)】：选择此单选按钮，刀具只在曲面间走圆角刀具路径，即当刀具从一个曲面的边界移动到另一个曲面时在边界处走圆角刀具路径，如图 10-25 所示。

③【Over all edges】：选择此单选按钮，刀具在所有曲面边界走圆角刀具路径，如图 10-26 所示。

图 10-24　高级设置

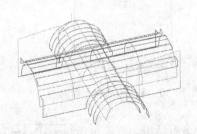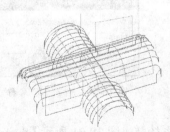

图 10-25　曲面间走圆角刀具路径　　　　图 10-26　所有曲面边界走圆角刀具路径

(2) Sharp comer tolerance(at surface/face edge)区域：此项用于设置刀具圆角走向移动量的误差，有以下两种设置方式。

①【Distance】：选择此单选按钮，直接输入圆角走向移动量的误差值。

②【% of cut tolerance】：选择此单选按钮，输入的圆角走向移动量误差值为与切削误差值的百分比。

(3)【Skip hidden face test for solid bod】：选择此复选框，当实体中存在隐藏面时，隐藏面不产生刀具路径。

(4)【Check for internal sharp corner】：选择此复选框，启动锐角检测。

例 10-1 打开源文件夹中文件"实例 10-1.MCX-5"，对图 10-27(a)所示曲面进行平行粗加工，结果如图 10-27(b)所示。

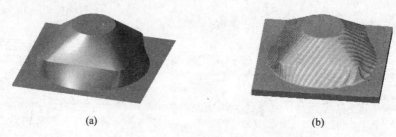

(a)　　　　　　　　　　(b)

图 10-27　平行粗加工实例

操作步骤：

(1) 选择菜单栏中的平行粗加工命令【Toolpaths】/【Surface Rough】/【Parallel】。

(2) 系统弹出图 10-28 所示【Select Boss/Cavity】对话框，选择【Boss】单选按钮后单击【确定】按钮 ✓ 。

(3) 在图 10-29 所示对话框中输入文件名后单击【确定】按钮 ✓ 。

(4) 根据系统提示，选择所有曲面作为加工曲面，按【Enter】键，系统会弹出如图 10-30 所示曲面选择对话框，单击【确定】按钮 ✓ 。

图 10-28　【Select Boss/Cavity】对话框

图 10-29　输入 NC 名称

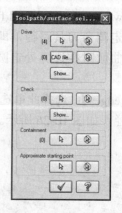

图 10-30　【曲面选择】对话框

(5) 系统弹出图 10-31 所示【Surface Rough Parallel】对话框，首先单击 lect library tool. 按钮，从刀具库选择"160#"直径为 16 的圆鼻刀，在图 10-31 所示对话框中设置刀号【Tool#】

为"1"，长度补偿号【Len. offset】为"1"，半径补偿号【Dia. Offset】为"1"，平面进给率【Feed rate】为"600.0"，深度进给率【Plunge rate】为"400.0"，转速【Spindle speed】为"2000"，回刀速率【Retract rate】为"400"。

提示：①粗加工时一般选择圆鼻刀，此类型刀的刚性及耐磨性均较好；②粗加工时根据工件的大小及形状结构，尽可能选择直径大的刀具。

(6) 选择图 10-32 所示曲面参数【Surface parameters】选项卡，设置【Retract】为"20.0"，【Feed Plane】为"2.0"，【Stock to on drive】为"0.5"。

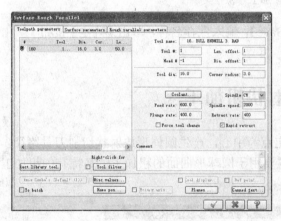 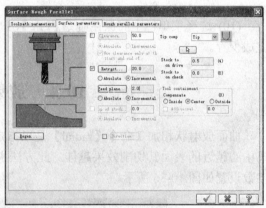

图 10-31 设置刀具参数   图 10-32 曲面参数设置

(7) 选择图 10-33 所示平行粗加工参数【Rough parallel parameters】选项卡，设置【Total tolerance】为"0.15"，【x.stepover】为"8"，【Max stepdown】为"2.0"，【Machining angle】为"45.0"，并选择 ⊙ Cut from both sides 、☑ Allow negative Z motion along surface 和 ☑ Allow positive Z motion along surface 等选项。完成设置后单击【确定】按钮 ✓ ，系统将生成刀具路径。

提示：粗加工时可以采用较大的公差【Total tolerance】及较大的下刀步进【Max stepdown】。

(8) 单击操作管理器中 ◇ Stock setup 按钮，在弹出的【Stock setup】选项卡中设置参数如图 10-34 所示，单击【确定】按钮 ✓ ，结束毛坯参数设置。

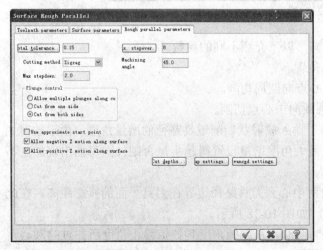 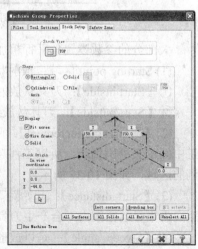

图 10-33 平行粗加工参数设置   图 10-34 毛坯设置

(9) 单击操作管理器中  按钮，进行加工仿真，结果如图 10-35 所示。

图 10-35　实体加工模拟结果

(10) 选择菜单栏中的保存命令【File】/【Save】，输入保存名称，单击【确定】按钮 ✔，
完成保存。

10.4　放射状粗加工

曲面放射状相加工命令【radial】是以指定点为中心，产生圆周形放射状切削刀具路径，
离中心越近的表面其切削效果越佳。此方法主要用于圆球形曲面的粗加工。其特有的粗加工
参数设置如图 10-36 所示。

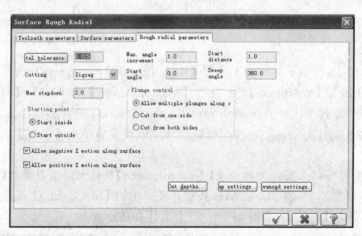

图 10-36　放射状粗加工参数设置

大部分的参数设置与平行粗加工相同，以下介绍不同的参数。

(1) Starting point 区域：放射状起点位置。

① 【Start inside】：刀具从放射状中心点向圆周切削。

② 【Start outside】：刀具从放射状圆周向中心点切削。

(2) 【Max.angle increment】：此栏用于输入放射状切削道具路径的增量角度，由于放射加
工中间密集外围稀疏，所以工件越大，最大角度增量设置得越小，否则外围可能出现加工不
到的区域，如图 10-37 所示。

(3) 【Start distance】：起始距离为放射中心到刀具路径边界在刀具平面的投影距离。在此
距离为半径的范围内不会产生刀具路径，如图 10-38 所示。

(4) 【Sweep angle】：是以放射中心为圆心，从起始角度到扫掠终止角度所扫过的圆心角
度，如图 10-37 所示。如果输入的角度值为负，则以顺时针为加工方向。

图 10-37　加工不到的区域

图 10-38　【Start distance】

例 10-2　利用放射状粗加工功能，对如图 10-39(a)中的曲面模型进行粗加工，加工结果如图 10-39(b)所示。

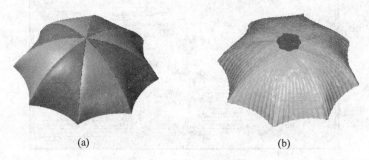

(a)　　　　　　　　　　　　　　　(b)

图 10-39　放射状粗加工实例

操作步骤：

(1) 打开源文件夹中实例"10-2.MCX-5"，选择菜单栏中的放射状粗加工命令【Toolpaths】/【Surface Rough】/【Radial】。

(2) 系统弹出【曲面类型选择】对话框，选择【Boss】后单击【确定】按钮 ✓ 。

(3) 在输入 NC 名称对话框中输入文件名后单击【确定】按钮 ✓ 。

(4) 根据系统提示，框选所有曲面作为加工曲面，按 Enter 键，系统会弹出如图 10-40 所示的对话框，单击【Radial point】一栏中的 ↳ 按钮，选择如图 10-41 所示的点 P1 作为放射中心，然后单击【确定】按钮 ✓ 。

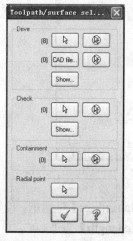

图 10-40　【曲面选择】对话框

图 10-41　选择放射中心

(5) 系统弹出图 10-42 所示的【Surface Rough Radial】对话框，首先单击 lect library tool. 按钮，从刀具库选择 "123#" 直径为 6 的圆鼻刀，在图 10-41 所示对话框中设置刀号【Tool#】为 "1"，长度补偿号【Len. offset】为 "1"，半径补偿号【Dia. Offset】为 "1"，平面进给率【Feed rate】为 "800.0"，深度进给率【Plunge rate】为 "500.0"，转速【Spindle speed】为 "2000"，回刀速率【Retract rate】为 "1000.0"。

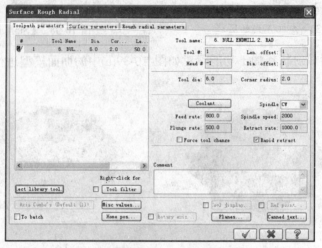

图 10-42　设置刀具参数

(6) 切换至曲面参数【Surface parameters】选项卡，设置【Retract】为 "25"，【Feed Plane】为 "2"，【Stock to on drive】为 "0.5"。

(7) 选择图 10-43 所示放射状粗加工参数【Rough radial parameters】选项卡，设置【Total tolerance】为 "0.15"，【Max stepdown】为 "15.0"，【Max. angle increment】为 "5.0"，并选择 ⊙Start inside 、 ⊙Allow multiple plunges along c 、 ☑Allow negative Z motion along surface 和 ☑Allow positive Z motion along surface 等选项。

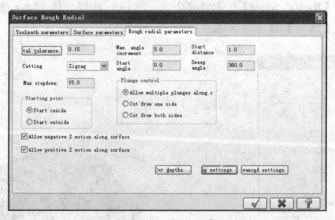

图 10-43　放射状粗加工参数设置

(8) 单击 ap settings. 按钮，系统弹出如图 10-44 所示【Gap settings】对话框，设置【Motion <Gap size，keep tool down】类型为【Broken】，【Tangential line length】为 "3.0"。单击【确定】按钮 ✓ ，完成参数设置，系统将生成刀具路径。

(9) 单击操作管理器中 ◇ Stock setup 按钮，在弹出的如图 10-45 所示的【Stock Setp】选项卡中的【Shape】一栏中选择【Cylindrical】，并选择 Z 轴，然后单击 Bounding box 按钮，系统弹出如图 10-46 所示的【Bounding Box】对话框，在【Expand】输入框中输入"1.0"，单击【确定】按钮 ✓ ，结束毛坯参数设置。

图 10-44　【Gap settings】对话框

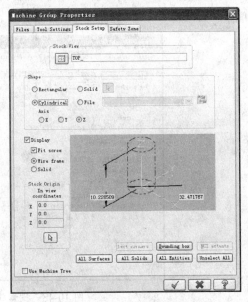

图 10-45　【Stock setup】选项卡

(10) 单击操作管理器中 ▣ 按钮，进行加工仿真，结果如图 10-47 所示。

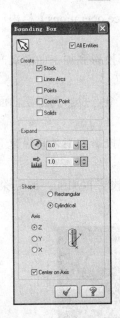

图 10-46　【Bounding Box】对话框

图 10-47　实体加工模拟结果

(11) 选择菜单栏中的保存命令【File】/【Save】，输入保存名称，单击【确定】按钮 ✓ ，完成保存。

10.5 曲面投影粗加工

投影粗加工命令【Project】可将存在的刀具路径或几何图形投影到曲面上产生粗加工刀具路径。其特有的参数设置如图 10-48 所示。

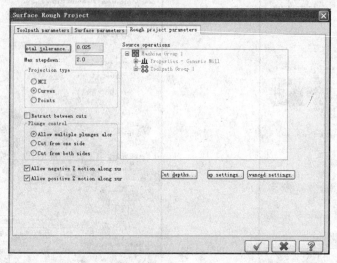

图 10-48 投影粗加工参数设置

从图 10-48 中可知,系统支持 3 种投影粗加工方式,分别为 NCI、Curves (曲线)和 Points(点)投影。

(1)【NCI】:选择此单选按钮,用户可以选择右侧【Source operations】栏内已经存在的加工路径投影到加工曲面来产生投影粗加工刀具路径。

(2)【Curves】:选择此单选按钮,用户可以选择几何图形投影到加工曲面来产生投影粗加工刀具路径。

(3)【Points】:选择此单选按钮,用户可以选择存在的一组点投影到加工曲面来产生投影粗加工刀具路径。

【Retract between cuts】:选择此复选框,强迫刀具在两次投影加工之间快速退刀,以免产生连切。

例 10-3 利用曲面投影粗加工功能,对图 10-49(a)进行投影粗加工,加工深度为 1mm,结果如图 10-49(b)所示。

(a)   (b)

图 10-49 曲面投影粗加工实例

操作步骤：

(1) 打开源文件夹中文件"实例 10-3.MCX-5"，选择菜单栏中的投影粗加工命令【Toolpaths】/【Surface Rough】/【Project】。

(2) 在【输入 NC 名称】对话框中输入文件名后单击【确定】按钮 ✓ 。

(3) 根据系统提示，选择图 10-50 中曲面作为加工曲面，按 Enter 键确认，系统会弹出如图 10-51 所示对话框，单击【Curves】一栏中的 🗟 按钮。

(4) 系统弹出【串连选择】对话框，单击 ▭ 按钮，然后如图 10-52 所示框选所有方框内图形，单击鼠标选择一点作为起始点，然后单击【确定】按钮 ✓ 。

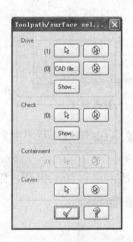

图 10-50　选择加工曲面　　　　图 10-51　【曲面选择】对话框　　　　图 10-52　选择曲线

(5) 系统弹出图 10-53 所示【Surface Rough Project】对话框，首先单击 lect library tool. 按钮，从刀具库选择"236#"直径为 2 的球头铣刀，在图 10-52 所示对话框中设置刀号【Tool#】为"1"，长度补偿号【Len. offset】为"1"，半径补偿号【Dia. Offset】为"1"，平面进给率【Feed rate】为"400.0"，深度进给率【Plunge rate】为"200.0"，转速【Spindle speed】为"4500"，回刀速率【Retract rate】为"500.0"。

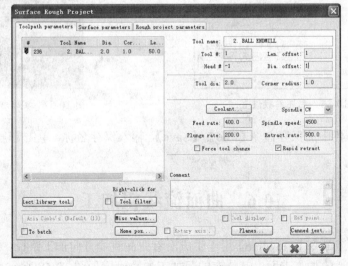

图 10-53　设置刀具参数

(6) 切换至曲面参数【Surface parameters】选项卡，设置【Stock to on drive】为"-0.3"。

(7) 选择图 10-54 所示曲面参数【Rough project parameters】选项卡，设置【Total tolerance】为"0.001"，【Max stepdown】为"0.3"，单击【确定】按钮 ✓ ，生成刀具路径如图 10-55 所示。

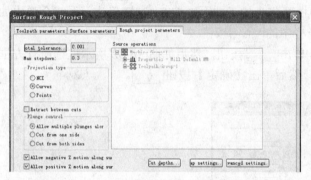

图 10-54 【Reugh prgect parameters】选项卡

图 10-55 刀具路径

(8) 单击操作管理器中 ◇ Stock setup 按钮，毛坯参数设置如图 10-56 所示，单击【确定】按钮 ✓ ，结束毛坯参数设置。

(9) 单击操作管理器中的 ⬡ 按钮，进行加工仿真，结果如图 10-57 所示。

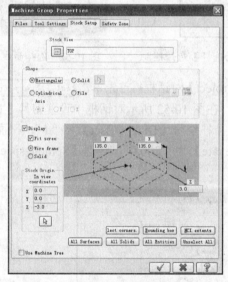

图 10-56 毛坯参数设置

图 10-57 实体加工模拟结果

(10) 选择菜单栏中的保存命令【File】/【Save】，输入保存名称，单击【确定】按钮 ✓ ，完成保存。

10.6 曲面流线粗加工

曲面流线粗加工命令【Flowline】用于生成沿着曲面流线方向加工路径，它能精确控制残留高度，得到较光滑的加工表面。其特有的粗加工参数设置如图 10-58 所示。

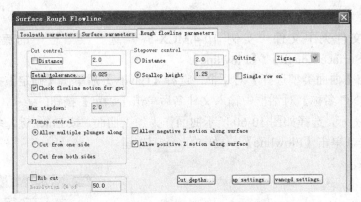

图 10-58 曲面流线粗加工参数设置

(1) Cut control 区域：切削控制。

①【Distance】：输入一数值设定刀具在曲面上沿切削方向的移动增量。

②【Total tolerance】：整体误差，用于控制插补的增量误差。切削误差越小，产生的刀具路径精度越高，加工时间越长，即生成 NCI 加工程序越长。流线加工中的切削误差主要用于当不采用距离控制刀具在曲面和实体表面的移动增量、规定用于过切检查的容差和【控制边界】对话框中的共享边界误差这 3 种情况。

③【Check flowing motion for gouge】：执行过切检查，如果临近过切时，系统会自动调整刀具路径以避免过切发生，对于刀具移动量大于切削误差时，系统采用提刀方式避免过切。

(2) Stepover control 区域：步进控制。

①【Distance】：在 XY 方向刀具路径的间距，一般用于曲率较小的曲面或者是比较规则的曲面，相对于残脊高度方法计算量较小。

②【Scallop height】：相邻流线刀具路径之间残留的未切削工件材料的高度，一般用于曲率较大的曲面或者比较复杂的曲面，且加工精度要求较高的曲面，相对于距离法计算量较大。

③【Cutting】：铣削方式。在【Cutting】下拉列表框中，系统提供了 3 种流线加工的切削方式，即【Zigzag】(双向切削)、【One way】(单向切削)和【Spiral】(螺旋切削)。

a. 【Zigzag】：以来回方式切削。

b. 【One way】：以一方向切削后，快速提刀，回到切削起点；以同一方向进行下一切削路径。所有的切削路径都朝同一方向。

c. 【Spiral】：产生螺旋式切削路径，只适用于封闭式流线纳曲面可避免工件上产生进刀痕迹。

例 10-4 利用流线粗加工功能，加工如图 10-59(a)所示曲面，加工结果如图 10-59(b)所示。

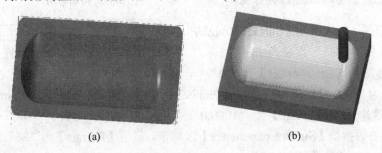

(a)   (b)

图 10-59 曲面流线粗加工实例

操作步骤：

(1) 打开源文件夹中文件"实例 10-4.MCX-5"，选择菜单栏中的流线粗加工命令【Toolpaths】/【Surface Rough】/【Flowline】。

(2) 系统弹出【曲面类型选择】对话框，选择【Cavity】后单击【确定】按钮 ✓。

(3)在【输入 NC 名称】对话框中输入文件名后单击【确定】按钮 ✓。

(4)根据系统提示，选择如图 10-60 所示曲面作为加工曲面，按 Enter 键，系统会弹出如图 10-61 所示对话框，单击【Flowline】一栏中的 ～ 按钮。

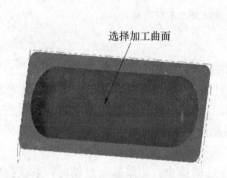

选择加工曲面

图 10-60　选择加工曲面

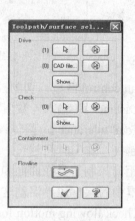

图 10-61　【曲面选择】对话框

(5)系统弹出如图 10-62 所示对话框，单击 Offset 按钮调整偏置方向，然后单击 Cut direction 按钮调整切削方向，选择适当的切削方向。此外，还可以调整步进方向、起始点等。调整后切削方向如图 10-63 所示。

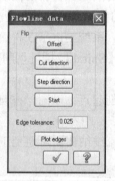

图 10-62　【Flowline data】对话框

图 10-63　切削方向

(6)系统弹出图 10-64 所示【Surface Rough Flowline】对话框，首先单击 lect library tool. 按钮，从刀具库选择"153#"直径为 14 的圆鼻刀，在图 10-64 所示对话框中设置刀号【Tool#】为"1"，长度补偿号【Len. offset】为"0"，半径补偿号【Dia. Offset】为"0"，平面进给率【Feed rate】为"800.0"，深度进给率【Plunge rate】为"400.0"，转速【Spindle speed】为"2000"，回刀速率【Retract rate】为"1000.0"。

(7) 切换至曲面参数【Surface parameters】选项卡，设置【Retract】为"25"，【Feed Plane】为"5"，【Stock to on drive】为"0.3"。

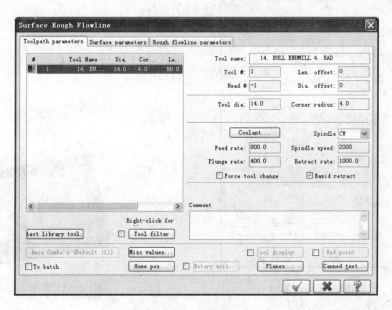

图 10-64　刀具参数设置

（8）切换至曲面参数【Rough flowline parameters】选项卡，如图 10-65 所示。设置【Total tolerance】为 "0.025"，【Max stepdown】为 "6.0"，【Stepover control】中的【Distance】为 "8.0"，选 择 切 削 方 式 为 双 向 ， 并 选 择 ◉ Allow multiple plunges along c 、 ☑ Allow negative Z motion along surface 和 ☑ Allow positive Z motion along surface 等选项。完成设置后单击【确定】按钮 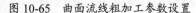，生成刀具路径如图 10-66 所示。

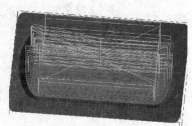

图 10-65　曲面流线粗加工参数设置　　　　　　图 10-66　刀具路径

（9）单击操作管理器中 ◇ Stock setup 按钮，在弹出的如图 10-67 所示的【Stock setup】选项卡中单击 Bounding box 按钮，确定后结束毛坯参数设置。

（10）单击操作管理器中的 ◈ 按钮，进行加工仿真，结果如图 10-68 所示。

（11）选择菜单栏中的保存命令【File】/【Save】，输入保存名称，单击【确定】按钮 ☑，完成保存。

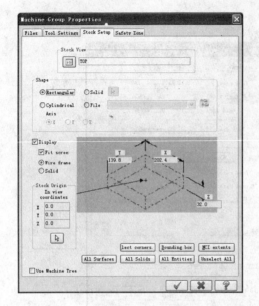

图 10-67　毛坯设置

图 10-68　实体加工模拟结果

10.7　等高外形粗加工

曲面等高外形粗加工命令【Contour】能围绕曲面外形产生逐层梯田状削刀具路径。其路径在 Z 轴方向是恒定的，一般对有许多陡斜面的工件进行切削。其特有的粗加工参数设置如图 10-69 所示。

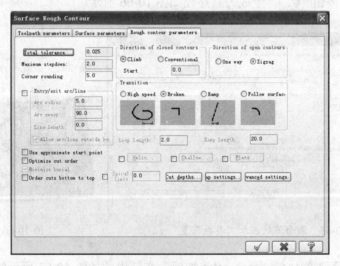

图 10-69　等高外形粗加工参数设置

下面介绍等高外形粗加工涉及的与前面不同的参数。

(1)【Corner rounding】：转角走圆半径，在高速中，一般以小于 135°的拐角为锐角。在这样的拐角处，为使刀具切削力变化不太剧烈，常设置为走回角而不是走直线。这里是设置圆角半径大小，本项设置只有当两区段过渡方式为高速时才处于激活状态。

(2) Direction of closed contours 区域：封闭轮廓铣削方向。

封闭轮廓铣削外形有两项内容需要设置，一是选择铣削方式，二是起始距离。

铣削方式有【Climb】(顺铣)和【Conventional】(逆铣)两种。两种切削方式的不同之处在于顺铣得到的切屑是先厚后薄，而逆铣得到的切屑是先薄后厚。理论上讲，因加工中心采用消除丝杠游隙的措施，采用逆铣方式可使消耗功率小、刀刃磨损小、工作平稳、振动小、零件表面光洁等，故优于逆铣方式。

【Start】：起始距离，是指相邻切削层之间的起始点之间的距离。设置起始距离可以改变刀具在工件表面进刀点相互对应，从而避免在工件表面形成明显切削痕。

(3)【Direction of open contours】：开放轮廓铣削方向。开放轮廓因为没有封闭，所以加工到边界时刀具需要转弯，浪费加工时间。开放轮廓加工方式有以下两种。

①【One way】：刀具只从一个方向进行切削。

②【Zigzag】：刀具从两个方向都可以进行切削。

(4) Entry/exit arc/line 区域：在等高外形粗加工时，为了避免刀具直接进刀造成刀痕，而采用圆弧或直线与加工表面相切进刀或垂直进刀。选择【Entry/exit arc/line】复选框后，可以设置圆弧半径、扫掠角度及直线长度等进/退刀参数。如果切削边界外没有障碍，可以选择【Allow arc/line outside boundary】复选框。

(5) Transition 区域：用于设置在垂直于进给方向，刀具运动量小于设定的刀具间隙时，刀具从这一条刀具路径移动到另一条刀具路径上去的运动方式。一般在加工的两个曲面相距很近，或一个曲面因某种原因被隔开一定距离时，刀具需要从此曲面移动到另一曲面进行加工。

①【High speed】：刀具以平滑方式越过曲面间隙，常用于高速加工。

②【Broken】：刀具以打断方式越过曲面间隙。

③【Ramp】：刀具直接越过曲面间隙。

④【Follow surface】：刀具沿曲面上升/下降方式越过曲面间隙。

(6) ☑ Helix... ：选择后启用螺旋下刀功能。

(7) ☑ Shallow... ：选择后启用浅平面切削功能。

(8) ☑ Flats... ：选择后启用平面切削功能。

例 10-5 利用等高外形粗加工功能，加工如图 10-70(a)所示曲面，加工结果如图 10-70(b)。

(a)　　　　　　　　　　(b)

图 10-70　等高外形粗加工实例

操作步骤：

(1) 打开源文件夹中文件"实例 10-5.MCX-5"，选择菜单栏中的等高外形粗加工命令【Toolpaths】/【Surface Rough】/【Contour】。

(2) 在【输入 NC 名称】对话框中输入文件名后单击【确定】按钮 ☑ 。

(3) 根据系统提示，选择所有曲面作为加工曲面，按 Enter 键确认，系统会弹出曲面选择对话框，单击【确定】按钮 ☑ 。

(4) 系统弹出图 10-71 所示【Surface Rough Contour】对话框，首先单击 Lect library tool. 按钮，从刀具库选择 "153#" 直径为 14 的圆鼻刀，在图 10-71 所示对话框中设置刀号【Tool#】为 "1"，长度补偿号【Len．offset】为 "0"，半径补偿号【Dia．Offset】为 "0"，平面进给率【Feed rate】为 "600.0"，深度进给率【Plunge rate】为 "400.0"，转速【Spindle speed】为 "2000"，回刀速率【Retract rate】为 "800.0"。

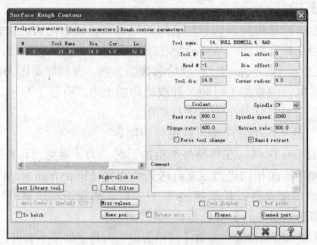

图 10-71　刀具参数设置

(5) 切换至曲面参数【Surface parameters】选项卡，设置【Retract】为 "25"，【Feed Plane】为 "5"，【Stock to on drive】为 "0.5"。

(6) 选择图 10-72 所等高外形粗加工参数【Rough contour parameters】选项卡，设置【Total tolerance】为 "0.15"，【Max stepdown】为 "1.0"，选择切削方式为双向，并选择 ☑Optimize cut order 复选框。完成设置后单击【确定】按钮 ✔，生成刀具路径如图 10-73 所示。

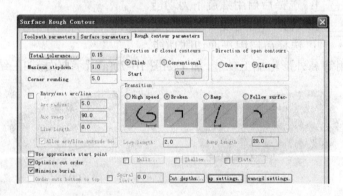

图 10-72　等高外形粗加工参数设置

(7) 单击操作管理器中的 ◇ Stock setup 按钮，在弹出的如图 10-74 所示的【Stock setup】对话框中单击 Bounding box 按钮，确定后结束毛坯参数设置。

(8) 单击操作管理器中的 🔧 按钮，进行加工仿真，结果如图 10-75 所示。

(9) 选择菜单栏中的保存命令【File】/【Save】，输入保存名称，单击【确定】按钮 ✔，完成保存。

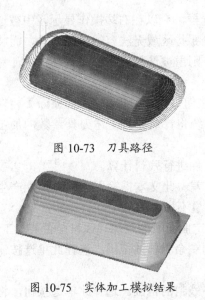

图 10-73　刀具路径

图 10-75　实体加工模拟结果

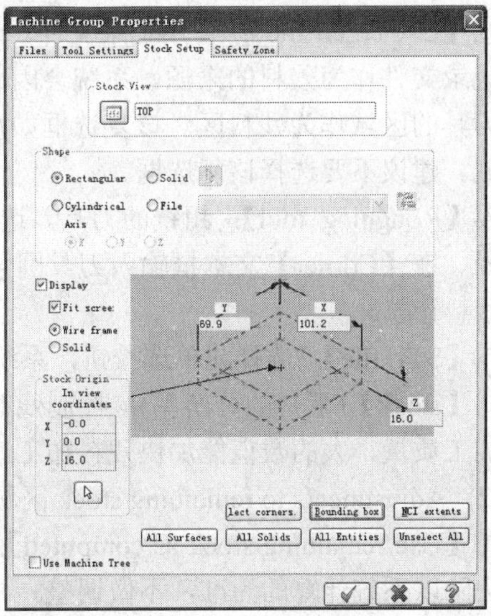

图 10-74　毛坯设置

10.8　残料粗加工

残料粗加工命令【Restmill】能对前面粗加工操作留下的残料区域以等高加工方式产生粗切削刀具路径，用于粗加工后的中胚铣削。其特有的粗加工参数设置有两个：【Restmill parameters】(残料参数)和【Restmaterial parameters】(剩余材料参数)，其中【Restmill parameters】选项卡的参数设置与等高外形粗加工参数设置基本相同，下面只介绍【Restmaterial parameters】，如图 10-76 所示。

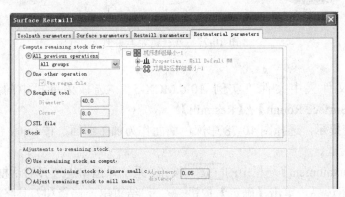

图 10-76　剩余材料参数设置

(1) Compute remaining stock from 区域：剩余材料的计算来源，Mastercam X5 提供 5 种选项以作为残料的来源。

①【All previous operations】：所有先前的操作。选择此单选按钮，以前面所有的加工操作进行或料计算，系统据此而计算出哪些区域是没有被加工的区域。

②【One other operation】：选择此单选按钮，用户可以选择右侧加工操作拦中的某个加工操作进行残料计算。

③【Use regen file】：使用记录文件。选择此复选框，会以在右边操作显示区中被选择操作的记录文件作为残料的来源。系统会因此而计算出哪些区域无法容纳粗铣刀具，而将无法容纳刀具的区域作为残料区。该复选框如没有选中，则由被选择操作的刀具路径中计算出残料区域。建议不要选择该复选框。

④【Roughing tool】：粗铣的刀具。选择此单选按钮，用户可以在【Diameter】栏输入刀具直径、在【Corner】文本框输入刀具圆角半径。系统将针对符合上述刀具参数的加工操作进行残料计算。

⑤【STL file】：选择此单选按钮，系统对 STL 文件进行残料计算。

⑥【stock】(素材的分辨率)：控制残料的计算误差。此文本框输入小的数值能产生好的残料加工质量，大的数值能加快残料加工速度，但质量不好。

(2) Adjustments to remaining stock 区域：用来设定曲面表面阶梯式残料是否要加工。

①【Use remaining stock as computed】：直接使用剩余材料的范围。选择此单选按钮，残料的去除以系统计算的为准，不做调整。

②【Adjust remaining stock to ignore small】：减小残料的范围。选择此单选按钮，将忽略符合在【Adjustment distance】文本框输入距离的阶梯残料，加快刀具路径处理速度。

③【Adjust remaining stock to mill small】：增大残料的范围。选择此单选按钮，加大残料的范围，铣削符合【Adjustment distance】文本框中输入距离的阶梯残料。

例 10-6 利用残料粗加工功能对等高外形粗加工后的工件进行进一步加工，等高外形粗加工后工件如图 10-77(b)所示，残料粗加工加工结果如图(c)所示。

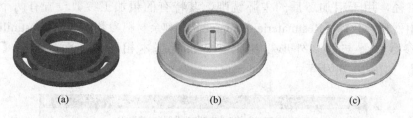

(a)　　　　　　　(b)　　　　　　　(c)

图 10-77　残料粗加工实例

操作步骤：

(1) 打开源文件夹中文件"实例 10-6.MCX-5"，选择菜单栏中的残料粗加工命令【Toolpaths】/【Surface Rough】/【Restmill】。

(2) 根据系统提示，选择图 10-78 中深色曲面作为加工曲面，按 Enter 键，系统会弹出如图 10-79 所示对话框。

(3) 单击【Containment】一栏中的 [ ] 按钮，系统弹出串连选择对话框，选择如图 10-80 所示图形作为加工边界，单击【确定】按钮 [✓]，结束串连选择和刀具路径曲面选择。

(4) 系统弹出图 10-81 所示的【Surface Restmill】对话框，首先单击 lect library tool. 按钮，从刀具库选择直径为 5 的圆鼻刀，在图 10-80 所示对话框中设置刀号【Tool#】为"2"，长度补偿号【Len. offset】为"2"，半径补偿号【Dia. offset】为"2"，平面进给率【Feed rate】为"400.0"，深度进给率【Plunge rate】为"300.0"，转速【Spindle speed】为"2000"，回刀速率【Retract rate】为"500.0"。

(5) 切换至曲面参数【Surface parameters】选项卡，选择 Clearance... 并设置为"80"，设置【Retract】为"25"，【Feed Plane】为"5"，【Stock to on drive】为"0.2"。

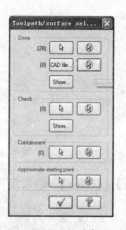

加工边界

图 10-78　选择曲面　　　　图 10-79　【曲面选择】对话框　　　　图 10-80　选择加工边界

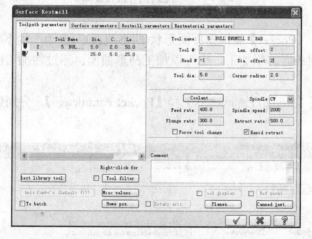

图 10-81　刀具参数设置

(6) 切换至曲面参数【Restmill parameters】选项卡，如图 10-82 所示。设置【Total tolerance】为"0.025"，选择切削方式为双向，并选择☑Optimize cut order 和 ☑ Helix... 复选框。

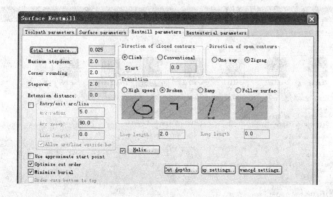

图 10-82　【Restmill parameters】参数设置

(7) 单击【确定】按钮 ✓ ，生成刀具路径如图 10-83 所示。

(8) 单击操作管理器中的 ⬚ 按钮，进行加工仿真，结果如图 10-84 所示。

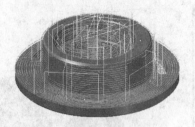

图 10-83　刀具路径　　　　　　　　　　图 10-84　实体加工模拟结果

(9) 选择菜单栏中的保存命令【File】/【Save】，输入保存名称，单击【确定】按钮 ✓，完成保存。

10.9　挖槽粗加工

挖槽粗加工命令【Pocket】能根据曲面形状(凹形或凸形)自动产生不同的刀具路径去除材料，主要用于凹形槽曲面的粗加工，也可以加工凸形曲面，不过在加工凸形曲面时需要创建一个切削边界。

其特有的参数有【Rough Parameters】和【Pocket Parameters】，分别如图 10-85、图 10-86 所示。

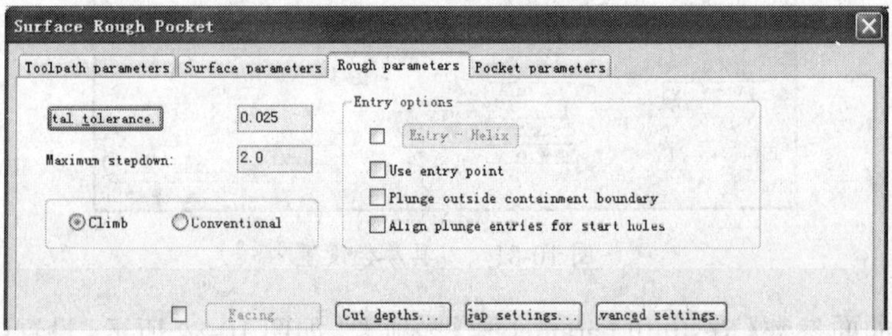

图 10-85　粗加工参数设置

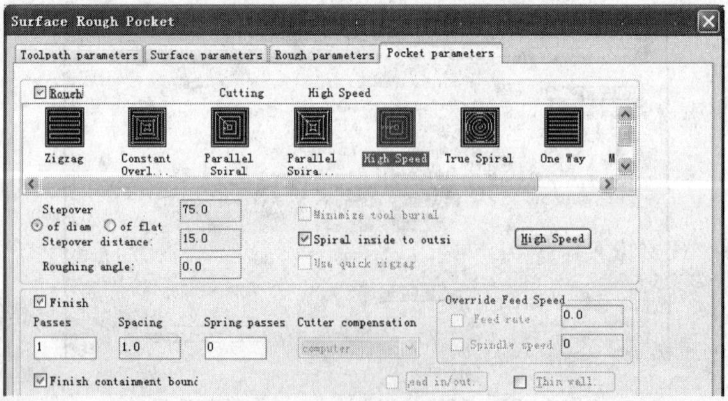

图 10-86　挖槽加工参数设置

选项卡的大部分内容与平行粗加工相同，这里只介绍不同的参数。

(1) Entry option 区域：切入点设置。

① Entry - Helix (螺旋式下刀)：选择此复选框并单击此按钮可以启动螺旋式下刀方式。

②【Use entry point】：指定下刀点，选择此复选框，所有加工参数输入完后系统会要求为刀具路径输入一指定下刀点，所有层切削都会从此点下刀。

③【Plunge outside containment boundary】：由切削范围外下刀，选择此复选框，系统从挖槽边界外下刀。

④【Align plunge entries for start holes】：下刀位置针对起始孔排序，如果选择，该复选框系统会将每一层的下刀位置尽量安排在同一位置成区域内，以供用户后续以【Circle paths】(全圆路径)的【Start hole toolpath】(钻起始孔)功能对下刀位置作钻孔，【Start hole toolpath】会搜寻挖槽路径的下刀点和深度。

(2) Facing... ：平面铣削。选择此复选框并单击该按钮，将启动平面铣削功能，设置相应参数，自动在平面上检查和产生刀具路径。【Facing parameters】对话框如图 10-87 所示。

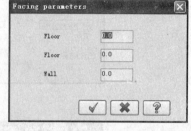

图 10-87　【Facing parameters】对话框

例10-7　利用挖槽粗加工功能，加工如图10-88(a)所示曲面，加工结果如图10-88(b)所示。

操作步骤：

(1) 打开源文件夹中文件"实例 10-7.MCX-5"，选择菜单栏中的挖槽粗加工命令【Toolpaths】/【Surface Rough】/【pocket】。

(2) 在【输入 NC 名称】对话框中输入文件名后单击【确定】按钮 ✓ 。

(3) 根据系统提示，选择所有曲面作为加工曲面，按 Enter 键确认，系统会弹出【曲面选择】对话框，单击【确定】按钮 ✓ 。

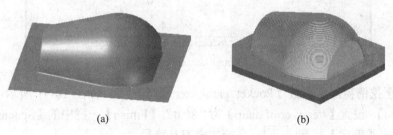

(a)　　　　　　　　　　　(b)

图 10-88　挖槽粗加工实例

(4) 系统弹出【Surface Rough Pocket】对话框，首先单击 lect library tool. 按钮，从刀具库选择"234#"直径为 25 的平底刀，在图 10-89 所示对话框中设置刀号【Tool#】为"1"，长度补偿号【Len. offset】为"0"，半径补偿号【Dia. Offset】为"0"，平面进给率【Feed rate】为"800.0"，深度进给率【Plunge rate】为"400.0"，转速【Spindle speed】为"2000"，回刀速率【Retract rate】为"1000.0"。

(5) 切换至曲面参数【Surface parameters】选项卡，设置【Feed Plane】为"5.0"。

(6) 切换至挖槽粗加工参数【Rough parameters】选项卡，如图 10-90 所示。设置【Max stepdown】为"2.0"。

(7) 单击 Gap settings... 按钮，选择 Motion < Gap size, keep tool down 方式为【Smooth】。完成设置后单击【确定】按钮 ✓ 。

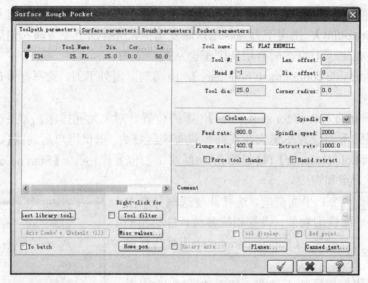

图 10-89　刀具参数设置

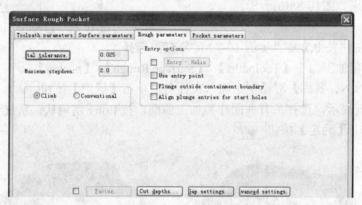

图 10-90　【Rough parameters】参数设置

(8) 切换至挖槽粗加工参数【Pocket parameters】选项卡，如图 10-91 所示，选择切削方式【High Speed】，设置【stepover of diam】为"80.0"，【Finish】一栏中的【Spacing】为"1.0"。完成设置后单击【确定】按钮 ✔，系统生成刀具路径。

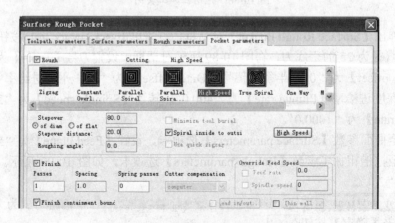

图 10-91　挖槽粗加工参数设置

(9) 单击操作管理器中的  Stock setup 按钮，在弹出的如图 10-92 所示的【Stock setup】选项卡中单击 Bounding box 按钮，确定后结束毛坯参数设置。

(10) 单击操作管理器中的 按钮，进行加工仿真，结果如图 10-93 所示。

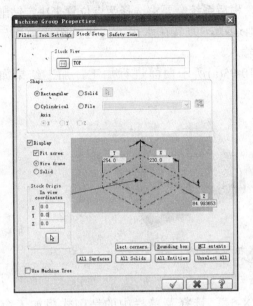

图 10-92　毛坯设置

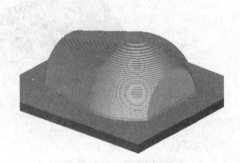

图 10-93　实体加工模拟结果

(11) 选择菜单栏中的保存命令【File】/【Save】，输入保存名称，单击【确定】按钮 ，完成保存。

10.10　钻削式粗加工

钻削式粗加工命令【Plunge】用于产生垂直于工作台方向的类似于钻孔的粗加工刀具轨迹。这种切削方式粗加工去除效率高，但是对刀具及机床强度、刚度都有一定的要求。其特有的加工参数【Rough plunge parameter】选项卡如图 10-94 所示。

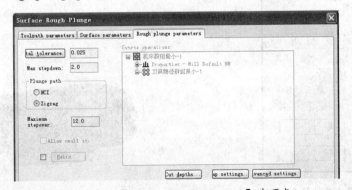

图 10-94　【Rough plunge parameter】选项卡

其主要参数介绍如下。

Plunge path 区域：下刀路径，用来设置下刀的路径，有两个选项可供选择，即【NCI】和

【Zigzag】。

(1)【NCI】：选择此单选按钮，在【Source operations】(原始操作)框中显示曲面已有的刀具路径。用户可以选择其他加工方式产生的 NCI 文件获得钻削式粗加工的刀具路径轨迹。

(2)【Zigzag】：双向切削，选择此单选按钮，稍后系统会要求选择两点位置来决定钻削的范围，则刀具顺着加工区域的形状来回往复地运动，刀具在水平方向进给距离由用户在【Maximum stepover】(最大切削间距)文本框中输入。

例10-8 利用钻削式粗加工功能对如图10-95(a)所示曲面进行加工，加工结果如图10-95(b)。

图 10-95　钻削式粗加工实例

操作步骤：

(1) 打开源文件夹中文件"实例 10-8.MCX-5"，选择菜单栏中的钻削式粗加工命令【Toolpaths】/【Surface Rough】/【plunge】。

(2) 在【输入 NC 名称】对话框中输入文件名后单击【确定】按钮 ✓ 。

(3) 根据系统提示，选择所有曲面作为加工曲面，按 Enter 键确认，系统会弹出如图 10-96 所示对话框，单击【Grid】一栏中的 按钮，选择如图 10-97 所示两点，单击【确定】按钮 ✓ 。

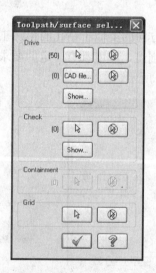

图 10-96　【曲面选择】对话框

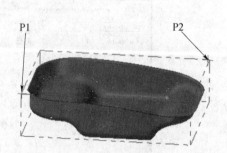

图 10-97　选择两点

(4) 系统弹出图 10-98 所示【Surface Rough Plunge】对话框，首先单击 lect library tool. 按钮，从刀具库选择直径为 10 的钻孔刀，在图 10-98 所示对话框中设置刀号【Tool#】为"1"，长度补偿号【Len. offset】为"0",半径补偿号【Dia. Offset】为"0",平面进给率【Feed rate】为"1000.0",深度进给率【Plunge rate】为"500.0",转速【Spindle speed】为"2000",回刀速率【Retract rate】为"1000.0"。

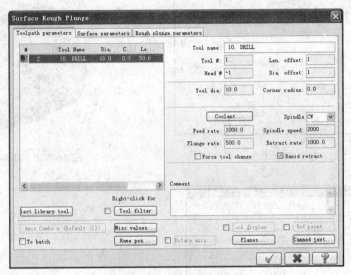

图 10-98　刀具参数设置

（5）切换至曲面参数【Surface parameters】选项卡，设置【Retract】为"40"，【Feed Plane】为"3"，【Stock to on drive】为"0.5"。

（6）切换至钻削式粗加工参数【Rough plunge parameter】选项卡，如图 10-99 所示。设置【Total tolerance】为"0.15"，【Max stepdown】为"5.0"，【Max stepover】为"3.0"。

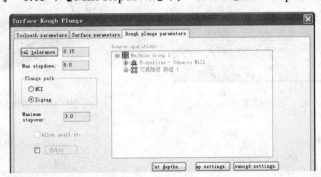

图 10-99　钻削式粗加工参数设置

（7）单击 cut depths.. 按钮，在弹出的如图 10-100 所示的【Cut Depths】对话框中，设置【Adjustment to top cut】为"1.0"，单击【确定】按钮　。

（8）单击【确定】按钮　，完成参数设置，系统生成刀具路径如图 10-101 所示。

（9）单击操作管理器中的 Stock setup 按钮，在弹出的如图 10-102 所示的【Stock setup】选项卡中单击 Bounding box 按钮，确定后结束毛坯参数设置。

（10）单击操作管理器中的 按钮，进行加工仿真，结果如图 10-103 所示。

（11）选择菜单栏中的保存命令【File】/【Save】，输入保存名称，单击【确定】按钮　，完成保存。

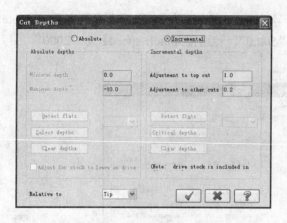

图 10-100 切削深度参数设置

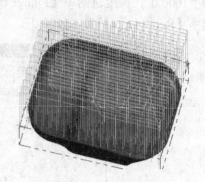

图 10-101 刀具路径

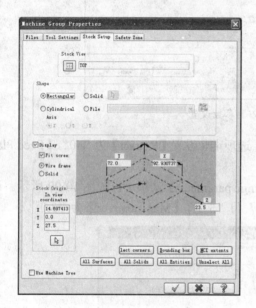

图 10-102 毛坯设置

图 10-103 实体加工模拟结果

第 11 章

曲面精加工

11.1 概　述

1. 曲面精加工种类

曲面粗加工用于切除工件的大部分余量，以方便后面的曲面精加工；曲面精加工则采用尺寸较小的刀具，小进给速度及小的加工余粮，以获得好的加工质量。选择菜单栏的【Toolpaths】/【Surface Finish】命令，系统显示【曲面精加工】菜单，如图 11-1 所示。

曲面精加工【Surface Finish】提供了 11 种加工方式。

(1) ▬ Parallel...：平行铣削精加工，适用于坡度不大，较为平缓的曲面。

(2) ▨ Parallel Steep...：平行陡斜面精加工，适用于加工较陡曲面上的残留材料。

(3) ⚙ Radial...：放射状精加工，刀具路径形式与发散状粗加工相似。

(4) ⬈ Project...：投影精加工，将已有的刀具路径或几何图形投影到指定的加工曲面上生成精加工刀具路径。

(5) ⬚ Flowline...：流线精加工，沿曲面流线生成精加工刀具路径。

(6) ⬓ Contour...：等高外形精加工，完成一个高度上的所有加工后再进刀。

图 11-1　曲面精加工

(7) ◢ Shallow...：浅平面精加工，加工较为平坦的曲面。

(8) ◣ Pencil...：交线清角精加工，用于两个或以上曲面的交角加工。

(9) ◩ Leftover...：残料清除精加工，清除先前操作遗留下来的未加工材料。

(10) ⛏ Scallop...：环绕等距精加工，产生一组环绕工件曲面且彼此等距的刀具路径。

(11) ◪ Blend...：混合精加工，针对两条曲线所确定的区域实施的一种高效曲面外形加工的方式。

曲面精加工的主要目的是将粗加工后的零件表面精修，达到零件本身几何形状与尺寸公差范围内。在精加工中，首先考虑的是保证零件的形状和尺寸精度。

(1) 刀具：为保证曲面加工质量，精加工中一般采用球铣刀。

292

（2）切削用量：切削用量包括主轴转速、进给速度和背吃刀量等。

背吃刀量由机床、刀具和工件的刚度确定。在刚度允许的条件下，粗加工取较大背吃刀量，以减少走刀次数，提高生产率；精加工取较小背吃刀量，以获得表面质量。粗加工后留给精加工的余量约为 0.05mm～0.80mm，应在一次进给中切除工序余量。

进给速度则按零件加工精度、表面粗糙度要求选取。粗加工取较大值，精加工取较小值，常取 $f=(20～50)$mm/min。但也不能太小，否则切削层公称厚度太薄不易切下切屑，对已加工表面质量反而不利。

主轴转速由机床允许的切削速度及工件直径决定。精加工尽量选取高的主轴转速。但设置时应考虑具体的加工环境，例如：

① 加工奥氏体不锈钢、钛合金和高温合金等难加工材料时，一般只能取较低的主轴转速。若采用高速切削机床，则可选择超高速。

② 切削有色金属的主轴转速比切削中碳钢的主轴转速高 100%～300%。

③ 断续切削时，为减少冲击和热应力，应适当降低主轴转速。

④ 在易发生振动的情况下，切削速度应避开自激振动的临界速度。

⑤ 加工大件、细长件和薄壁工件时，应适当降低主轴转速等。

2. 曲面精加工步骤

精加工阶段，一般从保证加工质量方面来考虑选择何种刀具路径，尽可能采用一种刀具路径把所有表面都加工到位，但事实表明一般达不到这个要求。所以一般采用多种刀具路径配合加工零件表面，尽量做到抬刀次数少、踩刀痕少、接刀痕少。Mastercam X5 系统中，曲面精加工的操作步骤如下。

（1）选择菜单栏中的【Machine Type】/【Mill】/【Default】命令，进入铣削系统。

（2）选择菜单栏中的【Toolpaths】/【Surface Finish】命令，启动相应的精加工方法。

（3）选择加工曲面，进入相应的精加工环境。

（4）根据弹出的参数对话框，进行刀具、曲面加工参数两种公共参数的设置和每种精加工特有的加工参数的设置。

（5）设置完后单击对话框中的【确定】按钮 ☑ ，结束参数设置，生成刀具路径。

（6）选择【加工操作管理器】中的【Stock setup】命令，进行工件毛坯形状和尺寸的设置。

（7）单击【加工操作管理器】中的【实体加工模拟】按钮 ◈ ，进行实体路径模拟。

（8）确定刀具路径正确后，单击加工操作管理器中的【后处理操作】按钮 **G1**，输出 NC 代码。

11.2 平行精加工

平行精加工命令【Parallel】能产生平行的精切削刀具路径。这种路径对 CNC 加工机床而言，较容易进行加工精度控制，加工曲面质量较好，可用于分模面等重要区域的加工。其加工参数设置【Finish parallel parameters】选项卡如图 11-2 所示。其参数设置与平行粗加工参数设置基本相同。

在精加工阶段，往往需要把公差值设定得更低，并且采用能获得更好加工效果的切削方式。在加工角度的选择上，可以与粗加工时的角度不同，如互相垂直，这样可以减少粗加工的刀痕，以获得更好的加工表面质量。

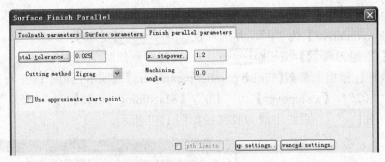

图 11-2　平行精加工参数设置

例 11-1　打开结果文件夹中文件"实例 10-1.MCX-5"，对图 11-3(a)所示粗加工后的曲面进行平行精加工，结果如图 11-3(b)所示。

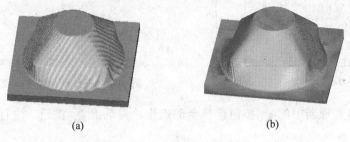

(a)　　　　　　　　　　　　(b)

图 11-3　平行精加工实例

操作步骤：

(1) 选择菜单栏中的平行精加工命令【Toolpaths】/【Surface Finish】/【Parallel】。

(2) 根据系统提示，选择所有曲面作为加工曲面，按 Enter 键，系统会弹出【曲面选择】对话框，单击【确定】按钮 ✓ 。

(3) 系统弹出图 11-4 所示【Surface Finish Parallel】对话框，首先单击 lect library tool. 按钮，从刀具库选择"240#"直径为 6 的球头铣刀，在图 11-4 所示对话框中设置刀号【Tool#】为"2"，长度补偿号【Len. offset】为"2"，半径补偿号【Dia. Offset】为"2"，平面进给率【Feed rate】为"150.0"，深度进给率【Plunge rate】为"100.0"，转速【Spindle speed】为"2000"，回刀速率【Retract rate】为"500.0"。

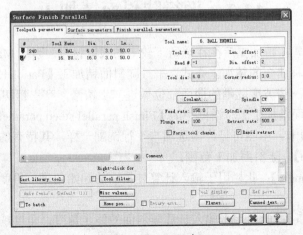

图 11-4　设置刀具参数

（4）切换至曲面参数【Surface parameters】选项卡，设置【Retract】为 "25"，【Feed Plane】为 "3"，【Stock to on drive】为 "0"，并选择 ☑ Direction... 复选项。

（5）单击【进/退刀向量】按钮 Direction... ，设置参数如图 11-5 所示。

（6）切换至平行精加工参数【Finish parallel parameters】选项卡，如图 11-6 所示。设置【Total tolerance】为 "0.025"，【x.stepover】为 "1.0"，【Machining angle】为 "−45.0"。完成设置后单击【确定】按钮 ✓ ，系统生成刀具路径如图 11-7 所示。

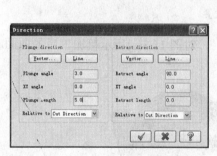

图 11-5　进/退刀向量设置

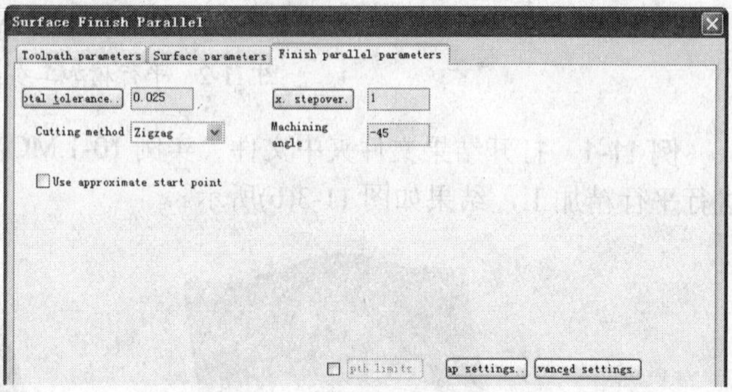

图 11-6　平行精加工参数设置

（7）单击操作管理器中的 ✓ 按钮选择全部操作，再单击 ⬡ 按钮，进行加工仿真，结果如图 11-8 所示。

图 11-7　刀具路径

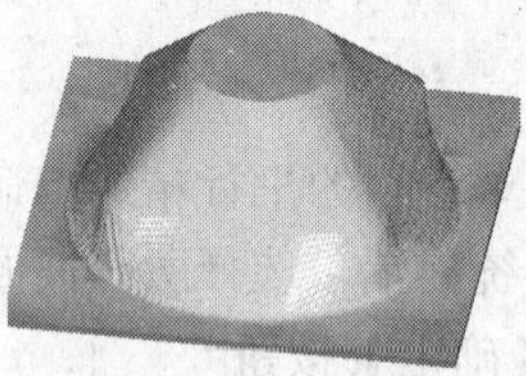

图 11-8　实体加工模拟结果

（8）选择菜单栏中的保存命令【File】/【Save】，输入保存名称，单击【确定】按钮 ✓ ，完成保存。

11.3　平行陡斜面精加工

对于较陡的曲面，在精加工后往往会留下较多的残留材料，因此 Mastercam X5 在精加工中专门提供了针对这种曲面的精加工方式。平行陡斜面精加工【Parallel Steep】主要用于在粗加工或精加工后，对一些坡度陡峭的曲面部位做进一步精修，产生精切削刀具路径。

单击【平行陡斜面精加工】对话框中的【Finish parallel steep parameters】按钮，系统弹出如图 11-9 所示的选项卡。由图可见许多选项与平行铣削一样，其特有的参数如下。

（1）【Steep Range】：陡斜面加工范围。

①【From slope angle】：此栏用于输入计算陡斜面的起始角度，角度越小越能加工曲面的平坦部位。

②【To slope angle】：此栏用于输入计算陡斜面的终止角度，角度越大越能加工曲面的陡坡部位。

图 11-9　平行陡斜面精加工参数设置

通过设置【From slope angle】(最小坡度值)和【To slope angle】(最大加工坡度值)来决定陡斜面的加工区域。角度越小，加工的曲面越平坦。典型的陡斜面的加工区域是 50°~90°，如图 11-10(a)所示；图(b)为 20°~90°。

(2)【Include cuts which fall outside】：选择此复选框，可以实现平行铣与陡斜面铣复合加工功能。对于某些形状的零件，利用此复选框可以避免走刀重复。

(3)【Cut extension】：此文本框可输入刀具路径延伸距离，目的是清除粗加工时残留的剩余材料。

例 11-2　打开结果文件夹中文件"实例 10-7.MCX-5"，对图 11-11(a)所示粗加工后的曲面进行平行陡斜面精加工，结果如图 11-11(b)所示。

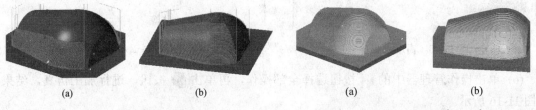

| (a) | (b) | (a) | (b) |

图 11-10　加工区域　　　　　　　　　图 11-11　平行陡斜面精加工实例

(a) 50°~90°；(b) 20°~90°。

操作步骤：

(1) 打开结果文件夹中文件"实例 10-7.MCX-5"，选择菜单栏中的平行陡斜面精加工命令【Toolpaths】/【Surface Finish】/【Parallel Steep】。

(2) 根据系统提示，选择所有曲面作为加工曲面，按 Enter 键，系统会弹出【曲面选择】对话框，单击【确定】按钮 ✓ 。

(3) 系统弹出图 11-12 所示【Surface Finish Parallel Steep】对话框，首先单击 lect library tool. 按钮，从刀具库选择"244#"直径为 10 的球头铣刀，在图 11-12 所示对话框中设置刀号【Tool#】为"2"，长度补偿号【Len. offset】为"2"，半径补偿号【Dia. Offset】为"2"，平面进给率【Feed rate】为"300.0"，深度进给率【Plunge rate】为"200.0"，转速【Spindle speed】为"2000"，回刀速率【Retract rate】为"500.0"。

(4) 切换至曲面参数【Surface parameters】选项卡，如图 11-13 所示。设置【Clearance】为"100"，【Retract】为"25.0"，【Feed Plane】为"5.0"，【Stock to on drive】为"0.0"。

(5) 切换至平行陡斜面精加工参数【Finish parallel steep parameters】选项卡，设置参数如图 11-14 所示。单击【确定】按钮 ✓ ，生成刀具路径如图 11-15 所示。

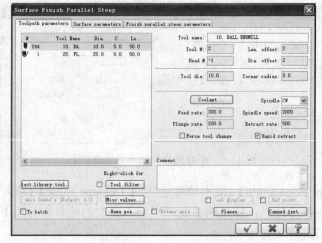

图 11-12　设置刀具参数

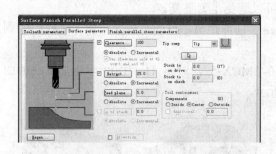

图 11-13　高度设置

图 11-14　平行陡斜面精加工参数设置

（6）单击操作管理器中的 ✔ 按钮选择全部操作，再单击 ▥ 按钮，进行加工仿真，结果如图 11-16 所示。

图 11-15　刀具路径

图 11-16　实体模拟加工结果

（7）选择菜单栏中的保存命令【File】/【Save】，输入保存名称，单击【确定】按钮 ✔ ，完成保存。

11.4　放射状精加工

放射状精加工命令【radial】是以指定点为中心，产生圆周形放射状切削刀具路径，离中心越近的表面其切削效果越佳。其参数设置【Finish radial parameters】与放射状粗加工相似，在此不再详述。

例 11-3　打开结果文件夹中文件"实例 10-2.MCX-5"，利用放射状精加工功能对图 11-17(a) 所示粗加工后的曲面进行精加工，结果如图 11-17(b)所示。

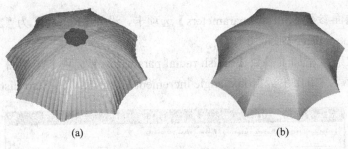

(a)   (b)

图 11-17 放射状精加工实例

操作步骤：

(1) 打开源文件夹中"实例 10-2.MCX-5"，选择菜单栏中的放射状精加工命令【Toolpaths】/【Surface Rough】/【Radial】。

(2) 根据系统提示，框选所有曲面作为加工曲面，按 Enter 键，系统会弹出如图 11-18 所示对话框，单击【Radial point】一栏中的 ⬚ 按钮，选择如图 11-19 所示的点 P1 作为放射中心，然后单击【确定】按钮 ✓ 。

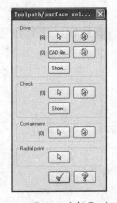

图 11-18 【曲面选择】对话框

图 11-19 选择放射中心

(3) 系统弹出如图 11-20 所示【Surface Finish Radial】对话框，首先单击 lect library tool. 按钮，从刀具库选择"238#"直径为 4 的球头铣刀，在图 11-20 所示对话框中设置刀号【Tool#】为"1"，长度补偿号【Len．offset】为"2"，半径补偿号【Dia．Offset】为"2"，平面进给率【Feed rate】为"500.0"，深度进给率【Plunge rate】为"200.0"，转速【Spindle speed】为"2000"，回刀速率【Retract rate】为"800.0"。

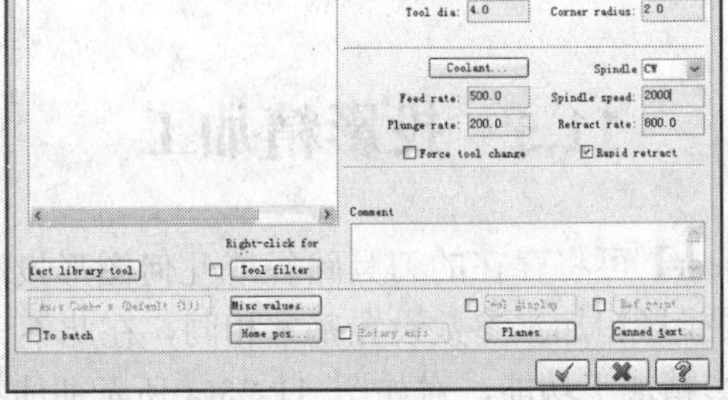

图 11-20 刀具参数设置

(4) 切换至曲面参数【Surface parameters】选项卡，设置【Retract】为"25"，【Feed Plane】为"5"，【Stock to on drive】为"0"。

(5) 切换至放射状精加工参数【Finish radial parameters】选项卡，如图 11-21 所示。设置【Total tolerance】为"0.025"，【Max. angle increment】为"1.0"，【Start distance】为"0.0"。

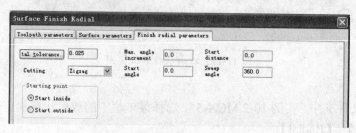

图 11-21　放射状精加工参数设置

(6) 单击 ap settings. 按钮，系统弹出如图 11-22 所示的【Gap settings】对话框，设置【Motion <Gap size，keep tool down】类型为【Broken】，【Tangential line length】为"2"。单击【确定】按钮 ✓ ，系统生成刀具路径如图 11-23 所示。

(7) 单击操作管理器中的 ✓ 按钮选择全部操作，再单击 ⬡ 按钮，进行加工仿真，结果如图 11-24 所示。

图 11-22　【Gap settings】对话框

图 11-23　刀具路径

图 11-24　实体加工模拟结果

(8) 选择菜单栏中的保存命令【File】/【Save】，输入保存名称，单击【确定】按钮 ✓ ，完成保存。

11.5　投影精加工

投影精加工命令【Project】可将存在的刀具路径或几何图形投影到曲面上产生精加工刀具路径。其参数设置与曲面投影粗加工参数设置基本相同，在此不再详述。

例 11-4　利用曲面投影精加工功能，对如图 11-25(a)所示曲线投影至球面并加工，图形的加工深度为 1.5mm，加工结果如图 11-25(b)所示。

(a)　　　　　　　　　　　　　　　(b)

图 11-25　曲面投影精加工实例

操作步骤：

(1) 打开源文件夹中文件"实例 11-4.MCX-5"，选择菜单栏中的投影精加工命令
【Toolpaths】/【Surface Finish】/【Project】。

(2) 在输入 NC 名称对话框中输入文件名后单击【确定】按钮 ✔️ 。

(3) 根据系统提示，选择图中曲面作为加工曲面，按 Enter 键确认，系统会弹出如图 11-26
所示对话框，单击【Curves】一栏中的 按钮。

(4) 系统弹出串连选择对话框，单击 框选按钮，然后框选所有曲线，单击选择一点
作为起始点，然后单击【确定】按钮 ✔️ ，选择的曲线如图 11-27 所示。

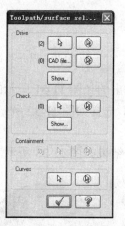

图 11-26　【曲面选择】对话框

图 11-27　选择曲线

(5) 系统弹出图 11-28 所示【Surface Finish Project】对话框，首先单击 lect library tool. 按
钮，从刀具库选择"236#"直径为 2 的球头铣刀，在图 11-28 所示对话框中设置刀号【Tool#】
为"1"，长度补偿号【Len．offset】为"1"，半径补偿号【Dia．Offset】为"1"，平面进给
率【Feed rate】为"1000.0"，深度进给率【Plunge rate】为"600.0"，转速【Spindle speed 】
为"3000"，回刀速率【Retract rate】为"1000.0"。

(6) 切换至曲面参数【Surface parameters】选项卡，设置【Stock to on drive】为"-1.5"。

(7) 切换至投影精加工参数【Finish project parameters】选项卡，如图 11-29 所示。设置【Total
tolerance】为"0.025"，单击【确定】按钮 ✔️ 生成刀具路径如图 11-30 所示。

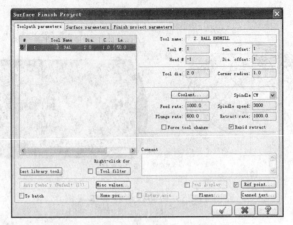

图 11-28　刀具参数设置

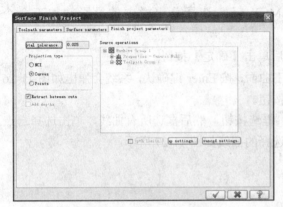

图 11-29　投影精加工参数设置

图 11-30　刀具路径

（8）单击操作管理器中的◆ Stock setup 按钮，在弹出的如图 11-31 所示的【Stock setup】选项卡中选择【Solid】单选按钮，并单击其后的 ⊠ 按钮，选择如图 11-32 所示实体，单击【确定】按钮 ✓ ，结束毛坯参数设置。

（9）单击操作管理器中的 ⬡ 按钮，进行加工仿真，结果如图 11-33 所示。

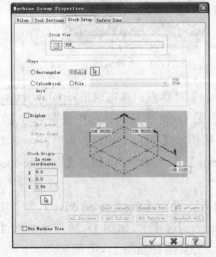

图 11-31　毛坯设置

图 11-32　选择实体

图 11-33　实体加工模拟结果

(10) 选择菜单栏中的保存命令【File】/【Save】，输入保存名称，单击【确定】按钮 ✓ ，
完成保存。

11.6　流线精加工

曲面流线精加工命令【Flowline】能生成沿着曲面流线方向或截断方向的加工路径，能精
确控制残留高度，得到较光滑的加工表面。其特有的精加工参数设置【Finish flowline
parameters】如图 11-34 所示。

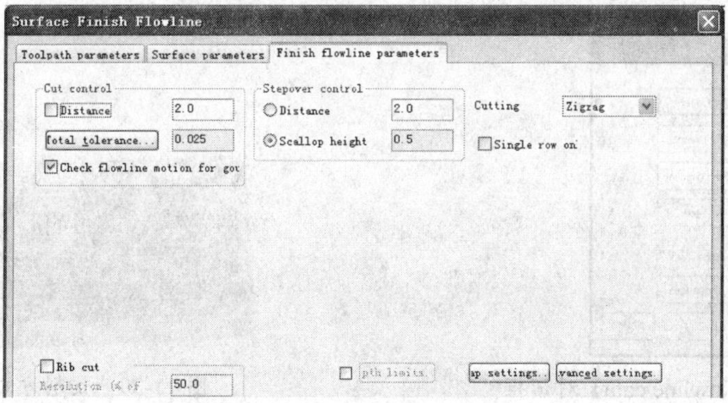

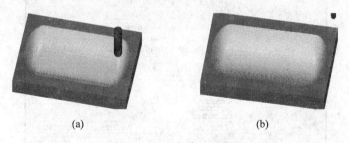

图 11-34　流线精加工参数设置

其中各项参数设置与流线粗加工参数设置基本相同，在此不再详述。

例 11-5　打开结果文件夹中文件"实例 10-4.MCX-5"，利用流线精加工功能对图 11-35(a)
所示粗加工后的曲面进行精加工，结果如图 11-35(b)所示。

(a)　　　　　　　　　　(b)

图 11-35　流线精加工实例

操作步骤：

(1) 打开结果文件夹中文件"实例 10-4.MCX-5"，选择菜单栏中的流线精加工命令
【Toolpaths】/【Surface Finish】/【Flowline】。

(2) 根据系统提示，选择图 11-36 所示曲面作为加工曲面，按 Enter 键，系统会弹出如图
11-37 所示对话框，单击【Flowline】一栏中的 ∽ 按钮。

(3) 系统弹出如图 11-38 所示对话框，单击 Offset 按钮调整偏置方向，然后单击 Cut direction
按钮调整切削方向，选择适当的切削方向。调整后切削方向如图 11-39 所示。

(4) 系统弹出图 11-40 所示【Surface Finish Flowline】对话框，首先单击 lect library tool. 按
钮，从刀具库选择直径为 8 的球头铣刀，其他设置如图 11-41 所示。

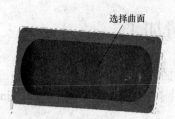

选择曲面

图 11-36　选择曲面

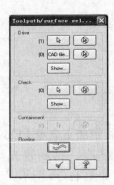

图 11-37　【曲面选择】对话框

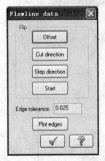

图 11-38　【Flowline data】对话框

图 11-39　切削方向

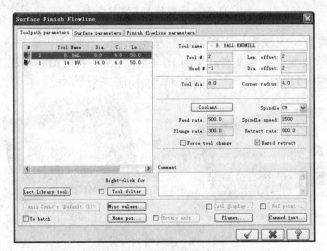

图 11-40　设置刀具参数

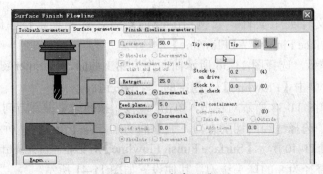

图 11-41　高度设置

(5) 切换至曲面参数【Surface parameters】选项卡，设置【Retract】为 "25"，【Feed Plane】为 "5"，【Stock to on drive】为 "0.2"。

(6) 切换至流线精加工参数【Finish flowline parameters】选项卡，如图 11-42 所示。设置【Scallop height】为 "0.2"，单击【确定】按钮 ，生成刀具路径如图 11-43 所示。

图 11-42　流线精加工参数设置

(7) 单击操作管理器中的 按钮选择全部操作，再单击 按钮，进行加工仿真，结果如图 11-44 所示。

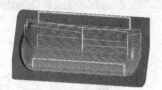

图 11-43　刀具路径

图 11-44　实体加工模拟结果

(8) 选择菜单栏中的保存命令【File】/【Save】，输入保存名称，单击【确定】按钮 ，完成保存。

11.7　等高外形精加工

曲面等高外形精加工命令【Contour】能围绕曲面外形产生逐层精切削刀具路径。其路径在 Z 轴方向的高度是恒定的，一般对有许多陡斜面的工件进行切削。【Finish contour parameters】中各项参数设置与等高外形精加工参数设置相同。

例 11-6　打开结果文件夹中 "实例 10-5.MCX-5"，利用等高外形精加工功能对图 11-45(a) 所示粗加工后的曲面进行精加工，结果如图 11-45(b)所示。

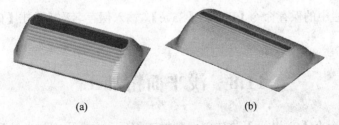

(a)　　　　　　　　　　(b)

图 11-45　等高外形精加工实例

操作步骤：

(1) 打开结果文件夹中文件 "实例 10-5.MCX-5"，选择菜单栏中的等高外形精加工命令

【Toolpaths】/【Surface Finish】/【Contour】。

(2) 根据系统提示，选择所有曲面作为加工曲面，按 Enter 键确认，系统会弹出曲面选择对话框，单击【确定】按钮 ✓。

(3) 系统弹出图 11-46 所示【Surface Finish Contour】对话框，首先单击 lect library tool. 按钮，从刀具库选择直径为 6 的球头铣刀，在图 11-46 所示对话框中设置刀号【Tool#】为 "2"，长度补偿号【Len. offset】为 "2"，半径补偿号【Dia. Offset】为 "2"，平面进给率【Feed rate】为 "300.0"，深度进给率【Plunge rate】为 "150.0"，转速【Spindle speed】为 "2000"，回刀速率【Retract rate】为 "500.0"。

(4) 切换至曲面参数【Surface parameters】选项卡，设置【Stock to on drive】为 "0"。

(5) 切换至等高外形精加工参数【Finish contour parameters】选项卡，如图 11-47 所示。设置【Total tolerance】为 "0.025"，【Max stepdown】为 "0.5"，选择切削方式为双向，并选择 ☑ Optimize cut order 复选框。完成设置后单击【确定】按钮 ✓，生成刀具路径如图 11-48 所示。

图 11-46　刀具参数设置

图 11-47　等高外形精加工参数设置

(6) 单击操作管理器中的 ✓ 按钮选择全部操作，再单击 ▣ 按钮，进行加工仿真，结果如图 11-49 所示。

图 11-48　刀具路径

图 11-49　实体加工模拟结果

(7) 选择菜单栏中的保存命令【File】/【Save】，输入保存名称，单击【确定】按钮 ✓，完成保存。

11.8　浅平面精加工

浅平面精加工命令【Shallow】与陡斜面精加工相反，主要用来加工较为平坦的曲面。大多数的精加工往往对平坦部分的加工不够，因此需要在其后使用浅平面精加工来保证加工精度和表面质量。

该方式与陡斜面加工方式一样都需通过输入最小倾斜角与最大倾斜角定义浅平面的加工范围。由于以等高外形加工的工件在浅平面区域会留下较多的残料，如图 11-49 所示，所以曲面浅平面精加工常用于等高外形加工之后或挖槽粗加工之后，针对浅平区域的残料加工。选用浅平面精加工方式，系统会在众多的曲面中自动筛选出符合指定要求且比较浅的平面、曲面和浅坑，并产生刀具路径。

浅平面精加工操作过程与平行精加工类似。下面对其特有的精加工参数的设置进行说明。选择【浅平面精加工参数设置】对话框中的【Finish shallow parameters】选项卡，如图 11-50 所示。

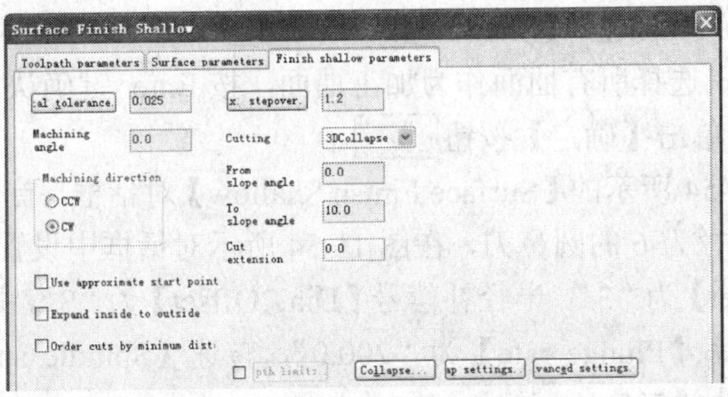

图 11-50　浅平面精加工参数设置

（1）【From slope angle】：此栏用于输入计算浅平面的起始角度，角度越小越能加工曲面的平坦部位。

（2）【To slope angle】：此栏用于输入计算浅平面的终止角度，角度越大越能加工曲面的陡坡部位。

（3）【Cut extension】：切削方向延伸量，使刀具在切削时可以将刀具路径延伸到前一次切削的地方下刀。

（4）【Cutting】：切削方式。下拉列表框用来设置切削方式，分为【Zigzag】(双向切削)、【One way】(单向切削)与【3D Collapse】(3D 环绕等距切削)。其中 3D 环绕等距切削是从切削区的外边界开始向内环形切削，并且以最大的步进量切削，如图 11-51 所示。单击 Collapse... 按钮，系统弹出如图 11-52 所示的【Collapse settings】对话框。其参数说明如下：

图 11-51　环形切削

图 11-52　【Collapse settings】对话框

①【% of stepover】：3D 环绕精度步进量，可以决定所加工的曲面平滑度。此值越小，平滑度越佳，但加工时间将变长，且程序长度将增长。

②【Create limiting zone boundaries as geometry】：将限定区域的边界存为图形，可以从 3D 环绕加工的最外边界来产生几何边界范围图形。

例 11-7　打开结果文件夹中"实例 11-6.MCX-5"，利用浅平面精加工功能对图 11-53(a)所示等高外形精加工后的曲面进行精加工，结果如图 11-53(b)所示。

图 11-53　浅平面精加工实例

操作步骤：

(1) 打开结果文件夹中文件"实例 11-6.MCX-5"，选择菜单栏中的浅平面精加工命令【Toolpaths】/【Surface Finish】/【Shallow】。

(2) 根据系统提示，选择所有曲面作为加工曲面，按 Enter 键确认，系统会弹出【刀具路径曲面选择】对话框，单击【确定】按钮 ✓ 。

(3) 系统弹出图 11-54 所示的【Surface Finish Shallow】对话框，首先单击 lect library tool. 按钮，从刀具库选择直径为 6 的圆鼻刀，在图 11-54 所示对话框中设置刀号【Tool#】为"3"，长度补偿号【Len. offset】为"3"，半径补偿号【Dia. Offset】为"3"，平面进给率【Feed rate】为"300.0"，深度进给率【Plunge rate】为"200.0"，转速【Spindle speed】为"2000.0"，回刀速率【Retract rate】为"500.0"。

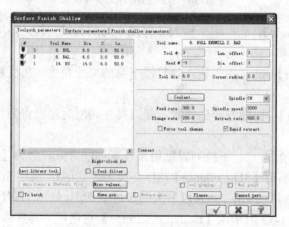

图 11-54　刀具参数设置

(4) 切换至曲面参数【Surface parameters】选项卡，选择 Direction... 复选框。

(5) 单击 Direction... 按钮，设置如图 11-55 所示的进/退刀参数，单击【确定】按钮 ✓ 。

(6) 切换至浅平面精加工参数【Finish shallow parameters】选项卡，设置参数如图 11-56 所示，单击【确定】按钮 ✓ ，生成刀具路径如图 11-57 所示。

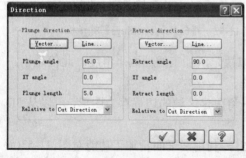

图 11-55　进/退刀参数设置　　　　　　　　　图 11-56　浅平面精加工参数设置

(7) 单击操作管理器中的  按钮选择全部操作，再单击 🧊 按钮，进行加工仿真，结果如图 11-58 所示。

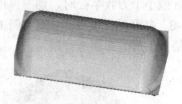

图 11-57　刀具路径　　　　　　　图 11-58　实体加工模拟结果

(8) 选择菜单栏中的保存命令【File】/【Save】，输入保存名称，单击【确定】按钮 ✓ ，完成保存。

11.9　交线清角精加工

交线清角精加工命令【Pencil】是用于清除曲面间交角处的残余材料的，相当于在曲面间增加了一个倒圆面。交线清角刀具路径主要发生在非圆滑过渡的曲面交接边线部位，且一般需要与其他精加工配合使用。交线清角精加工操作过程与平行精加工类似，下面对其特有的精加工参数的设置进行说明。

单击【交线清角精加工】对话框中的【Finish pencil parameters】按钮，系统弹出如图 11-59 所示的选项卡。

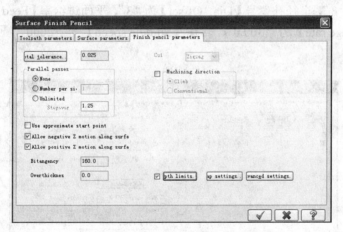

图 11-59　交线清角精加工参数设置

(1)【Parallel passes】：平行切削次数。

①【None】：选择此单选按钮，只走一次交线清角刀具路径。

②【Number per side】：选择此单选按钮，用户可以输入交线清角刀具路径的平行切削次数，以增加交线清角的切削范围。此时需要在【Stepover】文本框输入每次的步进量。

③【Unlimited】：选择此单选按钮，对整个曲面模型走交线清角刀具路径，并需要在【Stepover】文本框中输入步进量。

(2)【Bitangency】：两曲面交角。在【Bitangency】文本框中输入角度值，可以定义进行清角加工的曲面夹角范围，最好的结果是设置为 165°。

(3)【Overthicknes】：切削厚度。在【Overthicknes】文本框中输入切削厚度值，当切削圆弧半径接近或小于刀具半径时，切削厚度可以增加切削次数，从而避免撞刀。

例 11-8 打开结果文件夹中"实例 11-1.MCX-5"，利用交线清角精加工功能对图 11-60(a) 所示平行精加工后的曲面进行精加工，结果如图 11-60(b)所示。

(a)   (b)

图 11-60 交线清角精加工实例

操作步骤：

(1) 打开结果文件夹中"实例 11-1.MCX-5"，选择菜单栏中的交线清角精加工命令【Toolpaths】/【Surface Finish】/【Pencil】。

(2) 根据系统提示，选择所有曲面作为加工曲面，按 Enter 键确认，系统弹出【曲面选择】对话框，单击【确定】按钮 ✓ 。

(3) 系统弹出【Surface Finish Pencil】对话框，首先单击 lect library tool. 按钮，从刀具库选择直径为 5 的球头铣刀，在图 11-61 所示对话框中设置刀号【Tool#】为"3"，长度补偿号【Len. offset】为"3"，半径补偿号【Dia. Offset】为"3"，平面进给率【Feed rate】为"500.0"，深度进给率【Plunge rate】为"300.0"，转速【Spindle speed】为"2000"，回刀速率【Retract rate】为"1000.0"。

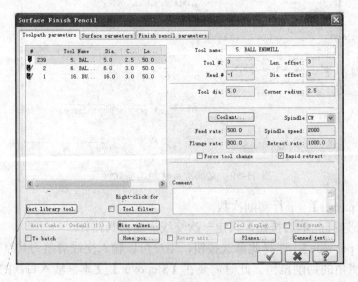

图 11-61 刀具参数设置

(4) 切换至交线清角精加工参数【Finish pencil parameters】选项卡，设置参数如图 11-62 所示。

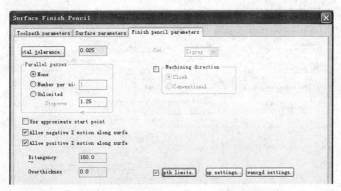

图 11-62 交线清角精加工参数设置

(5) 单击 pth limits. 按钮，设置深度参数如图 11-63 所示，单击【确定】按钮 ✓ ，生成刀具路径如图 11-64 所示。

(6) 单击操作管理器中的 ✓ 按钮选择全部操作，再单击 ◈ 按钮，进行加工仿真，结果如图 11-65 所示。

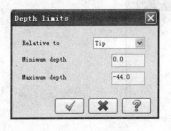

图 11-63 深度参数

图 11-64 刀具路径

图 11-65 实体加工模拟结果

(7) 选择菜单栏中的保存命令【File】/【Save】，输入保存名称，单击【确定】按钮 ✓ ，完成保存。

11.10 残料清角精加工

残料清角精加工命令【leftover】能利用较小直径的刀具来清除先前使用直径较大的刀具加工所残留的材料。残料清角精加工通常用于一些曲面交接处，它不仅产生于非圆滑过渡的曲面交接处，也发生在曲面倒圆的部位。

其特有的精加工参数设置有【Finish leftover parameters】和【Leftover material parameters】，如图 11-66 和图 11-67 所示。

1. 残料清角精加工参数

残料清角精加工参数【Finish leftover parameters】选项卡的参数设置与浅平面精加工参数设置类似。其主要参数说明如下。

(1)【Hybrid(constant Z cuts above cut off angle，3d cuts below)】：混合路径。在中断角上方用等高切削，下方用 3D 环绕切削。

(2)【Cut off angle】：中断角度，定义混合路径区域。在中断角上方用等高切削，下方用 3D 环绕切削。只有【Hybrid(constant Z cuts above cut off angle．3d cuts below)】(混合路径)复选框被选中时才会显示。

图 11-66　【Finish leftover parameters】选项卡

（3）【Extension length】：设定等高路径的延伸距离。该参数只对混合路径中的等高切削路径有作用。

（4）【Keep cuts perpendicular to leftover region】：保持切削方向与残料区域垂直，产生切削路径与曲面相垂直的路径。这样可以提高精加工质量，减小刀具磨损。

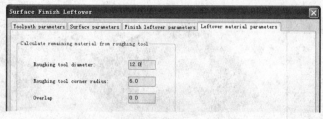

图 11-67　【Leftover material parameters】选项卡

2. 残料清角材料参数

残料清角材料参数【Leftover material parameters】选项卡用来设定残料的来源。其主要参数说明如下。

（1）【Roughing tool diameter】：粗加工刀具直径。输入粗加工采用的刀具直径，以便于系统计算余留的残料。

（2）【Roughing tool comer radius】：粗加工刀具的圆角半径。

（3）【Overlap】：偏移距离，用于输入残料精加工的延伸量，将前面设置的刀具直径增大一个偏移距离，使残料清角精加工搜索范围更大，这样残料清除更彻底，如图 11-68 所示。

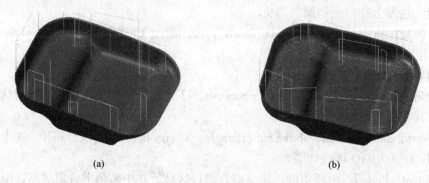

(a)　　　　　　　　　　　　　　(b)

图 11-68　偏移距离设置

(a)【Overlap】=0；(b)【Overlap】=5。

11.11 环绕等距精加工

环绕等距精加工命令【Scallop】能产生一组环绕工件曲面且彼此等距的刀具路径。这种方法可以在曲面上产生首尾一致的表面粗糙度，以及很少提刀的刀具路径。这种刀具路径几乎是 X、Y、Z 三轴联动路径，对机床要求很高。所以此方法不适合用于模具的分模面等需要精度的加工，而适用于曲面变化较大的零件。

环绕等距精加工操作过程与平行精加工类似，其特有的精加工参数设置为【Finish scallop parameters】，如图 11-69 所示，主要参数说明如下。

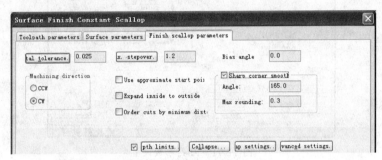

图 11-69 环绕等距精加工参数

(1)【Order cuts by minimum distance】：切削顺序依照最短距离。选择此复选框，将优化环绕等距精加工切削路径，减少切削间的提刀次数。该参数适用于加工曲面中间有孔的工件。曲面中间有孔时，曲面的内外边界会被环绕等距路径视为外侧。

(2)【Bias angle】：环绕等距角。用于输入环绕等距的角度，通常为 0°或 45°。

(3)【Sharp corner smoothing】：选择此复选框，可以使带尖角的曲面在尖角处用圆弧或样条线过渡，表面光滑。其中，【Angle】设定尖角的角度。小于此角度，系统进行尖角光滑；【Max rounding】指定尖角光滑的程度，它代表原始路径到光滑路径之间的最大偏差，一般取 0.25。

例 11-9 打开结果文件夹中文件"实例 10-2.MCX-5"，利用环绕等距精加工功能对图 11-70(a)所示放射状粗加工后的曲面进行精加工，结果如图 11-70(b)所示。

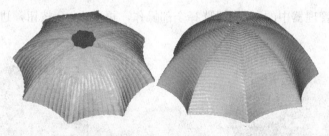

图 11-70 环绕等距精加工实例

操作步骤：

(1) 打开结果文件夹中"实例 10-2.MCX-5"，选择菜单栏中的环绕等距精加工命令【Toolpaths】/【Surface Finish】/【Scallop】。

(2) 根据系统提示，框选所有曲面作为加工曲面，按 Enter 键确认，系统会弹出【刀具路径曲面选择】对话框，单击【确定】按钮 ✓。

(3) 系统弹出图 11-71 所示【Surface Finish Constant Scallop】对话框，首先单击 `lect library tool.` 按钮，从刀具库选择直径为 4 的球头铣刀，在图 11-71 所示对话框中设置刀号【Tool#】为"2"，长度补偿号【Len. offset】为"2"，半径补偿号【Dia. Offset】为"2"，平面进给率【Feed rate】为"400.0"，深度进给率【Plunge rate】为"300.0"，转速【Spindle speed】为"2000"，回刀速率【Retract rate】为"600.0"。

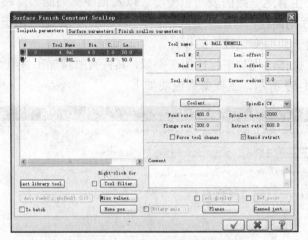

图 11-71　刀具参数设置

(4) 切换至环绕等距精加工参数【Finish Scallop parameters】选项卡，设置参数图 11-72 所示。单击【确定】按钮 ✓ ，生成刀具路径如图 11-73 所示。

图 11-72　环绕等距精加工参数设置

(5) 单击操作管理器中的 ✓ 按钮选择全部操作，再单击 ▱ 按钮，进行加工仿真，结果如图 11-74 所示。

图 11-73　刀具路径

图 11-74　实体加工模拟结果

(6) 选择菜单栏中的保存命令【File】/【Save】，输入保存名称，单击【确定】按钮 ✓ ，完成保存。

11.12　混合精加工

混合精加工命令【Blend】是针对两条曲线所确定的区域实施的一种高效曲面外形加工的方式。这两个线串可以是开放的或封闭的，通过选择线串的顺序决定切削的开始和切削方向。选择两曲线边界时一定要保证选取的位置点对齐，否则生成的刀具路径会扭曲，对于封闭的曲线有时需采用打断。其特有的精加工参数设置【Finish blend parameters】如图 11-75 所示。

图 11-75　融合精加工参数设置

其主要参数介绍如下。

(1)【Cutting method】选项用来设置切削方式，包括【Zigzag】(双向切削)、【One way】(单向切削)及【Spiral】(螺旋切削)3 种方式。

(2)混合加工刀具路径沿曲面运动，融合形式包括【Across】(横向)、【Along】(纵向)、【2D】(二维)和【3D】(三维)4 种方式。

①【Across】：选择此单选按钮，将在两融合边界间产生截断方向融合精加工刀具路径，产生的是不平行的 2D 直线路径。

②【Along】：选择此单选按钮，将在两混合边界间产生切削方向融合精加工刀具路径。此路径可以是 2D 或 3D 路径。

③【2D】：选择此单选按钮，适合产生 2D 融合精加工刀具路径。

④【3D】：选择此单选按钮，适合产生 3D 融合精加工刀具路径。

当选择【Along】融合形式时，Blend... 按钮被激活，单击此按钮弹出如图 11-76 所示的【Blend along cut settings】对话框。

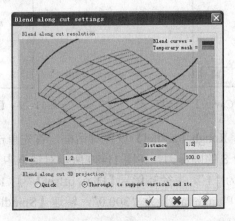

图 11-76　纵向混合切削设置

11.13 综合实例

例 11-10 打开源文件夹中文件"实例 11-10.MCX-5",利用曲面加工功能对图 11-77(a) 所示曲面进行加工,加工结果如图 11-77(b)所示。

(a)

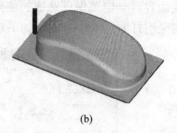
(b)

图 11-77 综合实例

操作步骤:

(1) 打开源文件夹中文件"实例 11-10.MCX-5",选择菜单栏中机床类型命令【Machine Type】/【Mill】/【Default】。

(2) 选择菜单栏中的平行粗加工命令【Toolpaths】/【Surface Rough】/【Parallel】。

(3) 系统弹出图 11-78 所示【Select Boss/Cavity】对话框,选择【Boss】单选按钮后单击 【确定】按钮 ✔ 。

(4) 在【输入 NC 名称】对话框中输入文件名后单击【确定】按钮 ✔ 。

(5) 根据系统提示,选择所有曲面作为加工曲面,按 Enter 键,系统会弹出如图 11-79 所 示【曲面选择】对话框,单击【确定】按钮 ✔ 。

图 11-78 【Select Boss/Cavity】对话框

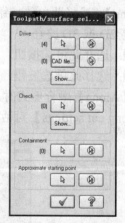

图 11-79 【曲面选择】对话框

(6) 系统弹出【Surface Roagh Parallel】设置对话框,首先单击 lect library tool. 按钮,从 刀具库选择"128#"直径为 8 的圆鼻刀,在图 11-80 所示对话框中设置刀号【Tool#】为"1", 长度补偿号【Len. offset】为"1",半径补偿号【Dia. offset】为"1",平面进给率【Feed rate】 为"300.0",深度进给率【Plunge rate】为"300.0",转速【Spindle speed】为"3500",回刀 速率【Retract rate】为"500.0"。

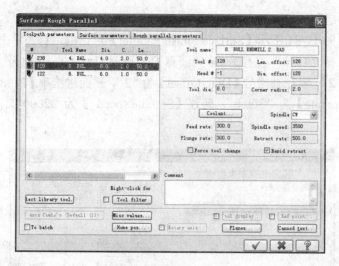

图 11-80　设置刀具参数

(7) 切换至曲面参数【Surface parameters】选项卡，如图 11-81 所示。设置【Retract】为"25.0"，【Feed Plane】为"5.0"，【Stock to on drive】为 0.3。

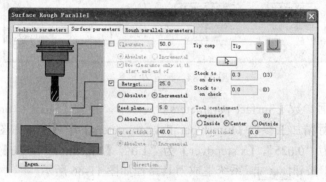

图 11-81　曲面参数设置

(8) 切换至曲面参数【Surface parallel parameters】选项卡，设置参数如图 11-82 所示，单击【确定】按钮 ，生成刀具路径如图 11-83 所示。

图 11-82　平行粗加工参数设置

图 11-83　平行粗加工刀具路径

(9) 选择菜单栏中的平行精加工命令【Toolpaths】/【Surface Finish】/【Parallel】。

(10) 根据系统提示，选择所有曲面作为加工曲面，按 Enter 键，系统会弹出【曲面选择】

对话框，单击【确定】按钮 ✓。

(11) 系统弹出图 11-84 所示【Surface Finish Parallel】对话框，首先单击 lect library tool. 按钮，从刀具库选择"122#"直径为 6 的圆鼻刀，设置刀号【Tool#】为"2"，长度补偿号【Len. offset】为"2"，半径补偿号【Dia. Offset】为"2"，平面进给率【Feed rate】为"300.0"，深度进给率【Plunge rate】为"300.0"，转速【Spindle speed】为"2000"，回刀速率【Retract rate】为"500.0"。

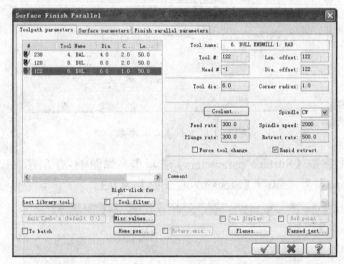

图 11-84　设置刀具参数

(12) 切换至曲面参数【Surface parameters】选项卡，设置【Stock to on drive】为"0.1"。

(13) 切换至平行精加工参数【Finish parallel parameters】选项卡，如图 11-85 所示，设置【Total tolerance】为"0.025"，【x.stepover】为"1.0"，【Machining angle】为"-45.0"。完成设置后单击【确定】按钮 ✓，系统生成刀具路径如图 11-86 所示。

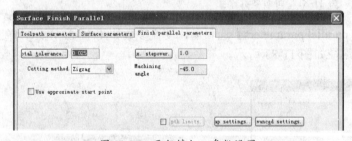

图 11-85　平行精加工参数设置

图 11-86　平行精加工刀具路径

(14) 选择菜单栏中的平行陡斜面精加工命令【Toolpaths】/【Surface Finish】/【Parallel Steep】。

(15) 根据系统提示，选择所有曲面作为加工曲面，按 Enter 键，系统会弹出【曲面选择】对话框，单击【确定】按钮 ✓。

(16) 系统弹出【Surface Finish Parallel Steep】对话框，首先单击 lect library tool. 按钮，从刀具库选择"122#"直径为 6 的圆鼻刀，其他设置如图 11-87 所示。

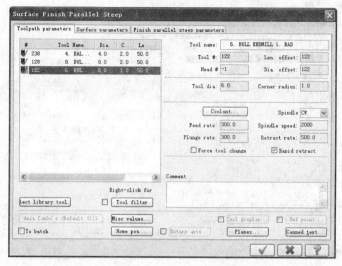

图 11-87 设置刀具参数

(17) 切换至曲面参数【Surface parameters】选项卡，设置【Retract】为"25"，【Feed Plane】为"5"，【Stock to on drive】为"0"。

(18) 切换至平行陡斜面精加工参数【Finish parallel steep parameters】选项卡，设置参数如图 11-88 所示。单击【确定】按钮 ✓ ，生成刀具路径如图 11-89 所示。

图 11-88 平行陡斜面精加工参数设置 　　图 11-89 平行陡斜面精加工刀具路径

(19) 选择菜单栏中的浅平面精加工命令【Toolpaths】/【Surface Finish】/【Shallow】。

(20) 根据系统提示，选择所有曲面作为加工曲面，按 Enter 键确认，系统会弹出【刀具路径曲面选择】对话框，单击【确定】按钮 ✓ 。

(21) 系统弹出图 11-90 所示【Surface Finish Shallow】对话框，首先单击 lect library tool. 按钮，从刀具库选择直径为 4 的球头铣刀，其他设置如图 11-90 所示。

(22) 切换至浅平面精加工参数【Finish shallow parameters】选项卡，设置如图 11-91 所示，单击【确定】按钮 ✓ ，生成刀具路径如图 11-92 所示。

(23) 选择菜单栏中的交线清角精加工命令【Toolpaths】/【Surface Finish】/【Pencil】。

(24) 根据系统提示，选择所有曲面作为加工曲面，按 Enter 键确认，系统弹出【曲面选择】对话框，单击【确定】按钮 ✓ 。

(25) 系统弹出图 11-93 所示【Surface Finish Pencil】对话框，首先单击 lect library tool. 按钮，从刀具库选择直径为 4 的球头铣刀，其他设置如图 11-93 所示。

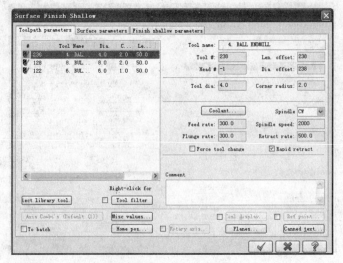

图 11-90　刀具参数设置

图 11-91　浅平面精加工参数设置

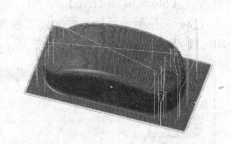

图 11-92　浅平面精加工刀具路径

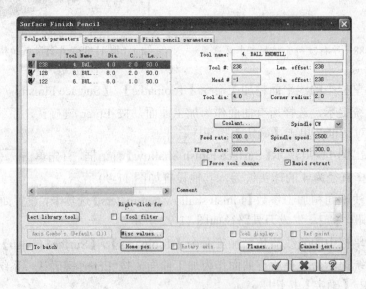

图 11-93　刀具参数设置

（26）切换至交线清角精加工参数【Finish pencil parameters】选项卡，设置图 11-94 所示。
单击【确定】按钮 ，生成刀具路径如图 11-95 所示。

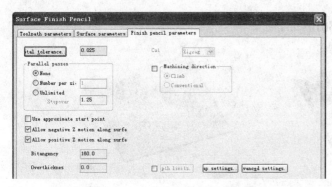

图 11-94 交线清角精加工参数设置 图 11-95 交线清角精加工刀具路径

(27) 单击操作管理器中的 ◇ Stock setup 按钮，在弹出的【Stock Setup】选项卡中单击 Bounding box 按钮，然后在弹出的【Bounding Box】对话框中的 Z 方向扩展输入框输入 "2.0"，如图 11-96 所示。单击【确定】按钮 ✓ ，结束毛坯参数设置。

(28) 单击操作管理器中的 ✎ 按钮选择全部操作，然后单击操作管理器中 ⬡ 按钮，进行加工仿真，结果如图 11-97 所示。

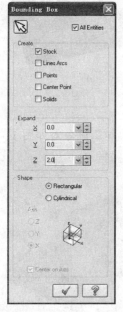

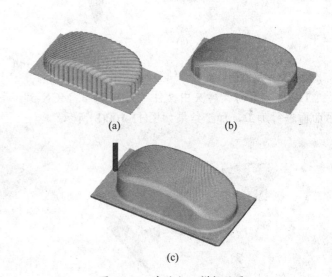

图 11-96 边界框设置

图 11-97 实体加工模拟结果

(a) 平行粗加工模拟结果；(b) 平行精加工模拟结果；

(c) 最终模拟结果。

(29) 选择菜单栏中的保存命令【File】/【Save】，输入保存名称，单击【确定】按钮 ✓ ，完成保存。

习 题

11-1 打开源文件夹中文件 "习题 11-1.MCX-5"，利用曲面加工命令对如图 11-98(a)所示曲面进行加工，加工结果如图 11-98(b)所示。

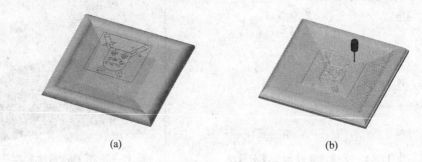

(a)   (b)

图 11-98　题 11-1 图

11-2　打开源文件夹中文件"习题 11-2. MCX-5"，利用曲面加工命令对如图 11-99(a)所示曲面进行加工，加工结果如图 11-99(b)所示。

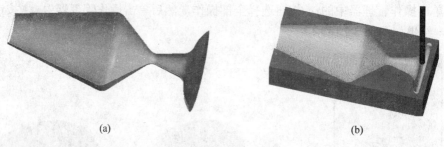

(a)   (b)

图 11-99　题 11-2 图

11-3　打开源文件夹中文件"习题 11-3. MCX-5"，利用曲面加工命令对如图 11-100(a)所示曲面进行加工，加工结果如图 11-100(b)所示。

(a)   (b)

图 11-100　题 11-3 图

第 12 章

多轴加工

12.1 概 述

当所要加工的曲面无法以传统的 3 轴 CNC 机床加工时或对于曲面的表面精度要求较高时，便可以利用多轴加工来达到目的。Mastercam X5 系统除了提供 3 轴加工方法外，更提供 4 轴、5 轴加工，以满足复杂曲面加工需要。4 轴和 5 轴联动加工，只能用自动编程方法编制数控加工程序。

4 轴加工一般都是在机床工作台上再附加一旋转轴，该旋转轴可以是绕 X 轴旋转或绕 Y 轴旋转，可以用于铣削类似凸轮等旋转加工工件。5 轴加工一般是 3 个直线运动坐标轴和 2 个旋转运动坐标轴联动，通常刀具轴心是位于加工工件表面的法线方向，可以提升曲面的加工精度。

选择菜单栏中的【Toolpaths】/【Multiaxis】命令，系统弹出【Enter a new NC name】对话框，单击【确定】按钮 ✓，系统弹出的【Multiaxis Toolpath-Curve】对话框如图 12-1 所示。

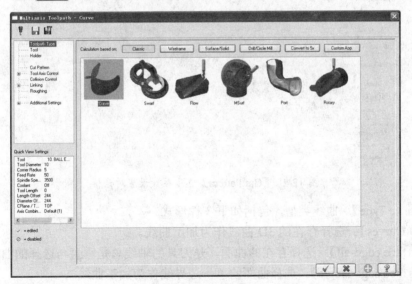

图 12-1 多轴加工方式

Mastercam X5 系统的多轴加工方法包括【Classic】(经典 5 轴加工)、【Wireframe】(线架加工)、【Surface/Solid】(曲面或实体加工)、【Drill/Circle Mill】(钻孔/全圆铣削)、【Convert to 5x】(转换为 5 轴加工)和【Custom App.】(自定义)。

其中，比较常用的是经典 5 轴加工，包括以下 6 种加工方法。

(1)【Curve】：5 轴曲线加工。

(2)【Swarf】：5 轴侧壁铣削。

(3)【Flow】：5 轴流线加工。

(4)【MSurf】5 轴曲面加工。

(5)【Port】：5 轴对接加工。

(6)【Rotary】：4 轴旋转加工。

此外常用的还有【Drill/Circle Mill】中的【Drill】(5 轴钻孔)和【Wireframe】中的【Morph between 2 curves】(两曲线间曲面加工)。

12.2　5 轴曲线加工

5 轴曲线加工【Curve】能对 2D、3D 曲线或曲面边界线产生 5 轴加工刀具路径。单击 【Toolpath type】中的【Curve】按钮后，就可以对其加工参数进行设置，其中刀具设置、进/ 退刀设置和高度设置等与 3 轴加工中的参数设置基本相同。

1. 曲线型式

选择【Cut Pattern】选项出现如图 12-2 所示的对话框，各选项的含义说明如下。

图 12-2　【Cut Pattern】选项参数设置对话框

(1)【Curve Type】：曲线类型，包括如下 3 种形式。

①【3D Curves】：选择存在的 3D 曲线作为加工曲线。

②【Surface edge-all】：选择存在的曲面，是刀具的轴线总是垂直与选择的曲面。

③【Surface edge-single】：选择曲面的单一边界线作为加工曲线。

(2)【Compensation type】：补偿方式。

(3)【Compensation type】：补偿方向，包括【Left】和【Right】。

(4)【Radial offset】：补偿距离。

(5)【Curve following method】：曲线流线控制。

①【Distance】：刀具的步进量。

②【Cut tolerance】：切削公差。

③【Maximum step】：最大步进量。

(6)【Projection】：投影控制。

①【Normal to Plane】：投影到平面。

②【Normal to Surface】：投影到曲面。

③【Maximum Distance】：选择投影到曲面时，在此栏输入最大投影距离。

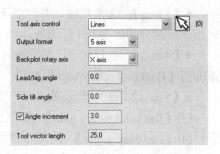

图 12-3 【Tool Axis Control】
选项参数设置对话框

2. 刀具轴向控制

选择【Tool Axis Control】选项，系统弹出如图 12-3 所示对话框。

(1)【Tool Axis Control】为刀具轴向控制。其中包括【Lines】、【Surface】、【Plane】、【From point】、【To point】和【Chain】6 种刀具轴向控制方式，如图 12-4 所示。

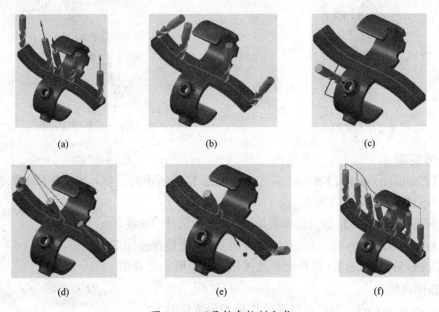

(a)　　　　　　　　　(b)　　　　　　　　　(c)

(d)　　　　　　　　　(e)　　　　　　　　　(f)

图 12-4 刀具轴向控制方式

(a)【Lines】；(b)【Surface】；(c)【Plane】；(d)【From point】；(e)【To point】；(f)【Chain】。

①【Lines】：选择此选项，用户可以选择存在的某一线段，使刀具的轴线由此线段的方向来控制。

②【Surface】：选择此选项，用户可以选择存在的曲面，使刀具的轴线总是垂直于选择的曲面。

③【Plane】：选择此选项，用户可以选择存在的平面总是垂直于选择的平面。

④【From point】：选择此选项，用户可以选择存在的点，使刀具轴线的起点总是从该点开始。

⑤【To point】：选择此选项，用户可以选择存在的点，使刀具轴线的终点总是从该点结束。

⑥【Chain】：选择此选项，用户可以选择存在的线段、圆弧、曲线或任何串联几何图形来控制刀具。

(2)【Output Format】：输出格式。

● 【3 axis】：选择此项，将产生 3 轴切削刀具路径，即刀具总是垂直于当前刀具面，此时相当于前面介绍的 3D 外形铣削。

● 【4 axis】：选择此项，将产生 4 轴切削刀具路径，即刀具总是垂直于指定旋转轴。通过下面的【Backplot rotary axis】栏设定刀具轴向。

● 【5 axis】：选择此选项，将产生 5 轴切削刀具路径，即刀具总是垂直于指定的曲面。

(3) 【Backplot rotary axis】：模拟加工旋转轴，包括 X 轴、Y 轴和 Z 轴。

(4) 【Lead/lag angle】：此文本框用于输入刀具前倾或后倾的角度，如图 12-5 所示。

(5) 【Side tilt angle】：此文本框用于输入刀具的侧边倾斜角度，正值朝左倾，负值朝右倾，如图 12-6 所示。

 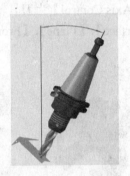

图 12-5　刀具前倾或后倾　　　　　　图 12-6　刀具侧边倾斜

3. 干涉控制

选择【Collision Control】选项，系统弹出如图 12-7 所示对话框，其中各项参数含义如下。

(1) 【Tip Control】：刀尖控制。

① 【On selected curve】：选择此单按钮，刀尖走所选择的曲线。

② 【On Projected Curve】：选择此单选按钮，刀尖走投影曲线。

③ 【Comp to surfaces】：选择此单选按钮，刀尖所走位置由所选择的曲面决定。

④ 【Stock to leave】：用户可以在此栏输入预留量的大小。

(2) 【Check surface】：干涉面控制。

① 【Check surface】：单击 按钮，用户可以回到绘图区选择曲面作为不加工的干涉面。

② 【Stock to leave】：此栏用来输入与干涉面的距离。

(3) 【Gouge Process】：干涉控制。

① 【Infinite look ahead】：选择此单选按钮，系统启动寻找相交功能，即在创建切削轨迹前检测几何图形自身是否相交，若发现相交，则在交点以后的几何图形不产生切削轨迹。

② 【Look ahead】：选择此单选按钮，用户可以在其后的输入栏中输入检查的刀具移动步数。

图 12-7　【Collision Control】
选项参数设置对话框

4. 粗加工设置

选择【Roughing】选项，系统弹出如图 12-8 所示对话框，其中部分项目参数含义如下。

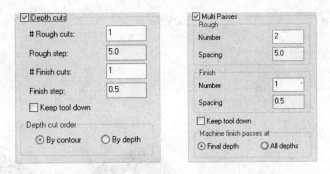

图 12-8 【Roughing】选项参数设置对话框

(1)【Depth cuts】：深度切削。

①【# Rough cuts】：粗加工次数。

②【Rough step】：粗加工进刀量。

③【# Finish cuts】：精加工次数。

④【Finish step】：精加工进刀量。

⑤【Keep tool down】：选择此复选项，刀具在切削每一层后不回刀，直接进行下一层的铣削，否则回到参考高度后再进行下一层的铣削。

(2)【Depth cut order】：设置深度铣削的顺序。其有两种方式：【By contour】(层优先)；【By depth】(深度优先)。

(3) 选择【Multi Passes】(分层切削)复选框激活对话框。【Rough】一栏中【Number】后的输入框用于输入粗切削分层数，【Spacing】后的输入框用于输入粗切削每层厚度。【Finish】一栏中各选项同上。

(4)【Machine finish passes at】：设置精切削的时机。

①【Final depth】：所有深度方向的切削完毕后才精切削。

②【All depths】：深度方向的每一层均进行精切削。

12.3 5 轴侧壁铣削

5 轴侧壁铣削命令【Swarf】能利用刀具的侧刃顺着工件侧壁产生加工刀具路径，其中大部分参数设置与 5 轴曲线加工相同。

1. 切削类型

选择【Cut Pattern】选项出现如图 12-9 所示的对话框，各选项的含义说明如下：

(1)【Walls】：侧壁选择方式。

①【Surface】：选择此单选按钮，用户可以选择曲面作为侧壁铣削面。

②【Chain】：选择此单选按钮，用户可以选择两个串连几何图形来定义侧壁铣削，如图 12-10 所示。

(2)【Wall following method】：侧壁步进方式。

①【Distance】：选择此复选框，在其后输入框中输入的距离为每段插补圆弧两端点距离。

②【Cut tolerance】：切削公差。

③【Maximum step】：最大步进量。

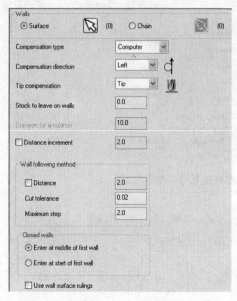

图 12-9 【Cut Pattern】参数设置

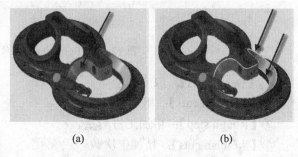

(a)　　　　　　　　(b)

图 12-10　侧壁选择方式

(a) 选择曲面；(b) 选择两个串连几何图形。

(3)【Closed walls】：封闭的侧壁。

①  Enter at middle of first wall ：从第一个侧壁中间进入。

② ◯ Enter at start of first wall ：从第一个侧壁始端进入。

(4) ☐ Use wall surface rulings ：由侧壁曲面决定。

2. 刀轴控制

选择【Tool Axis Control】选项，系统弹出如图 12-11 所示对话框，其中各项参数含义如下。

(1)【Output format】：输出格式。包括 4 轴和 5 轴两种。系统将根据用户选择生成 4 轴或 5 轴的刀具路径。

(2)【Fanning】：5 轴侧壁铣削的刀具轴向是由所选择的侧壁曲面来控制，当用户选择【Fanning】复选框时，可以在【Fan Distance】栏输入一扇形距离来控制由于上下大小不对称而产生的刀具轴向变化。

(3) ☐ Angle increment ：角度增量。

(4)【Tool vector length】：此输入框用于输入刀具路径中刀具轴线的显示长度。

(5) ☐ Minimize corners in toolpath ：选择此复选框，将刀具路径的转角减至最少。

3. 干涉控制

选择【Collision Control】选项，系统弹出如图 12-12 所示对话框，其中各项参数含义如下。

(1)【Tip Control】：刀尖控制。

① ◉ Plane ：选择此单选按钮，单击按钮 选择平面，刀尖所走位置由所选择的平面决定。

② ◯ Surface ：选择此单选按钮，刀尖所走位置由所选择的曲面决定。

③ ◯ Lower Rail ：选择此单选按钮，刀尖所走位置由【Distance above lower】栏输入的数值决定。

(2)【Compensation surfaces】：曲面补偿。单击此栏按钮 用于选择需要进行补偿的曲面，然后在【Stock to leave】输入框中输入曲面剩余量。

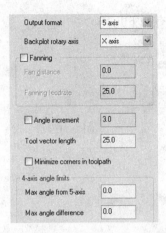

图 12-11 【Tool Axis Control】参数设置   图 12-12 【Collision Control】参数设置

12.4   5 轴流线加工

5 轴流线加工命令【Flow】能顺着曲面流线产生 5 轴加工刀具路径，如图 12-13 所示。选择【Flow】命令后，系统将自动将各项参数转换为该命令特有的参数，部分参数含义与 5 轴曲线加工参数相同。

选择【Cut Pattern】选项，如图 12-14 所示，5 轴流线加工特有的参数设置有如下几类。

(1) Flow parameters ：单击此按钮，系统弹出如图 12-15 所示对话框，与曲面流线粗加工中各项含义相同。

(2) Stock to leave on drive surfaces ：加工曲面预留量。

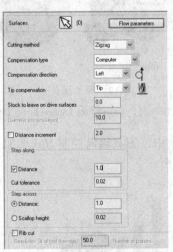

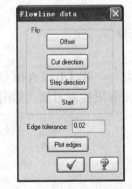

图 12-13   5 轴流线加工   图 12-14   【Cut Pattern】参数设置   图 12-15   【Flowline data】对话框

12.5   5 轴曲面加工

5 轴曲面加工命令【MSurf】主要用于高复杂、高质量及高精度要求的加工场所。其中大部分参数与五轴曲线加工和五轴侧壁铣削中参数相同。选择【MSurf】命令后选择【Cut Pattern】

选项，如图 12-16 所示，5 轴曲面加工特有的参数设置有如下几类。

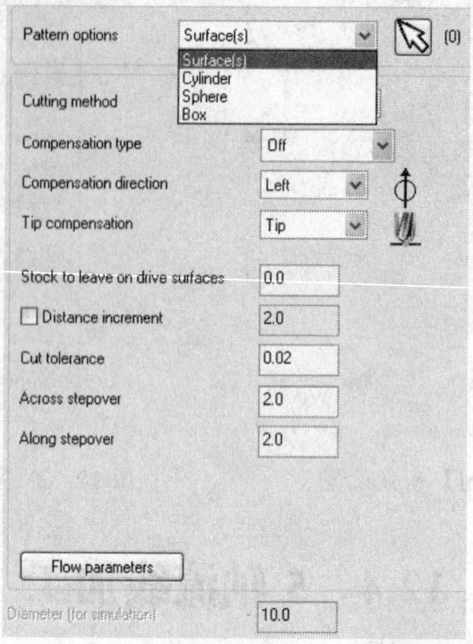

图 12-16 【Cut Pattern】参数设置

【Pattern options】：选择加工模式。系统共有 4 种模式：【Surfaces】、【Cylinder】、【Sphere】和【Box】，如图 12-17 所示。

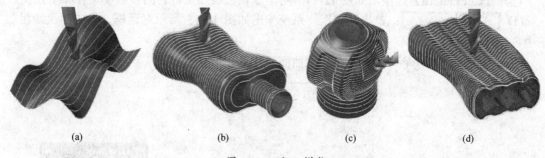

图 12-17 加工模式

(a)【Surfaces】；(b)【Cylinder】；(c)【Sphere】；(d)【Box】。

此外，在【Tool Axis Control】中，刀具轴向控制方式增加了【Boundary】方式，能够通过指定界限控制刀轴，如图 12-18 所示。

图 12-18 【Boundary】刀具轴向控制方式

12.6 5 轴对接加工

5 轴对接加工命令【Port】主要用于一些拐弯形内腔零件的加工，如图 12-19 所示。其各项参数设置与 5 轴曲线加工基本相同，在此不再详述。

图 12-19 5 轴对接加工

12.7 4 轴旋转加工

4 轴旋转加工命令【Rotary】能绕某一轴线对曲面产生 4 轴加工刀具路径。其各项参数设置与 5 轴曲线加工基本相同，在此仅介绍其特有的参数。

选择【Rotary】后，选择【Cut Pattern】选项，如图 12-20 所示，其特有的参数设置如下。

【Cutting method】：切削方式。系统提供了【Rotary cut】(旋切)和【Axial cut】(轴向切削)两种，如图 12-21 所示。

图 12-20 【Cut Pattern】参数设置

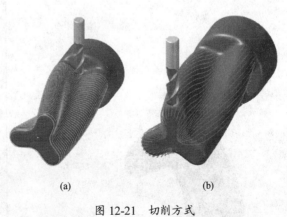

图 12-21 切削方式

(a)【Rotary cut】(旋切)；(b)【Axial cut】(轴向切削)。

选择【Tool Axis Control】选项，如图 12-22 所示，其特有的参数设置有：

(1)【Rotary Axis】：旋转轴。用户可以根据需要选择 X 轴、Y 轴或 Z 轴作为旋转轴。

(2)【Rotary Cut】：旋切设置。

① ☐ Use center point ：使用中心点。

② Axis dampening length ：周向进给深度。

③ Maximum step ：最大步距。

图 12-22　【Tool Axis Control】参数设置

12.8　5 轴钻孔

5 轴钻孔命令【Drill】指钻头轴线可以沿任意方向偏斜角度，从而在任意方位面钻孔，如图 12-23 所示。在进行 5 轴钻孔时首先面对的是加工点的选择及刀具轴线的控制，选择【Drill】命令后系统将对话框中参数变成 5 轴钻孔特有的参数。

(1) 选择【Cut Pattern】选项，如图 12-24 所示，其中部分参数与二维钻孔参数相同，在此不再详述。其特有的参数含义如下。

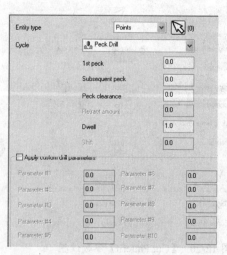

图 12-23　5 轴钻孔实例　　　　　　　图 12-24　【Cut Pattern】参数设置

①【Entity type】：选点类型。

②【Points】：选择此项，用户可以选择已有的点作为 5 轴钻孔点。

③【Points/Lines】：选择此项，用户可以选择已有的点或线段的端点作为 5 轴钻孔点，且刀具轴线有线段控制。

(2) 选择【Tool Axis Control】项，系统显示如图 12-25 所示。其中各项含义如下。

①【Tool axis control】：刀具轴向控制。

a.【Plane】：选择此项，刀具轴线始终垂直于用户选择的平面。

b.【Parallel to line】：选择此项，刀具轴线方向由用户选择的线段控制。

c.【Surface】：选择此项，刀具轴线始终垂直于选择的曲面。

②【Output format】：输出格式。

【3 axis】：选择此项，系统会产生 3 轴钻孔刀具路径。

【4 axis】：选择此项，系统会产生 4 轴钻孔刀具路径。

【5 axis】：选择此项，系统会产生 5 轴钻孔刀具路径。

(3) 选择【Collision Control】选项，部分参数如图 12-26 所示。其中各项含义如下。

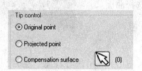

图 12-25 【Tool Axis Control】参数设置   图 12-26 【Collision Control】参数设置

【Tip Control】：刀尖控制。

① ◉ Original point ：选择此单选按钮，刀尖位置由选择的点的位置决定。

② ◯ Projected point ：选择此单选按钮，刀尖位置由投影点位置决定。

③ ◯ Compensation surface ：选择此单选按钮，刀尖位置由选择的曲面决定。

12.9 两曲线间曲面加工

两曲线间曲面加工命令【Morph between 2 curves】能产生以两曲线为边界曲面的刀具路径。在进行两曲线间曲面加工时首先选择【Wireframe】/【Morph between 2 curves】命令，然后进行各项参数设置。部分参数与 5 轴曲线加工和 5 轴曲面加工参数相同，在此不再详述。

例 12-1 利用两曲线间曲面加工功能，加工如图 12-27(a)所示曲面，加工结果如图 12-27(b)所示。

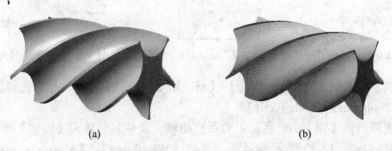

(a)   (b)

图 12-27 两曲线间曲面加工实例

操作步骤：

(1) 打开源文件夹中文件"实例 12-1.MCX-5"。

(2) 选择菜单栏中的【Create】/【Curve】/【Curve on one edge】命令，选择如图 12-28 所示曲面，然后移动到曲面边缘后单击，生成一条边界线，再用相同的方法生成另外一条边界线，作为该曲面的两边界线。

(3) 由于曲面弧度较大，刀具轴向始终垂直于驱动曲面的话将会发生碰刀现象，因此需要做出刀具轴向控制的辅助线。选择菜单栏中的旋转命令【Xform】/【Rotate】，根据系统提示选择如图 12-29 所示曲线，按 Enter 键确定，然后单击 按钮，改变视图方向为右视图，最后在系统弹出的如图 12-30 所示的【Rotate】对话框中输入旋转角度 36°，单击【确定】按钮 。

 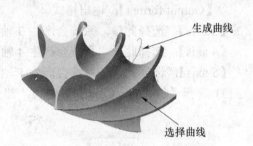

图 12-28　生成边界线　　　　　　　　图 12-29　旋转曲线

(4) 选择菜单栏中的移动命令【Xform】/【Translate】，根据系统提示选择如图 12-29 所示生成的曲线，按 Enter 键确定，然后单击 按钮，改变视图方向为右视图后在系统弹出的如图 12-31 所示的【Translate】对话框中输入距离"15.0"，单击【确定】按钮 。生成曲线如图 12-32 所示。

  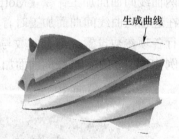

图 12-30　【Rotate】对话框　　　图 12-31　【Translate】对话框　　　图 12-32　平移曲线

(5) 选择菜单栏中的【Machine Type】/【Mill】/【Default】命令。然后选择菜单栏中的多轴加工命令【Toolpaths】/【Multiaxis】。

(6) 在系统弹出的【输入 NC 名称】对话框中输入文件名后单击【确定】按钮 。

(7) 系统弹出如图 12-33 所示对话框，选择【Wireframe】/【Morph between 2 curves】命令。

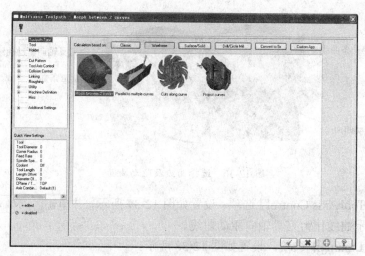

图 12-33　【多轴加工】对话框

(8) 选择【Tool】选项，首先单击 `lect library tool.` 按钮，从刀具库选择"121#"直径为 5 的圆鼻刀，然后设置参数如图 12-34 所示。

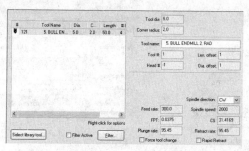

图 12-34　刀具参数设置

(9) 选择【Cut Pattern】选项，系统弹出如图 12-35 所示对话框，单击【First】按钮，选择如图 12-36 所示图形中曲线作为第一条曲线，并继续选择第二条曲线和驱动曲面。其他设置如图 12-35 所示。

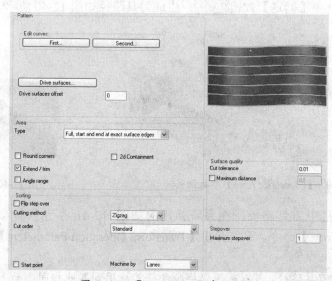

图 12-35　【Cut Pattern】参数设置

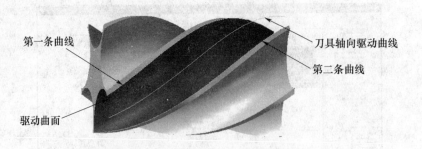

图 12-36　选择曲线及驱动曲面

(10) 选择【Tool Axis Control】选项，设置如图 12-37 所示，并单击 ┃ Tilt curve... ┃ 按钮，选择图 12-36 所示曲线作为刀具轴向驱动曲线。

(11) 选择【Linking】选项，设置如图 12-38 所示。

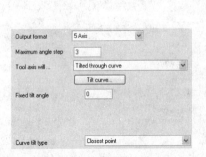

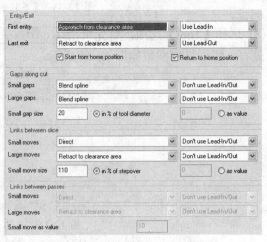

图 12-37　【Tool Axis Control】参数设置　　　　　图 12-38　【Linking】参数设置

(12) 选择【Linking】/【Clearance Area】选项，设置如图 12-39 所示。

(13) 单击对话框中【确定】按钮 ✔，生成刀具路径如图 12-40 所示。

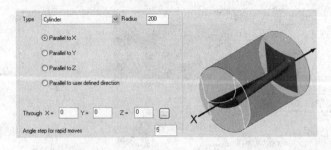

图 12-39　【Clearance Area】参数设置　　　　　图 12-40　刀具路径

(14) 右击操作栏中刀具路径，在系统弹出的如图 12-41 所示快捷菜单中选择【Mill Toolpaths】/【Transform】命令，系统弹出【Transform Operation Parameters】对话框，设置如图 12-42 所示。

提示：对于这种刀具路径，可以采用变换命令将其应用到其他相同曲面上，以减少工作量。

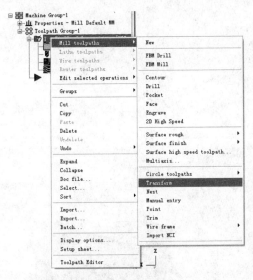

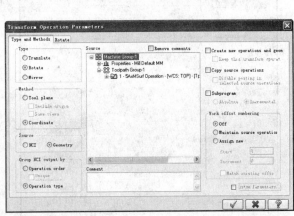

图 12-41　右键快捷菜单　　　　图 12-42　【Transform Operation Parameters】对话框

(15) 选择【Rotate】选项卡，设置如图 12-43 所示。单击【确定】按钮 ✓ ，生成全部刀具路径如图 12-44 所示。

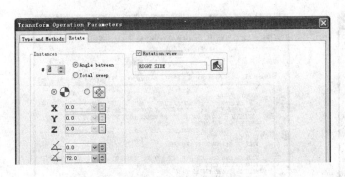

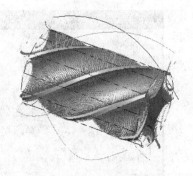

图 12-43　【Rotate】选项卡　　　　　　图 12-44　刀具路径

提示：选择【Rotation View】复选框后，然后在下拉列表中选择相应视图，在 ⊿ 输入框中输入角度为变换刀轨与选中视图平面的夹角，在 ⊿ 输入框中输入角度为变换刀轨以垂直于选中视图平面的轴线作为旋转轴的旋转角度。

(16) 单击操作管理器中的 ◇ Stock setup 按钮，设置如图 12-45 所示，并单击对话框中的 Bounding box 按钮，完成毛坯设置。

(17) 单击操作管理器中的 🪟 按钮，进行加工仿真，结果如图 12-46 所示。

(18) 单击操作管理器中 **G1** 按钮，系统弹出如图 12-47 所示对话框，设置参数后单击【确定】按钮 ✓ ，并在弹出的【另存为】对话框中输入文件名和保存地址后单击【确定】按钮 ✓ ，系统生成 NC 程序如图 12-48 所示。

(19) 选择菜单栏中的保存命令【File】/【Save】，输入保存名称，单击【确定】按钮 ✓ ，完成保存。

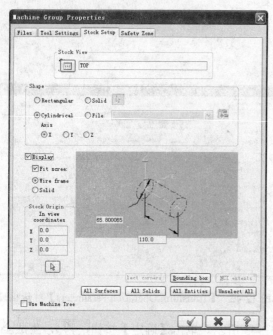

图 12-45　毛坯设置

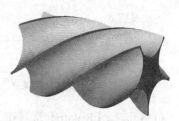

图 12-46　实体加工模拟结果

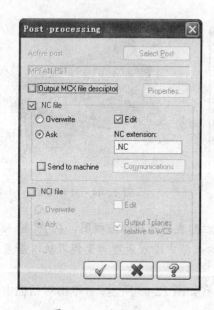

图 12-47　后处理设置

图 12-48　NC 程序

<h1 style="text-align:center">习　题</h1>

12-1　打开源文件夹中"习题 12-1. MCX-5"，利用 5 轴曲线加工命令对如图 12-49(a)所示曲线进行加工，产生刀具轨迹如图 12-49(b)所示。

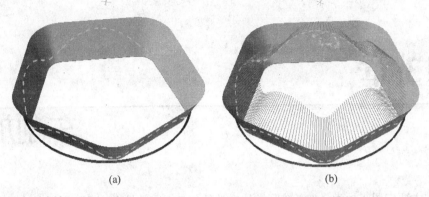

(a)   (b)

图 12-49 题 12-1 图

12-2 打开源文件夹中文件"习题 12-2. MCX-5",利用 5 轴钻孔命令对如图 12-50(a)所示各点处进行钻孔加工,孔直径为 1 且垂直于曲面,加工结果如图 12-50(b)所示。

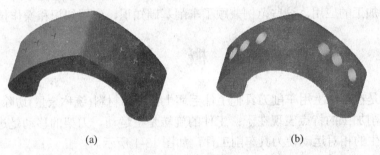

(a)   (b)

图 12-50 题 12-2 图

12-3 打开源文件夹中文件"习题 12-3. MCX-5",利用 5 轴曲面加工命令对如图 12-51(a)所示曲面进行加工,加工结果如图 12-51(b)所示。

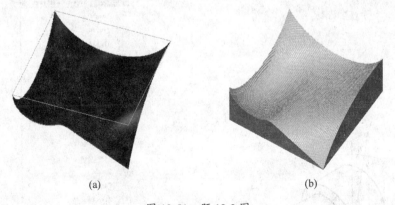

(a)   (b)

图 12-51 题 12-3 图

第 13 章

车削加工

数控车削主要应用于轴类、盘类等回转体零件的加工。在数控车床上可以进行多种典型的车削加工，如轮廓车削、端面车削、切槽、钻孔、镗孔、车螺纹、倒角、滚花、攻丝和切断工件等。

本章首先对车削加工理论知识进行概述，然后根据一般的工艺步骤分别来介绍端面车、粗车、精车、径向车、车螺纹、钻孔、截断车等车削加工方式，最后通过 3 个典型的综合范例介绍相关车削加工的应用，这些范例兼顾了车削基础知识、应用知识和操作技巧等。

13.1 概　述

车削加工就是在车床上用车削刀具把工件毛坯上预留的材料(统称余量)切除，获得图样所要求的零件。车削加工的特点表现在于：工件的旋转是主运动，刀架的移动是进给运动，工件与刀具之间产生的相对运动使刀具车削工件，如图 13-1 所示。

采用数控车床可以加工多种车削加工，典型的车削加工操作包括轮廓车削、端面车削、切槽、钻孔、镗孔、车螺纹、倒角、滚花、攻丝和切断工件等，在车削中心还可以执行部分铣削加工，如图 13-2 所示。

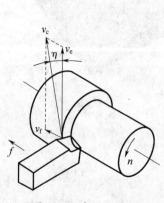

图 13-1　车削运动

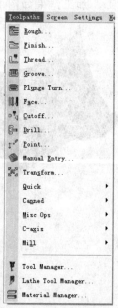

图 13-2　默认车床模块下的【刀具路径】菜单

车床一般由 X 轴和 Z 轴两轴联动。其中 Z 轴平行于机床主轴，X 轴垂直于车床主轴，两轴的正方向均为远离工件方向。在绘制车床加工图形前需要先设置车床坐标系，设置方法有如下两种：选择状态栏中的【Planes】/【Lathe radius】命令，如图 13-3(a)所示；选择状态栏中的【Planes】/【Lathe diameter】命令，如图 13-3(b)所示。

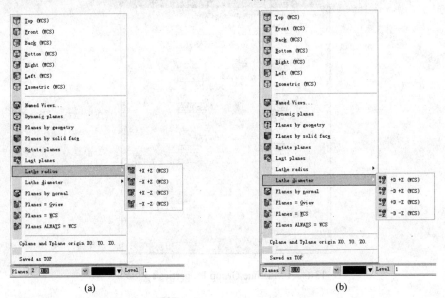

(a)   (b)

图 13-3 车床坐标系

(a) 车床半径命令；(b) 车床直径命令。

13.2 端面车削

端面车削加工用于车削工件的端面。加工区域是由两点定义的矩形区来确定的，下面以实例说明。

例 13-1 车削图 13-4 所示模型的端面。

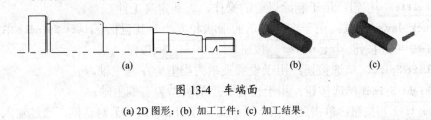

(a)   (b)   (c)

图 13-4 车端面

(a) 2D 图形；(b) 加工工件；(c) 加工结果。

操作步骤：

(1) 打开源文件夹中文件"13-1.MCX-5"。

(2) 选择菜单栏中的【Machine Type】/【Lathe】/【Default】命令，系统进入加工环境，此时零件模型如图 13-5 所示。

图 13-5 零件模型

(3) 在"操作管理器"中单击 ⊞ 山 Properties – Lathe Default MM 节点前的"+"号，将该节点展开，然后单击◇ Stock setup 按钮，系统弹出图 13-6 所示的【Machine Group Properties】对话框。

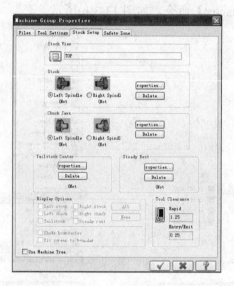

图 13-6 【Machine Group Properties】对话框

(1) Stock View 区域：用于定义素材的视角，单击 ▦ 按钮，系统弹出【View selection】对话框，用户可以选择更改素材的视角。

(2) Stock 区域：用于定义工件的形状和大小，其包括 ◉ Left Spindle 单选按钮、◉ Right Spindl 单选按钮、roperties.. 按钮、 Delete 按钮。

① ◉ Left Spindle 单选按钮：用于设置主轴的类型为左侧主轴。

② ◉ Right Spindl 单选按钮：用于设置主轴的类型为右侧主轴。

③ roperties.. 按钮：单击此按钮，系统弹出【Stock】对话框，通过输入参数或选择点定义工件大小。

④ Delete 按钮：用于删除以前的操作，重新定义工件。

(3) Chuck Jaws 区域：用于定义夹爪的形状和大小，其包括 ◉ Left Spindle 单选按钮、◉ Right Spindl 单选按钮、roperties.. 按钮、 Delete 按钮。

① ◉ Left Spindle 单选按钮：用于设置夹爪的类型为左侧主轴。

② ◉ Right Spindl 单选按钮：用于设置夹爪的类型为右侧主轴。

③ roperties.. 按钮：单击此按钮，系统弹出【Chuck Jaws】对话框，通过输入参数或选择点定义夹爪的大小。

④ Delete 按钮：用于删除以前的操作，重新定义夹爪。

(4) Tailstock Center 区域：用于定义尾座的大小，定义方法类似于夹爪。

(5) Steady Rest 区域：用于定义中间支撑架的大小，定义方法类似于夹爪。

(6) Display Options 区域：通过选择或取消选择不同的复选框来控制素材、Chuck Jaws、Tailstock、Steady Rest 的显示或隐藏。

(7) Tool Clearance 区域：用于设置刀具的安全距离，其包括【Rapid】文本框、【Entry/Exit】文本框。

① 【Rapid】文本框：设置刀具在快速移动时离工件、卡盘、和尾座间的最小距离。

② 【Entry/Exit】文本框：设置刀具在进刀/退刀时离工件、卡盘、和尾座间的最小距离。

图 13-7 各区域树状显示

(8) ☑ Use Machine Tree 复选框：选中此复选框时，则 Stock View、Stock、Chuck Jaws、Tailstock、Steady Rest 各区域以树状显示，如图 13-7 所示。

(9) 在 Stock 选项组中选择 ◉ Left Spindle 单选按钮，单击 roperties.. 按钮，系统弹出如图 13-8 所示的【Stock】对话框，并设置相关参数。

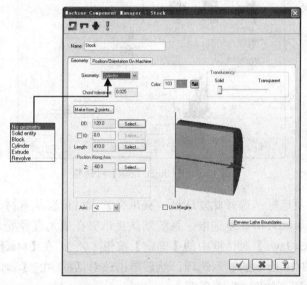

图 13-8 【Stock】对话框

其中各选项含义如下。

① Make from 2 points... 按钮：通过选择两点来定义工件毛坯的大小。

② OD:文本框：通过输入参数定义工件的外径大小或通过单击其后的 Select... 按钮，在绘图区选择点定义其外径大小。

③ ☐ ID: ：选择此复选框，工件内径文本框被激活，用户可以通过输入参数定义工件内径大小或通过单击其后的 Select... 按钮，在绘图区选择点定义其内径大小。

④ Length:文本框：通过输入参数定义工件的长度或通过单击其后的 Select... 按钮，在绘图区选择线段定义工件的长度。

⑤ Z: 用户可以通过选择 Axis 选项中的"+Z/-Z"来设置毛坯创建的方向，设置 Z 坐标来定义毛坯一端的位置。

⑥ ☐ Use Margins 复选框：选择此复选框可以通过输入零件各边缘的延伸量定义工件。

⑦ Preview Lathe Boundaries... 按钮：预览车削工件的边界。

(10) 从 Geometry 选项卡的 Geometry 下拉列表中选择【Cylinder】选项，单击 Make from 2 points... 按钮，在提示下通过依次指定点 A(X=60，Z=-60)和 B((X=0，Z=350)来定义工件外形，并设置其他各项参数，然后单击【确定】按钮 ✓ ，返回到【Machine Group Properties】对话框。

(11) 在 Chuck Jaws 选项组中选择 ◉ Left Spindle 单选按钮，单击 roperties.. 按钮，系统

弹出【Chuck Jaws】对话框。选择 From stock 和 Grip on maximum diameter 复选框，并设置相关参数如图 13-9 所示。其中各项含义如下。

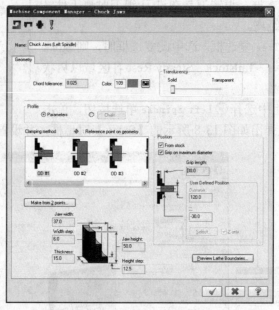

图 13-9 【Chuck Jaws】对话框

① ☑ From stock 复选框：选择此复选框，夹爪夹紧素材长度从素材一端算起。

② ☑ Grip on maximum diameter 复选框：系统默认夹爪夹在最大直径处。

(12) 单击【Chuck Jaws】对话框中的【确定】按钮 ✓ 。在【Machine Group Properties】对话框中设置如图 13-10 所示的显示选项，然后单击该对话框中的【确定】按钮 ✓ 。完成工件毛坯和夹爪的设置，如图 13-11 所示。

(13) 选择菜单栏中的【Tool paths】/【Face】命令，系统弹出如图 13-12 所示的【Enter a new NC name】对话框，采用系统默认的 NC 名称，单击【确定】按钮 ✓ 。

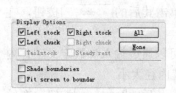

图 13-10 设置显示选项

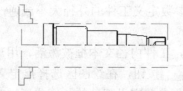

图 13-11 设置的工件毛坯和夹爪

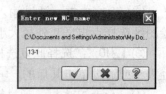

图 13-12 【Enter a new NC name】

对话框

(14) 系统弹出【Lathe Face 属性】对话框，在【Toolpath parameters】选项卡中选择 T0101 外圆车刀，并设置如图 13-13 所示的参数。其中各项含义如下。

① Tool Angle... 按钮：用于设置刀具进刀、切削以及刀具在车床起始方向的相关选项。单击此按钮，系统弹出【Tool Angle】对话框，其中包括刀具的切入方向和进给方向及刀具在机器上的方位。用户可以设置合适的参数。

② Coolant... 按钮：用于加工过程中的冷却方式。单击此按钮，系统弹出【Coolant... 】对话框，用户可以在此对话框中选择冷却方式。

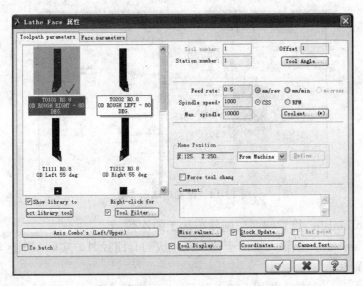

图 13-13　选择车刀和设置刀具路径参数

③ ☑Plunge Feed ra复选框：用于定义下刀的速率。当选择该复选框时，下刀速率文本框及其后的单位设置均被激活，否则下刀速率为不可用状态。

④ ☐Force tool chang复选框：用于设置强行改变刀具代码。

⑤ ☑Show library to复选框：用于在刀具显示窗口内显示当前的刀具组。

⑥ Right-click for　文本框：右击可对当前刀具组进行编辑。

⑦ Tool Filter...按钮：用于设置刀具过滤的相关选项。

⑧ Axis Combo's (Left/Upper)按钮：用于选择轴的结合方式。在加工时，用户可以选择相应的结合方式。

⑨ Misc values...按钮：用于设置杂项参数的相关选项。

⑩ Stock Update...按钮：用于设置工件更新的相关选项。当此按钮前的复选框被选择时方可使用，否则素材更新的相关设置为不可用状态。

⑪ ☑ Ref point...复选框：用于设置刀具的进刀和退刀的参考点。当此按钮前的复选框被选择时方可用，否则该按钮处于冻结状态不可用。

⑫ Cool Display...按钮：用于设置刀具显示的设定的相关选项。

⑬ Coordinates...按钮：用于设置机械原点的相关参数。

⑭ Canned Text...按钮：用于输入相关的指令。

⑮ ☐To batch复选框：用于设置刀具成批次处理。当选择此复选框时，刀具路径会自动添加到刀具路径管理器中，直到批次处理运行才能生成 NCI 程序。

(15) 切换至【Face parameters】选项卡，设置预留量以及车端面的其他参数，并选择elect Points..单选按钮，如图 13-14 所示。其中各项含义如下。

① Entry：输入框用于输入刀具开始进刀时距工件表面的距离。

② Rough stepover：当选择【Rough stepover】输入框前面的复选框时，按该输入框设置的进刀量生成端面车削粗车刀具路径。

③ Finish stepover：当选择【Finish stepover】输入框前面的复选框时，按该输入框设置的进刀量生成端面车削精车刀具路径。

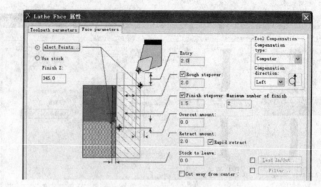

图 13-14　设置车端面参数

④ Number of finish：设置端面车削精车加工的次数。

⑤ Overcut amount：该输入框用于输入在生成刀具路径时，实际车削区域超出由矩形定义的加工区域的距离。

⑥ Retract amount：该输入框用于输入退刀量，当选择【Rapid retract】复选框时快速退刀。

⑦ Stock to leave：该输入框用于输入加工后的预留量。

⑧ Cut away from center：当选择该复选框时，从距工件旋转轴较近的位置开始向外加工，否则从外向内加工。

(16) 单击 elect Points.. 按钮，在绘图区域分别选择如图 13-15 所示的两点来定义车削端面区域。

(17) 在【Lathe Face 属性】对话框中单击【确定】按钮 ，系统自动生成如图 13-16 所示车端面的刀具路径。

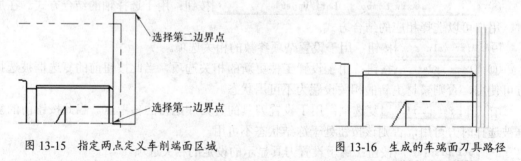

图 13-15　指定两点定义车削端面区域　　　　　　图 13-16　生成的车端面刀具路径

(18) 在"操作管理器"中单击 Toolpath - 5.5K - FACE_LATHE.NC - Program # 0 节点，系统弹出如图 13-17 所示的【Back plot】对话框及其操控板。

图 13-17　【Back plot】对话框及其操控板

(19) 在刀具路径模拟操控板中单击 按钮，系统将开始对刀具路径进行模拟，结果与图 13-16 所示的刀具路径相同，单击【刀具路径】对话框中的【确定】按钮 。

(20) 在  处右击，系统弹出如图 13-18 所示的【Verify】对话框。

(21) 在【Verify】对话框中单击 ▶ 按钮，系统将开始进行实体切削仿真，结果如图 13-19 所示，单击【确定】按钮 ☑ 。

图 13-18 【Verify】对话框

图 13-19 仿真结果

(22) 选择菜单栏中的保存命令【File】/【Save】，保存加工结果。

13.3 粗 车

粗车加工用于大量切除工件中多余的材料，使工件接近于最终的尺寸和形状，它为精车加工做准备。由于粗车加工一次性去除材料多，所以加工精度一般不高。

例 13-2 粗车如图 13-20 所示零件。

(a)   (b)   (c)

图 13-20 粗加工

(a) 2D 图形；(b) 毛坯；(c) 加工结果。

操作步骤：

(1) 打开源文件夹中文件"13-2.MCX-5"

(2) 在"操作管理器"下的 Toolpaths 选项卡中单击 🔧 按钮，再单击 ≋ 按钮，将已存在的刀具路径隐藏。

(3) 选择菜单栏中的【Toolpaths】/【Rough】命令。系统弹出【Chaining】对话框，在该对话框中单击【部分串连】按钮 ◎◎ ，并选择【Wait】复选框，按顺序指定加工轮廓，如图 13-21 所示。单击【Chaining】对话框中的【确定】按钮 ☑ ，完成粗车轮廓外形的选择。

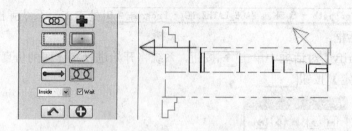

图 13-21　指定粗车外形轮廓

（4）系统弹出【Lathe Rough 属性】对话框。在【Toolpath parameters】选项卡中选择 T0101 外圆车刀，并设置如图 13-22 所示相应的进给率、主轴转速、最大主轴转速等参数。

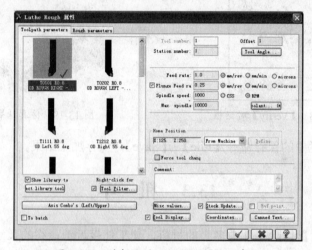

图 13-22　选择刀具和设置刀具路径参数

（5）切换至【Rough parameters】选项卡，设置如图 13-23 所示的粗车参数。其中各项含义如下。

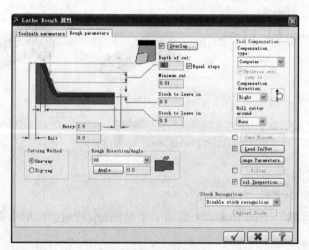

图 13-23　设置粗车参数

① Overlap... 按钮：当该按钮处于激活状态时可用。单击此按钮，系统会弹出弹出如图 13-24 所示【Rough Overlap Parameters】对话框，用户可以通过此对话框设置相邻两次粗车之

间的重叠距离。

② 　Semi Finish...　按钮：选择此按钮前的复选框可以激活此按钮，单击此按钮，系统弹出【Semi Finish】对话框，通过设置半精车参数可以增加一道半精车工序。

③ 　Lead In/Out...　按钮：选择此按钮前的复选框可以激活此按钮，单击此按钮，系统弹出如图 13-25 所示的【Lead In/Out】对话框，其中【Lead in】选项卡用于设置进刀刀具路径，【Lead out】选项卡用于设置退刀刀具路径。

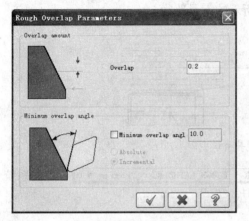

图 13-24　【Rough Overlap parameters】对话框

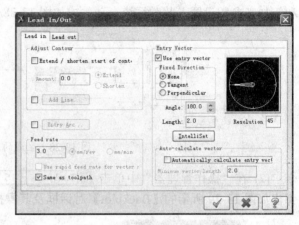

图 13-25　【Lead In/Out】对话框

④ 　Plunge Parameters.　按钮：单击此按钮，系统弹出如图 13-26 所示的【Plunge Cut Parameters】对话框，用户可以通过此对话框设置进刀的切削参数。

⑤ ☑　Filter...　按钮：用于设置除去加工中不必要的刀具路径。当该按钮前的复选项被选择时此按钮处于激活状态，否则此按钮被冻结不可用。单击此按钮，系统弹出如图 13-27 所示的【Filter setting】对话框，用户可以在此对话框中对过滤设置的相关选项进行设置。

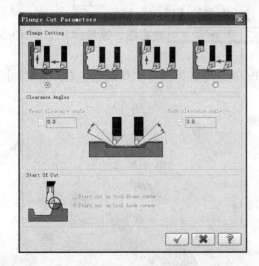

图 13-26　【Plunge Cut Parameters】对话框

图 13-27　【Filter setting】对话框

当选择【Plunge Cutting】栏中的【no plunging allowed】单选按钮时，切削加工跳过所有的底切部分，这时需要生成另外的刀具路径进行底切部分的切削加工。

当选择【Plunge Cutting】栏中的【Allow plunging in both direction】单选按钮时，这时系

统激活【Clearance Angles】栏，系统可以进行底部分和侧部分的加工。

当选择【Plunge Cutting】栏中的【Allow plunging in relief】单选按钮时，这时系统激活【Clearance Angles】栏，系统可以进行底部分的加工。

当选择【Plunge Cutting】栏中的【Allow plunging in undercut】单选按钮时，这时系统激活【Clearance Angles】栏，系统可以进行侧部分的加工。

(6) 单击【Lathe Rough 属性】对话框中的【确定】按钮 ，完成刀具路径参数设置和粗加工参数设置，此时系统自动生成如图 13-28 所示的刀具路径。

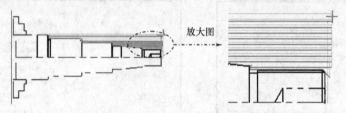

图 13-28　生成的刀具路径

(7) 在"操作管理器"中单击 Toolpath - 15.5K - ROUGH_LATHE.NC - Program # 0 节点，系统弹出如图 13-29 所示的【Backplot】对话框及其操控板。

图 13-29　【Backplot】对话框及其操控板

(8) 在刀具路径模拟操控板中单击 ▶ 按钮，系统将开始对刀具路径进行模拟，结果与图 13-28 所示的刀具路径相同，单击刀具路径对话框中的【确定】按钮 ✓ 。

(9) 在 Toolpath - 15.5K - ROUGH_LATHE.NC - Program # 0 处右击，系统弹出如图 13-30 所示的【Verify】对话框。

(10) 在【Verify】对话框中单击 ▶ 按钮，系统将开始进行实体切削仿真，结果如图 13-31 所示，单击【确定】按钮 ✓ 。

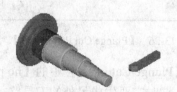

图 13-30　【Verify】对话框　　　　　　　　　图 13-31　仿真结果

(11) 选择菜单栏中的保存命令【File】/【Save】，保存加工结果。

13.4 精 车

精车用于获得零件的最终外形，与粗车一样，也是用于切除工件外形外侧、内侧或端面的粗加工留下来的多余材料。精车加工与其他车削加工方法相同，也要在绘图区域选择线串来定义加工边界。

例 13-3 精车如图 13-22 所示零件。

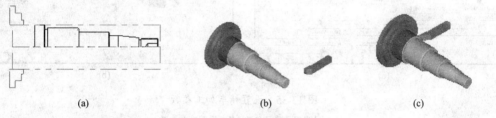

(a)   (b)   (c)

图 13-32 精车加工

(a) 2D 图形；(b) 加工工件；(c) 加工结果。

操作步骤：

(1) 打开源文件夹中文件"13-3.MCX-5"。

(2) 在"操作管理器"下的 Toolpaths 选项卡中单击 ✔ 按钮，再单击 ≋ 按钮，将已存在的刀具路径隐藏。

(3) 选择菜单栏中【Toolpaths】/【Finish】命令，系统弹出【Chaining】对话框，单击【部分串连】按钮 ⊙⊙ ，并选择【Wait】复选框，按顺序指定加工轮廓，如图 13-33 所示。在【Chaining】对话框中单击【确定】按钮 ✔ ，完成粗车轮廓外形的选择。系统弹出图 13-34 所示的【Lathe Finish 属性】对话框。

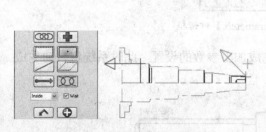

图 13-33 选取精车加工轮廓

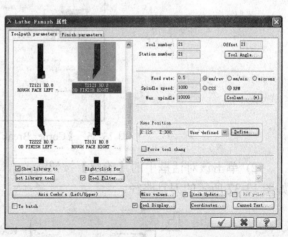

图 13-34 【Lathe Finish 属性】对话框

(4) 设置精车加工参数如图 13-35 所示。其中单击 Coolant... 按钮设置冷却切削液为【On】状态，设置【Home Position】为用户自定义状态，并定义为"X:125，Z:300"，单击【确定】

按钮 ✓ ，系统返回【Lathe Finish 属性】对话框，选择【Toolpath parameters】选项卡，设置其中各项参数。其中各项含义如下。

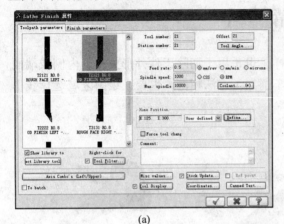 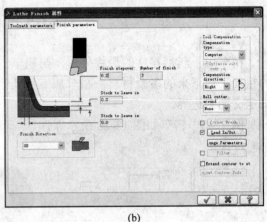

(a)　　　　　　　　　　　　　　　　(b)

图 13-35　设置精车加工参数

(a) 设置刀具路径参数；(b) 设置精车参数。

(1) ☑ [Corner Break...] 按钮：用于设置在外部所有转角处打断原有的刀具路径，自动创建圆弧或斜角过渡。当该按钮前的复选框处于选择状态时，按钮被激活，单击此按钮后，系统弹出如图 13-36 所示的【Corner Break Parameters】对话框，用户可以对角打断的参数进行设置。

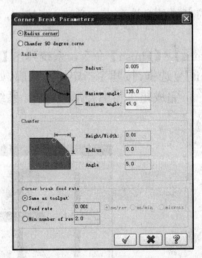

图 13-36　【Corner Break Parameters】对话框

(2) 单击该对话框中的【确定】按钮 ✓ ，完成加工参数的设置，此时系统将自动生成如图 13-37 所示的刀具路径。

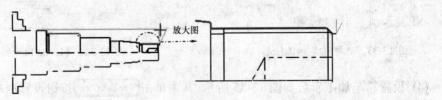

图 13-37　产生的刀具路径

(3) 在【操作管理器"中单击 Toolpath - 11.5K - FINISH_LATHE.NC - Program # 0 节点，系统弹出如图 13-38 所示的【Backplot】对话框及其操控板。

图 13-38　【Backplot】对话框及其操控板

(4) 在刀具路径模拟操控板中单击 ▶ 按钮，系统将开始对刀具路径进行模拟，结果与图 13-37 所示的刀具路径相同，单击刀具路径对话框中的【确定】按钮 ✓ 。

(5) 在 Toolpath - 11.5K - FINISH_LATHE.NC - Program # 0 处右击，系统弹出如图 13-39 所示的【Verify】对话框。

(6) 在【Verify】对话框中单击 ▶ 按钮，系统将开始进行实体切削仿真，结果如图 13-40 所示，单击【确定】按钮 ✓ 。

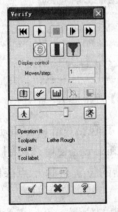

图 13-39　【Verify】对话框　　　　图 13-40　仿真结果

(7) 选择菜单栏中的保存命令【File】/【Save】，保存加工结果。

13.5　径向车削

径向车削用于加工垂直于车床主轴方向或者端面方向的凹槽。在径向加工命令中，其加工几何模型的选择以及参数设置均与前面几种车削有所不同。

例 13-4　车削图 13-41 所示零件凹槽。

操作步骤：

(1) 打开源文件夹中文件"13-4.MCX-5"。

(2) 在"操作管理器"下的 Toolpaths 选项卡中单击 按钮，再单击 ≈ 按钮，将已存在的刀具路径隐藏。

(3) 选择菜单栏中的【Toolpaths】/【Groove】命令，系统弹出如图 13-42 所示的【Grooving Options】对话框。其中各项含义如下。

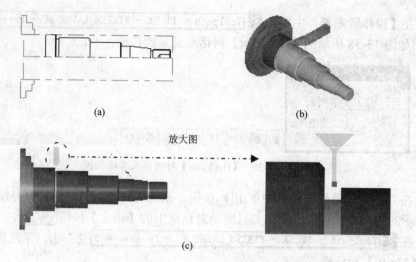

图 13-41　径向车削

(a) 2D 图形；(b) 加工工件；(c) 加工结果。

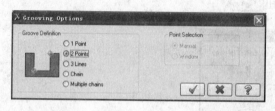

图 13-42　【Grooving Options】对话框

① Groove Definition 区域：用于定义切槽的方式，其包括 ◉ 1 Point 单选按钮、◉ 2 Points 单选项、◉ 3 Lines 单选按钮、◉ Chain 单选按钮、◉ Multiple chains 单选按钮。

a. ◉ 1 Point 单选按钮：用于以一点的方式控制切槽的位置，每一点控制单独的槽角。如果选择两个点，则加工两个槽。

b. ◉ 2 Points 单选按钮：用于以两点的方式控制切槽的位置，第一点为槽的下部角，第二点为槽的上部角。

c. ◉ 3 Lines 单选按钮：用于以三条直线的方式控制切槽的位置，这三条直线应为矩形的三条边线，第一条和第二条平行且相等。

d. ◉ Chain 单选按钮：用于以内/外边界的方式控制切槽的位置及形状。当选择此单选按钮时，定义的外边界必须延伸并经过内边界的两个端点，否则将产生错误的信息。

e. ◉ Multiple chains 单选按钮：用于选择多重的链来控制切槽的位置及形状。

② Point Selection 区域：用于定义选择点的方式，其包括 ◉ Manual 单选按钮、◉ Window 单选按钮。此区域仅当【Groove Definition】选择为 ◉ 1 Point 时才被激活可用。

(4) 在【Grooving Options】对话框中选择 ◉ 2 Points 单选按钮，单击【确定】按钮 ✓ ，系统提示选择切槽的两个端点，如图 13-43 所示，然后按 Enter 键确认。

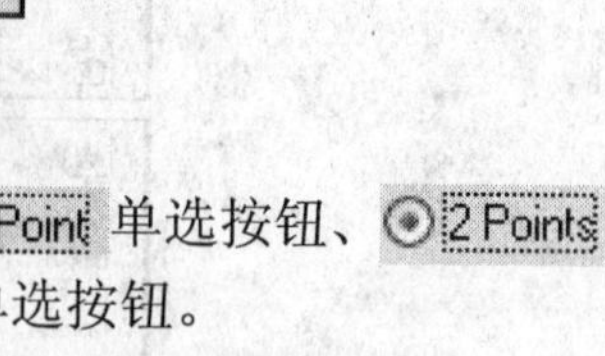

图 13-43　选择切槽加工轮廓

(5) 系统弹出【Lathe Groove 属性】对话框。在【Toolpath parameters】选项卡中选择 T4141 切槽车刀，并设置参数如图 13-44 所示。

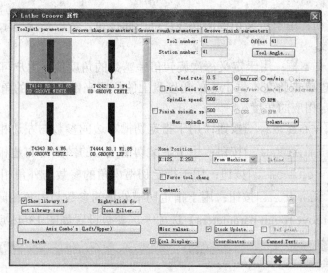

图 13-44 设置刀具路径参数

(6) 切换至【Groove shape parameters】选项卡，其界面如图 13-45 所示，并设置径向车削外形参数和选项。其中各项含义如下。

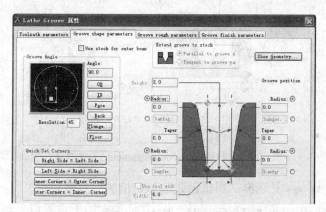

图 13-45 【Groove shape parameters】选项卡

① ☑Use stock for outer boun复选框：用于开启延伸切槽到工件外边界的类型区域。当选择该复选框时，Extend groove to stock 区域可以使用。

② Extend groove to stock 区域：用于定义延伸切槽到工件外边界的类型，其包括⊙Parallel to groove a单选按钮和⊙Tangent to groove wa单选按钮，用户可以通过两个单选按钮来指定延伸切槽到工件外边界的类型。

③ Angle: 文本框：用于定义切槽的角度。

④ OD 按钮：用于定义切槽的位置为外槽。

⑤ ID 按钮：用于定义切槽的位置为外槽。

⑥ Face 按钮：用于定义切槽的位置为端面槽。

⑦ Back 按钮：用于定义切槽的位置为背面槽。

⑧ Plunge... 按钮：用于定义进刀方向。单击此按钮，然后系统提示在图形区选择一条直线作为切槽的进刀方向。

⑨ Floor... 按钮：用于定义切槽的底线。单击此按钮，然后系统提示在图形区选择一条直线作为切槽的底线。

⑩ Resolution 文本框：用于定义每次旋转倍率基数的角度值。用户可以在文本框中输入某个数值，然后通过单击此文本框上方的角度盘上的位置来定义切槽的角度，系统会以定义的数值的倍数来确定相应的角度。

⑪ Right Side = Left Side 按钮：用于指定切槽右边的参数与左边相同。

⑫ Left Side = Right Side 按钮：用于定义切槽左边的参数与右边相同。

⑬ Inner Corners = Outer Corner 按钮：用于指定切槽内角的参数与外角相同。

⑭ Outer Corners = Inner Corner 按钮：用于指定切槽外角的参数与内角相同。

(7) 切换至【Groove rough parameters】选项卡，参数设置如图 13-46 所示。

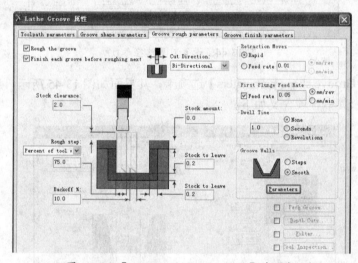

图 13-46 【Groove rough parameters】选项卡

① ☑Rough the groove 复选框：用于创建粗车切槽的刀具路径。

② ☑Finish each groove before roughing next 复选框：用于设置粗车与精修的顺序。当选中此复选项框，粗/精加工顺序为完成此次切槽的精修后才进行下一个槽的粗加工；否则为进行所有槽的粗加工后才进行精修。该复选框常常用于多个切槽加工。

③ Stock clearance:文本框：用于定义每次切削时刀具退刀位置到槽之间的高度。

④ Rough step:下拉列表：用于定义进刀量的方式，其包括【Number of steps】选项、【Step amount】选项、【Percent of tool width】选项。用户可以在其下的文本框中输入粗切量的值。

⑤ Backoff %: 文本框：用于定义退刀前刀具离开槽壁的距离。

⑥ Stock to leave 文本框：用于设置槽粗加工预留量。

⑦ Cut Direction: 下拉列表：用于定义槽的切削方向。其包括【Positive】选项、【Negative】选项、"Bi-Directional"选项。

⑧ Retraction Moves 区域：用于定义退刀的方式。其包括◉Rapid、◉Feed rate 单选按钮。

a. ◉Rapid 单选按钮：用于定义快速移动退刀。

b. ◉Feed rate 单选按钮：用于定义以进给率的方式退刀。

⑨ First Plunge Feed Rate 区域：用于定义首次进刀的进给率。选择☑Feed rate 复选框，即可设置首次进刀的进给率。

⑩ Dwell Time 区域：用于定义刀具在凹槽底部的停留时间，包括 ⊙None 、⊙Seconds 和 ⊙Revolutions 单选按钮。

a. ⊙None 单选按钮：用于定义刀具在凹槽底部不停留直接退刀。

b. ⊙Seconds 单选按钮：用于定义刀具以时间为单位的停留方式。用户可以在 Dwell Time 区域的文本框中输入相应的值来定义停留的时间。

c. ⊙Revolutions 单选按钮：用于定义刀具以转速为单位的停留方式。用户可以在 Dwell Time 区域的文本框中输入相应的值来定义停留的转数。

⑪ Groove Walls 区域：用于设置当切槽方式为斜壁时的加工方式，其包括 ⊙Steps 、⊙Smooth 单选按钮。

a. ⊙Steps 单选按钮：用于设置以台阶的方式加工侧壁。

b. ⊙Smooth 单选按钮：用于设置以平滑的方式加工侧壁。选择 ⊙Smooth 单选按钮，Parameters 按钮被激活，单击 Parameters 按钮，系统弹出如图 13-47 所示的【Remove Groove Steps】对话框，用户可以对该对话框中的参数进行设置。

⑫ Peck Groove... 按钮：用于设置琢车的相关参数。当选择此按钮前的复选框时，该按钮被激活。单击此按钮，系统弹出如图 13-48 所示的【Peck Parameters】对话框，用户可以在【Peck Parameters】对话框的相关参数进行设置。

图 13-47　【Remove Groove Steps】对话框　　　图 13-48　【Peck Parameters】对话框

⑬ Depth Cuts... 按钮：当切削的厚度较大，并需要得到光滑的表面时，用户需要采用分层切削的方法进行加工。选择该按钮的复选框，单击 Depth Cuts... 按钮，系统弹出如图 13-49 所示的【Groove Depth】对话框，用户可以对该对话框中的参数进行设置。

⑭ Filter... 按钮：用于设置除去精加工时不必要的刀具路径。选择该按钮前的复选框，该按钮被激活即可用，单击 Filter... 按钮，系统弹出如图 13-50 所示的【Filter settings】对话框，用户可以对【Filter settings】对话框中的相关参数进行设置。

⑮ Tool Inspection... 按钮：用于设置切槽刀具的检查位置。选择该按钮前的复选框，该按钮被激活即可用，单击 Tool Inspection... 按钮，系统弹出如图 13-51 所示的【Groove Tool Inspection】对话框，用户可以对此对话框中的相关参数进行设置。

图 13-49 【Groove Depth】对话框

图 13-50 【Filter settings】对话框

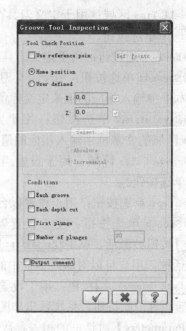

图 13-51 【Groove Tool Inspection】对话框

(8) 切换至【Groove finish parameters】选项卡，并按如图 13-52 所示设置径向精车参数。其中选择 Lead In... 按钮前的复选框，该按钮被激活，单击 Lead In... 按钮，系统弹出如图 13-53 所示【Lead in】对话框，在 First pass lead in 选项卡的 Entry Vector 区域选中 ⊙Tangent 单选按钮，切换至 Second pass Lead in 选项卡，在 Entry Vector 区域选择 ⊙Perpendicular 单选按钮，其他相关参数采用默认设置，单击该对话框中的【确定】按钮 ✓。其中各项含义如下。

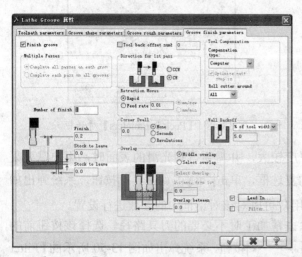

图 13-52 【Groove finish parameters】选项卡

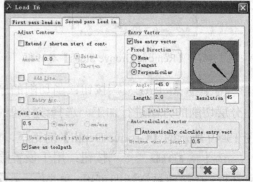

图 13-53 【Lead in】对话框

① ☑Finish groove 复选框：用于创建精车切槽的刀具路径。

② □Tool back offset numb 复选框：用于设置刀背补正号码。当在切槽的精加工过程中出现了用刀背切削的时候，就需要选择此复选框并设置刀具补偿的号码。

③ Direction for 1st pass 区域：用于定义第一刀的切削方向，其包括◉CCW 和◉CW 单选按钮。

④ Overlap 区域：用于定义切削时的重叠量，其包括◉Middle overlap 和◉Select overlap 单选按钮及 Distance from 1st 和 Overlap between 文本框。

a. ◉Middle overlap 单选按钮：用于设置第一精加工和第二次精加工的重叠量对开，用户可以在 Overlap between 文本框中输入重叠量。

b. ◉Select overlap 单选按钮：用于在绘图区直接定义第一次精加工终止的刀具位置和第二次精加工终止的刀具位置，系统将自动计算出刀具与第一角落的距离值和两次切削间的重叠量。选择此单选按钮时，Select Overlap... 按钮被激活，单击此按钮，系统提示选择第一次精加工和第二次精加工的终止点。

c. Distance from 1st 文本框：用于定义第一次精加工终止的刀具与第一角落的距离值。

d. Overlap between 文本框：用于定义两次精加工的刀具重叠量值。

⑤ Wall Backoff 区域的下拉列表：用于设置退刀前离开槽壁的距离方式，其包括【% of tool width】选项和【Distance】选项。

a. % of tool width 选项：该选项表示以定义刀具宽度的百分比的方式确定退刀时离槽壁的距离，可以通过其下的文本框设置退刀距离。

b. Distance 选项：该选项表示以数值的方式确定退刀里槽壁的距离，可以通过其下的文本框设置退刀距离。

⑥ Adjust Contour 区域：用于设置起始端的轮廓线，其包括☑Extend / shorten start of cont 复选框、Amount: 文本框、◉Extend 单选按钮、◉Shorten 单选按钮和☑ Add Line... 按钮。

a. ☑Extend / shorten start of cont 复选框：用于设置延伸/缩短现有的起始轮廓线刀具路径。

b. ◉Extend 单选按钮：用于设置起始轮廓线的类型为延伸现有的起始端刀具路径。

c. ◉Shorten 单选按钮：用于设置起始轮廓线的类型为缩短现有的起始端刀具路径。

d. Amount: 文本框：用于设置延伸/缩短现有的起始轮廓线刀具路径长度值。

e. ☑ Add Line... 按钮：用于在现有的刀具路径的起始端前创建一段进刀路径。当选择此按钮前的复选框，该按钮被激活可用。单击此按钮，系统弹出如图 13-54 所示的【New Contour Line】对话框，用户可以通过此对话框来设置新轮廓线的长度和角度，或者通过单击【New Contour Line】对话框中的 Define... 按钮，系统提示选取轮廓线的起始端。

⑦ ☑ Entry Arc... 按钮：用于在每次刀具路径的开始位置添加一段进刀圆弧。选择此按钮前的复选框，该按钮被激活可用。单击此按钮，系统弹出如图 13-55 所示的【Entry/Exit Arc】对话框，用户可以通过此对话框来设置进/退刀切弧的扫掠角度和半径。

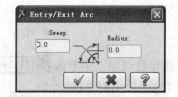

图 13-54 【New Contour Line】对话框　　　图 13-55 【Entry/Exit Arc】对话框

⑧ Feed rate 区域：用于设置圆弧处的进给率。其包括 Feed rate 区域的文本框、☑Use rapid feed rate for vector 复选框和☑Same as toolpath 复选框。

a. Feed rate 区域的文本框：用于指定圆弧处的进给率。

b. ☑Use rapid feed rate for vector 复选框：用于设置在刀具路径的起始端采用快速移动的进刀方式。如果原有的进刀向量分别由 X 轴和 Z 轴的向量组成，则刀具路径不会改变，保持原有的刀具路径。

c. ☑Same as toolpath 复选框：用于设置在刀具路径的起始端采用与现有的刀具路径进给率相同的进到方式。

⑨ Entry Vector区域：用于对进刀向量的相关参数进行设置，其包括☑Use entry vector复选框、Fixed Direction 区域、Angle: 文本框、Length: 文本框、IntelliSet 按钮和 Auto-calculate vector区域。

a. ☑Use entry vector复选框：用于在进刀圆弧前创建一个进刀向量，进刀向量是由长度和方向控制的。

b. Fixed Direction区域：用于设置进刀向量的方向，其包括◉None 单选按钮、◉Tangent 单选按钮、◉Perpendicular 单选按钮。

⑩ Angle: 文本框：用于定义进刀向量的角度。当进刀向量选择◉None 单选按钮时，此文本框为可用状态。用户可以在其后的文本框中输入值来定义进刀方向的角度。

⑪ Length: 文本框：用于设置进刀向量的长度。用户可以在其后的文本框中输入数值来定义进刀方向的长度。

⑫ IntelliSet 按钮：用于根据现有的进刀路径自动调整进刀向量的参数。当进刀向量方向选择◉None 单选按钮时，此按钮被激活可用。

⑬ Auto-calculate vector区域：用于自动计算进刀向量的长度，该长度将根据工件、夹爪和模型的相关参数进行计算。此区域包括☑Automatically calculate entry vec 复选框和 Minimum vector length: 文本框。当选中 ☑Automatically calculate entry vec 复选框时，Minimum vector length: 文本框被激活，用户可以在其文本框中输入数值来定义最小进刀向量的长度。

(9) 在【Lathe Groove 属性】对话框中单击【确定】按钮 ✓ ，完成加工参数的设置，此时系统自动生成如图 13-56 所示的刀具路径。

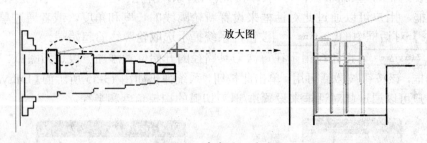

图 13-56 产生的刀具路径

(10) 在"操作管理器"中单击 Toolpath - 34.3K - GROOVE-LATHE.NC - Program # 0 节点，系统弹出如图 13-57 所示的"Backplot"对话框及其操控板。

(11) 在刀具路径模拟操控板中单击 ▶ 按钮，系统将开始对刀具路径进行模拟，结果与图 13-56 所示的刀具路径相同，单击【刀具路径】对话框中的【确定】按钮 ✓ 。

(12) 在 Toolpath - 34.3K - GROOVE-LATHE.NC 处右击，系统弹出如图 13-58 所示的【Verify】对话框。

图 13-57 【Backplot】对话框及其操控板

图 13-58 【Verify】对话框

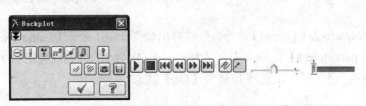

(13) 在【Verify】对话框中单击 ▶ 按钮，系统将开始进行实体切削仿真，结果如图 13-59 所示，单击【确定】按钮 ✓ 。

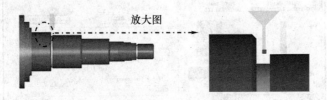

放大图

图 13-59 仿真结果

(14) 选择菜单栏中的保存命令【File】/【Save】，保存加工结果。

13.6 车 螺 纹

车螺纹包括车削外螺纹、内螺纹和螺旋槽等。在设置加工参数时，只要指定了螺纹的起点和终点就可以进行加工。下面详细介绍外螺纹车削的加工过程，内螺纹车削的加工过程见实例，而螺旋槽与车螺纹相似，此处不再赘述。

在 Mastercam 中，螺纹车削加工与其他的加工不同，在加工螺纹时不需要选择加工的几何模型，只需定义螺纹的起始位置与终止位置即可。

例 13-5 车削图 13-60 所示零件的外螺纹。

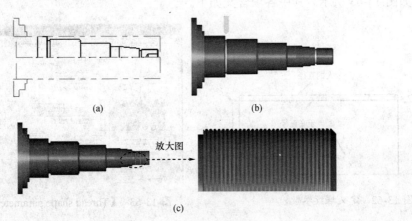

(a)

(b)

放大图

(c)

图 13-60 车外螺纹刀具路径

(a) 2D 图形；(b) 加工工件；(c)加工结果。

操作步骤：

(1) 打开源文件夹中文件"13-5.MCX-5"。

(2) 在"操作管理器"下的 Toolpaths 选项卡中单击 按钮，再单击 按钮，将已存在的刀具路径隐藏。

(3) 选择菜单栏中的【Toolpaths】/【Thread】命令，系统弹出如图 13-61 所示【Lathe Thread 属性】对话框，在【Toolpath parameters】选项卡中，选择刀具号 T9494 的外螺纹车刀，并设置其他参数。其中单击 Coolant... 按钮，设置冷却液为【On】状态。

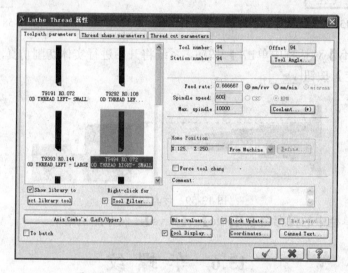

图 13-61 【Lathe Thread 属性】对话框

(4) 切换至【Thread shape parameters】选项卡，单击 art Position.. 按钮，然后在图形区选取如图 13-62 所示的点 1 作为起始位置。单击 nd Position... 按钮，然后在图形区选取图 13-62 所示的点 2 作为结束位置。单击 Major Diameter... 按钮，然后在图形区选取图 13-62 所示的边线作为大的直径。单击 Minor Diameter... 按钮，然后在图形区选取图 13-62 所示的边线作为牙底直径。也可以单击 Select from table... 按钮，选择如图 13-64 所示的螺纹规格。其他各项参数设置如图 13-63 所示。其中各项含义如下。

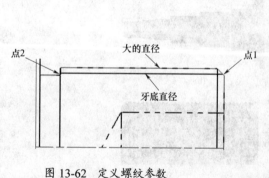

图 13-62 定义螺纹参数

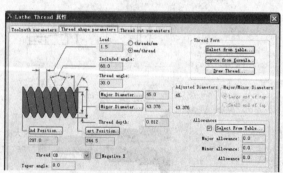

图 13-63 【Thread shape parameters】选项卡

① Lead:文本框：用于设置螺纹的导程。其中包括 threads/mm 和 mm/thread 两种单位模式。

② `Included angle`:文本框:用于设置螺纹间包含的角度。用户可以在文本框中输入值定义包含角度。

③ `Thread angle`:文本框:用于定义螺纹的角度。用户可以在文本框中输入值定义螺纹角度。

④ `Major Diameter...` 按钮:用于定义螺纹的大直径。用户可以在文本框中输入数值,也可以单击此按钮,系统提示选择工件上的点来定义螺纹的大直径。

⑤ `Minor Diameter...` 按钮:用于定义螺纹的小直径(牙底直径)。用户可以在文本框中输入数值,也可以单击此按钮,系统提示选择工件上的点来定义螺纹的小直径。

⑥ `Thread depth`:文本框:用于定义螺纹的深度。用户可以在此文本框中输入数值定义螺纹深度。

⑦ `End Position...` 按钮:单击此按钮,用户可以在图形区选择螺纹的结束位置。

⑧ `Start Position...` 按钮:单击此按钮,用户可以在图形区选择螺纹的起始位置。

⑨ `Thread` 下拉列表:用于定义螺纹所在的位置,其包括【ID】、【OD】、【Face/Back】3个选项。

⑩ ☑`Negative X` 复选框:用于设置当在 X 轴负向车削时,显示螺纹。

⑪ `Taper angle`:文本框:用于定义螺纹的圆锥角度。如果指定的为正值,从螺纹开始到螺纹尾部,螺纹的直径将逐渐增加;如果指定的为负值,从螺纹开始到螺纹尾部,螺纹的直径将逐渐减小;如果用户直接在绘图区选取了螺纹的起始位置和结束位置,则系统会自动计算角度并写入次文本框中。

⑫ `Thread Form` 区域:用于设置螺纹的形状。其包括 `Select from table...` 按钮、`Compute from formula...` 按钮、`Draw Thread...` 按钮。

a. `Select from table...` 按钮:单击此按钮,系统弹出【Thread Table】对话框。在该对话框的指定螺纹表单列表中选择如图 13-64 所示的螺纹规格,然后单击【确定】按钮 ✓ 。

b. `Compute from formula...` 按钮:单击此按钮,系统弹出如图 13-65 所示的【Compute From Formula】对话框,用户可以通过此对话框对计算螺纹公式及相关设置进行定义。

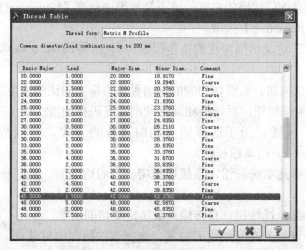

图 13-64 【Thread Table】对话框

图 13-65 【Compute From Formula】对话框

c. `Draw Thread...` 按钮:单击此按钮后系统提示在绘图区绘制所需的螺纹。

⑬ `Allowances` 区域:用于定义切削的预留量。其包括 ☑ `Select From Table...` 按钮、

Major allowance: 文本框、Minor allowance: 文本框、Allowance 文本框。

　　a. ☑ Select From Table... 按钮：当选择此按钮前的复选框时，该按钮被激活可用。此时单击此按钮，系统弹出如图 13-66 所示【Allowance Table】对话框，用户可以选择不同螺纹类型的预留量。

　　b. Major allowance: 文本框：用于定义螺纹大径的加工预留量。当 Thread 选择为【Face/Back】时，此文本框不可用。

　　c. Minor allowance: 文本框：用于定义螺纹小径的加工预留量。当 Thread 选择为【Face/Back】时，此文本框不可用。

　　d. Allowance 文本框：用于定义螺纹大径和小径的加工公差。当 Thread 选择为【Face/Back】时，此文本框不可用。

　　(5) 切换至【Thread cut parameters】选项卡，按照如图 13-67 所示的参数进行设置。其中各项含义如下。

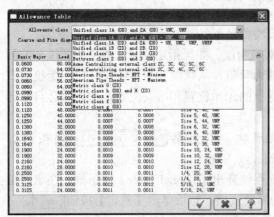

图 13-66　【Allowance Table】对话框　　　　图 13-67　【Thread cut parameters】选择卡

　　① NC code format: 下拉列表：用于定义 NC 代码的格式。该下拉列表中包含【Longhand】选项、【Canned】选项、【Box】选项、【Alternating】选项。

　　② Determine cut depths from 区域：用于定义切削深度的决定因素。其包括 ⊙ Equal area 单选按钮、⊙ Equal depths 单选按钮。

　　a. ⊙ Equal area 单选按钮：选择此单选按钮，系统按相同的切削量作为每次的切削深度。

　　b. ⊙ Equal depths 单选按钮：选择此单选按钮，系统按相同的切削深度进行加工。

　　③ Determine number of cuts from 区域：用于选择定义切削次数的方式，其包括 ⊙ Amount of first c 单选按钮和 ⊙ Number of cuts: 单选按钮。

　　a. ⊙ Amount of first c 单选按钮：选择此单选按钮，系统根据第一刀的切削量、最后一刀的切削量和螺纹深度计算切削次数。

　　b. ⊙ Number of cuts: 单选按钮：选择此单选按钮，直接输入数值定义切削次数。

　　④ ☑ ulti Start.. 按钮：此按钮用于设置刀具开始进刀位置。选择该按钮前的复选框，此按钮被激活可用，单击此按钮，系统弹出如图 13-68 所示的【Multi Start Thread Parameters】对话框，用户可以通过选中其下单选按钮定义刀具开始进刀的位置。

　　⑤ Amount of last 文本框：用于定义最后一次切削的材料去除量。

　　⑥ Number of spring 文本框：用于定义螺纹精加工的次数。当精加工无材料去除时，所有

的加工刀具路径将为相同的加工深度。

⑦ Stock clearance:文本框：用于定义刀具每次切削前与工件间的竖直距离。

⑧ Overcut:文本框：用于定义最后一次切削时的刀具位置与退刀槽的径向中心线间的距离。

⑨ Anticipated文本框：用于定义开始退刀时的刀具位置与退刀槽的径向中心线间的距离。

⑩ Acceleration 文本框：用于定义刀具切削前与加速到切削速度时，刀具在 Z 轴方向上的距离。

⑪ ☑Compute 复选框：用于自动计算进刀加速间隙。

⑫ Lead-in 文本框：用于定义刀具进刀的角度。

⑬ Finish pass 文本框：用于定义精修的预留量。

(6)单击【Lathe Tread 属性】对话框中的【确定】按钮 ✓ ，系统按照所设置的参数自动产生如图 13-69 所示的车螺纹刀具路径。

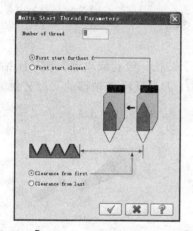

图 13-68 【Multi Start Thread Parameters】对话框

图 13-69 生成的车螺纹刀具路径

(7) 在"操作管理器"中单击 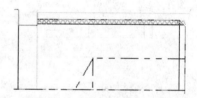 节点，系统弹出如图 13-70 所示的【Backplot】对话框及其操控板。

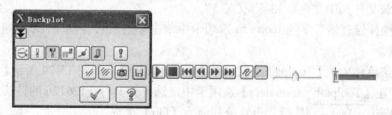

图 13-70 【Backplot】对话框及其操控板

(8) 在刀具路径模拟操控板中单击 ▶ 按钮，系统将开始对刀具路径进行模拟，结果与图 13-69 所示的刀具路径相同，单击【刀具路径】对话框中的【确定】按钮 ✓ 。

(9) 在 Toolpath - 5.1K - THREAD_OD_LATHE.NC - Program # 0 上右击，系统弹出如图 13-71 所示的【Verify】对话框。

(10) 在【Verify】对话框中单击 ▶ 按钮，系统将开始进行实体切削仿真，结果如图 13-72 所示，单击【确定】按钮 ✓ 。

(11) 选择菜单栏中的保存命令【File】/【Save】，保存加工结果。

图 13-71 【Verify】对话框

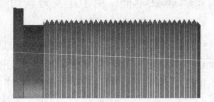

图 13-72 仿真结果

13.7 车床钻孔

车床钻孔加工与铣床钻孔加工的方法相同,主要用于钻孔、绞孔或攻丝。在车床钻孔加工中,刀具沿 Z 轴移动而刀具旋转;而在铣床钻孔加工中,刀具既沿 Z 轴移动又沿 Z 轴旋转。

例 13-6 在图 13-73 所示零件端面上钻孔。

图 13-73 车削钻孔

(a) 2D 图形; (b) 加工工件; (c) 加工结果。

操作步骤:

(1) 打开源文件夹中文件 "13-6.MCX-5"。

(2) 在 "操作管理器" 下的 Toolpaths 选项卡中单击 ✔ 按钮,再单击 ≋ 按钮,将已存在的刀具路径隐藏。

(3) 选择菜单栏中的【Toolpaths】/【Drill】命令,系统弹出如图 13-74 所示【Lathe Drill 属性】对话框,在【Toolpath parameters】选项卡中,选择刀具号 T126126 的钻头,并设置其他参数。其中单击 Coolant... 按钮,设置冷却液为【On】状态。

(4) 在【Toolpath parameters】选项卡中双击选中的刀具,系统弹出如图 13-75 所示的【Define Toll-Machine Group-1】对话框,用户可以根据需要设置刀片参数。

(5) 切换至【Simple drill-no peck】选项卡,单击 Depth... 按钮,然后在图形区选择如图 13-76 所示的点 1 来定义孔的深度。单击 Drill Point... 按钮,然后在图形区选择如图 13-76 所示的点 2 来定义钻孔起始位置。其他设置如图 13-77 所示的参数。其中各项含义如下。

① Depth... 按钮:用于定义孔的深度,其包括 ⊙ Absolute 和 ⊙ Incremental 两种坐标方式。单击此按钮用户可以在绘图区选择一个点来定义孔的深度,或者可以在其后文本框中直接输入孔深,通常为负值。

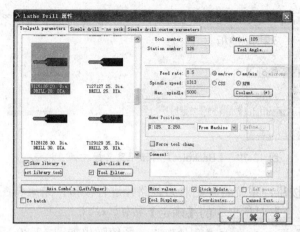

图 13-74 【Lathe Drill 属性】对话框

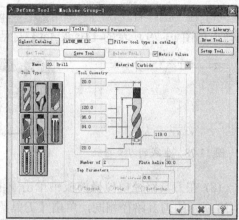

图 13-75 【Define Tool-Machine Group-1】对话框

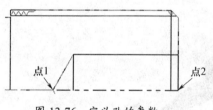

图 13-76 定义孔的参数

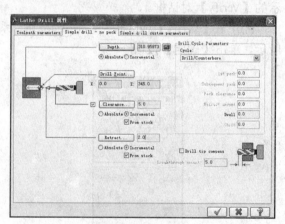

图 13-77 设置钻孔深度和钻孔位置等

② 按钮：用于设置精加工时刀具的有关参数。单击此按钮，系统弹出【Depth Calculator】对话框，通过此对话框用户可以对深度计算的相关参数进行修改。

③ Drill Point... 按钮：用于定义钻孔开始的位置，单击此按钮，系统提示在图形区选择一个点，也可以在其下【X】、【Z】文本框中输入点的坐标值。

④ ☑ Clearance... 按钮：用于定义在钻孔之前刀具与工件之间的距离。选择此按钮前的复选框时，此按钮被激活可用。单击此按钮可以选择一个点，或直接在其后的文本框中输入安全高度值，包括 ◉Absolute 和 ◉Incremental 两种坐标方式及☑From stock 复选框。

⑤ Retract... 按钮：用于定义刀具进刀点，单击此按钮，系统提示在图形区选择一个点来定义进刀点，用户也可以在其后的文本框中输入一个数值来定义进刀点与工件之间的距离。

⑥ ☑Drill tip compens 复选框：用于设置孔的尖部补偿，以便确定钻孔的贯穿距离。

⑦ Breakthrough amount 文本框：当选择☑Drill tip compens复选框时，用户可以在此文本框输入刀尖与工件底端的距离，一般用于通孔。

⑧ Drill Cycle Parameters 区域：用于定义钻孔循环的类型。用户可以通过【Cycle】下拉列表选择所需的循环类型。

(6) 在【Lathe Drill 属性】对话框中单击【确定】按钮 ✓ ，系统自动生成如图 13-78 所示的刀具路径。

(7) 在"操作管理器"中单击 节点，系统弹出如图 13-79 所示的【Backplot】对话框及其操控板。

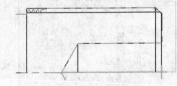

图 13-78　生成的刀具路径

图 13-79　【Backplot】对话框及其操控板

(8) 在刀具路径模拟操控板中单击 ▶ 按钮，系统将开始对刀具路径进行模拟，结果与图 13-78 所示的刀具路径相同，单击【刀具路径】对话框中的【确定】按钮 ✔ 。

(9) 在 Toolpath - 5.2K - LATHE_DRILL.NC - Program # 0 处右击，系统弹出如图 13-80 所示的【Verify】对话框。

(10) 在【Verify】对话框中单击 ▶ 按钮，系统将开始进行实体切削仿真，结果如图 13-81 所示，单击【确定】按钮 ✔ 。

图 13-80　【Verify】对话框

图 13-81　仿真结果

(11) 选择菜单栏中的保存命令【File】/【Save】，保存加工结果。

13.8　截 断 车 削

截断车削用于径向截断或切槽。在 Mastercam 中车削截断只需定义一个点就可以进行加工，其参数设置较前面所述的加工来说比较简单。下面以图 13-82 所示的模型为例讲解车削截断加工的一般过程。

例 13-7　车断如图 13-82 所示工件。

操作步骤：

(1) 打开源文件夹中文件"13-7.MCX-5"。

(2) 在"操作管理器"下的 Toolpaths 选项卡中单击 ✔ 按钮，再单击 ≋ 按钮，将已存在的刀具路径隐藏。

(3) 选择菜单栏中的【Toolpaths】/【Cutoff】命令，系统提示"选择截断的边界点"，选择图 13-82 所示点 P1，系统弹出【Lathe Cutoff 属性】对话框，在【Toolpath parameters】选项

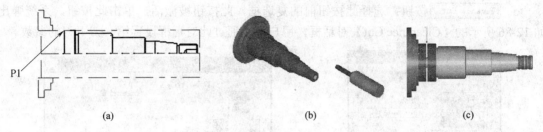

图 13-82 截断车削

(a) 2D 图形；(b) 加工工件；(c) 加工结果。

卡中，选择刀具号 T151151 的车刀，其中单击 Coolant... 按钮，设置冷却液为【On】状态，并设置如图 13-83 所示其他参数。

(4) 切换至【Cutoff parameters】选项卡，按照如图 13-84 所示设置参数。

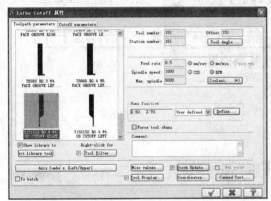

图 13-83 【Lathe Cutoff 属性】对话框   图 13-84 【Cutoff parameters】选项卡

① Entry amount: 文本框：用于定义开始进刀的位置。用户可以在其下文本框中输入值来定义进刀位置。

② Retract Radius 区域：用于选择定义退刀距离的方式。其包括 None 、 Absolute 、 Incremental 3 个单选按钮。

③ Tangent Point... 按钮：用于定义截断车削终点的 X 坐标，单击此按钮，系统提示在图形区选择相切点。

④ Cut to 区域：用于定义截断车削的位置。其包括 Front radius 、 Back radius 两个单选按钮。

a. Front radius 单选按钮：刀具的前端点与指定终点的 X 坐标重合。

b. Back radius 单选按钮：刀具的后端点与指定终点的 X 坐标重合。

⑤ Corner Geometry 区域：用于定义刀具在工件转角处的切削外形。其包括 None 、 Radius 、 Chamfer 3 个单选按钮和 learance Cut. 按钮。

a. None 单选按钮：选择此选项则切削外形为直角。

b. Radius 单选按钮：选择此选项则切削外形为圆角。用户可以在其后的文本框中指定圆角半径。

c. Chamfer 单选按钮：选择此选项则切削外形为圆角。单击 Parameters... 按钮，系统弹出如图 13-85 所示的【Cutoff Chamfer】对话框，用户可以通过此对话框对倒角的参数进行设置。

d. 【learance Cut..】按钮：选择此按钮前的复选框，此按钮被激活，单击此按钮，系统弹出如 12-86 所示的【Clearance Cut】对话框，用户可以通过此对话框设置第一刀下刀的参数。

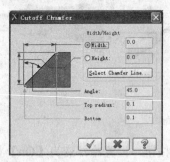

图 13-85 【Cutoff Chamfer】对话框

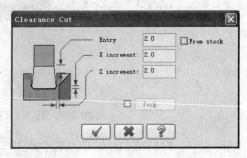

图 13-86 【Clearance Cut】对话框

(5) 在【Lathe Cutoff 属性】对话框中单击【确定】按钮 ✓ ，系统自动生成如图 13-87 所示的刀具路径。

(6) 在"操作管理器"中单击 Toolpath - 5.OK - LATHE_CUTOFF.NC - Program # O 节点，系统弹出如图 13-88 所示的【Backplot】对话框及其操控板。

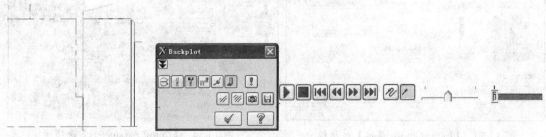

图 13-87 刀具路径　　　　　　　　　　　　　图 13-88 【Backplot】对话框及其操控板

(7) 在刀具路径模拟操控板中单击 ▶ 按钮，系统将开始对刀具路径进行模拟，结果与图 13-87 所示的刀具路径相同，单击【刀具路径】对话框中的【确定】按钮 ✓ 。

(8) 在 Toolpath - 5.OK - LATHE_CUTOFF.NC - Program # O 处右击，系统弹出如图 13-89 所示的【Verify】对话框。

(9) 在【Verify】对话框中单击 ▶ 按钮，系统将开始进行实体切削仿真，结果如图 13-90 所示，单击【确定】按钮 ✓ 。

图 13-89 【Verify】对话框

图 13-90 仿真结果

(10) 选择菜单栏中的保存命令【File】/【Save】，保存加工结果。

13.9 外形重复车削

外形重复车削与前面所述的车削加工基本相同，但是选项卡中的参数设置要相对简单一些。外形重复车削适用于外形有曲线的线条加工。

例 13-8 车削图 13-91 所示零件外形。

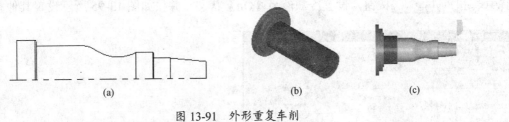

图 13-91 外形重复车削

(a) 2D 图形；(b) 加工工件；(c) 加工结果。

操作步骤：

(1) 打开源文件夹中文件 "13-8.MCX-5"。

(2) 在 "操作管理器" 中单击 Properties - Lathe Default MM 节点前的 "+" 号，将该节点展开，然后单击 Stock setup 按钮，系统弹出图 13-92 所示的【Machine Group Properties】对话框。

(3) 在 Stock 区域中选择 Left Spindle 单选按钮，单击 roperties... 按钮，系统弹出如图 13-93 所示的【Stock】对话框，单击 Make from 2 points... 按钮，在提示下通过依次指定点 A(X=60, Z=-60)和 B((X=0, Z=291)来定义工件外形，并设置其他各项参数，然后单击【确定】按钮 ，返回到【Machine Group Properties】对话框。

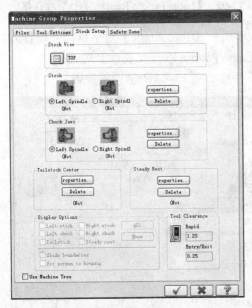

图 13-92 【Machine Group Properties】对话框

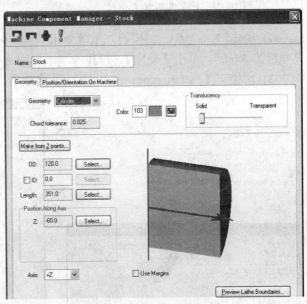

图 13-93 【Stock】对话框

(4) 在 Chuck Jaws 区域中选择 ⊙ Left Spindle 单选按钮，单击 roperties.. 按钮，系统弹出【Chuck Jaws】对话框。选择 "From stock" 和 "Grip on maximum diameter" 复选框，并设置相关参数如图 13-94 所示。

(5) 单击【Machine Group Properties】对话框中的【确定】按钮 ✓ ，完成工件和夹爪的设置。

(6) 选择菜单栏中的【Toolpaths】/【Canned】/【Pattern Repeat】命令，系统弹出【Lathe Pattern Repeat 属性】对话框，在【Toolpath parameters】选项卡中，选择刀具号 T0101 的车刀，其中单击 Coolant... 按钮，设置冷却液为【On】状态，并按如图 13-95 所示设置其他参数。

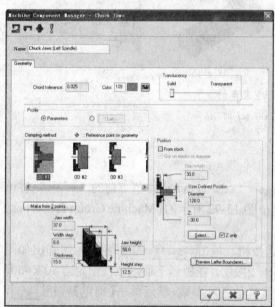

图 13-94 设置夹爪相关参数

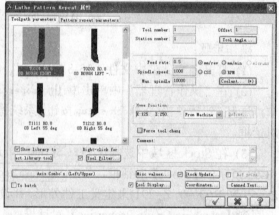

图 13-95 【Lathe Pattern Repeat 属性】对话框

(7) 单击 Tool Angle... 按钮，系统弹出如图 13-96 所示【Tool Angle】对话框，并设置刀具角度为 "6.0"，单击【确定】按钮 ✓ ，返回【Lathe Pattern Repeat 属性】对话框。

(8) 切换至【Pattern repeat parameters】选项卡，并按如图 13-97 所示设置参数。

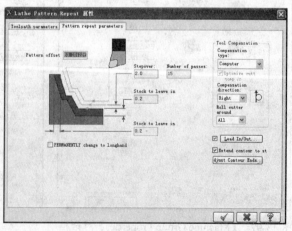

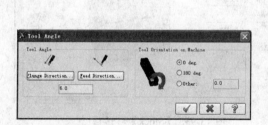

图 13-96 【Tool Angle】对话框

图 13-97 设置循环外形重复切削参数

(9) 在【Lathe Pattern Repeat 属性】对话框中单击【确定】按钮 ![✓]，系统根据用户设置的参数自动生成如图 13-98 刀具路径。

(10) 在"操作管理器"中单击 ![Toolpath - 35.5K - PATTERN REPEAT.NC - Program # 0] 节点，系统弹出如图 13-99 所示的【Backplot】对话框及其操控板。

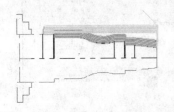

图 13-98　生成的刀具路径

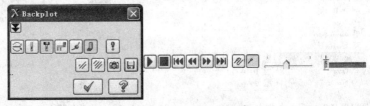

图 13-99　【Backplot】对话框及其操控板

(11) 在刀具路径模拟操控板中单击 ![▶] 按钮，系统将开始对刀具路径进行模拟，结果与图 13-98 所示的刀具路径相同，在【刀具路径】对话框中单击【确定】按钮 ![✓]。

(12) 在 ![Toolpath - 35.5K - PATTERN REPEAT.NC - Program # 0] 处右击，系统弹出如图 13-100 所示的【Verify】对话框。

(13) 在【Verify】对话框中单击 ![▶] 按钮，系统将开始进行实体切削仿真，结果如图 13-101 所示，单击【确定】按钮 ![✓]。

图 13-100　【Verify】对话框

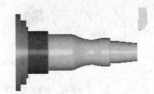

图 13-101　仿真结果

(14) 选择菜单栏中的保存命令【File】/【Save】，保存加工结果。

13.10　简式车削加工

简式车削方式有 3 种：简式粗车、简式精车、简式切槽，如图 13-102 所示。在使用该简式切削方式时，所需要设置的参数较少，主要用于较为简单的粗车、精车和径向车削。

1. 简式粗车加工

选择菜单栏中的【Toolpaths】/【Quick】/【Rough】命令，或单击【Lathe Toolpaths】工具栏上的【简式粗车】按钮 ![图标]，即可进行简式粗车加工。其选择加工模型的方法与粗车加工相同，其特有的参数设置选项卡如图 13-103 所示。

图 13-102　简式车削加工方式

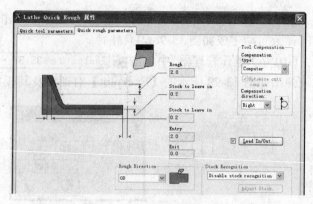

图 13-103　【Quick rough parameters】选项卡

　　从图中可以看出，简式粗车比粗车参数设置要简单，其各参数设置方法与粗车加工中的参数设置方法相同，这里不再赘述。

2. 简式精车加工

　　选择菜单栏中的【Toolpaths】/【Quick】/【Finish】命令，或单击【Lathe Toolpaths】工具栏上的【简式精车】按钮，即可进行简式精车加工。其特有的参数设置选项卡如图 13-104 所示。

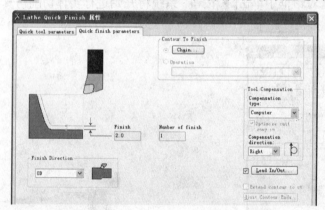

图 13-104　【Quick finish parameters】选项卡

　　从图中可以看出，简式精车比精车选项卡参数设置要简单，其各参数设置方法与精车加工中的相应参数设置方法相同。

3. 简式径向车削加工

　　选择菜单栏中的【Toolpaths】/【Quick】/【Groove】命令，或单击【Lathe Toolpaths】工具栏上的【径向车削】按钮，即可进行简式径向车削。

　　采用该方式进行加工与使用径向切削方法进行加工相同，首先需要选择切槽外形，但简式径向车削选择切槽外形时，只能采用【1 Point】、【2 Point】、【3 Lines】这 3 种方式，如图 13-105 所示。

图 13-105　选择切槽外形方式

　　设置简式径向车削形式的参数选项卡如图 13-106 所示。与径向车削方法相比，简式径向切槽外形没有开口方向和侧壁倾角的设置，其余参数设置方法与径向车削方法相同。

　　简式径向车削的粗车和精车参数被集中在一个选项卡中，如图 13-107 所示。各参数设置方法与径向车削中粗车参数和精车参数的设置方法相同。

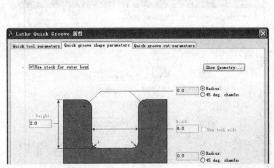 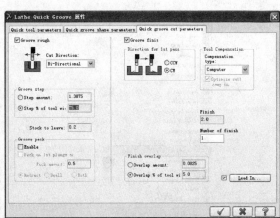

图 13-106 【Quick groove shape parameters】选项卡　　图 13-107 【Quick groove cut parameters】选项卡

13.11 综合实例

例13-9　以如图13-108所示的零件为例，结合工件加工的工艺步骤，介绍如何使用 Mastercam X5的车削功能来进行加工零件，以了解和掌握外形轮廓车削加工的操作方法与操作步骤。

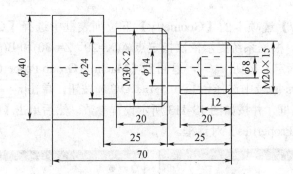

图 13-108 零件图形

操作步骤：

(1) 单击【New】按钮，新建一个文件。单击【Save】按钮，将文件保存在自行创建的文件夹中，如"D\Mastercam\wenjian"。

(2) 选择状态栏中的【Planes】/【Lathe radius】/【+X +Z WCS】命令，如图 13-109 所示。

(3) 绘制如图 13-110 所示的加工零件轮廓。在状态栏中设置构图深度为"0"，颜色为"1 号：黑色"，图层为"1"，并根据需要设置线型。

(4) 选择菜单栏中的【Machine Type】/【Lathe】/【Default】命令。

(5) 在"操作管理器"中单击 Properties - Lathe Default MM 节点前的"+"号，将该节点展开，然后单击 Stock setup 按钮，系统弹出图 13-111 所示的【Machine Group Properties】对话框。

(6) 在 Stock 区域中选择 Left Spindle 单选按钮，单击 roperties.. 按钮，系统弹出如图 13-112 所示的【Stock】对话框。

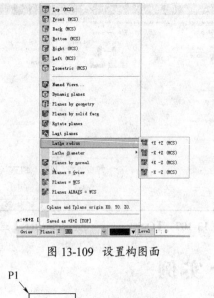

图 13-109 设置构图面

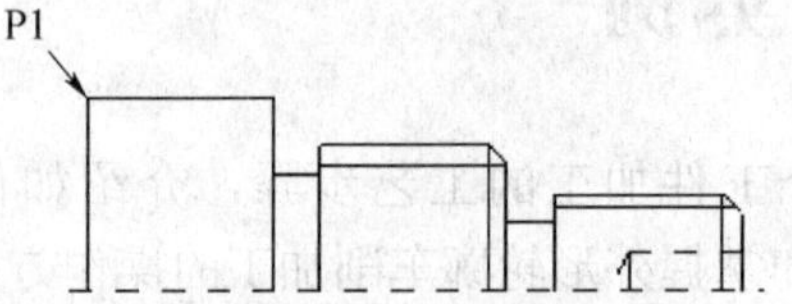

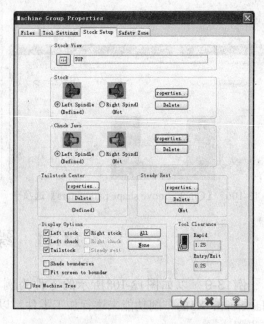

图 13-111 【Machine Group Properties】对话框

图 13-110 零件轮廓

(7) 从【Geometry】选项卡的【Geometry】下拉列表框中选择【Cylinder】选项，单击 Make from 2 points... 按钮，根据系统提示依次指定点 A(X=20，Z=-30)和 B((X=0，Z=72)来定义工件外形，然后单击【确定】按钮 ✓ ，返回到【Machine Group Properties】对话框。

(8) 在 Chuck Jaws 区域中选择 ⊙ Left Spindle 单选按钮，单击 roperties.. 按钮，系统弹出【Chuck Jaws】对话框，并按如图 13-113 所示设置参数。然后单击【确定】按钮 ✓ ，返回到【Machine Group Properties】对话框。

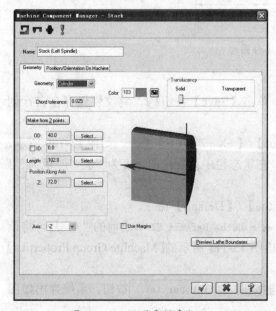

图 13-112 设置素材参数

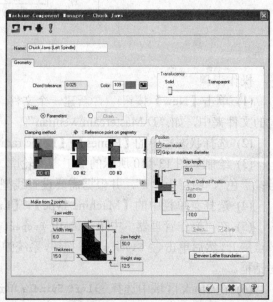

图 13-113 设置夹爪参数

(9) 在【Machine Group Properties】对话框中单击【确定】按钮 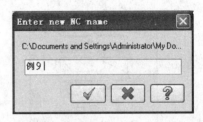。完成设置的工件和夹爪显示如图 13-114 所示。

(10) 选择菜单栏中的【Toolpaths】/【Face】命令，系统弹出【Enter new NC name】对话框，输入名称为"例 9"，如图 13-115 所示，然后单击【确定】按钮 。

图 13-114 设置的工件毛坯和夹爪

图 13-115 【Enter new NC name】对话框

(11) 系统弹出【Lathe Face 属性】对话框，在【Toolpath parameters】选项卡中选择 T0101 外圆车刀，并按如图 13-116 所示设置参数。其中单击 Coolant... 按钮，选择冷却液为【On】状态。

(12) 切换至【Face parameters】选项卡，设置预留量以及车端面的其他参数，并激活 elect Points.. 单选按钮，如图 13-117 所示。

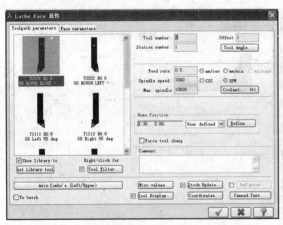

图 13-116 选择车刀与刀具路径参数

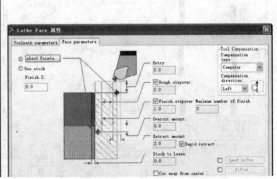

图 13-117 设置车端面参数

(13) 单击 elect Points.. 按钮，在绘图区域分别选择如图 13-118 所示的两点来定义车削端面区域。

(14) 单击【Lathe Face 属性】对话框中的【确定】按钮 。系统根据用户设置参数自动生成刀具路径，如图 13-119 所示。

(15) 在刀具路径管理器中选择车端面操作，单击 ≋ 按钮，从而隐藏车端面的刀具路径。

(16) 选择菜单栏中的【Toolpaths】/【Rough】命令，系统弹出【Chaining】对话框，在该对话框中单击【部分串连】按钮 ，并选择【Wait】复选框，按顺序指定加工轮廓，如图 13-120 所示。然后单击【确定】按钮 ，完成粗车轮廓外形的选择。

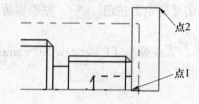

图 13-118　指定两点定义车端面区域

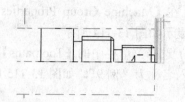

图 13-119　生成的刀具路径

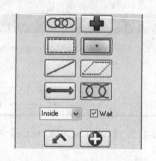

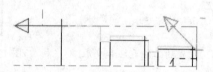

图 13-120　选择粗车的外形轮廓

（17）系统弹出【Lathe Rough 属性】对话框。在【Toolpath parameters】选项卡中选择 T0101 外圆车刀，并设置如图 13-121 所示相应的进给率、主轴转速、最大主轴转速等参数。其中单击 Coolant... 按钮，选择冷却液为【On】状态。

（18）切换至【Rough parameters】选项卡，按如图 13-122 所示设置参数。

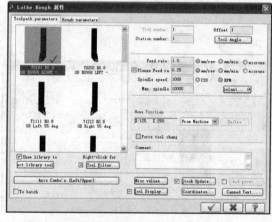

图 13-121　选择刀具和设置刀具路径参数

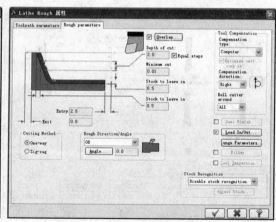

图 13-122　设置粗车参数

（19）在【Rough parameters】选项卡中单击 Lead In/Out... 按钮，系统弹出如图 13-123 所示的【Lead In/Out】对话框，分别在【Lead in】、【Lead out】选项卡中的【Entry Vector】区域中将【Fixed Direction】设置为 Perpendicular。

（20）单击 unge Parameters. 按钮，系统弹出【Plunge Cut Parameters】对话框，设置进刀的切削参数如图 13-124 所示，然后单击【确定】按钮 ✓，返回【Rough parameters】选项卡，单击【确定】按钮 ✓，系统根据所设置的参数自动生成刀具路径，如图 13-125 所示。

（21）在刀具路径管理器中选择粗车操作，单击 ≋ 按钮，从而隐藏粗车的刀具路径。

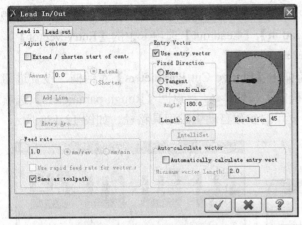

图 13-123　设置进刀和退刀向量

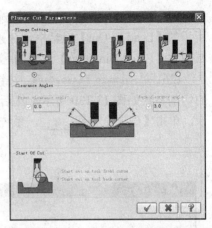

图 13-124　设置进刀的切削参数

(22) 选择菜单栏中的【Toolpaths】/【Finish】命令，系统弹出【Chaining】对话框，在该对话框中单击【部分串连】按钮 ，并选择【Wait】复选框，按顺序指定加工轮廓，如图 13-126 所示。在【Chaining】对话框中单击【确定】按钮 ，完成精车轮廓外形的选择。

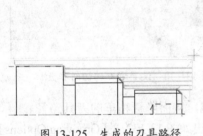

图 13-125　生成的刀具路径

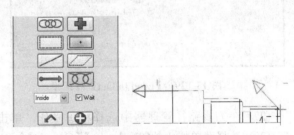

图 13-126　选择精车的外形轮廓

(23) 系统弹出【Lathe Finish 属性】对话框。在【Toolpath parameters】选项卡中选择 T2121 外圆车刀，并设置如图 13-127 所示相应的进给率、主轴转速、最大主轴转速等参数。其中单击 Coolant... 按钮，选择冷却液为【On】状态。

(24) 切换至【Finish parameters】选项卡，设置参数如图 13-128 所示。

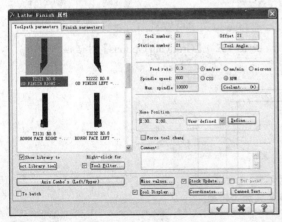

图 13-127　选择车刀与刀具路径参数

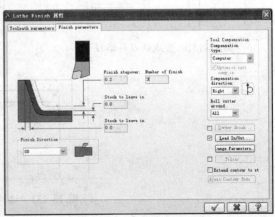

图 13-128　设置精车参数

(25) 在【Finish parameters】选项卡中单击 Lead In/Out... 按钮，系统弹出如图 13-129 所示的【Lead In/Out】对话框，分别在【Lead in】、【Lead out】选项卡中的【Entry Vector】区域中将【Fixed Direction】设置为 ⊙ Perpendicular 。

(26) 单击 Plunge Parameters. 按钮，系统弹出【Plunge Cut Parameters】对话框，设置进刀的切削参数如图 13-130 所示，然后单击【确定】按钮 ✓ ，返回【Rough parameters】选项卡，单击【确定】按钮 ✓ ，系统根据所设置的参数自动生成刀具路径，如图 13-131 所示。

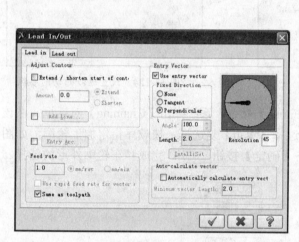

图 13-129　【Lead In/Out】对话框

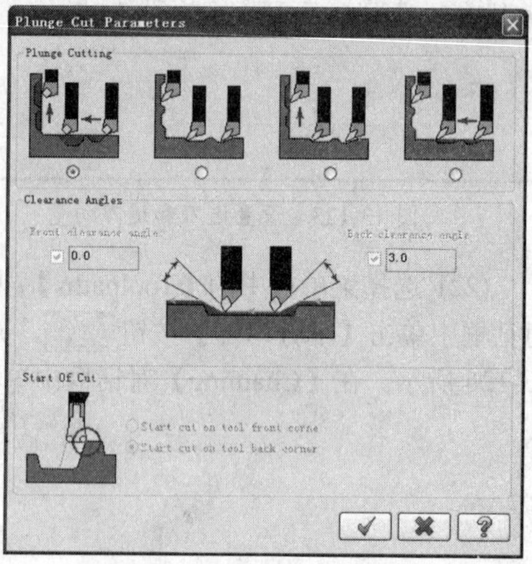

图 13-130　设置进刀的切削参数

(27) 在刀具路径管理器中选择精车操作，单击 ≋ 按钮，从而隐藏精车的刀具路径。

(28) 选择菜单栏中的【Toolpaths】/【Groove】命令，系统弹出如图 13-132 的【Grooving Options】对话框。在【Groove Definition】选项组中选择 ⊙ 2 Points 单选按钮，然后单击【确定】按钮 ✓ ，根据系统提示连续选择两个切槽的端点，如图 13-133 所示，然后按 Enter 键确认。

图 13-131　生成的刀具路径

图 13-132　【Grooving Options】对话框

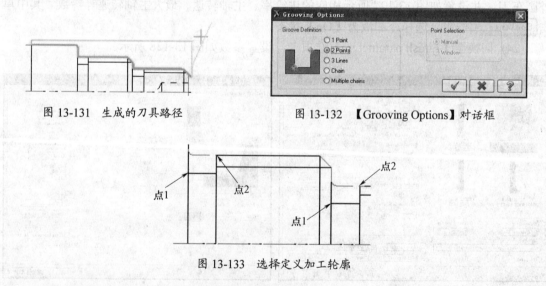

图 13-133　选择定义加工轮廓

(29) 系统弹出【Lathe Groove 属性】对话框。在【Toolpath parameters】选项卡中选择 T4141 切槽车刀，并设置参数如图 13-134 所示。

(30) 切换至【Groove shape parameters】选项卡，其界面如图 13-135 所示，并设置径向车削外形参数和选项。

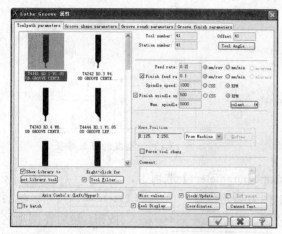

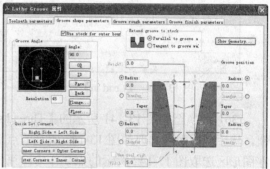

图 13-134　选择刀具和设置刀具路径参数　　　　　图 13-135　设置径向车削外形参数

(31) 切换至【Groove rough parameters】选项卡，参数设置如图 13-136 所示。

(32) 切换至【Groove finish parameters】选项卡，并按如图 13-137 所示设置径向精车参数。其中选择 Lead In... 按钮前的复选框，该按钮被激活，单击 Lead In... 按钮，系统弹出如图 13-138 所示【Lead in】对话框，在 First pass lead in 选项卡的 Entry Vector 区域选择 ⊙Tangent 单选按钮，切换至 Second pass Lead in 选项卡，在 Entry Vector 区域选择 ⊙Perpendicular 单选按钮，其他相关参数采用默认设置，单击该对话框中的【确定】按钮 ✓ 。

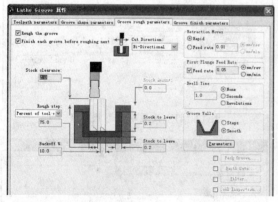

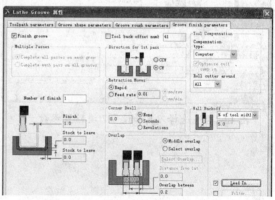

图 13-136　设置径向粗车参数　　　　　　　　　图 13-137　设置径向精车参数

(33) 在【Lathe Groove 属性】对话框中单击【确定】按钮 ✓ ，系统根据所设置的参数自动生成刀具路径，如图 13-139 所示。

(34) 在刀具路径管理器中选择径向车削操作，单击 ≋ 按钮，从而隐藏径向车削的刀具路径。

(35) 选择菜单栏中的【Toolpaths】/【Thread】命令，系统弹出如图 13-140 所示的【Lathe Thread 属性】对话框。在【Toolpath parameters】选项卡中，选择刀具号 T9494 的外螺纹车刀，并设置其他参数。其中单击 Coolant... 按钮，设置冷却液为【On】状态。

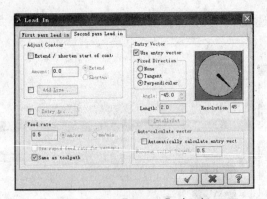

图 13-138 【Lead in】对话框

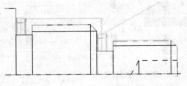

图 13-139 生成的刀具路径

(36) 切换至如图 13-141 所示的【Thread shape parameters】选项卡，单击 art Position... 按钮，然后在图形区选取如图 13-142 所示的点 1 作为起始位置。单击 nd Position... 按钮，然后在图形区选取图 13-142 所示的点 2 作为结束位置。单击 Major Diameter... 按钮，然后在图形区选取图 13-142 所示的边线作为大的直径。单击 Minor Diameter... 按钮，然后在图形区选取图 13-142 所示的边线作为牙底直径。也可以单击 Select from table... 按钮，选择如图 13-143 所示的螺纹规格。其他各项参数设置如图 13-141 所示。

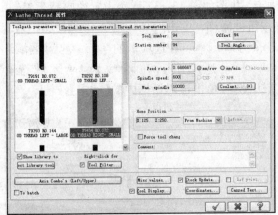

图 13-140 选择刀具和设置刀具路径参数

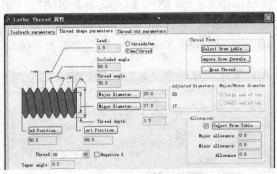

图 13-141 设置螺纹形状参数

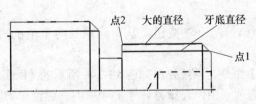

图 13-142 定义螺纹参数

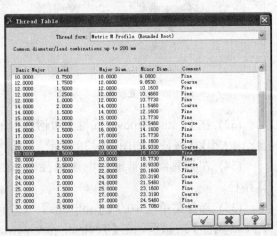

图 13-143 【Thread Table】对话框

(37) 切换至【Thread cut parameters】选项卡，按照如图 13-144 所示的参数进行设置。

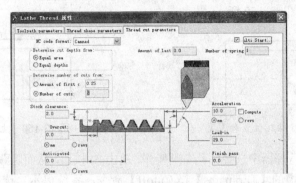

图 13-144　设置车螺纹参数

(38) 在【Lathe Thread 属性】对话框中单击【确定】按钮 ✓ ，系统根据所设置的参数自动生成刀具路径，如图 13-145 所示。

(39) 零件下一个螺纹车削的方法与前一个完全相同，用户可以自行完成，如图 13-146 所示。

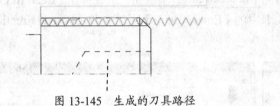

图 13-145　生成的刀具路径

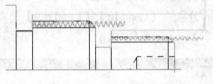

图 13-146　生成的螺纹路径

(40) 在刀具路径管理器中选择螺纹车削操作，单击 ≋ 按钮，从而隐藏螺纹车削的刀具路径。

(41) 选择菜单栏中的【Toolpaths】/【Drill】命令，系统弹出【Lathe Drill 属性】对话框，在【Toolpath parameters】选项卡中，选择刀具号 T123123 的钻头，并设置其他参数如图 13-147 所示。其中单击 Coolant... 按钮，设置冷却液为【On】状态。(如果刀具选项组中没有对应的刀具，双击类似刀具，系统弹出定义刀具的对话框，用户可以进行编辑，修改完后系统会自动保存。)

(42) 切换至【Simple drill-no peck】选项卡，按如图 13-148 所示设置参数。单击 Depth... 按钮，然后在图形区选择如图 13-149 所示的点 1 来定义孔的深度。单击 Drill Point... 按钮，然后在图形区选择如图 13-149 所示的点 2 来定义钻孔起始位置。

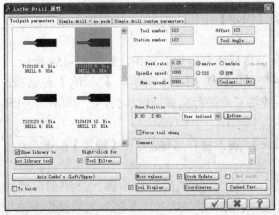

图 13-147　设置钻孔刀具路径参数

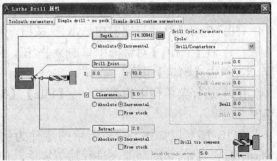

图 13-148　设置钻孔参数

(43) 单击【Lathe Drill 属性】对话框中的【确定】按钮 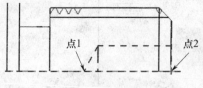，系统根据所设置的参数自动生成刀具路径，如图 13-150 所示。

图 13-149 选择钻孔位置和深度　　　　　　图 13-150 生成的刀具路径

(44) 在刀具路径管理器中选择钻孔车削操作，单击 ≋ 按钮，从而隐藏钻孔车削的刀具路径。

(45) 选择菜单栏中的【Toolpaths】/【Cutoff】命令，系统提示"选择截断的边界点"，选择图 13-100 所示点 P1，系统弹出【Lathe Cutoff 属性】对话框，在【Toolpath parameters】选项卡中，选择刀具号 T151151 的截断刀，并设置其他参数如图 13-151 所示。其中单击 Coolant... 按钮，设置冷却液为【On】状态。

(46) 切换至【Cutoff parameters】选项卡，按照如图 13-152 所示设置参数。

(47) 单击【Cutoff parameters】选项卡中的 Lead In/Out... 按钮，系统弹出【Lead In/Out】对话框，分别在【Lead In】、【Lead out】选项卡中的【Entry Vector】区域中将【Fixed Direction】设置为 ◉ Tangent 单选按钮。

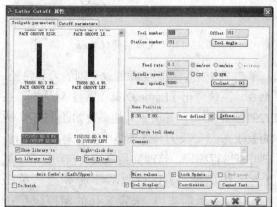　　　　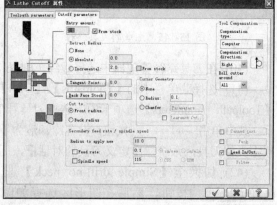

图 13-151 设置刀具路径参数　　　　　　图 13-152 设置截断参数

(48) 单击【Lathe Cutoff 属性】对话框中的【确定】按钮，系统根据所设置的参数自动生成刀具路径，如图 13-153 所示。

(49) 在刀具路径管理器中单击 按钮，从而选择所有的加工操作，如图 13-154 所示。

(50) 在刀具路径管理器中单击 按钮，系统弹出如图 13-155 所示的【Verify】对话框。

(51) 在【Verify】对话框中单击 ▶ 按钮，系统将开始进行实体切削仿真，结果如图 13-156 所示，单击【确定】按钮。

(52) 选择菜单栏中的保存命令【File】/【Save】，输入保存名称，单击【确定】按钮，完成保存。

例13-10　以如图13-157所示的零件为例，结合工件加工的工艺步骤，介绍如何使用 Mastercam X5的车削功能来进行加工零件，使用户了解和掌握内轮廓车削加工的操作方法与操作步骤。

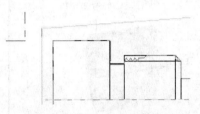

图 13-153 生成的刀具路径

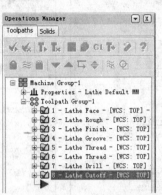

图 13-154 选择所有的车削加工　图 13-155 【Verify】对话框

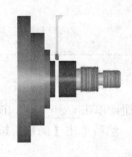

图 13-156 仿真结果

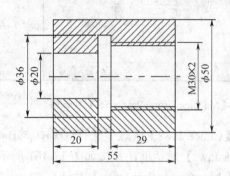

图 13-157 零件图形

操作步骤：

(1) 单击【New】按钮，新建一个文件。单击【Save】按钮，将文件保存在自行创建的文件夹中。

(2) 单击状态栏中的【Planes】/【Lathe radius】/【+X +Z WCS】命令。

(3) 绘制如图 13-158 所示的加工零件轮廓。在状态栏中设置构图深度为"0"，颜色为 1 号的黑色，图层为"1"，线型根据需要进行设置。

(4) 选择菜单栏中的【Machine Type】/【Lathe】/【Default】命令。

(5) 在"操作管理器"中单击 Properties - Lathe Default MM 节点前的"+"号，将该节点展开，然后单击 Stock setup 按钮，系统弹出图 13-159 所示的【Machine Group Properties】对话框。

(6) 在 Stock 区域中选择 Left Spindle 单选按钮，单击 roperties.. 按钮，系统弹出如图 13-160 所示的【Stock】对话框。

(7) 从【Geometry】选项卡的【Geometry】下拉列表框中选择【Cylinder】选项，单击 Make from 2 points... 按钮，根据系统提示依次指定点 A(X=25，Z=-40)和 B((X=0，Z=57)来定义工件外形，然后单击【确定】按钮，返回到"Machine Group Properties"对话框。

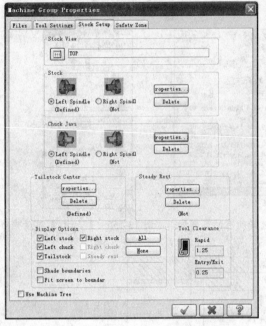

图 13-159 【Machine Group Properties】对话框

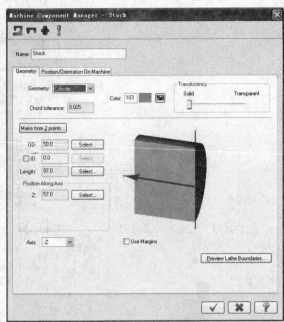

图 13-160 设置素材参数

(8) 在【Chuck Jaws】区域中选择⊙Left Spindle 单选按钮，单击 roperties... 按钮，系统弹出【Chuck Jaws】对话框，并按如图 13-161 所示设置参数。然后单击【确定】按钮 ✓ ，返回到【Machine Group Properties】对话框。

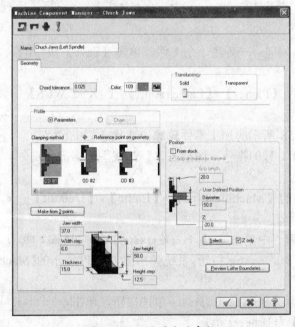

图 13-161 设置夹爪参数

(9) 在【Machine Group Properties】对话框中单击【确定】按钮 ✓ 。完成设置的工件和夹爪显示如图 13-162 所示。

(10) 选择菜单栏中的【Toolpaths】/【Face】命令，系统弹出【Enter new NC name】对话框，输入名称为"例 2"，如图 13-163 所示，然后单击【确定】按钮 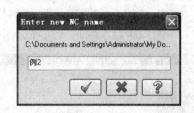。

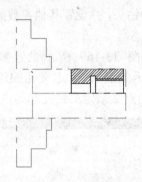
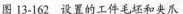

图 13-162　设置的工件毛坯和夹爪　　　　图 13-163　【Enter new NC name】对话框

(11) 系统弹出【Lathe Face 属性】对话框，在【Toolpath parameters】选项卡中选择 T0101 外圆车刀，并按如图 13-164 所示设置参数。其中单击 Coolant... 按钮，选择冷却液为【On】状态。

(12) 切换至【Face parameters】选项卡，设置预留量以及车端面的其他参数，并选择 elect Points... 单选按钮，如图 13-165 所示。

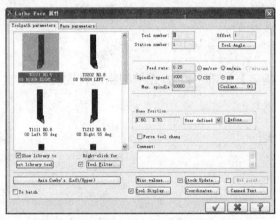
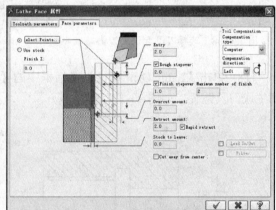

图 13-164　选择车刀与刀具路径参数　　　　图 13-165　设置车端面参数

(13) 单击 elect Points... 按钮，在绘图区域分别选择如图 13-166 所示的两点来定义车削端面区域。

(14) 单击【Lathe Face 属性】对话框中的【确定】按钮 。系统根据用户设置参数自动生成刀具路径，如图 13-167 所示。

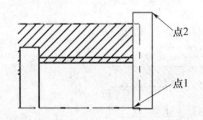
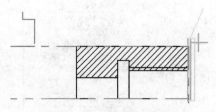

图 13-166　指定两点定义车端面区域　　　　图 13-167　生成的刀具路径

(15) 在刀具路径管理器中选择车端面操作，单击≋按钮，从而隐藏车端面的刀具路径。

(16) 选择菜单栏中的【Toolpaths】/【Drill】命令，系统弹出【Lathe Drill 属性】对话框，在【Toolpath parameters】选项卡中，选择刀具号 T123123 的钻头，并设置其他参数如图 13-168 所示。其中单击 Coolant... 按钮，设置冷却液为【On】状态。

(17) 切换至【Simple drill-no peck】选项卡，按如图 13-169 所示设置参数。单击 Depth... 按钮，然后在图形区选择如图 13-170 所示的点 1 来定义孔的深度。单击 Drill Point... 按钮，然后在图形区选择如图 13-170 所示的点 2 来定义钻孔起始位置。

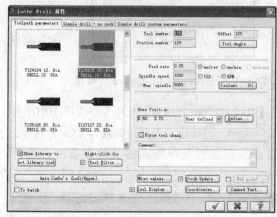

图 13-168　选择刀具和设置刀具路径参数

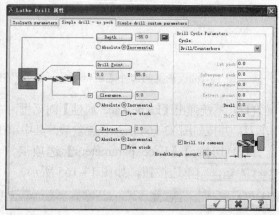

图 13-169　设置钻孔参数

(18) 单击【Lathe Drill 属性】对话框中的【确定】按钮 ✓ ，系统根据所设置的参数自动生成刀具路径，如图 13-171 所示。

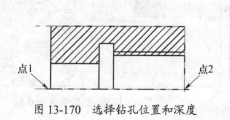

图 13-170　选择钻孔位置和深度

图 13-171　生成的刀具路径

(19) 在刀具路径管理器中选择钻孔车削操作，单击≋按钮，从而隐藏钻孔车削的刀具路径。

(20) 选择菜单栏中的【Toolpaths】/【Rough】命令，系统弹出【Chaining】对话框，在该对话框中单击【部分串连】按钮 ⚭ ，并选中【Wait】复选框，按顺序指定加工轮廓，如图 13-172 所示。然后单击【确定】按钮 ✓ ，完成粗车轮廓外形的选择。

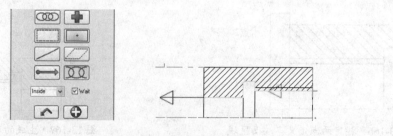

图 13-172　选择粗车轮廓

(21) 系统弹出【Lathe Rough 属性】对话框。在【Toolpath parameters】选项卡中选择 T7171 内圆车刀(如果内圆不大，为防止退刀时与工件碰撞，用户可以双击类似刀具，对车刀参数进行编辑)，并设置如图 13-173 所示相应的进给率、主轴转速、最大主轴转速等参数。其中单击 Coolant... 按钮，选择冷却液为【On】状态。

(22) 切换至【Rough parameters】选项卡，按如图 13-174 所示设置参数。

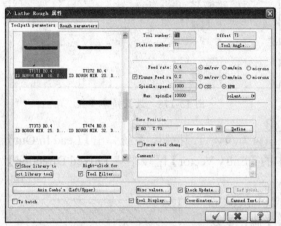
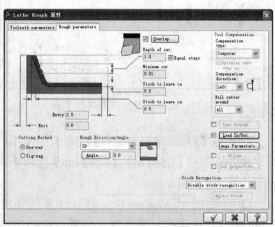

图 13-173 选择刀具和设置刀具路径参数   图 13-174 设置粗车参数

(23) 在【Rough parameters】选项卡中单击 Lead In/Out... 按钮，系统弹出【Lead In/Out】对话框，分别在【Lead in】、【Lead out】选项卡中的【Entry Vector】区域中将【Fixed Direction】设置为 ◉ Tangent 。

(24) 单击 Plunge Parameters... 按钮，系统弹出【Plunge Cut Parameters】对话框，采用默认设置，然后单击【确定】按钮 ✓ ，返回【Rough parameters】选项卡，单击【确定】按钮 ✓ ，系统根据所设置的参数自动生成刀具路径，如图 13-175 所示。

(25) 在刀具路径管理器中选择粗车操作，单击 ≋ 按钮，从而隐藏粗车的刀具路径。

(26) 选择菜单栏中的【Toolpaths】/【Finish】命令，系统弹出【Chaining】对话框，在该对话框中单击【部分串连】按钮 ◯◯ ，并选择【Wait】复选框，按顺序指定加工轮廓，如图 13-176 所示。在【Chaining】对话框中单击【确定】按钮 ✓ ，完成精车轮廓的选择。

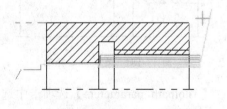
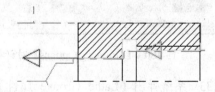

图 13-175 生成的刀具路径   图 13-176 选择精车轮廓

(27) 系统弹出【Lathe Finish 属性】对话框。在【Toolpath parameters】选项卡中选择 T8181 内圆车刀，并设置如图 13-177 所示相应的进给率、主轴转速、最大主轴转速等参数。其中单击 Coolant... 按钮，选择冷却液为【On】状态。

(28) 切换至【Finish parameters】选项卡，设置参数如图 13-178 所示。

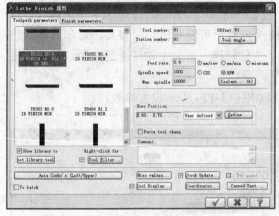

图 13-177 选择车刀与刀具路径参数

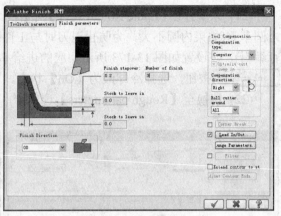

图 13-178 设置精车参数

(29) 在【Finish parameters】选项卡中单击 Lead In/Out... 按钮，系统弹出【Lead In/Out】对话框，分别在【Lead in】、【Lead out】选项卡中的【Entry Vector】区域中将【Fixed Direction】设置为 ◉ Tangent 。

(30) 单击 .unge Parameters. 按钮，系统弹出【Plunge Cut Parameters】对话框，采用默认设置，然后单击【确定】按钮 ✔ ，返回【Rough parameters】选项卡，单击【确定】按钮 ✔ ，系统根据所设置的参数自动生成刀具路径，如图 13-179 所示。

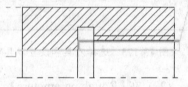

图 13-179 生成的刀具路径

(31) 在刀具路径管理器中选择精车操作，单击 ≋ 按钮，从而隐藏精车的刀具路径。

(32) 选择菜单栏中的【Toolpaths】/【Groove】命令，系统弹出如图 13-180 所示的【Grooving Options】对话框。在【Groove Definition】选项组中选择 ◉ 2 Points 单选按钮，然后单击【确定】按钮 ✔ ，根据系统提示连续选择两个切槽的端点，如图 13-181 所示，然后按 Enter 键确认。

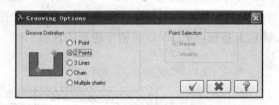

图 13-180 【Grooving Options】对话框

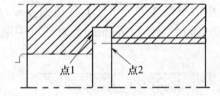

图 13-181 定义加工轮廓

(33) 系统弹出【Lathe Groove 属性】对话框。在【Toolpath parameters】选项卡中选择 T5151 切槽车刀，并设置参数如图 13-182 所示。

(34) 双击选择刀具，系统弹出定义刀具的对话框，切换至【Holder】选项卡，按如图 13-183 设置刀柄参数。

(35) 切换至【Groove shape parameters】选项卡，其界面如图 13-184 所示，并设置径向车削外形参数和选项。

(36) 切换至【Groove rough parameters】选项卡，参数设置如图 13-185 所示。

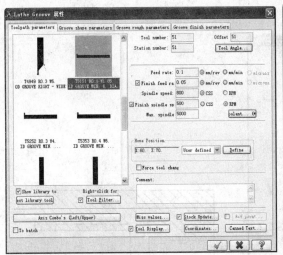

图 13-182 选择刀具和设置刀具路径参数

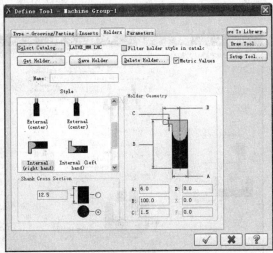

图 13-183 设置刀柄参数

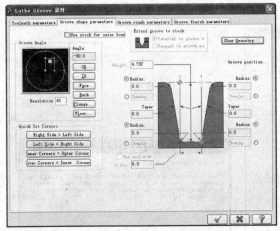

图 13-184 设置径向车削外形参数

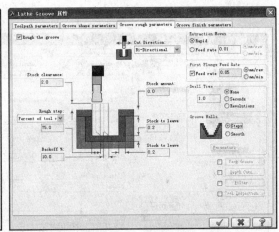

图 13-185 设置径向粗车参数

(37) 切换至【Groove finish parameters】选项卡,并按如图 13-186 所示设置径向精车参数。其中选择 Lead In... 按钮前的复选框,该按钮被激活,单击 Lead In... 按钮,系统弹出【Lead in】对话框,在 First pass lead in 选项卡的 Entry Vector 区域选择 Tangent 单选按钮,切换至 Second pass Lead in 选项卡,在 Entry Vector 区域选择 Perpendicular 单选按钮,其他相关参数采用默认设置,单击该对话框中的【确定】按钮。

(38) 在【Lathe Groove 属性】对话框中单击【确定】按钮,系统根据所设置的参数自动生成刀具路径,如图 13-187 所示。

(39) 在刀具路径管理器中选择径向车削操作,单击 ≋ 按钮,从而隐藏径向车削的刀具路径。

(40) 选择菜单栏中的【Toolpaths】/【Thread】命令,系统弹出如图 13-188 所示【Lathe Thread 属性】对话框。在【Toolpath parameters】选项卡中,选择刀具号 T9494 的内螺纹车刀,此时系统弹出如图 13-189 所示的【Tool Settings Modified】对话框。其中单击 Coolant... 按钮,设置冷却液为【On】状态,并设置其他参数。

(41) 切换至【Tread shape parameters】选项卡,按如图 13-190 所示设置各项参数。其中,单击 art Position. 按钮,然后在图形区选取如图 13-191 所示的点 1 作为起始位置。单击

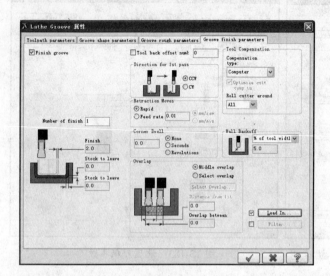

图 13-186 设置径向精车参数

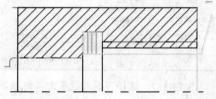

图 13-187 生成的刀具路径

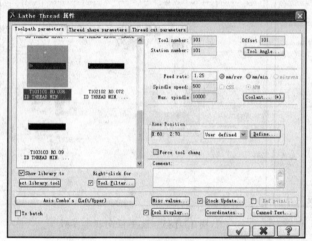

图 13-188 选择刀具和设置刀具路径

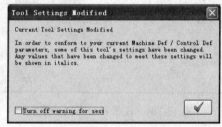

图 13-189 【Tool Settings Modified】提示框

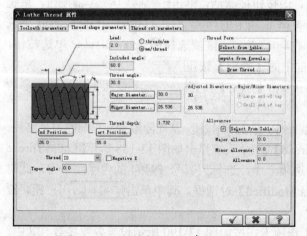

图 13-190 设置螺纹形状参数

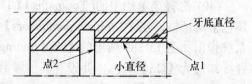

图 13-191 定义螺纹参数

按钮，然后在图形区选取图 13-191 所示的点 2 作为结束位置。单击
Major Diameter... 按钮，然后在图形区选取图 13-191 所示的边线作为大的直径。单击
Minor Diameter... 按钮，然后在图形区选取图 13-191 所示的边线作为牙底直径。也可以单击
Select from table... 按钮，选择如图 13-190 所示的螺纹规格。

(42) 切换至【Thread cut parameters】选择卡，按照如图 13-192 所示的参数进行设置。

(43) 在【Lathe Thread 属性】对话框中单击【确定】按钮 ✓ ，系统根据所设置的参数自动生成刀具路径，如图 13-193 所示。

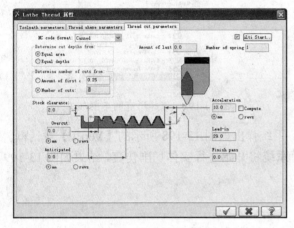

图 13-192 设置车螺纹参数

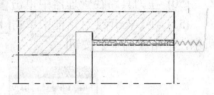

图 13-193 生成的刀具路径

(44) 在刀具路径管理器中选择螺纹车削操作，单击 ≋ 按钮，从而隐藏螺纹车削的刀具路径。

(45) 选择菜单栏中的【Toolpaths】/【Cutoff】命令，系统提示"选择截断的边界点"，选择图 13-158 所示点 P1，系统弹出【Lathe Cutoff 属性】对话框，在【Toolpath parameters】选项卡中，选择刀具号 T151151 的截断刀，并设置其他参数如图 13-194 所示。其中单击
Coolant... 按钮，设置冷却液为【On】状态。

(46) 切换至【Cutoff parameters】选项卡，按照如图 13-195 所示设置参数。

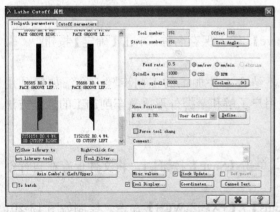

图 13-194 设置刀具路径参数

图 13-195 设置截断参数

(47) 单击【Cutoff parameters】选项卡中的 Lead In/Out... 按钮，系统弹出【Lead In/Out】对话框，分别在【Lead in】、【Lead out】选项卡中的【Entry Vector】区域中将【Fixed Direction】

设置为 ◉Tangent 。

(48) 单击【Lathe Cutoff 属性】对话框中的【确定】按钮 ✓ ，系统根据所设置的参数自动生成刀具路径，如图 13-196 所示。

(49) 在刀具路径管理器中单击 ✓ 按钮，从而选择所有的加工操作，如图 13-197 所示。

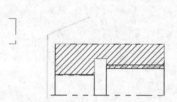

图 13-196　生成的刀具路径　　　　　图 13-197　选择所有的车削加工

(50) 在刀具路径管理器中单击 ◈ 按钮，系统弹出如图 13-198 所示的【Verify】对话框。

(51) 在【Verify】对话框中单击 ▶ 按钮，系统将开始进行实体切削仿真，结果如图 13-199 所示，单击【确定】按钮 ✓ 。

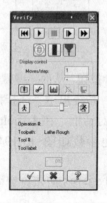

图 13-198　【Verify】对话框　　　　　图 13-199　仿真结果

(52) 选择菜单栏中的保存命令【File】/【Save】，输入保存名称，单击【确定】按钮 ✓ ，完成保存。

例13-11　以如图13-200所示的零件为例，结合工件加工的工艺步骤，介绍如何使用 Mastercam X5的车削功能来进行加工零件，使用户了解和掌握外形重复车削加工的操作方法与操作步骤。

操作步骤：

(1) 单击【New】按钮 ▢ ，新建一个文件。单击【Save】按钮 ▤ ，将文件保存在自行创建的文件夹中。

(2) 单击状态栏中的【Planes】/【Lathe radius】/【+X +Z WCS】命令。绘制如图 13-201 所示的加工零件轮廓。

(3) 选择菜单栏中的【Machine Type】/【Lathe】/【Default】命令。

(4) 在"操作管理器"中单击 ⊞ ⏚ Properties - Lathe Default MM 节点前的"+"号，将该节点展开，然后单击 ◈ Stock setup 按钮，系统弹出【Machine Group Properties】对话框。

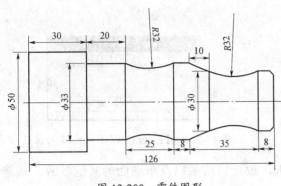

图 13-200 零件图形

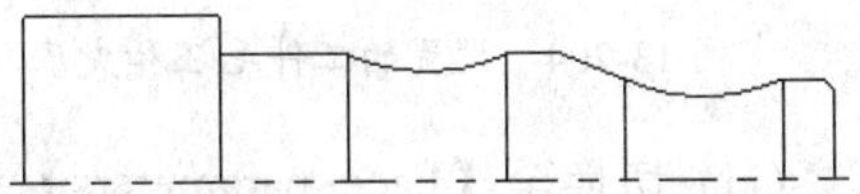

图 13-201 零件轮廓

(5) 在【Stock】区域中选择 ⊙ Left Spindle 单选按钮，单击 roperties... 按钮，系统弹出如图 13-202 所示的【Stock】对话框。

(6) 从【Geometry】选项卡的【Geometry】下拉列表框中选择【Cylinder】选项，单击 Make from 2 points... 按钮，根据系统提示依次指定点 A(X=25，Z=-30)和 B((X=0，Z=128)来定义工件外形，然后单击【确定】按钮 ✓，返回到【Machine Group Properties】对话框。

(7) 在【Chuck Jaws】区域中选择 ⊙ Left Spindle 单选按钮，单击 roperties... 按钮，系统弹出【Chuck Jaws】对话框，并按如图 13-203 所示设置参数。然后单击【确定】按钮 ✓，返回到【Machine Group Properties】对话框。

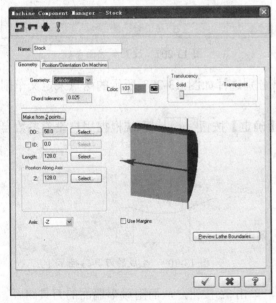

图 13-202 设置素材参数

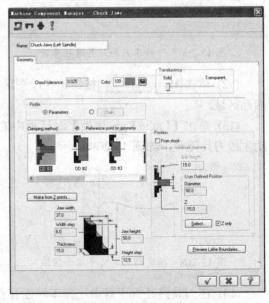

图 13-203 设置夹爪参数

(8) 在【Machine Group Properties】对话框中单击【确定】按钮 ✓。完成设置的工件和夹爪显示如图 13-204 所示。

(9) 选择菜单栏中的【Toolpaths】/【Face】命令，系统弹出【Enter new NC name】对话框，输入名称为"例 11"，如图 13-205 所示，然后单击【确定】按钮 ✓。

(10) 系统弹出【Lathe Face 属性】对话框，在【Toolpath parameters】选项卡中选择 T0101 外圆车刀，并按如图 13-206 所示设置参数。其中单击 Coolant... 按钮，选择冷却液为【On】状态。

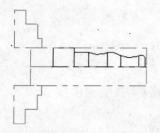

图 13-204 设置的工件毛坯和夹爪

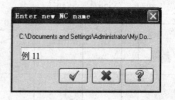

图 13-205 【Enter new NC name】对话框

(11) 切换至【Face parameters】选项卡，设置预留量以及车端面的其他参数，并选择 elect Points.. 单选按钮，如图 13-207 所示。

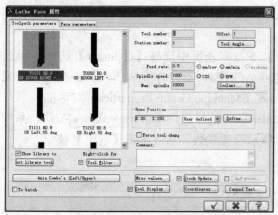

图 13-206 选择车刀与刀具路径参数

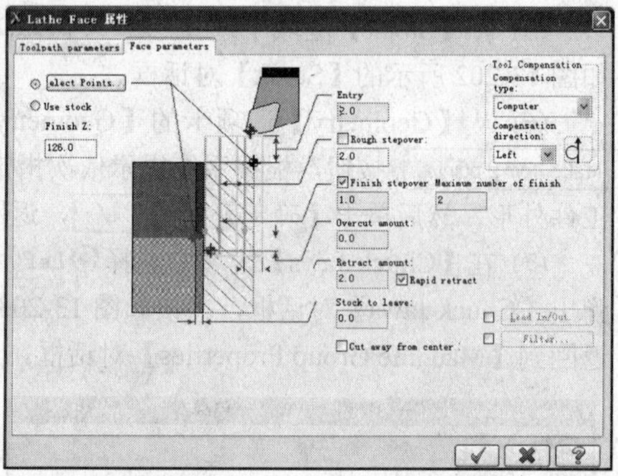

图 13-207 设置车端面参数

(12) 单击 elect Points.. 按钮，在绘图区域分别选择如图 13-208 所示的两点来定义车削端面区域。

(13) 单击【Lathe Face 属性】对话框中的【确定】按钮 ✓ 。系统根据用户设置参数自动生成刀具路径，如图 13-209 所示。

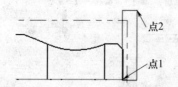

图 13-208 指定两点定义车端面区域

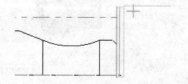

图 13-209 生成的刀具路径

(14) 在刀具路径管理器中选择车端面操作，单击 ≋ 按钮，从而隐藏车端面的刀具路径。

(15) 选择菜单栏中的【Toolpaths】/【Canned】/【Pattern Repeat】命令，系统弹出【Chaining】对话框，在该对话框中单击【部分串连】按钮 QQ ，并选择【Wait】复选框，按顺序指定加工轮廓，如图 13-210 所示。然后单击【确定】按钮 ✓ ，完成轮廓外形的选择。

(16) 系统弹出【Lathe Pattern Repeat 属性】对话框，在【Toolpath parameters】选项卡中，选择刀具号 T2121 的车刀，其中单击 Coolant... 按钮，设置冷却液为【On】状态，并按如图 13-211 所示设置其他参数。

(17) 切换至【Pattern repeat parameters】选项卡，并按如图 13-212 所示设置参数。

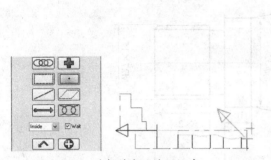

图 13-210 选择精车的外形轮廓

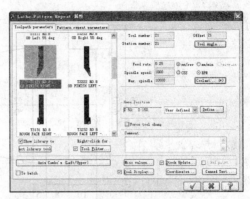

图 13-211 选择刀具和设置刀具路径参数

(18) 在【Lathe Pattern Repeat 属性】对话框中单击【确定】按钮 ，系统根据用户设置的参数自动生成如图 13-213 刀具路径。

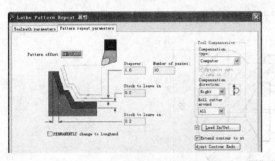

图 13-212 设置循环外形重复切削参数

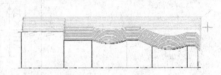

图 13-213 生成的刀具路径

(19) 在刀具路径管理器中单击 按钮，从而选择所有的加工操作，如图 13-214 所示。

(20) 在刀具路径管理器中单击 按钮，系统弹出【Verify】对话框。

(21) 在【Verify】对话框中单击 按钮，系统将开始进行实体切削仿真，结果如图 13-215 所示，单击【确定】按钮 。

图 13-214 选择所有的车削加工

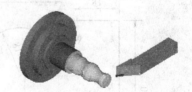

图 13-215 仿真结果

(22) 选择菜单栏中的保存命令【File】/【Save】，输入保存名称，单击【确定】按钮 ，完成保存。

习 题

13-1 根据零件的形状，编制加工工艺，对如图 13-216 所示的零件进行加工。

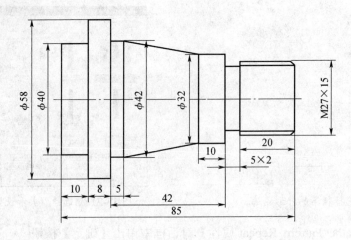

图 13-216　题 13-1 零件图

13-2　根据零件的形状，编制加工工艺，对如图 13-217 所示的零件进行加工。

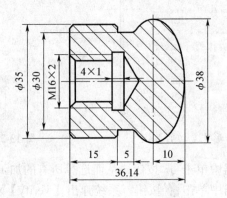

图 13-217　题 13-2 零件图

13-3　根据零件的形状，编制加工工艺，对如图 13-218 所示的零件进行加工。

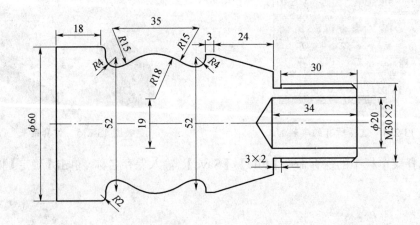

图 13-218　题 13-3 零件图

第 14 章

线切割

线切割加工是数控加工技术的重要组成部分，在现代模具制造业中得到广泛应用。本章介绍的主要内容包括线切割加工基础理论、外形线切割、固定循环切割、无屑线切割和 4 轴线切割，并将通过实例来讲解这几种加工方法，最后通过综合加工实例将这几种方法联系在一起讲解线切割的加工，希望用户能够熟练掌握线切割加工的方法。

14.1 线切割基础

电火花线切割加工(Wire cut Electrical Discharge Machining，WEDM)又称线切割，基本原理是利用移动的细小金属导线(铜丝或钼丝)作电极，对工件进行脉冲火花放电，通过计算机进给控制系统，配合一定浓度的水基乳化液进行冷却排屑，就可以对工件进行图形加工。它主要用于加工各种形状复杂和精密细小的工件，如冲裁模的凸模、凹模、凸凹模、固定板、卸料板等，成形刀具、样板、电火花成型加工用的金属电极，各种微细孔槽、窄缝、任意曲线等，具有加工余量小、加工精度高、生产周期短、制造成本低等突出优点，已在生产中获得广泛的应用。

线切割加工基本原理如图 14-1 所示。被切割的工件作为工件电极，钼丝作为工具电极，脉冲电源发出一连串的脉冲电压，加到工件电极和工具电极上。钼丝与工件之间施加足够的具有一定绝缘性能的工作液。当钼丝与工件的距离小到一定程度时，在脉冲电压的作用下，工作液被击穿，在钼丝与工件之间形成瞬间放电通道，产生瞬时高温，使金属局部熔化甚至

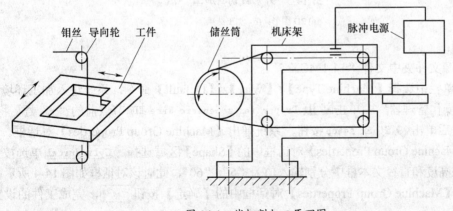

图 14-1　线切割加工原理图

汽化而被蚀除下来。若工作台带动工件不断进给，就能切割
出所需要的形状。由于储丝筒带动钼丝交替作正、反向的高
速移动，所以钼丝基本上不被蚀除，可使用较长的时间。

电火花数控线切割加工的过程主要包括：电极丝与工件
之间的脉冲放电；电极丝沿其轴向(垂直或 Z 方向)作走丝运
动；工件相对于电极丝在 X、Y 平面内作数控运动。

Mastercam X5 系统为用户提供了专门的线切割编程模
块，用户可以使用该模块进行高效地编制所需的线切割加工
程序。选择菜单栏中的【Machine Type】/【Wire】/【Default】
命令，即可启用默认的线切割模块。此时，打开菜单栏中的
【Toolpath】菜单，如图 14-2 所示，其中包括【Contour】、
【Canned】、【No core】、【4 Axis】4 种线切割刀具路径创建命令。

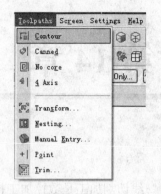

图 14-2　线切割【Toolpaths】菜单

14.2　外形线切割

【Contour】即外形线切割路径命令，用于外形线切割。外形线切割和之前介绍的外形铣
削有些类似，都需要选择加工外形轮廓，并设置相应的加工参数。

例 14-1　线切割图 14-3 所示二维模型的外形轮廓。

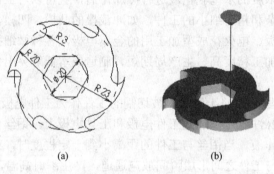

(a)　　　　　　　　　　　(b)

图 14-3　外形线切割加工

(a) 2D 图形；(b) 加工结果。

操作步骤：

(1) 打开源文件夹中文件"14-1MCX-5"。

(2) 在菜单栏中选择【Machine Type】/【Wire】/【Default】命令，系统进入加工环境。

(3) 在"操作管理器"中单击 ⊕ ▟ Properties - Generic Wire EDM 节点前的"+"号，将该
节点展开，然后单击 ◇ Stock setup 按钮，系统弹出【Machine Group Properties】对话框。

(4) 在【Machine Group Properties】对话框中的【Shape】区域选择 ⊙ Cylindrical 单选按钮，
选择 Z 轴，在高度和直径文本框中分别输入值为"5"、"60"，此时该对话框如图 14-4 所示。

(5) 单击【Machine Group Properties】对话框中的【确定】按钮 ✓，完成工件的设置。
如图 14-5 所示。

(6) 选择菜单栏中的【Toolpaths】/【Contour】命令，系统弹出【Enter new NC name】对
话框，输入名称为"14-1"，如图 14-6 所示，然后单击【确定】按钮 ✓。

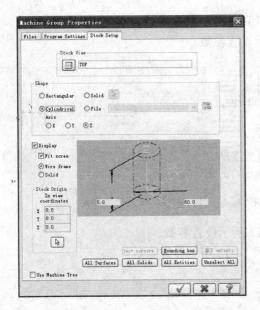

图 14-4　【Machine Group Properties】对话框

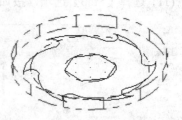

图 14-5　设置的工件

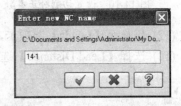

图 14-6　输入 NC 文件名

(7) 系统弹出【Chaining】对话框，在该对话框中单击【部分串连】按钮，选择加工轮廓，如图 14-7 所示。然后单击【确定】按钮，完成线切割外形轮廓的选择。

图 14-7　选择外形加工轮廓

(8) 系统弹出【Wirepath-Contour】对话框，选择【Wire/Power】选项卡，并设置如图 14-8 所示的参数，其他选项采取默认设置。

(9) 切换至【Cut Parameters】选项卡，按如图 14-9 所示设置切削参数。

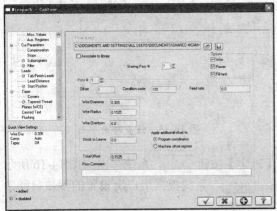

图 14-8　设置电极丝和电源参数

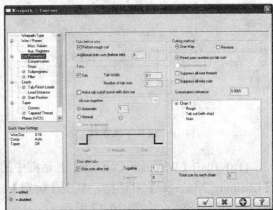

图 14-9　设置切削参数

(10) 选择【Compensation】选项，按如图 14-10 所示设置参数。

(11) 选择【Stop】选项，按如图 14-11 所示设置参数。

图 14-10 设置切削补正参数

图 14-11 设置停止参数

(12) 切换至【Leads】选项卡，按如图 14-12 所示设置参数。

(13) 选择【Lead Distance】选项，并按如图 14-13 所示设置参数。

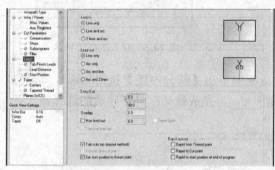

图 14-12 设置引导参数

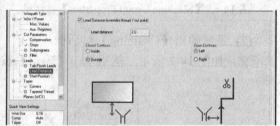

图 14-13 设置引导距离参数

(14) 切换至【Taper】选项卡，用户可以根据需要设置不同的锥度，并设置参数如图 14-14 所示。

(15) 选择【Corners】选项，设置参数如图 14-15 所示。

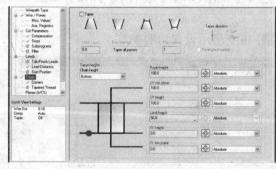

图 14-14 设置锥度参数

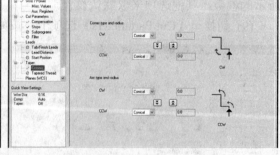

图 14-15 设置转角参数

(16) 单击【Wirepath-Contour】对话框中的【确定】按钮 ✓ ，系统弹出如图 14-16 所示【Chaining Manager】对话框，单击【确定】按钮 ✓ ，系统根据用户所设置的参数自动生成线切割刀具路径，如图 14-17 所示。

(17) 在刀具路径管理器中选择线切割操作，单击 ≋ 按钮，从而隐藏车线切割的刀具路径。

图 14-16 【Chaining Manager】对话框

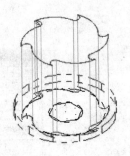

图 14-17 生成的刀具路径

(18) 选择菜单栏中的【Toolpath】/【Contour】命令，系统弹出【Chaining】对话框，在该对话框中单击【部分串连】按钮 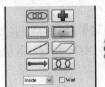，选择加工轮廓，如图 14-7 所示。然后单击【确定】按钮 ，完成加工轮廓的选择。

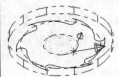

图 14-18 选择加工轮廓

(19) 系统弹出【Wirepath-Contour】对话框，选择【Wire/Power】选项卡，选择【Lead Distance】选项，并按如图 14-19 所示设置参数。

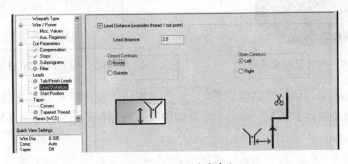

图 14-19 设置引导参数

(20) 其他各选项参数与之前的外形线切割参数设置相同。设置好其他各选项参数后，单击【Wirepath-Contour】对话框中的【确定】按钮 ，系统弹出【Chaining Manager】对话框，单击【确定】按钮 ，系统根据用户所设置的参数自动生成线切割刀具路径，如图 14-20 所示。

(21) 在刀具路径管理器中单击 按钮，从而选择所有的加工操作，如图 14-21 所示。

(22) 在刀具路径管理器中单击 按钮，系统弹出如图 14-22 所示的【Verify】对话框。单击【模拟刀具及刀头】按钮 ，并设置加工模拟的其他参数。单击【选项】按钮 ，系统弹出【Verify Option】对话框，选择复选框，如图 14-23 所示。

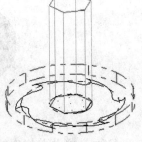

图 14-20 生成的刀具路径

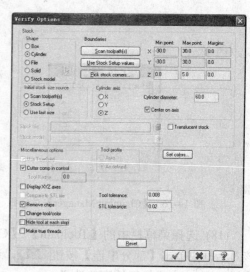

图 14-21　选择所有操作　　图 14-22　【Verify】对话框　　　　图 14-23　设置验证选项

(23) 单击【Verify Option】对话框中的【确定】按钮 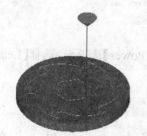。返回【Verify】对话框，单击 ▶按钮，系统进行实体切削仿真，模拟效果如图 14-24 所示，系统弹出如图 14-25 所示的【Pick a chip】对话框。

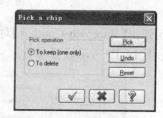

图 14-24　加工模拟效果图　　　　　　图 14-25　【Pick a chip】对话框

(24) 单击【Pick a chip】对话框中的 Pick 按钮，使用鼠标在绘图区选择所需要保留的部分，然后单击【确定】按钮 ，结果如图 14-26 所示。然后单击【Verify】对话框的【确定】按钮 。

选择保留部分

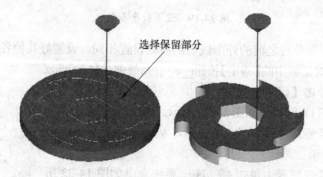

图 14-26　仿真结果

(25) 选择菜单栏中的保存命令【File】/【Save】，输入保存名称，单击【确定】按钮 ，完成保存。

14.3　无屑线切割

　　【No core】命令用于无屑线切割加工。它是指沿着已封闭的串连几何图形产生切割轨迹，挖除封闭几何图形内的工件材料，有些类似于数控铣削挖槽加工。

　　例 14-2　线切割如图 14-27 所示二维模型中的"X"图形。

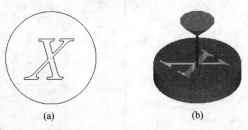

(a)　　　　　　　　　　　　　　(b)

图 14-27　无屑线切割

(a) 2D 图形；(b) 加工结果。

操作步骤：

　　(1) 打开源文件夹中文件"14-2.MCX-5"。

　　(2) 在菜单栏中选择【Machine Type】/【Wire】/【Default】命令，系统进入加工环境。

　　(3) 在"操作管理器"中单击⊞ ⊥ Properties - Generic Wire EDM节点前的"+"号，将该节点展开，然后单击◆ Stock setup 按钮，系统弹出【Machine Group Properties】对话框。

　　(4) 在【Machine Group Properties】对话框中的【Shape】区域选中【Cylindrical】单选按钮。在 X、Z 方向高度的文本框中分别输入值为"5.0"、"26.0"，此时该对话框如图 14-28 所示。

　　(5) 单击【Machine Group Properties】对话框中的【确定】按钮 ，完成工件的设置。如图 14-29 所示。

　　(6) 选择菜单栏中的【Toolpath】/【No core】命令，系统弹出【Enter new NC name】对话框，输入名称为【14-2】，如图 14-30 所示，然后单击【确定】按钮 。

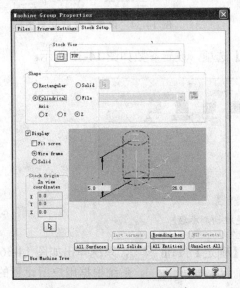

图 14-28　设置工件毛坯材料

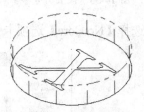

图 14-29　工件毛坯图

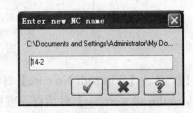

图 14-30　输入 NC 文件名

(7) 系统弹出【Chaining】对话框，在该对话框中单击【部分串连】按钮，选择加工轮廓，如图 14-31 所示。然后单击【确定】按钮，完成无屑线切割轮廓的选择。

(8) 系统弹出【Wirepath-No core】对话框，选择【Wire/Power】选项卡，并设置如图 14-32 所示的参数，其他选项采取默认设置。

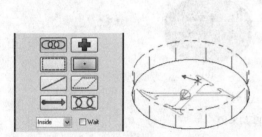

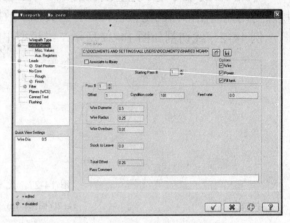

图 14-31　选择无屑线切割轮廓　　　　　　　图 14-32　设置电极丝/电源

(9) 切换至【Leads】选项卡，按如图 14-33 所示设置切削参数。

(10) 切换至【No Core】选项卡，设置参数如图 14-34 所示。

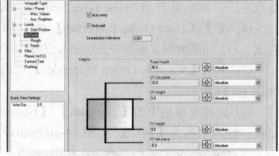

图 14-33　设置引导参数　　　　　　　　　　图 14-34　设置无屑线切割参数

(11) 选择【No Core】选项卡中的【Rough】选项，设置参数如图 14-35 所示。

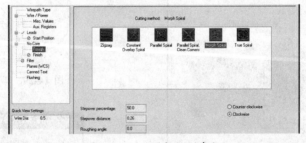

图 14-35　设置粗切削参数

(12) 单击【Wirepath-No core】对话框中的【确定】按钮，系统弹出如图 14-36 所示的【Wire thread warning】对话框，直接单击【确定】按钮，系统根据用户所设置的参数自动生成线切割刀具路径，如图 14-37 所示。

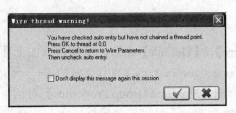

图 14-36　【Wire thread warning】对话框

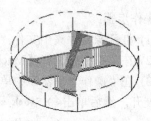

图 14-37　生成的刀具路径

(13) 在刀具路径管理器中单击 按钮，系统弹出如图 14-38 所示的【Verify】对话框。选中模拟刀具及刀头按钮 ，并设置加工模拟的其他参数。

(14) 单击【Verify】对话框中的【确定】按钮 ，结束模拟操作，结果如图 14-39 所示。

图 14-38　【Verify】对话框

图 14-39　加工结果

(15) 选择菜单栏中的保存命令【File】/【Save】，输入保存名称，单击【确定】按钮 ，完成保存。

14.4　4 轴线切割

【4 Axis】4 轴线切割命令是线切割加工中比较常见的一种加工方法。2 轴线切割只能用来加工垂直平面的轮廓和凹槽，对于那些具有倾斜轮廓面，可以通过选择【4 Axis】命令可以用来加工那些具有倾斜轮廓面或上下异形面的零件。

例 14-3　线切割如图 14-40 所示零件。

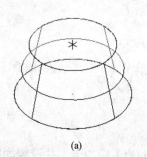
(a)

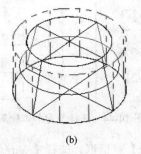
(b)

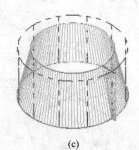
(c)

图 14-40　4 轴线切割加工

(a) 3D 图形；(b) 工件；(c) 加工结果。

操作步骤：

(1) 打开源文件夹中文件 "14-3.MCX"。

(2) 在菜单栏中选择【Machine Type】/【Wire】/【Default】命令，系统进入加工环境。

(3) 在 "操作管理器" 中单击 ⊞ 𝗆 Properties - Generic Wire EDM 节点前的 "+" 号，将该节点展开，然后单击 ◆ Stock setup 按钮，系统弹出【Machine Group Properties】对话框。

(4) 在【Machine Group Properties】对话框中的【Shape】区域选择 ◉ Cylindrical 单选按钮，选择 Z 轴，在高度和直径文本框中分别输入值为 "20"、"40"，此时该对话框如图 14-41 所示。

(5) 单击【Machine Group Properties】对话框中的【确定】按钮 ✔ ，完成工件的设置。如图 14-42 所示。

(6) 选择菜单栏中的【Toolpath】/【4 Axis】命令，系统弹出【Enter new NC name】对话框，输入名称为 "14-3"，如图 14-43 所示，然后单击【确定】按钮 ✔ 。

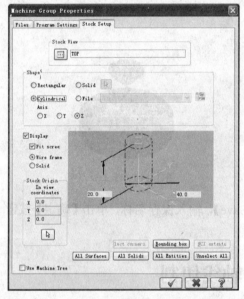

图 14-41 【Machine Group Properties】对话框

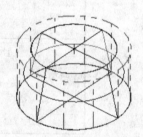

图 14-42 设置的工件

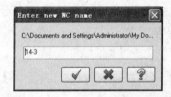

图 14-43 输入 NC 文件名

(7) 系统弹出【Chaining】对话框，在该对话框中单击【部分串连】按钮 ⟨⟨⟨ ，选择加工轮廓，然后单击【确定】按钮 ✔ ，完成 4 轴线切割轮廓的选择，如图 14-44 所示。

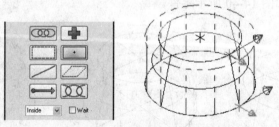

图 14-44 选择外形加工轮廓

(8) 系统弹出【Wirepath-4 Axis】对话框，选择【Wire/Power】选项卡，并设置如图 14-45 所示的参数，其他选项采取默认设置。

(9) 切换至【Cut Parameters】选项卡，按如图 14-46 所示设置切削参数。

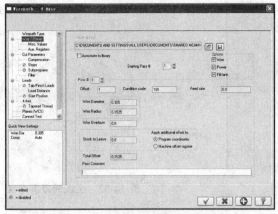

图 14-45　设置电极丝和电源参数

图 14-46　设置切削参数

(10) 选择【Compensation】选项，按如图 14-47 所示设置参数。

(11) 选择【Stops】选项，设置参数如图 14-48 所示。

图 14-47　设置补正参数

图 14-48　设置停止参数

(12) 切换至【Leads】选项卡，按如图 14-49 所示设置参数。

(13) 选择【Lead Distance】选项，并按如图 14-50 所示设置参数。

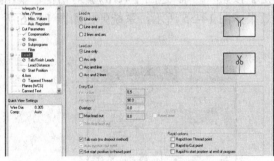

图 14-49　设置引导参数

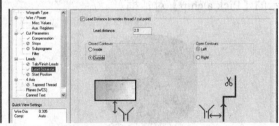

图 14-50　设置引导距离参数

(14) 切换至【4 Axis】选项卡，设置如图 14-51 所示的参数。

(15) 单击【Wirepath-4 Axis】对话框中的【确定】按钮 ✔ ，系统根据用户所设置的参数自动生成刀具路径，如图 14-52 所示。

(16) 在刀具路径管理器中单击 按钮，系统弹出如图 14-53 所示的【Verify】对话框。单击【模拟刀具及刀头】按钮 ，并设置加工模拟的其他参数。单击【选项】按钮 ，系统弹出【Verify Option】对话框，选中复选框，如图 14-54 所示。

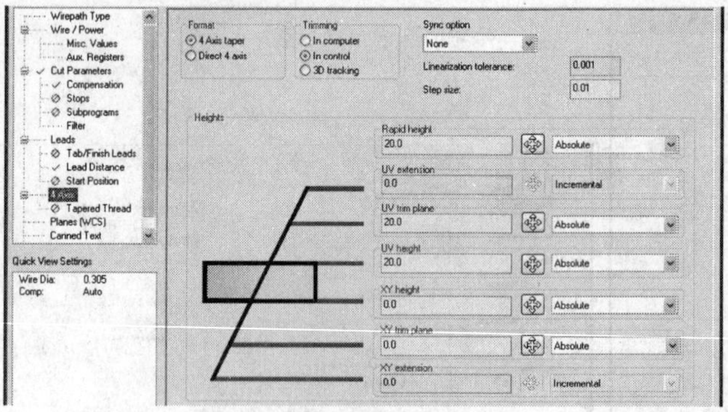

图 14-51 设置 4 轴参数

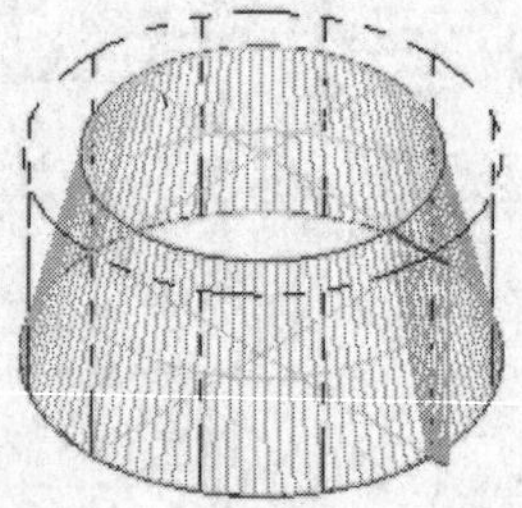

图 14-52 生成的刀具路径

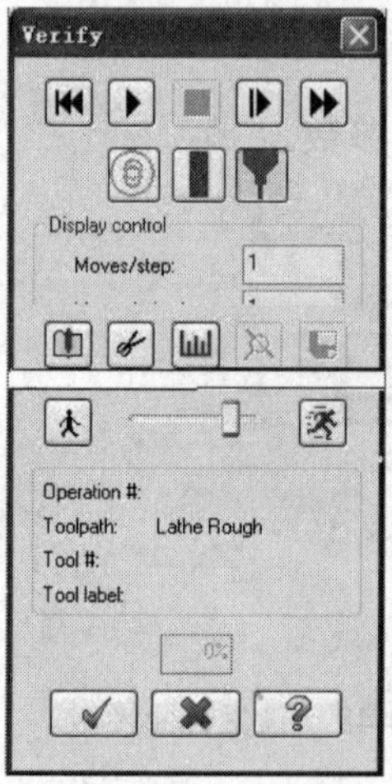

图 14-53 【Verify】对话框

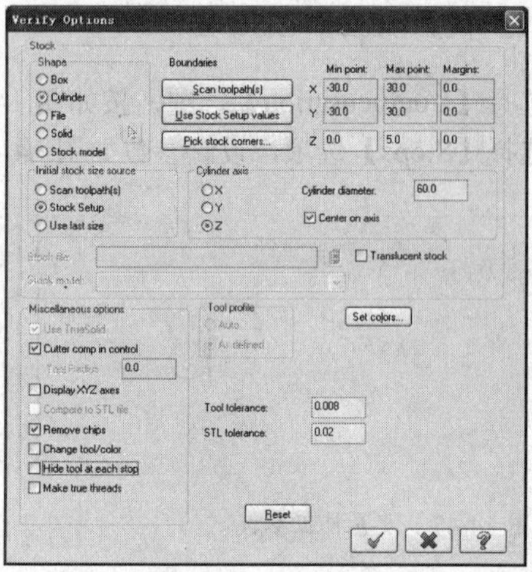

图 14-54 设置验证选项

(17) 单击【Verify Option】对话框中的【确定】按钮 。返回【Verify】对话框，单击按钮，系统将开始进行实体切削仿真，模拟效果如图 14-55 所示，系统弹出如图 14-56 所示的【Pick a chip】对话框。

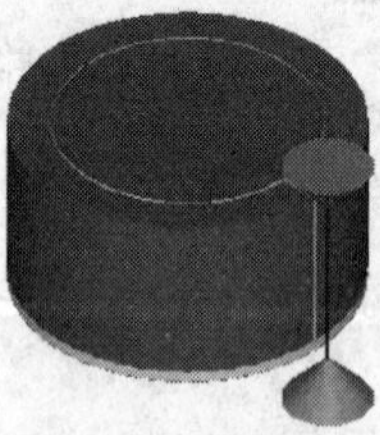

图 14-55 加工模拟效果图

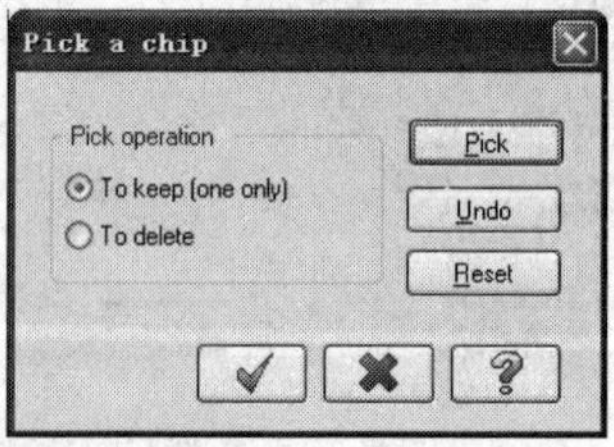

图 14-56 【Pick a chip】对话框

(18) 单击【Pick a chip】对话框中的 Pick 按钮，使用鼠标在绘图区选择所需要保留的部分，然后单击【确定】按钮 ，结果如图 14-57 所示。然后单击【Verify】对话框的中的【确定】按钮 。

(19) 选择菜单栏中的保存命令【File】/【Save】，输入保存名称，单击【确定】按钮 ，完成保存。

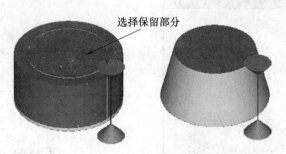

选择保留部分

图 14-57　仿真结果

14.5　综合实例

前面分别通过例题讲解了外形线切割、无屑切削、4 轴线切割的加工方式和参数设置等，本节的一个综合实例零件将采用外形切割、无屑切割和 4 轴线切割进行加工。

例 14-4　线切割如图 14-58 所示零件。

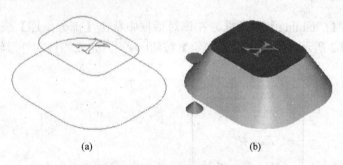

(a)　　　　　　　　　　　　(b)

图 14-58　线切割综合实例

(a) 零件图形；(b) 线切割加工结果。

操作步骤：

(1) 选择菜单【File】/【Open】，打开源文件中文件 "14-4.MCX-5"。

(2) 在菜单栏中选择【Machine Type】/【Wire】/【Default】命令，系统进入加工环境。

(3) 在 "操作管理器" 中单击 ⊞ 山 Properties - Generic Wire EDM 节点前的 "+" 号，将该节点展开，然后单击 ◆ Stock setup 按钮，系统弹出【Machine Group Properties】对话框。

(4) 在【Machine Group Properties】对话框中的【Shape】区域选择 ◉ Rectangular 单选按钮，在长度、宽度和高度文本框中分别输入值为 "70.0"、"80.0"、"25.0"，或者单击 Bounding box 按钮，系统弹出【Bounding box】对话框，单击【确定】按钮 ✓ ，并在高度文本框中输入 "25.0"，此时该对话框如图 14-59 所示。

(5) 单击【Machine Group Properties】对话框中的【确定】按钮 ✓ ，完成工件的设置，如图 14-60 所示。

(6) 选择菜单栏中的【Toolpath】/【Contour】命令，或者单击【线切割刀具路径】工具栏上的【Contour】，系统弹出【Enter new NC name】对话框，输入名称为 "14-4"，如图 14-61 所示，然后单击【确定】按钮 ✓ 。

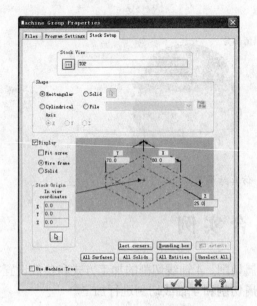

图 14-59 材料设置

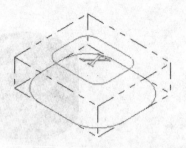

图 14-60 设置的工件

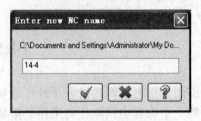

图 14-61 输入 NC 文件名

(7) 系统弹出【Chaining】对话框，在该对话框中单击【部分串连】按钮 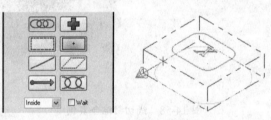，选择加工轮廓，如图 14-62 所示。然后单击【确定】按钮 ✔，完成线切割外形轮廓的选择。

图 14-62 选择外形加工轮廓

(8) 系统弹出【Wirepath-Contour】对话框，选择【Wire/Power】选项卡，并设置如图 14-63 所示的参数，其余选项采取默认设置。

(9) 切换至【Cut Parameters】选项卡，按如图 14-64 所示设置切削参数。

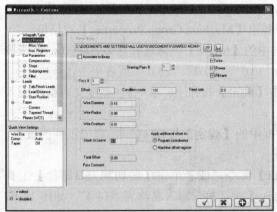

图 14-63 设置电极丝和电源参数

图 14-64 设置切削参数

(10) 选择【Compensation】选项，按如图 14-65 所示设置参数。

(11) 选择【Stop】选项，按如图 14-66 所示设置参数。

图 14-65　设置补正参数

图 14-66　设置停止参数

(12) 切换至【Leads】选项卡，按如图 14-67 所示设置参数。

(13) 选择【Lead Distance】选项，并按如图 14-68 所示设置参数。

图 14-67　设置引导参数

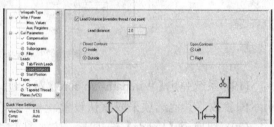

图 14-68　设置引导距离参数

(14) 切换至【Taper】选项卡，用户可以根据需要设置不同的锥度，并设置参数如图 14-69 所示。

(15) 选择【Corners】选项，设置参数如图 14-70 所示。

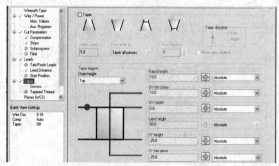

图 14-69　设置锥度参数

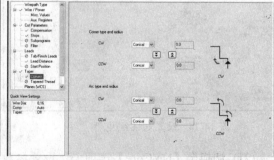

图 14-70　设置转角参数

(16) 单击【Wirepath-Contour】对话框中的【确定】按钮 ✔ ，系统弹出如图 14-71 所示的【Wirepath-warning】对话框，单击【确定】按钮 ✔ ，系统根据用户所设置的参数自动生成线切割刀具路径，如图 14-72 所示。

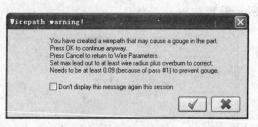

图 14-71 【Wirepath-warning】对话框

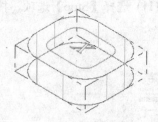

图 14-72 生成的线切割刀具路径

(17) 在刀具路径管理器中选择线切割操作，单击 ≋ 按钮，从而隐藏车线切割的刀具路径。

(18) 选择菜单栏中的【Toolpaths】/【No core】命令，系统弹出【Chaining】对话框，在该对话框中单击【部分串连】按钮，选择加工轮廓，如图 14-73 所示。然后单击【确定】按钮，完成无屑线切割轮廓的选择。

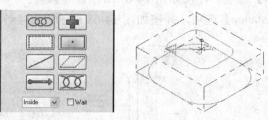

图 14-73 选择无屑线切割轮廓

(19) 系统弹出【Wirepath-No core】对话框，选择【Wire/Power】选项卡，并设置如图 14-74 所示的参数，其他选项采取默认设置。

(20) 切换至【Leads】选项卡，按如图 14-75 所示设置切削参数。

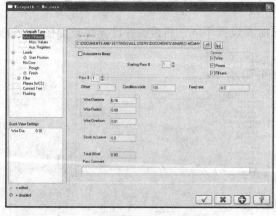

图 14-74 设置电极丝/电源

图 14-75 设置引导参数

(21) 切换至【No Core】选项卡，设置参数如图 14-76 所示。

(22) 选择【No Core】选项卡中的【Rough】选项，设置参数如图 14-77 所示。

(23) 单击【Wirepath-No core】对话框中的【确定】按钮，系统弹出如图 14-78 所示的【Wire thread warning】对话框，直接单击【确定】按钮，系统根据用户所设置的参数自动生成线切割刀具路径，如图 14-79 所示。

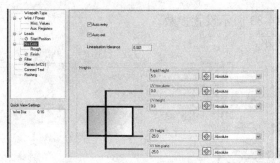

图 14-76　设置无屑线切割参数

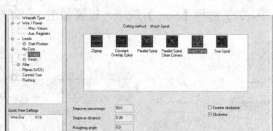

图 14-77　设置粗切削参数

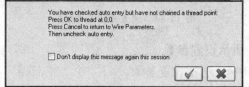

图 14-78　【Wire thread warning】对话框

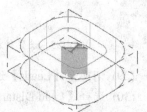

图 14-79　生成的刀具路径

(24) 选择菜单栏中的【Toolpaths】/【4 Axis】命令，系统弹出【Chaining】对话框，在该对话框中单击【部分串连】按钮 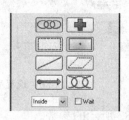，选择加工轮廓，然后单击【确定】按钮 √，完成 4 轴线切割轮廓的选择，如图 14-80 所示。

图 14-80　选择外形加工轮廓

(25) 系统弹出【Wirepath-4 Axis】对话框，选择【Wire/Power】选项卡，并设置如图 14-81 所示的参数，其他选项采取默认设置。

(26) 切换至【Cut Parameters】选项卡，按如图 14-82 所示设置切削参数。

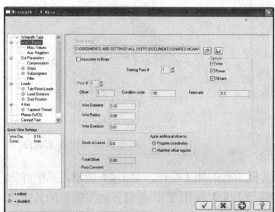

图 14-81　设置电极丝和电源参数

图 14-82　设置切削参数

（27）选择【Compensation】选项，按如图 14-83 所示设置参数。

（28）选择【Stop】选项，设置如图 14-84 所示。

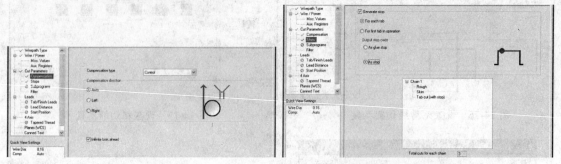

图 14-83　设置补正参数　　　　　　　　　图 14-84　设置停止参数

（29）切换至【Leads】选项卡，按如图 14-85 所示设置参数。

（30）选择【Lead Distance】选项，并按如图 14-86 所示设置参数。

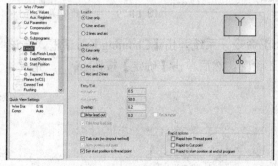

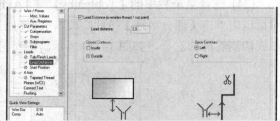

图 14-85　设置引导参数　　　　　　　　　图 14-86　设置引导距离参数

（31）切换至【4 Axis】选项卡，设置如图 14-87 所示的参数。

（32）单击【Wirepath-4 Axis】对话框中的【确定】按钮，系统根据用户所设置的参数自动生成刀具路径，如图 14-88 所示。

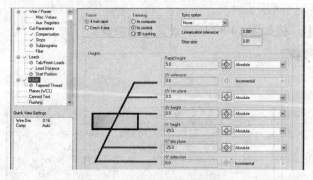

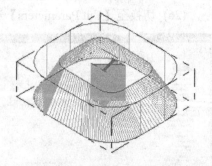

图 14-87　设置 4 轴参数　　　　　　　　　图 14-88　生成的线切割刀具路径

（33）在刀具路径管理器中单击 按钮，从而选择所有的加工操作，单击 按钮，系统弹出如图 14-89 所示的【Verify】对话框。单击【模拟刀具及刀头】按钮，并设置加工模拟的其他参数。单击【选项】按钮，系统弹出【Verify Options】对话框，选中复选框，如图 14-90 所示。

图 14-89　【Verify】对话框

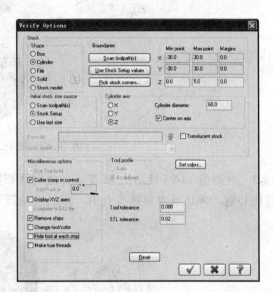

图 14-90　设置验证选项

(34) 单击【Verify Option】对话框中的【确定】按钮　，返回【Verify】对话框，单击
　按钮，系统将开始进行实体切削仿真，模拟效果如图 14-91 所示，系统弹出如图 14-92 所
示的【Pick a chip】对话框。

(35) 单击【Pick a chip】对话框中的　Pick　按钮，使用鼠标在绘图区选择所需要保留
的部分，单击【确定】按钮　，结果如图 14-93 所示，然后单击【Verify】对话框中的【确
定】按钮　。

图 14-91　加工模拟效果图

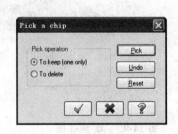

图 14-92　【Pick a chip】对话框

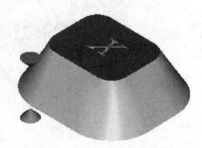

图 14-93　模拟加工结果

(36) 选择菜单栏中的保存命令【File】/【Save】，输入保存名称，单击【确定】按钮　，
完成保存。

习　题

14-1　对如图 14-94 所示的齿轮型工件进行线切割，尺寸自定。(提示：采用 Φ0.16 的电
极丝进行线切割，单边放电间隙为 0.01，采用控制器补偿方式，采用外形线切割。)

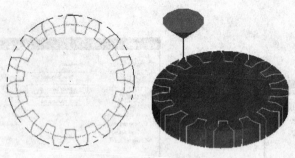

图 14-94　题 14-1 图

14-2　对如图 14-95 所示的 M 型工件进行线切割，尺寸自定。(提示：采用 Φ0.16 的电极丝进行线切割，单边放电间隙为 0.01，采用控制器补偿方式，采用无屑切削。)

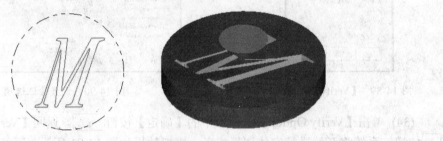

图 14-95　题 14-2 图

14-3　对如图 14-96 所示的上下异形模型进行线切割，尺寸自定。(提示：采用 Φ0.16 的电极丝进行线切割，单边放电间隙为 0.01，采用控制器补偿方式，采用 4 轴线切割。)

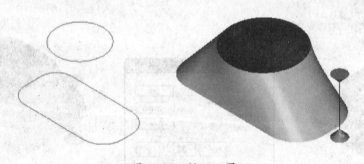

图 14-96　题 14-3 图

参 考 文 献

[1] 王细洋. 机床数控技术[M]. 北京：国防工业出版社，2012.

[2] 何满才. Mastercam X 习题精解[M]. 北京：人民邮电出版社，2008.

[3] 刘文，谭建波. Mastercam X2 数控加工基础教程[M]. 北京：清华大学出版社，2010.

[4] 高长银. MasterCAM X3 中文版入门与提高[M]. 北京市：清华大学出版社，2011.

[5] 云杰漫步科技 CAX 设计室. Mastercam X4 中文版完全自学一本通[M]. 北京：电子工业出版社，2011.

[6] 康亚鹏，徐海军. Mastercam X4 数控加工自动编程[M]. 北京：机械工业出版社，2011.

[7] 北京兆迪科技有限公司. Mastercam X2 宝典[M]. 北京：电子工业出版社，2010.

[8] 刘文. Mastercam X3 中文版数控加工技术宝典[M]. 北京市：清华大学出版社，2010.

[9] 杨小军，韩加好，陈颖. Mastercam X3 项目教程[M]. 北京：北京交通大学出版社，2010.

[10] 周鸿斌. Mastercam X4 基础教程[M]. 北京：清华大学出版社，2010.

[11] 钟日铭，李俊华. Mastercam X3 基础教程[M]. 北京：清华大学出版社，2009.

[12] 钟日铭. Mastercam X3 三维造型与数控加工[M]. 北京：清华大学出版社，2009.

[13] 杨志义. Mastercam X3 数控编程案例教程[M]. 北京：机械工业出版社，2009.

[14] 童桂英，郭忠. CAD/CAM 基础与工程范例教程[M]. 北京：清华大学出版社，2008.

[15] 全国数控培训网络天津分中心组. Mastercam X2 应用教程中文版[M]. 北京：机械工业出版社，2008.

[16] 刘文. Mastercam X2 中文版数控加工技术宝典[M]. 北京：清华大学出版社，2008.

[17] 何满才. Mastercam X4 基础教程[M]. 北京：人民邮电出版社，2006.

[18] 曹岩. Mastercam X 精通篇[M]. 北京：化学工业出版社，2008.